教育部高等学校材料类专业教学指导委员会规划教材

材料电化学基础

胡方圆 主编

FUNDAMENTALS OF MATERIAL ELECTROCHEMISTRY

化学工业出版社
·北 京·

内容简介

本书主要介绍电化学相关领域的基本知识、主要应用和电化学测试技术。全书从电化学的发展入手，主要包括电化学界面学、电化学热力学、电化学过程动力学、应用电化学和电化学测试五部分内容。全书前半部分重点介绍了已经成熟的电化学基础理论，后半部分则从实用的角度分别介绍了气体电催化、金属阳极过程、金属电沉积过程、电化学能量转化及储能器件和电化学测试方法等基础知识，既有经典的理论模型，又有前沿的实际应用。

本书可作为高等院校材料科学与工程、材料化学类、电化学工程类、能源与储能类相关专业的教学用书，也可供从事电化学和材料方向相关工作的科技人员参考。

图书在版编目（CIP）数据

材料电化学基础/胡方圆主编. —北京：化学工业出版社，2022.11（2025.2重印）

ISBN 978-7-122-42028-2

Ⅰ.①材… Ⅱ.①胡… Ⅲ.①材料科学-电化学-高等学校-教材 Ⅳ.①O646

中国版本图书馆CIP数据核字（2022）第148182号

责任编辑：陶艳玲　　文字编辑：胡艺艺　陈小滔

责任校对：刘曦阳　　装帧设计：史利平

出版发行：化学工业出版社（北京市东城区青年湖南街13号　邮政编码100011）

印　　装：北京科印技术咨询服务有限公司数码印刷分部

787mm×1092mm　1/16　印张18¼　字数423千字　2025年2月北京第1版第3次印刷

购书咨询：010-64518888　　售后服务：010-64518899

网　　址：http://www.cip.com.cn

凡购买本书，如有缺损质量问题，本社销售中心负责调换。

定　　价：59.00元

前言

随着时代的发展、科技的进步，尤其是在“十四五”规划的指导下，我国高等教育突飞猛进，绝大部分科研机构和高校都将交叉学科和前沿知识作为重要发展目标。通过近年来针对本科专业必修课“材料电化学基础”的教学，编者切身体会到虽然材料和电化学相关类别参考书较多，但其内容都具有一定的侧重点，仅针对某一学科进行较为深入的阐述，不仅对学习者的知识层次和学习能力要求较高，而且在新兴交叉学科部分难免存在空白。因此，编著高等学校材料电化学基础教学用书的目的就是要将经典电化学、材料等传统理工科知识串联，并体现材料电化学交叉领域的最新科研进展与成果。编者在本书中融入了近年来的教学经验，较为详细地阐述了电化学的基本原理和测试方法，同时从材料学的角度出发，介绍了各类先进材料在目前电化学科研领域中的应用，将电化学理论、电化学应用与电化学测试手段三部分有机结合，力求构建一个完整的材料电化学知识框架，完善交叉学科的教材体系。

本书是为高等学校材料科学与工程专业本科生编写的，也适用于低年级研究生和其他材料类、电化学类和能源类相关专业的学生。书中主要内容涉及方向较宽，阐述深入浅出，便于读者学习。

全书共分为12章，前6章主要介绍了电化学发展历程与基本概念、电化学界面学、电化学热力学、电化学动力学（包括液相传质和电子转移）等经典电化学理论知识；后6章主要概述了气体电催化、金属阳极过程、金属电沉积过程、电化学能量转化及储能器件和材料电化学测试方法。编者希望本书既能够帮助读者掌握电化学和材料领域的相关知识，又能让读者充分了解当前电化学领域的发展方向和研究现状。因此，本书后半部分详细介绍了目前电化学在生产生活中的实际应用，并在第11章中介绍了目前国际前沿的电化学相关研究，例如钠离子电池、锂硫电池和固态电池等。通过将各种材料电化学应用与电化学相关知识结合，力图为读者构建出理论结合实践的知识体系框架，充分体现出《材料电化学基础》作为交叉学科教学用书的特色。

最后，衷心感谢在本书编写过程中给予帮助的各位老师和同学，感谢蹇锡高院士在书稿撰写过程中给予的鼎力支持和鼓励。同时，特别感谢团队宋子晖博士、金鑫博士、张天鹏博士、刘思洋博士、邵文龙博士、王哲博士、王琳博士、江万源博士、韩嘉帅硕士、杨恩恩硕士、毛润钥硕士、成宏泰硕士等在本书稿整理、修改过程中的帮助。本书编写过程中亦参考了国内外部分优秀教材、论文和专著，在此向这些文献的作者表示最衷心的感谢。在本书组织编写过程中得到了大连理工大学黄昊教授的帮助，在此一并表示感谢！

限于时间和精力，书中难免存在不当之处，敬请各位读者批评指正。

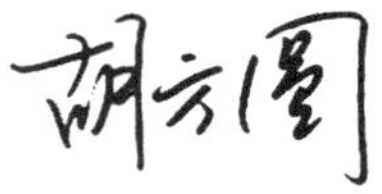

2022 年 4 月

于大连理工大学

符号对照表

x	组分/摩尔分数
n	物质的量
φ	电势(电位)
F	力
W	功
G	吉布斯自由能
$E^{\ominus}$	标准电动势
Q	电量
i	电流
η	黏度
A	面积
ρ	电阻率
R	电阻
G	电导
κ	电导率
t_+	阳离子迁移数
t_-	阴离子迁移数
J	电迁流量
j	电流密度
c	离子浓度
v	离子迁移速度
z	电荷数
γ	活度系数
μ_i^0	标准化学位
$\alpha_{\pm}$	平均活度
α	活度
$\gamma_{\pm}$	平均活度系数
Ψ	外电势
ze	试验电荷所带电量
χ	表面电势
μ	化学势
Φ	内电势
W	电功
F	法拉第常量
ν_i	物质的化学计量数

E	电池电动势
φ_j	液接电势
$\varphi^\ominus$	标准电极电势
$\Delta_r G$	吉布斯自由能变
T	温度
ΔH	焓变
ΔS	熵变
ξ	反应进行程度
R	摩尔气体常数
K	化学平衡常数
σ	界面张力
Γ_i	单位面积上的 i 粒子的吸附量
μ_e	化学位
φ_{PZC}	零电荷电势
C_d	微分电容
U	点电荷间静电相互作用力
ε_r	介质的相对介电常数
$\Delta\varphi$	电势降
c_i	溶液浓度
p	距电极 x 处的体电荷密度
E	电场强度
l	平板电容器两极间的距离
N_s	氧化物表面可提供的表面活性位点数
θ_0	吸附物的平均覆盖度
η	过电势(超电势)
$\overrightarrow{j}$	还原反应的电子转移步骤的绝对反应速度
$\overleftarrow{j}$	氧化反应的电子转移步骤的绝对反应速度
ρ	密度
r	半径
M	金属
e	电子
U	电压
α	还原反应传递系数
β	氧化反应传递系数

目 录

第1章 绪论

第2章 相边界的双电层结构

第3章 电极过程热力学概述

第 4 章 电极过程动力学概述

第 5 章 液相传质动力学

第6章 电子转移步骤动力学

第7章 氢、氧电极过程

第8章 金属的电化学腐蚀过程

第9章 金属的电沉积过程

第10章 传统电池

第11章 新型能量转化及储能器件

附　录

参考文献

第1章 绪论

电化学学科的发展已经走过了两个世纪的历程，在前人研究电化学基础知识、完善电化学理论体系的基础上，电化学的知识体系逐渐丰富。从电极的平衡性质、极化过程，到电解液中离子的传输和电解液的导电性，再到电极和电解质界面的界面过程，电化学逐渐成为关键学科。它不仅仅是一门“电池学科”，也是一门以工业为基础的重点学科。在电解工业中，氯碱工业中的己二腈就是通过电解合成的；铝金属、钠金属等一些轻金属的冶炼，铜、锌等金属的精炼都离不开电解法。在机械产业中，为了解决金属氧化的难题，工业上通常采用电泳涂漆等方法。甚至是神经递质的传递和肌肉运动的机理都离不开电化学知识体系。由电化学原理发展而来的分析法也是各工业领域中至关重要的手段。本章主要介绍了电化学的发展历程和一些经典的研究方法，并对电化学在各领域的发展做了展望。同时，详细讲述了电解液的基本概念，并对电解液性质做出了解释。

1.1 电化学的发展历程与未来趋势

电化学是研究电的作用与化学作用以及电能与物质之间相互关系的学科。此领域大部分工作涉及通过电流导致的化学变化，以及通过化学反应而产生电能方面的研究。例如，电化学领域包括大量的不同现象（电泳、腐蚀等）、各类器件（电致变色显示器、电分析传感器、各种电化学储能电池等）和各种技术（金属电镀及防腐、电解等），甚至在“碳中和”大背景下发展的新能源产业，也都离不开电化学的发展和应用。

1.1.1 电化学的发展历程

早在1780年，就在生物解剖实验中发现了电化学现象。生物学家伽伐尼在解剖青蛙的实验中，发现青蛙四肢的肌肉在被电火花击中时会抽搐，这是人类历史上第一次发现“动物电”，也是揭开了电化学和生物学之间联系的重大发现。在随后的二十年间，伽伐尼进行了大量的实验工作，在1799年仅用锌片和铜片，配合 H_2SO_4 浸透毛呢，发明了人类历史上第一个化学电源——伏打电池。在伏打电池出现后，科学家们针对电流经过导体进行了研究。1826年，科学家欧姆为了计算出导体电阻，推导出了欧姆定律，根据电流和电压的大小即可得到电阻，此定律在《金属导电定律的测定》中提出。除了物理学方面的研究，法拉第还对电流与化学反应之间的关系进行了研究，在1833年推导出了法拉第定律，将电极表面析出的物质的质量与通电时间和电流强度联系在一起，为电镀领域的发展奠定了基础。1889年能斯特提出了电极电势公式，将原电池的电极电势和化学能联系在一起，反映了电池的电动势和不同组分的物理性质（浓度、温度等）的关系。这些研究成果推动了电化学的发展，逐渐形成了电化学特色体系。19世纪40年代，格罗夫发明了燃料电池，能源器件在历史的舞台上拉开了序幕。19世纪末，赫勒森发明第一个干电池，电解液为糊状，便于携带，获得了广泛应用。1905年，著名的塔菲尔经验公式诞生，描述了电流密度和氢过电势之间的半对数关系，为后人的研究提供了工具。1923年，休克尔和德拜提出了德拜-休克尔极限公式，使电化学体系在理论计算和数据处理方面得到完善。20世纪初，古依、恰帕曼提出分散层模型，认为溶液中的离子电荷是分散排列的，解释了电容随着电极电势变化的原因。在此之后，斯特恩（Stern）提出了双电层静电模型，将双电层分为紧密层、分散层两个部分。这些研究对电极与溶液界面间的结构研究具有指导意义。20世纪上半叶，法拉第定律逐渐被人们接受，电化学分析法也得到了广泛应用。20世纪40年代，库仑分析法出现在了人们的视野中，这使得人们即使不测量电极上物质的质量，也可以通过计算得到电解消耗的电量大小。除了建立在法拉第定律基础上的库仑分析法外，能斯特方程也推进了电化学分析的发展，为电解液和热力学之间搭建了一座桥梁。这些工作为电化学后来的发展奠定了基础，电化学理论逐渐向以电极动力学为研究对象方向转变，从而形成了具有特色的电化学知识体系。20世纪末以来，电化学学科发展迅速，特别是在储能领域得到广泛关注。在储能设备中，储能电池的电极、隔膜、电解质等关键组成部分都离不开电化学应用的基础知识。在电化学体系中，通常最关注电荷在相界面之间的迁移过程和影响因素，即电荷在电子导体（第一类导体）、离子导体（第二类导体）之间的迁移过程。此外，随着电化学技术的发展，电极与溶液界面的结构、电子转移的动力学和电沉积等理论，以及循环伏安测试、恒流充放电测试和电化学阻抗测试等测试技术都有了突破性的进展，电化学体系在储能领域中也日趋成熟。

随着电化学学科的发展，电化学体系逐渐成熟，电化学研究方法也逐渐丰富，研究范围越来越大，研究尺度也逐渐从肉眼可见深入到分子级别。早在20世纪50年代，电化学研究方法已经被人们划分为暂态、稳态两大类。暂态的电化学研究主要是依据电极/溶液界面附近的扩散层中浓度随时间的变化；稳态的电化学研究主要是以固定的速度进行电极反应，电流、电势等变量不再随着时间而发生变化。暂态和稳态并不是相对独立的，而是逐渐从暂态向稳态过渡。暂态电流分为法拉第电流、非法拉第电流。其中，法拉第电流是由电极/溶液界面上电荷传递产生的，非法拉第电流是由于双电层发生结构变化从而产生的，而稳态电流全由电极反应产生。通过非法拉第电流，可以研究电极表面的吸附、脱附行为。从方法分类来看，电化学测试方法分为：循环伏安法、恒电流电解法、电势阶跃法、交流阻抗法、旋转环盘电极法等。

① 循环伏安法。电极电势在上限（E_U）和下限（E_L）之间以固定的变换速率（v）进行循环扫描，电流会随着电压发生变化，将电流数值的变化绘制成曲线，这个曲线就是循环伏安曲线，通常称为CV曲线。电流和电极上的氧化还原反应速度是成正比的，并且电极/溶液界面的电化学能量可以由电极电势表示，所以CV曲线的含义是电极上进行的氧化还原反应的速度随着电极/溶液界面能量发生改变的规律。该测试方法可以用于探究电极反应机

理，计算电化学反应动力学参数，或者是对电极上氧化（还原）的物质进行定量、定性分析。目前该方法已经被广泛应用在电化学领域中，并为分析复杂的电极反应提供了工具。

② 恒电流电解法。保持电流不变，以恒定电流来测量工作电极的电势和时间的关系。在实际应用上，一般是对工作电极施加恒定的还原、氧化电流，让电极上的活性物质发生氧化还原反应（反应速率恒定），电极上的物质会随时间发生浓度变化，最终导致电极的电势发生改变。

③ 电势阶跃法。不同于恒电流电解法，它是一种以电势控制为主的技术。控制电极电势的变化，从不足以发生电化学反应的电势阶跃到发生电化学反应的电势，并测量电流、电量随时间的变化，计算出反应参数。

④ 旋转环盘电极法。旋转圆盘电极法是在旋转轴上固定圆盘电极，再让电极和溶液充分接触，通过电极旋转建立强对流场，主要是在强对流下，测试稳态极化曲线。不同于旋转圆盘电极法，旋转环盘电极不仅有圆盘电极，还有环电极，在两个电极之间存在绝缘层，绝缘层的厚度、宽度为 0.1～0.5mm。环电极和圆盘电极是完全不同的两种电极，分别由两种恒电位仪进行控制，最后再由这两种电极进行配合，对交换电流、扩散系数进行测量。

⑤ 交流阻抗法。和大多数经典的电化学测量方法不同，它主要是对电极施加小的扰动信号，从而在稳态环境下对体系的跟随情况进行分析，但是前几种方法都是以大幅度的扰动信号对电极进行扰动。交流阻抗法现在已经是人们研究电极表面动力学的重要手段，可以测定出扩散系数、交换电流密度等参数，最终利用参数得到电极/溶液界面的反应机理或者是为电极结构的分析提供依据。

1.1.2 电化学发展的必要性和迫切性

随着“碳中和”“碳达峰”的概念深入人心，太阳能、风能等新能源技术发展迅速，我国的储能体系也在不断进步，新兴发展的能源体系逐渐占据市场。然而，对于能源体系，最根本的部分在于电化学储能的成本及容量，如果巨大的资源无法被高效利用，最终的能源体系发展必定会出现深层次的矛盾。据预测，到 2035 年，光伏装机容量在我国可以达到 7.3 亿千瓦，并且在 2050 年可以达到 10 亿千瓦的巨大规模。除了光伏装机之外，我国的风电装机发电市场也十分广阔，预测在 2035 年可以达到 8.5 亿千瓦，2050 年可以达到 14 亿千瓦。巨大的能源发展规模必定需要强大的储能系统网络，以提高资源分配的灵活性。自 2020 年起，各地政府（电网）都在推动新能源和储能相结合模式的发展，国网湖南省电力有限公司提到，在 28 家企业的承诺下，将建设 388.6 兆瓦/777.2 兆瓦时的储能系统设备，并且将储能系统和风电产业同步发展。内蒙古能源局也利用了当地先天的自然优势，大力发展光伏产业，开启光伏和储能共同发展的模式。由此看来，各地都在尽全力地推动新能源和储能共同发展的局面，电化学的发展对储能体系具有重大意义。只有在能源高效利用的基础上，才能让能源转化和储能之间的互联网有强大的物理支撑，从而实现不同能源之间的互通，电化学体系的发展对我国的能源转型及未来能源体系的发展有着非常重要的战略意义。

电化学的发展在光、电、生物及传感器领域中都有非常重要的意义。电化学在各类学科中有众多的技术应用，例如，在生物分子尺度进行电化学的研究，将电化学应用在癌症治疗、精神疾病治疗等不同的医疗领域；在传感器领域中，传感器一般是由各类识别、转换和电子元件组成的整体，但其中电信号的传递也离不开电化学。这一切都只是电化学应用的冰山一角，电化学的发展关乎到人们生活的方方面面，是一门推动科学技术发展的重要学科。

1.2 电化学基本概念

1.2.1 离子、电解质与电荷的量子化

在电化学中，离子、电解质和电荷的量子化作用非常重要，属于电化学基本概念中的重要知识。普通的离子晶体结构是由携带的正负电荷和阴阳离子通过吸引力或排斥力来让其结构保持稳定。本章在对离子、电解质和电荷量子化相关知识的阐述和基本公式的介绍中，用常见的 NaCl 晶体作为研究对象进行说明，关于盐在电极/电解液界面中的溶剂化作用详见第 2 章。在离子晶体中，晶格的分布往往充满着带正负电荷的离子，比如在 NaCl 中，钠离子和氯离子分别带正电荷和负电荷，正负电荷之间的静电吸引力和排斥力让离子晶体可以保持结构稳定。当电荷 1、电荷 2 相距一定距离 r 时，它们之间的相互作用力为

$$U_{12}=\frac{q_1q_2}{4\pi\varepsilon_r\varepsilon_0r^2} \tag{1-1}$$

式中，q_1、q_2 是电荷 1、电荷 2 的电荷量；ε_r 是电荷与电荷之间的相对介电常数；ε_0 是真空的介电常数。电荷与电荷之间遵循静电作用力，相同电荷之间的作用力为正，相反电荷之间的作用力为负。相同电性电荷之间的排斥力 F 的计算公式为

$$F_{12}=\frac{q_1q_2}{4\pi\varepsilon_r\varepsilon_0r^2} \tag{1-2}$$

电性完全相反的两个离子会因为库仑力的作用而相互靠近，直到相距的距离非常小，短程库仑力发挥作用的时候，在一个相距平衡点上，库仑作用力和短程排斥力会达到平衡，此刻的吸引力和排斥力是相等的，离子间的排斥力也可以用来计算破坏离子晶体的能量。一般来说，离子之间的排斥力 R_{12} 的计算公式为

$$R_{12}=\frac{B}{r^2} \tag{1-3}$$

式中，B 是与核-电子云、化合价有关的常数，所以离子之间的总作用能为

$$E_{12}=R_{12}+U_{12} \tag{1-4}$$

通常来说，晶格中的离子数量非常庞大，并且有许多的负值和正值，非常不利于计算。所以，对于类似 NaCl 这样简单的立方晶体的总作用能用如下公式来进行计算

$$E=-\frac{MN_A|q|^2}{4\pi\varepsilon_0r}(1-\frac{1}{n}) \tag{1-5}$$

式中，N_A 是阿伏伽德罗常数；M 是马德隆常数。

在实际应用中，将 NaCl 放在水中，因为在 25℃下，水体系的介电常数为 78.3，真空下的介电常数为 1，所以水中的 NaCl 晶格中的正负离子间的静电吸引力会非常小，最终会使得 NaCl 溶解在水中，形成钠离子和氯离子。但是实际上，正负离子间的静电吸引力在水中

的减弱还不足以使 NaCl 晶体溶解。在晶体溶解过程中，起决定作用的是水合作用。水合作用就是 NaCl 晶体在溶液中分解的钠离子和氯离子被水分子的偶极层包裹，离子会从水合过程中获得一定的能量，而这些能量会促使晶体溶解。（盐的溶剂化作用详见第 2 章。）

1.2.2 电解池与原电池

1.2.2.1 原电池定义

原电池是一种自发电池，电化学反应可在电极上自发进行，并持续不断地提供电流。历史上第一个电池——伽伐尼电池（图 1-1），就是一种原电池，它可以自发地进行氧化还原反应，并将化学能转化为电能。

对于任何一个原电池来说，失去电子的电极为负极（阳极），发生氧化反应（$Zn-2e^- \longrightarrow Zn^{2+}$），得到电子的电极为正极（阴极），发生还原反应（$Cu^{2+}+2e^- \longrightarrow Cu$）。一般地，置换反应就是一种简单的原电池反应。早在西汉时期，最古老的冶铜方式是湿法冶铜，即将铁块放进硫酸铜溶液中发生置换反应。

$$Fe+CuSO_4 = FeSO_4+Cu \tag{1-6}$$

对于湿法冶铜来说，该置换反应的本质就是氧化还原反应

$$Fe-2e^- \longrightarrow Fe^{2+} \tag{1-7}$$

$$Cu^{2+}+2e^- \longrightarrow Cu \tag{1-8}$$

电池总反应

$$Cu^{2+}+Fe = Fe^{2+}+Cu \tag{1-9}$$

从上述电池总反应来看，Fe 失去了两个电子，发生了氧化反应，Cu^{2+} 得到了两个电子，发生了还原反应。从上述反应中可以看出，湿法冶铜作为一种置换反应，本质上是氧化还原反应，但是并没有和原电池一样产生电流，这是由于两者所用装置不同。在湿法冶铜中，Cu^{2+} 和 Fe^{2+} 是在同一溶液中，直接完成了氧化还原反应。而原电池则存在外电路，即电子通过外电路传输，而离子在电解液中迁移，进而形成了电流。

因此，原电池的特征是能将电能转化为化学能。若将以上简单的置换反应转变成在原电池中发生的反应，需将 Fe 和 Cu 分别浸入 $FeSO_4$ 和 $CuSO_4$ 溶液中，再用盐桥将两种溶液连通即可形成自发电池。这种类型的电池被称为丹尼尔电池（图 1-2）。

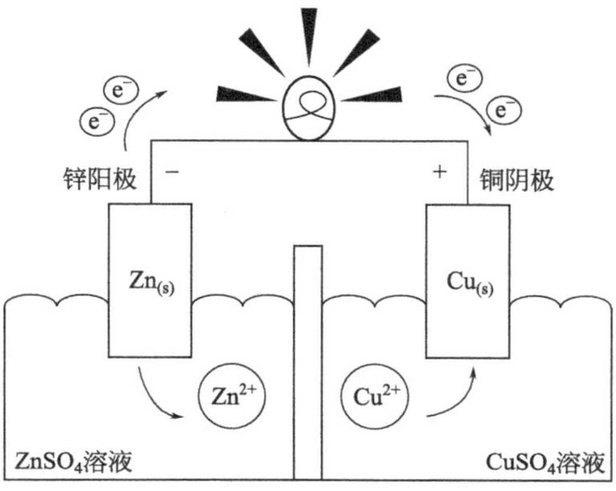

图 1-1 锌-铜伽伐尼电池

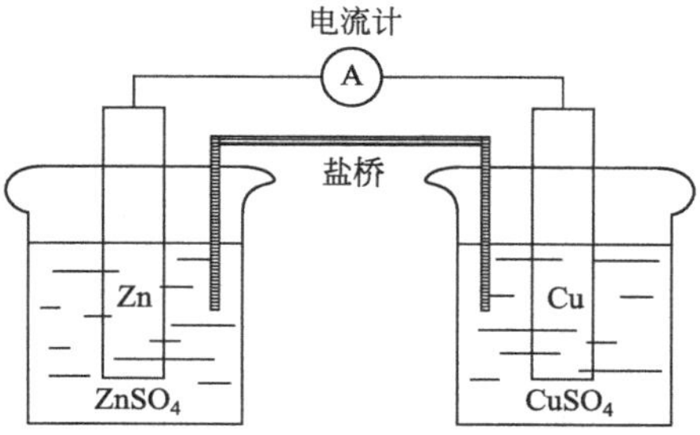

图 1-2 丹尼尔电池

原电池中发生的电池总反应是由两个电极反应组成的，它们描述的是各自电极上发生的氧化还原反应。氧化还原反应遵循负极失去电子发生氧化反应、正极得到电子发生还原反应的规律。当发生氧化反应时，电极电势降低，电子则因能量升高而发生转移。电极上的电荷之所以可在电解液中进行传递，是因为电荷在电极/电解质界面发生了迁移，即从电极迁移到了电解液中。相反，如果希望降低电极侧电子的能量，对电极侧施加正电势即可。当电极侧具有的能量低到一定程度时，电子就会转移到能量更低处，而这些电子的迁移，形成了局部氧化还原电流。（原电池相关知识和电动势相关的热力学计算详见第 3 章。）

1.2.2.2 电解池的定义

电解池和原电池不同之处在于，原电池可以自发放电，将化学能转化为电能，而电解池却是将电能转化为化学能。当两块电极插入电解液中时，外电源向电解池输送电流，两块电极上分别发生氧化反应和还原反应，这种装置即为电解池。

在工业生产中，最常见的电解池应用就是铜的电解精炼（图 1-3）。通常，将纯铜和粗铜浸入硫酸铜电解液中，粗铜一侧为阳极，纯铜一侧为阴极。

当电解池和外电源接通后，阳极发生氧化反应，阴极发生还原反应，即

阳极：　　$Cu - 2e^- \longrightarrow Cu^{2+}$

阴极：　　$Cu^{2+} + 2e^- \longrightarrow Cu$

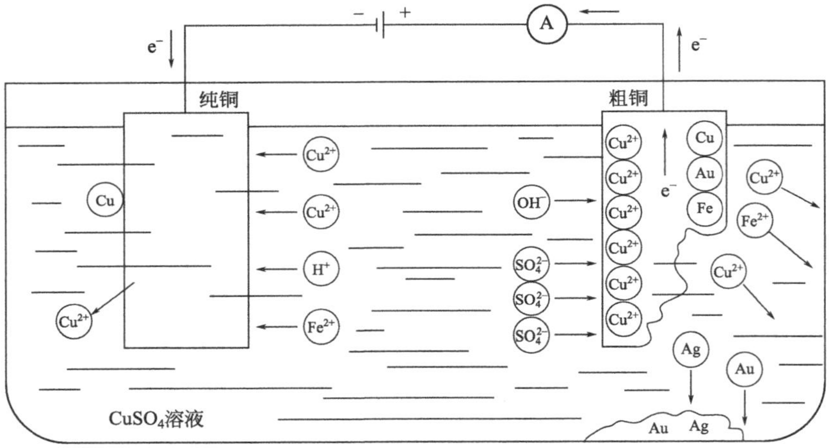

图 1-3　铜的电解精炼

由此可知，电解池需依靠外界电源提供能量，进行电化学反应而生成新物质。所以，也可将电解池看成是一个反应器，接通外界电源后，即可将电能转化为化学能。根据热力学公式，我们可对电解池和原电池进行比较。当发生反应时，阴极（正极）均得到电子，发生还原反应，阳极（负极）则失去电子，发生氧化反应。

1.2.3 法拉第定律

法拉第定律描述的是电极上通过的电量与电极反应物质量之间的关系，又称为电解定

律。若电解液中离子的电荷量为 ze_0，外电路中通过的电流为 i_e，i_e 为电解液中因为正负离子的迁移而产生的电流总和。所以，电极反应物质量和外电路中流过负载的电流电量成正比。电量 Q 和电流 i_e 的关系式为

$$Q = i_e t \tag{1-10}$$

式中，t 为电流通过负载所花费的时间，则电极上发生转化的物质的质量 m 为

$$m = KQ = Ki_e t \tag{1-11}$$

式中，K 为常数。

若电解液中存在电荷量为 e_0 的离子，则电极通过氧化还原反应生成 1mol 的物质需要 $N_A e_0$ 的电量，若离子价态为 z，则所需电量为 $Q_M = nzN_A e_0$，其中 $N_A e_0$ 是固定数值，等于 96485C/mol，即法拉第常数的数值，一般用 F 表示。当电极通过 1C 电荷后，可氧化或还原出 $M/(96485z)$g 物质，M 为摩尔质量。将两个电极上物质的质量进行转化，公式如下

$$m_1/m_2 = (M_1/z_1)/(M_2/z_2) \tag{1-12}$$

式（1-11）和式（1-12）分别为法拉第第一定律和法拉第第二定律。利用法拉第定律，可根据电解池在电解过程中电极上转化生成的物质的质量，测量出通过电路的总电量。一般地，测量惰性阴极上的金属沉积量，通过沉积量（m）、得失电子数（z）和法拉第常数（F），即可求出电解池中的电量，公式如下

$$Q = \frac{mzF}{M} \tag{1-13}$$

1.2.4 量度单位制

电化学研究是一个非常复杂的体系，一般要用到的物理量有电流、电压、电阻等，但并不局限于这种较为简单的物理量，物理量之间的统一关系尤为重要。基于这样的考虑，国际上的专业机构和学术刊物一般都是用安培（A）作为电流的单位，千克（kg）、米（m）、秒（s）等作为质量、长度和时间的通用单位。国际上许多著作、学术期刊都是利用国际单位制（SI），但是在平常的一些计算中，还是依据实际情况进行单位的调整。比如在大多数情况下，还是以克（g）为质量单位，长度单位更多的是用厘米（cm），所以在电化学相关的内容中，特别注重单位的使用。

除了 SI 以外，本书在编写的过程中还延续了一部分“实用国际电磁学测量系统”中单位的使用习惯。比如 A（电流）、V（电压）、V/cm（电场强度）等都是常用的单位，电流（I）通过一个导体后，导体两端的电压（U）在欧姆定律中的表示为

$$U = IR \tag{1-14}$$

式中，R 是电阻，单位是欧姆（Ω）。在 SI 中，电阻的定义为 1Ω=1V/1A，电阻率的单位是 Ω·m。在浓度单位上，有以体积为单位的体积摩尔浓度（mol/L），还有以质量为单位的质量摩尔浓度（mol/kg），分别表示每升溶剂中溶质的物质的量、每千克溶剂中溶质物质的量。

在速率相关的方程中，所有的浓度单位都是利用标准摩尔浓度（c^0）或者是标准质量摩尔浓度（m^0）。

1.3 电解液的基本概念

1.3.1 电解液概述

电解液是指具有导电特性，且溶质溶于溶剂后可以分解为离子的溶液。溶液中的阳离子和阴离子，在一定电场作用下可以进行定向移动从而导通电路，保证电路中产生电流。电解液的导电能力是由于电场使溶液中的离子在电极之间发生定向移动。

假设具有 ze_0 电荷量的离子在电场作用下进行定向移动，其中电场强度为 E，在运动的过程中，离子受到环境中摩擦力的影响，摩擦力随着离子运动的速度发生变化。若离子半径为 r_1，黏度为 η，离子运动速度到最大值 v_{max} 后产生的摩擦力可以根据斯托克斯方程进行计算

$$F=6\pi\eta r_1 v_{max} \tag{1-15}$$

又由电场的作用力 $F=ze_0|E|$，可以得到离子最终速度为

$$v_{max}=\frac{ze_0|E|}{6\pi\eta r_1} \tag{1-16}$$

按照计算公式（1-16）可知，离子的运动速度和电场强度 E 成正比，由此可以定义离子的迁移率 u 为

$$u=\frac{v_{max}}{|E|} \tag{1-17}$$

单位时间内速度为 v 的单位体积电荷通过面积为 $A(cm^2)$ 的导体的电量为 Q，电流可以表示为

$$i=i_+ + i_- = Ae_0 nzv \tag{1-18}$$

所以，可以将式（1-18）代入式（1-17）推理得到单位面积的电流为

$$i=Ae_0 nzu|E| \tag{1-19}$$

若电解液电导为 L，电极之间的电势差为 ΔU，相隔间距为 l，电场强度 $|E|=\frac{\Delta V}{l}$，可以得到

$$i=L\Delta U \tag{1-20}$$

式中，L 是电解液的电导，可以由公式表明

$$L=(A/l)e_0 nzu \tag{1-21}$$

本节公式中的 $i=i_+ + i_- = Ae_0 nzv$，均可以拆分成阳离子和阴离子的加和，即 $i=i_+ + i_- = Ae_0 nzv = Ae_0(n_+ z_+ v_+ + n_- z_- v_-)$。

1.3.2 电解液电导率及其测量

1.3.2.1 电解液电导率

在物理学中，人们将电流遇到的阻力统称为电阻，通常用 R 表示。当电流大小为 I 的

电流通过电阻为R的导体，且导体两端电压为U时，可以由欧姆定律得出

$$I=U/R \tag{1-22}$$

导体材料的长度、横截面积和温度等都会影响到导体的电阻，所以将长为l、横截面积为S、电阻率为ρ的导体的电阻用公式表示为

$$R=\rho l/S \tag{1-23}$$

和导体一样，电解液中的离子也会进行定向迁移而形成电流。所以电解液的电阻为R，适用于欧姆定律，即可理解为

$$G=1/R \tag{1-24}$$

式中，G为电导。又因电导率和电阻率互为倒数，所以有

$$\kappa=1/\rho \tag{1-25}$$

将式（1-25）代入式（1-24）推导可得

$$G=\kappa S/l \tag{1-26}$$

式中，κ为电导率。

为了简化电导率和溶液之间的联系，人们引入了摩尔电导的概念，即在浓度为1mol/L的1L体积的电解质溶液中，放入相距1cm且面积相等的平行板电极，此溶液内部的电导率为摩尔电导。

含1mol溶质体积为V的电解液中，摩尔电导λ的计算公式如下

$$\lambda=\kappa V \tag{1-27}$$

摩尔电导的单位为$S\cdot cm^2/mol$，V的单位为cm^3/mol，摩尔浓度c_N(mol/L)的计算公式为

$$c_N=\frac{1000}{V} \tag{1-28}$$

若将式（1-28）代入式（1-27）中，即可得到

$$\lambda=\frac{1000}{c_N}\kappa \tag{1-29}$$

此式可表明电导与电导率之间的关系。

若是将溶液考虑成无限稀的情况，可以忽略离子之间的相互作用，离子的运动是独立的，相互不会产生影响。此刻电解液的摩尔电导可以认为是电解液被完全电离后所有离子摩尔电导的总和，也称为离子独立移动定律

$$\lambda_0=\lambda_{0,+}+\lambda_{0,-} \tag{1-30}$$

1.3.2.2 电解液电导率计算

任何材料的电阻都和材料本身的因素有关，对于横截面积为A的电解池，插入距离为l的两个电极片，电解液的电导率和电导之间有着如下关系

$$\kappa_1=\frac{l}{A}L \tag{1-31}$$

式中，κ_1为电解液电导率；L为电解液的电导。从公式（1-21）和公式（1-31）可以推出

$$\kappa_1=e_0(n_+z_+u_++n_-z_-u_-) \tag{1-32}$$

电解液的电导率都可以通过手册查询，在实际测量中，一般是通过已知电导率的溶液来测量，再对未知电导率的溶液进行测量，最后用电池常数矫正即可。

1.3.2.3 电解液电导率的测量

电解液的电导率测量方法较多，但是许多方法较难实现。常见的方法有平衡电桥测量法、直接电阻分压法、频率法、运放 I/U 变换原理法。

平衡电桥测量法是将电解液作为惠斯登电桥的一个桥臂，调整另一个桥臂使电桥平衡，从而计算出电导率。假设待测电阻 R_x 是一个桥臂，其他三个桥臂的电阻为 R_1、R_2 和 R_3。如果电桥处于平衡位置，电桥的检流计数值将会是零。如果 R_x 发生了变化，电桥就会失去平衡，检流计上也会有数值显示。这时，改变 R_2 和 R_3 的比值，直到电桥恢复到平衡状态。根据电桥的平衡关系式计算可得

$$R_x=\frac{R_3}{R_2}R_1 \tag{1-33}$$

式中的 R_1 是固定值，根据 R_3 和 R_2 的比值，可以计算出 R_x 的数值。平衡电桥测量法是一种最基本的方法，同时也能保证较高的精度。

直接电阻分压法中分压电阻和电解液相连，同时分压电阻可以根据需求分档调节，并且接着放大电路和滤波电路。分压法是将振荡器、电解液（R）和量程电阻（R_1）连在一个回路里，振荡器会给回路输送电流，产生交流电压 E，电流会经过电解液和量程电阻。电解液的电导率越大，R_1 就会越小，R_1 分到的电压（U）就会越大。将 U 经放大器放大，再经整流输出直流信号，从表头读出电导率即可。

运放 I/U 变换原理法是将电解液和运算放大器相连，通过运算放大器输出端反馈电阻后，就可以得到电压信号且和输入电流成正比。在测试电解液电导率过程中，电极两侧的电压信号为恒定振幅电压。电流 I_x 经过电极，电流大小和电解液中的离子浓度相关，被测的电解液电导率和运算放大器的输出电压 U_0 成正比，被测物的电导率和输出信号的幅值是正比关系

$$U_0=-\frac{R_F}{R}E=-R_FEG \tag{1-34}$$

式中，R_F 为反馈电阻。一般来说，理想情况下可以根据公式计算出结果，但是也要考虑具体电路情况、阻抗变化等因素的影响。

频率法是将电解液电导作为电路（振荡电路）中的一环，因为电路中产生的振荡信号和电解液的电导率成正比，所以可通过频率确定溶液的电导值。但是这种方法并未将溶液中存在双电层现象的情况考虑进去，所以结果会有一定的误差。

测量电解液电导的电池如图 1-4 所示。

1.3.2.4 影响电解液电导率的因素

① 极化反应。电解液在电解的过程中，电极两端会发生极化现象，这会让电解液的电阻增大（具体详见第 4 章）。

② 掺杂程度。一般来说，改变电解液中掺杂物质的浓度也会影响其电导率。以水溶液

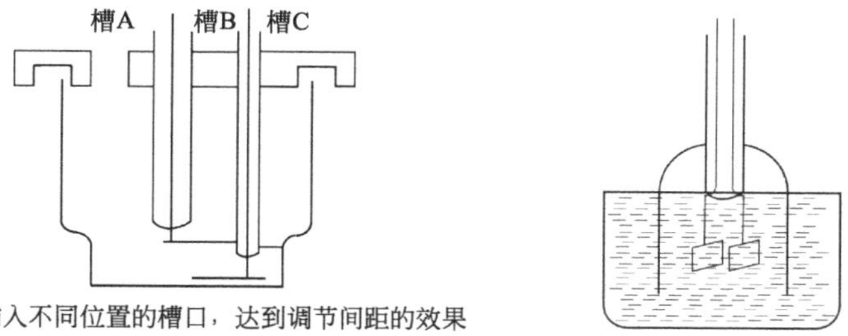

将电极插入不同位置的槽口，达到调节间距的效果

(a) 可改变电极间距的电池　　(b) 实验室快速测量的浸液式电池

图 1-4　测量电解液电导的电池

为例，水溶液的电导率主要依赖于其溶解盐的浓度，或者是分解的化学物质。溶液电导率的测量一般是以其中离子成分、杂质成分等为指标，水越纯净，电导率会越低。

③ 温度的影响。影响电解液电导率发生变化的最大因素是温度，溶液内的离子迁移速度、溶解度、黏度等都受到温度的影响。一般来说，科学家们公认 25℃是电解液标准温度。但是不同种类的电解液电导率和温度并不是成线性变化，所以不同电解液的电导率也不一样。

1.3.2.5　德拜-休克尔-昂萨格理论

电解液中的离子在溶剂化后会受到相反的作用力，然后溶剂化的离子发生重排直到平衡状态。带正电的离子会因为静电吸引的作用，吸引带负电的离子，同时也会排斥带相同电荷的离子。但是，正负离子发生随机热运动，会破坏离子氛（图 1-5）中心对称的有序结构。在离子静电作用、随机热运动的作用下，电解液中的离子周围都会带与自身相反电荷的离子氛。

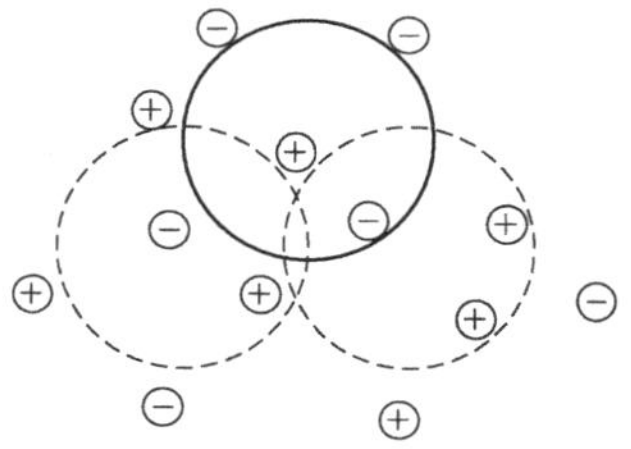

图 1-5　离子氛示意图

对电解液加个外电场后，带正负电荷的离子会逆向做加速迁移，带有正负电荷的粒子在电场的作用下会做相反方向的加速运动，这种加速运动会将已经形成的离子氛模型破坏。此外，在接下来的粒子运动中，会不断形成新的离子氛模型，新的离子氛模型形成所需要的时间被人们称为弛豫时间。但是，离子氛模型的中心离子是移动的，导致了中心离子并不处在离子氛的中心，所以破坏了离子氛模型的对称结构。又由于离子氛运动的方向始终与中心离子运动方向相反，所以中心结构受到破坏后的离子氛在迁移过程中会受到阻力，这就是弛豫效应，也称为不对称效应。

1.3.3　离子迁移率与离子电导率

电解液中有着阴离子和阳离子，两者在定向移动的过程中都会产生电流。电解质溶液中的总电流就是阴阳离子产生电流的总和（$i_+ + i_-$），所以定义阳离子的迁移数是阳离子产生的电流占总电流的比

$$t_+ = \frac{i_+}{i_+ + i_-} \tag{1-35}$$

也可以表示成

$$t_+ = \frac{j_+}{j_+ + j_-} \tag{1-36}$$

$$t_- = \frac{j_-}{j_+ + j_-} \tag{1-37}$$

从公式中可看出，离子的迁移数可以定义为由离子迁移而产生的电量占离子迁移产生的电量的百分比。

离子的迁移流量公式也可推导（以正离子为例），正离子迁移产生的电迁流量可以表示为

$$J_+ = \frac{1}{1000} c_+ v_+ \tag{1-38}$$

式中，c_+为正离子的浓度；v_+为正离子迁移速度，则有电流密度

$$j_+ = \frac{|z_+|}{1000} F c_+ v_+ \tag{1-39}$$

由正负离子总和得知，离子迁移产生的电流密度总和为

$$j = \frac{|z_+|}{1000} F c_+ v_+ + \frac{|z_-|}{1000} F c_- v_- \tag{1-40}$$

又有 $c_N = |z_+| c_+ + |z_-| c_-$，则

$$j = \frac{1}{1000} c_N F (v_+ + v_-) \tag{1-41}$$

将 $j = \kappa E$ 代入上式，κ 为电导率，得

$$\frac{\kappa}{c_N} = \frac{1}{1000} F \left(\frac{v_+}{E} + \frac{v_-}{E} \right) \tag{1-42}$$

式中，$\frac{v_+}{E}$和$\frac{v_-}{E}$分别为正离子、负离子的迁移速度，即离子迁移率，可以写为 u，单位为 $cm^2/(Vs)$，则

$$\lambda = F(u_+ + u_-) = \lambda_+ + \lambda_- \tag{1-43}$$

根据式（1-36）～式（1-43），可以得到

$$t_+ = \frac{|z_+| u_+ c_+}{|z_+| u_+ c_+ + |z_-| u_- c_-} = \frac{|z_+| \lambda_+ c_+}{|z_+| \lambda_+ c_+ + |z_-| \lambda_+ c_-} \tag{1-44}$$

$$t_- = \frac{|z_-| u_- c_-}{|z_+| u_+ c_+ + |z_-| u_- c_-} = \frac{|z_-| \lambda_- c_-}{|z_+| \lambda_+ c_+ + |z_-| \lambda_+ c_-} \tag{1-45}$$

则有

$$t = t_+ + t_- \tag{1-46}$$

所有离子的迁移数总和为 1。

1.3.4 活度基本概念

1.3.4.1 活度和活度系数

根据德拜-休克尔-昂萨格理论，在电解液中，正负离子周围有与自身电荷相反的离子氛。在离子进行氧化还原反应前，四周的离子氛必先离解，离子氛在离解过程中需要消耗体系内一定的自由能。待离子氛离解后，离子的自由能要比周围电解液中的粒子低。又因为电解液中的离子越多，离子氛也就越聚集，密度也会越大。所以随着溶液浓度增大，离子氛离

解后，离子的自由能降低也会越快。从此得出，要想准确描述溶液中离子的动力学和热力学的变化，仅仅使用质量摩尔浓度、体积摩尔浓度等单位是远远不够的，所以需要引入活度的概念。

化学势 $\mu_i=\mu_i^0+RT\ln x_i$，式子中的 x_i 就是活度。但这里我们把 x_i 换成 y_i，y_i 是 i 组分占总溶液的摩尔分数，即公式

$$\mu_i=\mu_i^0+RT\ln y_i \tag{1-47}$$

式中，μ_i^0 是标准化学位；R 是摩尔气体常数；T 是热力学温度；μ_i 为 i 组分的化学位。但是在实际情况下，溶液并不是理想溶液，所以不能直接使用公式（1-47）进行计算。但是为了保持化学位计算公式一致，所以在保持标准化学位（μ_i^0）不变的情况下，将真实溶液相对理想溶液的误差通过浓度项来进行了矫正，从而引入活度（x_i）的概念来代替式（1-47）中的 y_i。

一般来说，x_i 和 y_i 的差距在于真实溶液和理想溶液的不同，所以引入活度系数的概念也非常重要。活度系数是用来反映真实溶液与理想溶液的不同，可以理解为是偏差项，一般用 γ 来表示

$$\gamma=\frac{x_i}{y_i} \tag{1-48}$$

在计算过程中，一般规定如果固态、液态和溶剂是标准状态，也就是纯物质状态的话，活度则为 1。

1.3.4.2 电解液中的离子活度

电解液中存在着大量的正负离子，并且在电离时可以生成正离子和负离子。因为电离后不可能溶液中只含有一种离子，所以没法单独测量出正离子或者是负离子的活度，只能测算出整个电解液中的离子的活度，这就说明了平均活度、平均活度系数概念的重要性。

假设电解质 MA 的电离反应是 $MA═══\nu_+M^++\nu_-A^-$，此式中 ν_+ 和 ν_- 分别是 M^+ 和 A^- 的化学计量数，所以整个分解反应的化学位 $\mu=\nu_+\mu_++\nu_-\mu_-$，$\mu_+$ 和 μ_- 是正离子、负离子的化学位，将正负离子化学位代入上式中

$$\mu_i=\nu_+(\mu_+^0+RT\ln a_+)+\nu_-(\mu_-^0+RT\ln a_-) \tag{1-49}$$

式中，a_+、a_- 是正离子、负离子的活度。将 $\mu^0=\nu_+\mu_+^0+\nu_-\mu_-^0$ 代入式（1-49），则可得到

$$\mu=\mu^0+RT\ln(a_+^{\nu_+}+\alpha_-^{\nu_-}) \tag{1-50}$$

再采用质量摩尔浓度标度得

$$\begin{aligned}a_+&=\gamma_+m_+\\a_-&=\gamma_-m_-\\\nu&=\nu_++\nu_-\end{aligned} \tag{1-51}$$

可以利用 $\nu=\nu_++\nu_-$ 将式子简化，则

$$\begin{aligned}\gamma_\pm&=(\gamma_+^{\nu_+}\gamma_-^{\nu_-})^{1/\nu}\\m_\pm&=(m_+^{\nu_+}m_-^{\nu_-})^{1/\nu}\\a_\pm&=(a_+^{\nu_+}a_-^{\nu_-})^{1/\nu}\end{aligned} \tag{1-52}$$

代入式（1-49）可得

$$\mu=\mu^0+RT\ln(\gamma_\pm m_\pm)^\nu=\mu^0+RT\ln a_\pm^\nu \tag{1-53}$$

最后可以得到电解液活度 a、平均活度 $a_\pm$、平均活度系数 $\gamma_\pm$ 之间的关系为

$$a=a_\pm^\nu=(\gamma_\pm m_\pm)^\nu \tag{1-54}$$

故可以得到

$$a_+=\gamma_\pm m_+ \tag{1-55}$$

$$a_-=\gamma_\pm m_- \tag{1-56}$$

根据上式即可求出电解质平均溶液的活度、平均活度系数。

【例题】

1. 在室温环境下，求解无限稀的醋酸（HAc）的摩尔电导是多少。已知：$\lambda_{0,HCl}=426.1S\cdot cm^2/mol$；$\lambda_{0,NaCl}=126.5S\cdot cm^2/mol$；$\lambda_{0,NaAc}=91.0S\cdot cm^2/mol$。

解：$\lambda_{0,HAc}=\lambda_{0,H^+}+\lambda_{0,Ac^-}=\lambda_{0,HCl}+\lambda_{0,NaAc}-\lambda_{0,NaCl}=390.6S\cdot cm^2/mol$

2. 在 Hittorf 迁移管中，利用 Cu 电极来电解硫酸铜溶液，通电后，银库仑计上析出 0.405g 银，阴极部分的溶液质量为 36.434g，通电前含有硫酸铜 1.1276g，通电后含有 1.109g。求解 Cu^{2+} 和 SO_4^{2-} 的离子迁移数。

解：首先求出 Cu^{2+} 的迁移数，先以 $0.5Cu^{2+}$ 为基量，已知 $M(0.5CuSO_4)=79.75g/mol$

再求析出后的银的物质的量：n(析出)$=0.405/107.88=3.754\times10^{-3}mol$

再分别求出硫酸铜初始态和终止态的物质的量，n(初始)$=1.4139\times10^{-2}mol$，n(终止)$=1.3906\times10^{-2}mol$

再由 n(迁移)$=n$(终止)$-n$(初始)$+n$(析出)可以得到，n(迁移)$=3.521\times10^{-3}mol$

$t(Cu^{2+})=n$(迁移)$/n$(析出)$=0.94$，再由 $t=t_++t_-=1$，得到最终的 $t(SO_4^{2-})=1-0.94=0.06$。

3. 计算 0.1mol/kg 的 Na_2SO_4 溶液的平均活度。

解：由电离方程可以得到：$Na_2SO_4 \longrightarrow 2Na^++SO_4^{2-}$

根据题意可以知道，$m_+=0.2mol/kg$，$m_-=0.1mol/kg$，$\nu_-=1$，$\nu_+=2$，溶液的平均活度系数为 0.453，则

$$m_\pm=(m_+^{\nu_+}m_-^{\nu_-})^{1/\nu}=0.159$$

$$a_\pm=\gamma_\pm m_\pm=0.072$$

思考题

1. 电极电势的定义是什么？
2. 电解质和原电池的定义是什么？请列出两者的区别。
3. 法拉第定律的意义是什么？
4. 摩尔电导率和普通电导率的区别在哪？两者之间的联系是什么？
5. 离子独立移动定律的实际意义是什么？

6. 测量电解液电导率常见的方法有哪些？

7. 影响电解液电导率的因素有哪些？

8. 离子氛模型是在什么理论的基础上建立的？请解释离子氛模型。

9. 电化学计算中引入活度概念的意义是什么？活度通过什么来反映溶液的状态？

10. 理想溶液和真实溶液的区别是什么？两种溶液为什么会产生偏差？

习题

1. 在 25℃的情况下，H^+、Cl^- 的摩尔电导分别为 349.7S · cm^2/mol、76.3S · cm^2/mol，试求 0.1mol/L 的 HCl 水溶液的电导率，计算过程中忽略水电导率的影响。

2. 经过测试后，在 25℃下的 0.125mol/L 的氯化钠水溶液中，氯化钠的摩尔电导为 126.5S · cm^2/mol，水的电导率为 1.0×10^{-6}S/cm，请计算溶液的电导率。

3. 在室温下，1.0×10^{-6}mol/dm^3 的氯化钠的摩尔电导为 126.5S · cm^2/mol，$\lambda_0(Na^+)=$ 50.1S · cm^2/mol，$\lambda_0(I^-)=$76.9S · cm^2/mol，试求：

（1）氯离子的迁移数；

（2）向氯化钠溶液中加入同等的碘化钠后，钠离子和碘离子的迁移数。

4. 试着求解下列电解液的平均活度：

（1）0.2mol/kg 的 KCl；

（2）0.02mol/kg 的 $Fe(NO_3)_3$；

（3）0.1mol/kg 的 HCl；

（4）0.5mol/kg 的 H_2SO_4。

第 2 章

相边界的双电层结构

将电极插入电解液，在电极和溶液之间会形成界面。无论原电池或电解池，各种电化学反应均发生在这一极薄的界面层内。因此，界面的结构和性质对电极反应具有巨大的影响。

当电极插入电解液，由于电极/溶液间的双电层会形成强大的界面电场，电荷在电极/电解液相界面发生电子得失的反应，从而发生电荷转移。在强大的界面电场下，电荷的转移速度势必产生极大的变化，甚至某些在其他场合难以发生的反应也能够得以进行。特别地，电极电势能够被人为地、连续地调节改变，因而可通过调控电极电势而有效地、连续地改变电极反应速率。另外，电解液的组成和浓度、电极材料的本征性质和表面状态都会影响电极/溶液界面的结构和性质，从而对电极反应的速率造成显著影响。所以，要深入了解电极过程中的动力学、热力学规律，就必须了解电极/溶液界面的结构与性质。通过对界面有更深入的研究，才能有效控制电极反应速率。下面将从电极/溶液界面的结构、性质以及现象等方面详细介绍相边界的双电层结构。

2.1 电极/溶液界面的基本结构与性质

2.1.1 离子的溶剂化

对于固态的离子晶体，如氯化钠，在其晶格位点中，存在着带正电荷的正离子和带负电荷的负离子，正负电荷间的静电作用力维持离子晶体稳定存在。一般情况下，静电库仑力很强，因此当两个带有相反电荷的离子相互靠近且距离逐渐减小时，静电作用力逐渐增大，当离子间距离进一步减小到原子核之间短程斥力开始发挥作用时，电荷间的作用力开始减小，当斥力增大到与静电力相等时，正负电荷到达平衡距离。由于静电作用力较强，需要较大的能量才能破坏离子晶体的晶格，因此，离子晶体一般具有较高的熔点。

当离子晶体（如氯化钠）置于溶剂中（如水）时，正负离子间的介电常数由真空介电常数 $\varepsilon_{真空}=1$ 变为 $\varepsilon_{水}=78.3$（25℃，均相体系），使得正负离子间的相互作用力变弱，此时，氯化钠逐渐溶解于水中，形成游离的 Na^+ 和 Cl^-。事实上，水相中减弱的正负离子作用力并不足以溶解氯化钠。此时，溶剂水分子在晶体溶解过程中表现出至关重要的作用。如图 2-1 所示，由于水分子的偶极性，使得水分子结合在离子周围，形成溶剂化的离子，这个过程称为溶剂效应，也叫溶剂化作用。离子晶体在水中离解成被水分子包围的正负离子，由于离子在溶剂化过程中获得的能量使得溶解焓减小，此时溶解平衡将向溶解方向移动。

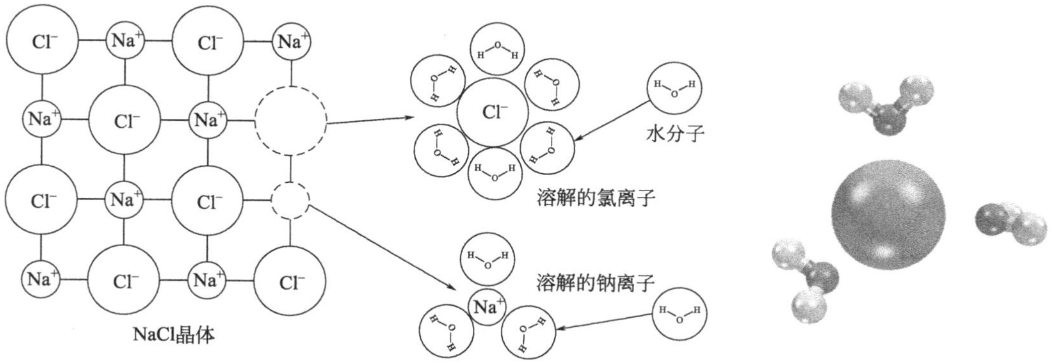

图 2-1　NaCl 在水中溶剂化的过程及钠离子的溶剂化结构（三维表示）

一般地，离子越小其所带的电荷越多，作用于水分子的电场越强，因此水合热越大。由于碱金属和碱土金属（Li、Be、Mg 除外）离子电荷数小、半径大的特征，相应地，它们对水分子的吸引力比较弱，不易形成水合阳离子。而过渡元素、Al 等金属离子电荷数大、半径小，对水分子的吸引力强，水合焓较大，所以易形成水合阳离子。由此可知金属离子不同，其水合能力也有所区别。

（1）水合质子

H. F. Halliwell 与 S. C. Nyburg 于 1963 年推算出质子的水合焓为 1091kJ/mol。可见溶液中不存在裸露的 H^+，而是以水合质子 $[H(H_2O)_n]^+$ 形式存在，式中 $n=1$、2、3……根据分子轨道理论计算，H_3O^+ 呈平面三角形。因此，$H_9O_4^+$ 中的四个氧在同一平面上，结构如图 2-2 所示（虚线表示氢键）。

（2）水合阳离子

在晶体中水合阳离子的结构与溶液中不同，即在含有结晶水的盐类中，绝大多数的水合阳离子是水合配离子。常见结构见表 2-1。

表 2-1　常见水合配离子结构

$[M(OH_2)_n]^{m+}$	n	杂化轨道	空间构型	实例
$[M(OH_2)_2]^{m+}$	2	np,nd,pd	直线	$[Ag(OH_2)_2]^+$
$[M(OH_2)_4]^{m+}$	4	np^{2}d	平面正方形	$[Cu(OH_2)_4]^{2+}$
		np^3	四面体	$[Ni(OH_2)_4]^{2+}$
$[M(OH_2)_6]^{m+}$	6	sp^{3}d^2,d^2np^3	八面体	$[Cr(OH_2)_6]^{3+}$
$[M(OH_2)_8]^{m+}$	8	d^4np^3	—	$[Sr(OH_2)_8]^{2+}$
$[M(OH_2)_9]^{m+}$	9	d^5np^3	—	$[Nb(OH_2)_9]^{3+}$

溶液中水合阳离子的水合水可分为一次水合水和二次水合水（又称为初级水合水和次级水合水）。初级水合水是靠配位键与离子成键（称为化学水合），结合牢固，此水分子失去平动自由度，常伴随离子一起移动，此即水合配离子。次级水合水是通过静电作用（离子-偶极作用）在水合配离子上再结合的水分子。由于相距较远，结合力较弱，通常不随着离子移

动，例如水合钴离子 $[Co(OH_2)_n]^{2+}$，由配位化学可知 Co^{2+} 在水中以稳定的 $[Co(OH_2)_n]^{2+}$ 配离子存在，其配位数或水合数为 6，水分子在 Co 周围呈八面体分布。但用压缩系数法、水合熵法测得其水合数为 10～14，这是由于二级水合水同时被测出，即还有 8 个水分子处于初级水合水所形成的八个面的中心连线上，通过静电作用而被固定在距离 Co^{2+} 较远的位置上，其结构如图 2-3 所示。

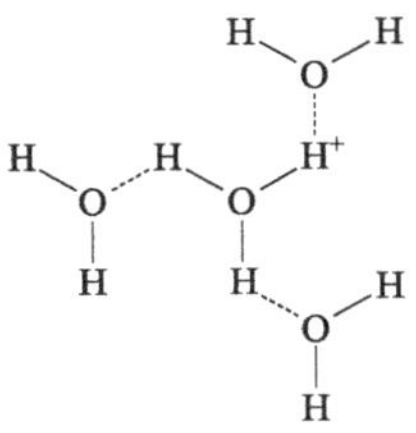

图 2-2　$H_9O_4^+$ 示意图

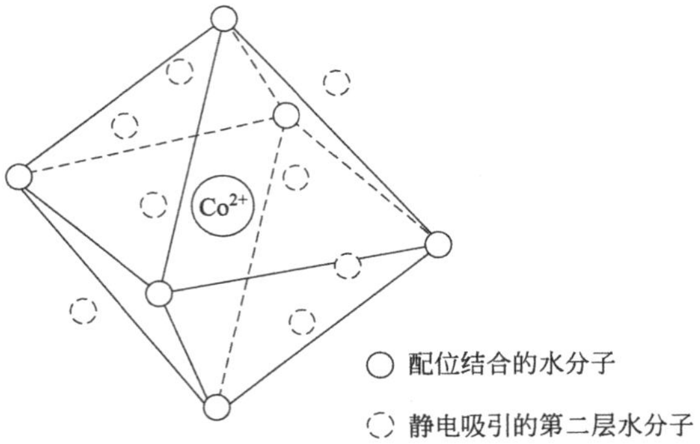

图 2-3　Co^{2+} 的水合离子结构

（3）水溶液中水合阴离子结构

阴离子的外层电子较多且半径较大，因此，阴离子与水分子通常通过静电引力或氢键作用形成水合阴离子，一般不能形成配位键，所以水合阴离子的水合数较小（如 I^- 的水合数常认为是 0 或 1），结构较简单。经 X 射线衍射测定，在水溶液中，卤素离子（X^-）的周围有 6 个位于八面体顶点的水分子，彼此以弱的静电引力结合，因此对于水合卤素离子一般不写其水合形式 $[X(H_2O)_6]^-$，而简写为 X^-。对于水合氢氧根离子 $[OH(H_2O)_m]^-$（$m=1$，2,3…），其结构中氢键起着决定性作用，如图 2-4 所示。

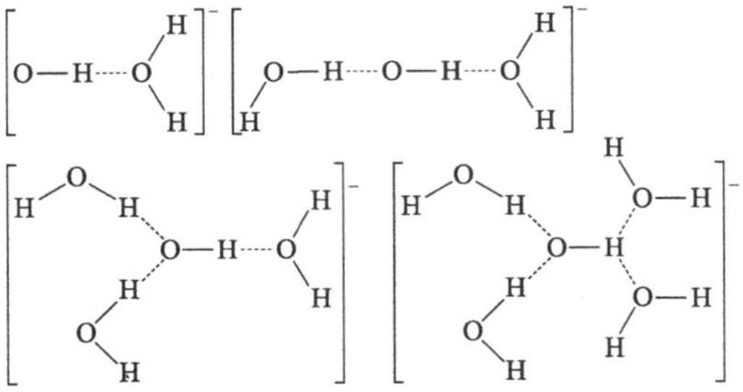

图 2-4　水合氢氧根离子的几种可能结构

因此，溶液中离子的溶剂化结构随着离子周围环境的不同而处于不断变化的过程中，这是考虑电极/溶液界面现象时应时刻注意的问题。

2.1.2 电极/溶液界面的基本结构

当金属 M 电极置于含有 M^{x+} 离子的溶液中时，会发生如下反应

$$M^{x+}+xe^- \rightleftharpoons M \tag{2-1}$$

当逆向反应起主导作用时，金属 M 会因失去电子而带正电荷。由于金属的电导率较高，

使正电荷排布在金属电极表面，而在界面另一侧（与金属电极相邻的电解液），由于正电荷吸引，电解液中带负电荷的离子会趋于紧靠电极表面，而带正电荷的离子受排斥而远离电极表面，如图 2-5 所示。在电极/电解液相界面处，电极和电解液各自带有数量相等且电性相反的电荷，形成了双电层结构。这种最简单的双电层模型被称为亥姆霍兹（Helmholtz）双电层模型。在亥姆霍兹双电层模型中，双电层可被视作双层平板电容器。因此，当向体系施加电扰动时，双电层所负载的电荷会发生相应改变，从而导致电流产生，这一部分电流被称为充电电流。如果溶液中存在可被氧化还原的物质，且这种电扰动又足够引起其发生氧化还原反应，那么此时的电流包括两类，即由氧化还原反应引起的法拉第电流和非法拉第电流。

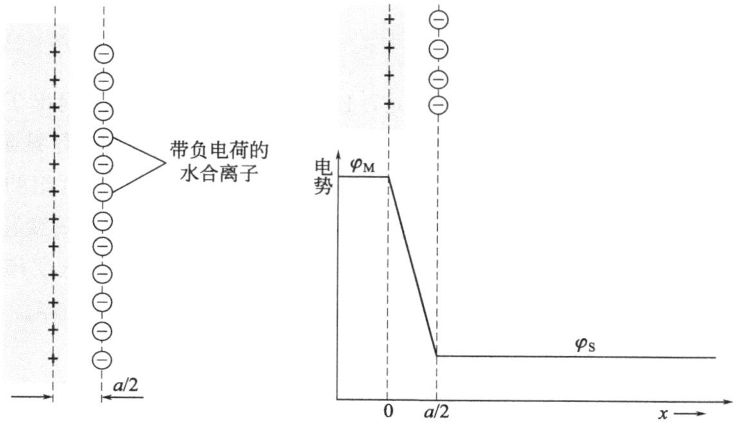

图 2-5　亥姆霍兹双电层及其电势分布

实际上，电极和溶液两相中的电荷离子在热运动驱使下倾向离开紧密排布的电荷层。亥姆霍兹模型并没有考虑到热运动对电极附近离子的影响。最接近现实的双电层模型是由 Stern 提出的，他认为双电层应由亥姆霍兹双电层模型与扩散双电层模型共同构成，如图 2-6 所示。Stern 认为在亥姆霍兹双电层中，某些离子可能会失去溶剂化外层，从而非常靠近电极表面，与其他溶剂化离子所形成的电荷层相比，该去溶剂化的电荷层称为“内”亥姆霍兹平面，而溶剂化离子所形成的电荷层称为“外”亥姆霍兹平面。

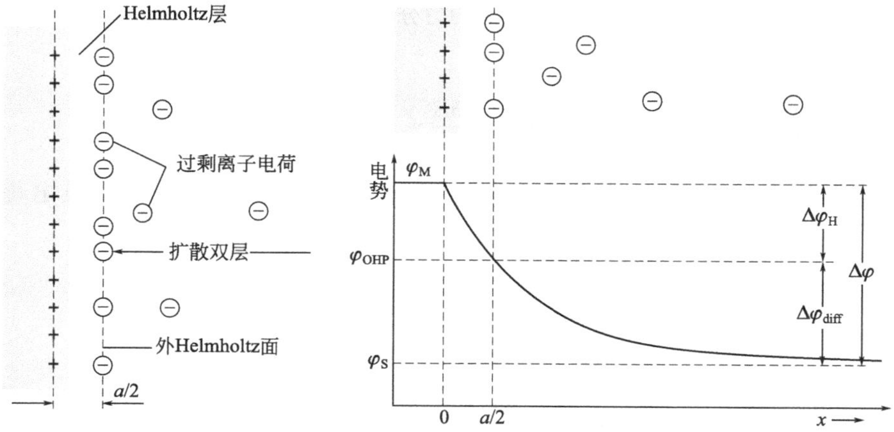

图 2-6　Stern 双电层模型及其电势分布

若以 $\Delta\varphi_H$ 表示亥姆霍兹双电层电势降，$\Delta\varphi_{diff}$ 表示扩散双电层的电势降，则整个双电层的电势降 $\Delta\varphi$ 由两部分构成

$$\Delta\varphi=(\varphi_M-\varphi_{OHP})+(\varphi_{OHP}-\varphi_S)=\Delta\varphi_H-\Delta\varphi_{diff} \tag{2-2}$$

将无限远处溶液深处认为是零电势，则可以利用如下公式来计算双电层电容 C_d

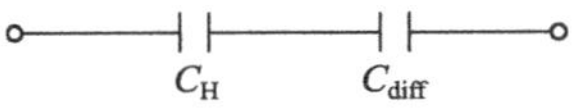

图 2-7　双电层微分电容的构成

$$\frac{1}{C_d}=\frac{d\Delta\varphi}{dq}=\frac{d\Delta\varphi_H}{dq}+\frac{d\Delta\varphi_{diff}}{dq}=\frac{1}{C_H}+\frac{1}{C_{diff}} \tag{2-3}$$

此时，双电层的微分电容可看作是由亥姆霍兹双电层电容 C_H 和扩散层电容 C_{diff} 串联而成的，如图 2-7 所示。

2.1.3 斯特恩模型

随着对电极/电解液界面研究的不断深入，Helmholtz 于 19 世纪末提出了双电层紧密模型，该模型解释了界面条件随电极电势的变化规律，但这种模型无法解释界面电容随着电解液浓度、电极电势变化的趋势。在此基础上，Gouy 和 Chapman 于 20 世纪初提出了扩散层模型，该模型将电容的变化与电极电势相联系，较好地解释了界面条件的变化规律，但其却无法精确得出微分电容的数值。Stern 于 20 世纪中期提出了双电层静电层模型（斯特恩模型），该模型将双电层分为内层和外层两部分，并解释了界面处产生的电容。

2.1.3.1 双电层方程的推导

以下将以第一主族金属和对应的金属盐溶液为例，对双电层进行定量处理。假设离子与电极间除静电作用外并无其他外力作用，且离子分布遵循玻尔兹曼分布定律。由于双电层的厚度很小（一般为 0.1nm 到 1nm 之间），故可近似将其假设为平面电极，即认为在双电层中，电势沿 x 方向为一维函数。从而，距电极 x 处的电解液中，离子的浓度分布为

$$c_i=c\exp\left(\frac{\varphi_i F}{RT}\right) \tag{2-4}$$

式中，c_i 为离子在电势 φ_i 下的浓度；φ_i 为距电极 x 处的电势；c 为距离电极无限远处的溶液浓度，即电解液的体浓度；F 为法拉第常数。

当忽略离子的体积，假定离子的电荷呈均匀分布，故可用泊松分布将电荷的分布与双电层电势分布联系起来，可得式（2-5）

$$\frac{d^2\varphi}{dx^2}=-\frac{\partial E}{\partial x}=-\frac{p}{\varepsilon_r\varepsilon_0} \tag{2-5}$$

式中，p 为距电极 x 处剩余电荷的体电荷密度，为该处正电荷密度与负电荷密度差值，即

$$p=cF\left[\exp\left(\frac{\varphi_+ F}{RT}\right)-\exp\left(\frac{\varphi_- F}{RT}\right)\right] \tag{2-6}$$

将 p 的定义式代入上式，可得

$$\frac{d^2\varphi}{dx^2}=-\frac{cF}{\varepsilon_r\varepsilon_0}\left[\exp\left(\frac{\varphi_+ F}{RT}\right)-\exp\left(\frac{\varphi_- F}{RT}\right)\right] \tag{2-7}$$

化简可得

$$\frac{\mathrm{d}\left(\frac{\mathrm{d}\varphi}{\mathrm{d}x}\right)^2}{\mathrm{d}\varphi}=-\frac{2cF}{\varepsilon_r\varepsilon_0}\left[\exp\left(\frac{\varphi_+F}{RT}\right)-\exp\left(\frac{\varphi_-F}{RT}\right)\right] \tag{2-8}$$

根据 Stern 模型的边界条件：$x=a/2$ 时，$\varphi=\varphi_i$，$x=\infty$ 时，$\varphi=0$，$\frac{\mathrm{d}\varphi}{\mathrm{d}x}=0$，假设 $\varphi_+=-\varphi_-$，将式（2-8）由 $x=a/2$ 到 $x=\infty$ 积分，可得

$$\begin{aligned}\left(\frac{\mathrm{d}\varphi}{\mathrm{d}x}\right)^2_{x=\frac{a}{2}}&=\frac{2cRT}{\varepsilon_r\varepsilon_0}\left[\exp\left(\frac{\varphi_+F}{2RT}\right)-\exp\left(\frac{\varphi_-F}{2RT}\right)\right]^2\\&=\frac{8cRT}{\varepsilon_r\varepsilon_0}\sinh^2\left(\frac{\varphi_+F}{2RT}\right)\end{aligned} \tag{2-9}$$

当表面电荷密度为正值时，$\varphi>0$，随着 x 增加，φ 值逐渐减小，从而 $\frac{\mathrm{d}\varphi}{\mathrm{d}x}<0$，故将式（2-9）开方可得

$$\left(\frac{\mathrm{d}\varphi}{\mathrm{d}x}\right)_{x=\frac{a}{2}}=-\sqrt{\frac{8cRT}{\varepsilon_r\varepsilon_0}}\sinh\left(\frac{\varphi_+F}{2RT}\right) \tag{2-10}$$

2.1.3.2 扩散层的推导

假设溶液中的离子在静电和热运动共同作用下，按照能场中离子的玻尔兹曼分布，电极的表面电荷密度 q 与电极表面剩余电荷的关系可表示为

$$q=-\varepsilon_r\varepsilon_0\left(\frac{\mathrm{d}\varphi}{\mathrm{d}x}\right)_{x=0} \tag{2-11}$$

由于离子具有一定体积，因此溶液中离子与电极表面的最小距离为 $a/2$，在 $x=a/2$ 处，$\varphi=\varphi^+$，在 $x=0$ 到 $x=a/2$ 处，无离子分布，φ 是以 x 为变量的线性函数，可得

$$\varepsilon_r\varepsilon_0\left(\frac{\mathrm{d}\varphi}{\mathrm{d}x}\right)_{x=0}=\varepsilon_r\varepsilon_0\left(\frac{\mathrm{d}\varphi}{\mathrm{d}x}\right)_{x=\frac{a}{2}} \tag{2-12}$$

所以

$$q=-\varepsilon_r\varepsilon_0\left(\frac{\mathrm{d}\varphi}{\mathrm{d}x}\right)_{x=\frac{a}{2}} \tag{2-13}$$

又因

$$\left(\frac{\mathrm{d}\varphi}{\mathrm{d}x}\right)_{x=\frac{a}{2}}=-\sqrt{\frac{8cRT}{\varepsilon_r\varepsilon_0}}\sinh\left(\frac{\varphi_+F}{2RT}\right) \tag{2-14}$$

从而

$$q=\sqrt{2cRT\varepsilon_r\varepsilon_0}\left[\exp\left(\frac{\varphi_+F}{2RT}\right)-\exp\left(\frac{\varphi_-F}{2RT}\right)\right]=\sqrt{8cRT\varepsilon_r\varepsilon_0}\sinh\left(\frac{\varphi_+F}{2RT}\right) \tag{2-15}$$

由此可得出电极表面电荷密度 q、扩散层电势 φ_+、溶液浓度 c 之间的关系。假设离子与电极表面的最小距离 $a/2$ 不随电极电势变化时，紧密层可简化为平板电容器，其电容值 C_H 为定值，即

$$C_H=\frac{q}{\varphi-\varphi_+} \tag{2-16}$$

所以

$$q=C_H(\varphi-\varphi_+)=\sqrt{8cRT\varepsilon_r\varepsilon_0}\sinh\left(\frac{\varphi_+F}{2RT}\right) \tag{2-17}$$

故
$$\varphi=\varphi_{+}+\frac{1}{C_{\mathrm{H}}}\sqrt{8cRT\varepsilon_{r}\varepsilon_{0}}\sinh\left(\frac{\varphi_{+}F}{2RT}\right) \tag{2-18}$$

由此可知，电极/溶液间的双电层电势差 φ 是通过紧密层和扩散层构成，且通过调控溶液浓度可改变电势分布。

当溶液的浓度 m 和电极表面电荷密度较小时，$\varphi F \ll RT$，即双电层中的静电作用远小于热运动作用，故

$$q=\sqrt{8cRT\varepsilon_{r}\varepsilon_{0}}\sinh\left(\frac{\varphi_{+}F}{2RT}\right) \tag{2-19}$$

$$\varphi=\varphi_{+}+\frac{1}{C_{\mathrm{H}}}\sqrt{8cRT\varepsilon_{r}\varepsilon_{0}}\sinh\left(\frac{\varphi_{+}F}{2RT}\right) \tag{2-20}$$

将其进行级数展开，略去高次项，可得

$$q=\sqrt{\frac{2c\varepsilon_{r}\varepsilon_{0}}{RT}}F\varphi_{+} \tag{2-21}$$

$$\varphi=\varphi_{+}+\frac{1}{C_{\mathrm{H}}}\sqrt{\frac{2c\varepsilon_{r}\varepsilon_{0}}{RT}}F\varphi_{+} \tag{2-22}$$

当溶液稀到 $c\rightarrow 0$ 时，则 $\varphi \approx \varphi_{+}$。此时，电极/电解液界面处的双电层几乎均为扩散层结构，并可近似认为扩散层电容等于整个双电层电容。若将扩散层近似为平板电容器，则

$$C=\frac{\varepsilon_{r}\varepsilon_{0}}{l}=\frac{q}{\varphi_{+}}=\sqrt{\frac{2c\varepsilon_{r}\varepsilon_{0}}{RT}}F \tag{2-23}$$

故可得
$$l=\frac{1}{F}\sqrt{\frac{RT\varepsilon_{r}\varepsilon_{0}}{2c}} \tag{2-24}$$

式中，l 为平板电容器两极间的距离，此处表示扩散层的有限厚度，即德拜长度，当离子间距离大于德拜长度时，离子之间的静电相互作用将变得非常小。由式（2-24）可知，l 与溶液浓度 c 成反比，与温度成正比。因此，当溶液浓度增加或溶液温度降低时，扩散层的有效厚度减小，而电容增大。

如果溶液浓度和电极表面电荷密度都较大，双电层中静电作用远大于热运动作用时，$\varphi F \gg RT$，此时，$\frac{1}{C_{\mathrm{H}}}\sqrt{\frac{2c\varepsilon_{r}\varepsilon_{0}}{RT}}F\varphi_{+} \gg \varphi_{+}$，从而

$$\varphi \approx \frac{1}{C_{\mathrm{H}}}\sqrt{\frac{2c\varepsilon_{r}\varepsilon_{0}}{RT}}F\varphi_{+} \approx \frac{1}{C_{\mathrm{H}}}\sqrt{2cRT\varepsilon_{r}\varepsilon_{0}}\exp\left(\pm\frac{\varphi_{i}F}{2RT}\right) \tag{2-25}$$

式中，当 φ_i 为正时，取正，当 φ_i 为负时，取负。从而

$$\varphi_{i}>0\text{ 时},\ \varphi \approx -A+\frac{2RT}{F}\ln\varphi_{i}-\frac{RT}{F}\ln c \tag{2-26}$$

$$\varphi_{i}<0\text{ 时},\ \varphi \approx A-\frac{2RT}{F}\ln(-\varphi_{i})+\frac{RT}{F}\ln c \tag{2-27}$$

式中，A 为常数。因此，当 φ 逐渐增大时，φ_i 也增大，但与 φ 的增大速度相比，φ_i 的增大速度较为缓慢。从而，随着 φ 增大，扩散层电容在整个双电层电容中占比逐渐减小，而扩散层的减小意味着其有效厚度减小，导致界面电容增大。同时，随着溶液浓度增加，扩散层电容逐渐减小。具体证明如下。

假设，在体系中，离子 M^{z+} 在其平衡条件下的数量为 n，从而

$$n=n_0\exp\left[\frac{-z_j e_0\varphi(x)}{k_b T}\right] \tag{2-28}$$

式中，x 为离子距电极的距离，由亥姆霍兹模型的定义可知，$x\geqslant a/2$，当 $x=a/2$ 时，离子距离电极最近。通过使用变量 ξ [其中 $\xi=x-(a/2)$] 替换变量 x，可得

$$n=n_0\exp\left\{\frac{-z_j e_0[\varphi(\xi)-\varphi_s]}{k_b T}\right\} \tag{2-29}$$

由于所有离子都处于溶液中，因此，离子强度 I 可定义为

$$I=\frac{1}{2}\sum_i z_i^2\frac{c_i}{c_0} \tag{2-30}$$

式中，c_0 为标准质量摩尔浓度，mol/kg。而且

$$\kappa^2=\frac{2e_0^2\rho_s N_A c_0}{\varepsilon_r\varepsilon_0 k_B T}I \tag{2-31}$$

式中，ρ_s 为溶剂密度；κ 为摩尔电导率。从而可将泊松方程表示为

$$\frac{d^2\varphi}{dc^2}=\kappa^2[\varphi(\xi)-\varphi_s] \tag{2-32}$$

解此方程可得

$$\varphi(\xi)-\varphi_s=Ce^{-\kappa\xi} \tag{2-33}$$

式中，C 为任意常数。$C=0$ 时，电势将位于外亥姆霍兹面（OHP），其电势 φ_{OHP} 可通过常数积分得出

$$\varphi(\xi)-\varphi_s=(\varphi_{OHP}-\varphi_s)e^{-\kappa\xi} \tag{2-34}$$

由此可见，从亥姆霍兹面向电解液内部，电势将会以指数形式降低（或增加）。而双电层的厚度主要与离子强度有关，不同质量摩尔浓度下的双电层厚度见表 2-2。可见，溶液浓度（离子强度）对双电层厚度具有重要的影响。

表 2-2　25℃时水溶液中不同类型和浓度电解质的双电层厚度

质量摩尔浓度/(mol/kg)	双电层厚度/(10^{-10}m)		
	1-1	1-2 或 2-1	2-2
10^{-4}	304.0	176.0	152.0
10^{-3}	96.0	55.5	48.1
10^{-2}	30.4	17.6	15.2
10^{-1}	9.6	5.5	4.8

注：1-1、1-2 或 2-1、2-2 为电解质类型（阴-阴离子）。

2.1.4 紧密层的结构

Stern 模型虽能够较好地反应电极表界面的实际情况，但是该模型在进行双电层推导时有假设作为前提，例如假定离子为没有体积的点电荷、离子电荷均匀分布、介质的介电常数不随电场强度的变化而变化等。这使得 Stern 模型对界面的描述是一种近似结果。同时 Stern 模型对紧密层的描述也相对简单，只是将紧密层视作厚度为 $a/2$ 不变的离子电荷层，而实际情况中，紧密层组成微观结构会对紧密层的结构和性质产生较大影响。

2.1.4.1 电极表面的“水合”和水介电常数的变化

水分子具有非线形结构，H—O—H 键夹角为104°28′。由于水分子的结构特点，其分子内正负电荷中心无法抵消，因此水分子具有偶极。从而，当水吸附在电极表面时，能够形成有序的分子层。当电极不带电时，电极表面的水分子可在很大范围内取向，但其具有以O端吸附于电极表面的倾向，这是由于吸附层中的水分子倾向于在吸附层中形成更多的氢键结构，且水分子之间的作用力也更倾向于使每一层中的水分子数目最大化。当电极通电从而引入表面电荷时，水分子的取向将发生变化，例如，当电极带正电时，水的偶极取向趋向垂直于电极表面，其H端逐渐远离电极表面；而当电极带负电时，水分子的偶极取向趋向平行于电极表面，H端逐渐靠近电极表面，如图2-8所示。

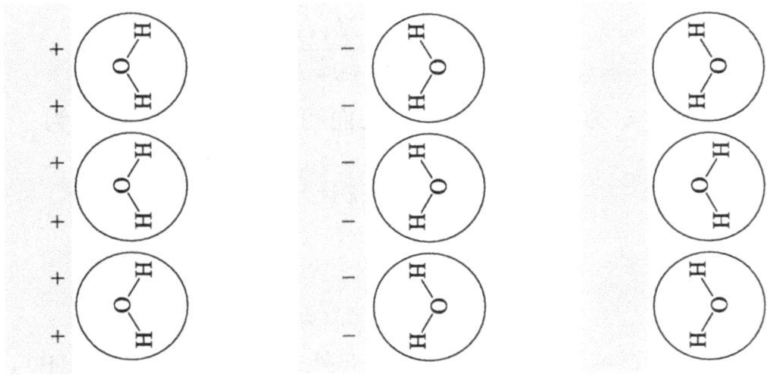

图 2-8　电极/溶液界面上的水分子偶极层

水分子对电极表面的覆盖率达70%以上，因此通常紧贴电极表面的第一部分是定向排列的水分子层，其后是由水合离子组成的剩余电荷层。在水分子层中，最靠近电极的一层水分子由于在强界面电场中的定向排列而导致介电饱和，其相对介电常数只有5～6；在第二层水分子中，水分子在一定程度上能够保持这种取向排列，而随着水分子与电极表面距离增加，取向排列逐渐消失，介电常数也随之增大到正常体相水的相对介电常数值（即约78）；而在紧密层离子周围的水合膜中，相对介电常数约为40。

2.1.4.2 无离子特性吸附时的紧密层结构

溶液中的离子通过短程相互作用吸附在电极表面的行为，称为特性吸附。极少数水合能较小的阳离子（如Tl^{+}、Cs^{+}）能够发生特性吸附，大多数阳离子不发生特性吸附。对于阴离子，除F^{-}不发生特性吸附以外，几乎所有的无机阴离子均可发生特性吸附。

当电极表面带负电时，双电层中的剩余电荷由阳离子构成。由于大多数阳离子与电极表面只发生静电作用下的吸附，而无特性吸附，且阳离子的水合程度较高，因此阳离子很难突破水合层进入水偶极层。在这种情况下，紧密层将由水偶极层和水合阳离子层串联而成，如图2-9所示。此时，由电极表面到水合阳离子电荷中心的液层被称作外亥姆霍兹面（OHP）。

2.1.4.3 有离子特性吸附时的紧密层结构

若电极表面带正电时，双电层中的剩余电荷由阴离子构成，而阴离子的水合程度较低，并容易进行特性吸附，因此，阴离子容易突破水合层而直接吸附于电极表面，从而形成紧密层结构，如图 2-10 所示。在该结构中，阴离子与电极表面紧密贴近，从而阴离子电荷中心所处的液层被称作内亥姆霍兹面（IHP）。

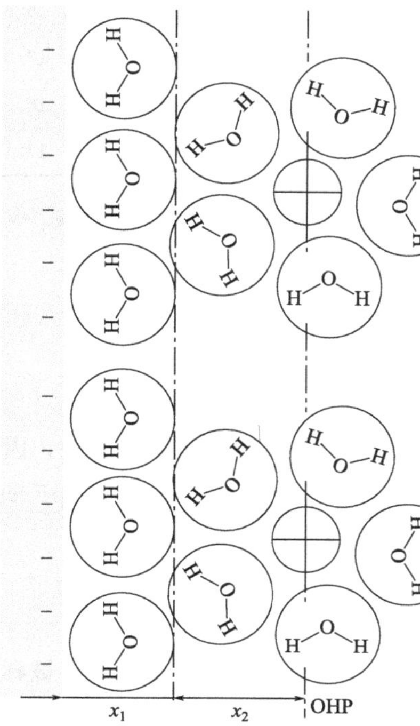

图 2-9　外紧密层结构示意图

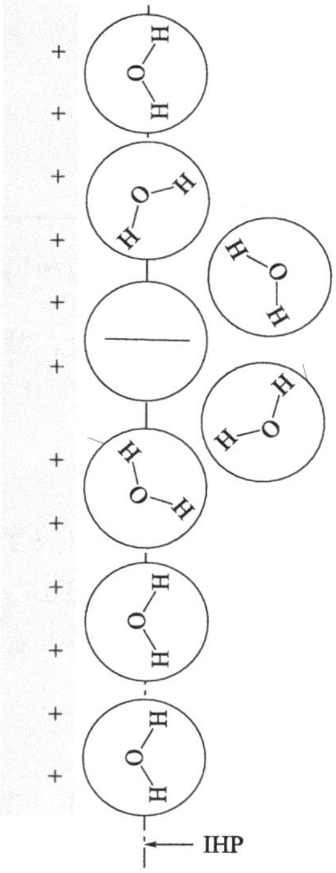

图 2-10　内紧密层结构示意图

根据 Stern 模型，紧密层由溶剂化的阳离子紧密贴近电极，离子与电极间的最小距离为溶剂化离子的半径。由于不同离子溶剂化半径不同，导致紧密层厚度有区别，故不同离子所形成的紧密层电容也有所差别。然而，对于带负电的极板，可以发现实际紧密层电容的变化和构成双电层的离子类型无关（表 2－3）。所以，Stern 模型无法用于分析紧密层的结构。以上述的紧密层模型进行分析，那么阴离子外层的水分子层可视作平板型电容器，所以可将紧密层电容等效为水分子层电容和阳离子层电容的串联结构。从而可得

$$\frac{1}{C_{紧}}=\frac{1}{C_{H_2O}}+\frac{1}{C_+} \tag{2-35}$$

式中，$C_{紧}$ 为紧密层电容；C_{H_2O} 为水分子层电容；C_+ 为阳离子层电容。若设水分子层厚度为 x_1，阳离子半径为 x_2，则式（2-35）可被表示为

$$\frac{1}{C_{紧}}=\frac{x_1}{\varepsilon_{H_2O}\varepsilon_0}+\frac{x_2}{\varepsilon_+\varepsilon_0} \tag{2-36}$$

表 2-3　不同离子溶液中的双电层的微分电容

离子	未水合的离子半径/(10^{-1}nm)	估计的水合离子半径/(10^{-1}nm)	微分电容/(μF/cm^2)
Li^+	0.60	3.4	16.2
K^+	1.33	4.1	17.0
Rb^+	1.48	4.3	17.5

续表

离子	未水合的离子半径/(10^{-1}nm)	估计的水合离子半径/(10^{-1}nm)	微分电容/($\mu F/cm^2$)
Mg^{2+}	0.65	6.3	16.5
Sr^{2+}	1.13	6.7	17.0
Al^{3+}	0.50	6.1	16.5
La^{3+}	1.15	6.8	17.1

由于水的相对介电常数 $\varepsilon_{H_2O} \approx 5$，水分子层和 OHP 层间的相对介电常数 $\varepsilon_{+} \approx 40$，从而 $\varepsilon_{+} > \varepsilon_{H_2O}$，而 x_1 和 x_2 差别不大，故可得 $\frac{x_1}{\varepsilon_{H_2O}\varepsilon_0} > \frac{x_2}{\varepsilon_{+}\varepsilon_0}$，因此

$$\frac{1}{C_{紧}} \approx \frac{x_1}{\varepsilon_{H_2O}\varepsilon_0} \tag{2-37}$$

由此可见，紧密层的容量取决于水分子层的性质，而与阳离子的种类无关，因而接近于常数。取 $\varepsilon_{H_2O}=5$，$\varepsilon_0=8.85\times10^{-8}\mu F/cm$，$x_1=0.28nm$，计算可得 $C_{紧}\approx16\mu F/cm^2$，该结果与表 2-3 中的实验值非常接近，有力证明了上述紧密层结构的合理性。

2.1.5 零电荷电势

相对于某一个参比电极而言，当电极界面处无剩余电荷时，则该电极电势被称为零电荷电势。电极/电解液界面的诸多因素均会影响零电荷电势，当界面处处于零电荷电势时，则不存在离子双电层，界面处的张力将会达到最大值，微分电容数值则变小。需要注意的是，即使界面处于零电荷电势时，电极的相间电势也并不为零。因为电解液中的离子吸附和金属表面部分极化现象都会导致电极表面的电势发生变化，形成相间电势。因此，零电荷电势并不代表电极电势为零。

零电荷电势可通过实验测定，直接测量的方法包括测量电毛细曲线，求得与最大界面张力对应的电极电势；通过交流阻抗测量电极的微分电容，而电容最小时所对应的电极电势即为零电荷电势。例如，通过测量 CO 在取代铂电极表面吸附的阴离子时所产生的电流可确定铂电极的零电荷电势。当电势低于 0.4V(vs. NHE) 时，CO 本身不发生氧化还原反应，此时测量得到的电流只与取代的物质种类相关。但通常阴离子在电势稍正于零电荷电势时发生吸附，并失去部分电荷，而在电势稍负于零电荷电势时发生解吸。由此可知，该方法可实际测得总电荷密度为零时的电势，而非铂电极表面过剩离子为零时的电势。因此，对于同种电极材料，其零电荷电势的文献报道值可能会有所不同。对于多晶铂电极，其零电荷电势值在 0.11～0.27V(vs. NHE)。

由于零电荷电势为可测量值，故其在电化学中有重要作用。由于电极/电解液界面的诸多重要性质与电极表面剩余离子数量和符号相关，因而可通过改变零电荷电势调控相关界面性质，例如，双电层中电势的分布、界面电容、界面吸附、溶液对电极的浸润、气泡在电极表面的附着现象等，其中诸多性质在零电荷电势下具有极限值，如微分电容在零电荷电势处达到最小值，界面张力在零电荷电势处达到最大值，有机分子吸附量在零电荷电势处达到最大值，在零电荷电势处溶液对电极界面的润湿性最弱，等。根据这些特性，可对界面性质

和界面反应现象进行深入研究，例如，零电荷电势是某些氧化物的重要特征之一，当氧化物通过以下方式荷正电或负电时

$$AH_2^+ \rightleftharpoons AH + H^+$$

$$AH \rightleftharpoons A^- + H^+$$

以上反应的平衡常数（K_+和 K_-）为

$$K_+ = \frac{[AH][H^+]_s}{[AH_2^+]} \tag{2-38}$$

$$K_- = \frac{[A^-][H^+]_s}{[AH]} \tag{2-39}$$

式中，[AH]、$[AH_2^+]$、$[A^-]$ 分别为中性、阳离子、阴离子的表面活度，而 $[H^+]_s$ 为 H^+在氧化物表面的浓度，其值可由式（2-40）得出

$$[H^+]_s = H\exp\left(-\frac{e\varphi_0}{kT}\right) \tag{2-40}$$

式中，H 为 H^+的体浓度，φ_0 为表面电势，e 为基本电荷量，而表面电荷密度 q 为

$$q = eN_s \frac{[AH_2^+]-[A^-]}{[AH]+[AH_2^+]+[A^-]} \tag{2-41}$$

式中，N_s 为氧化物表面可提供表面活性位点数，故综合上述公式可得

$$q = eN_s \frac{(H/K_+)\exp(-e\varphi_0/kT)-(H/K_-)\exp(-e\varphi_0/kT)}{1+(H/K_+)\exp(-e\varphi_0/kT)+(H/K_-)\exp(-e\varphi_0/kT)} \tag{2-42}$$

2.2 电毛细现象

电极/电解液界面存在固/液两相界面张力，对于电极体系而言，界面张力不仅与界面两侧的物质组成、结构相关，还与电极电势有关，而这种界面张力随电极电势变化的现象叫作电毛细现象。

2.2.1 电毛细曲线及其测定

电毛细曲线可通过毛细管静电计测定表面张力与电极电势的关系而获得，装置如图 2-11 所示，将充满汞的玻璃毛细管置于锥形瓶上方，使汞滴以一定的速度滴下，在离开毛细管前，汞滴所能达到的最大重量与汞在空气中的表面张力有关。当汞滴落到参比电极上时，汞滴表面被 KCl 溶液覆盖，则在汞和溶液界面会形成双电层，由于空间中的电荷层中同种类型的电荷间相互排斥，因此汞/溶液相界面处的电荷会使汞滴的表面增大，即离子间的相互排斥作用会使汞滴表面趋于平展。因此，可通过调控外部电路电压改变参比电极的电极电势，同时通过改变汞池位置，使得汞滴弯月面位置保持恒定，通过测定不同电压下的汞柱高度 h，得到表面张力。

将表面张力对电极电势作图所得的曲线称作电毛细曲线。对于在汞表面不产生吸附的离子，其电毛细曲线是对称的抛物线，如图 2-12 所示。这是由于汞/溶液相界面处存在电荷

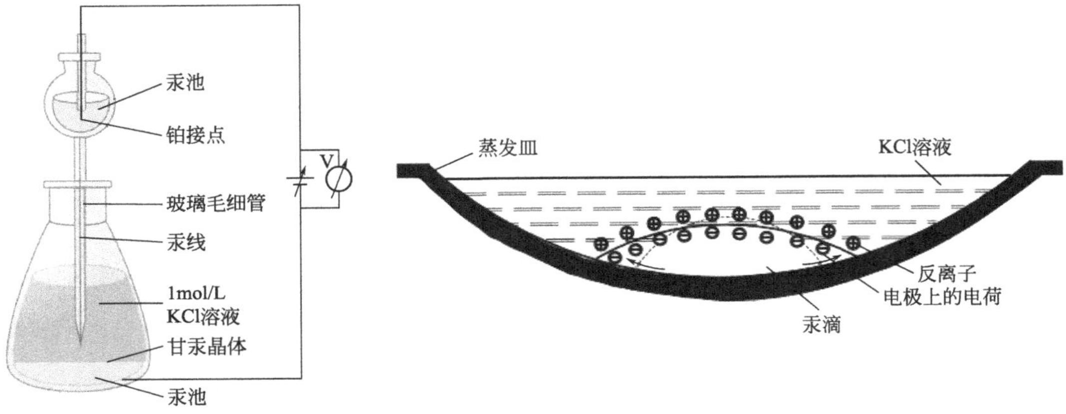

图 2-11　滴汞电极及汞滴表面形成双电层时的表面展平现象

间的相互排斥作用，使得汞滴表面趋于平展，这与表面张力趋向汞滴表面减小的趋势相反。故当汞带电时，其表面张力比不带电时小，且电荷密度越大，其表面张力越小。然而，如果阴离子在汞表面吸附，则表面张力将会受到界面处过剩电荷的影响，即电毛细曲线在正电侧（$\varphi>0$）呈现降低趋势。由于阴离子在电势低于-0.2V 时才可脱附，因此，零电荷电势的位置将负移。

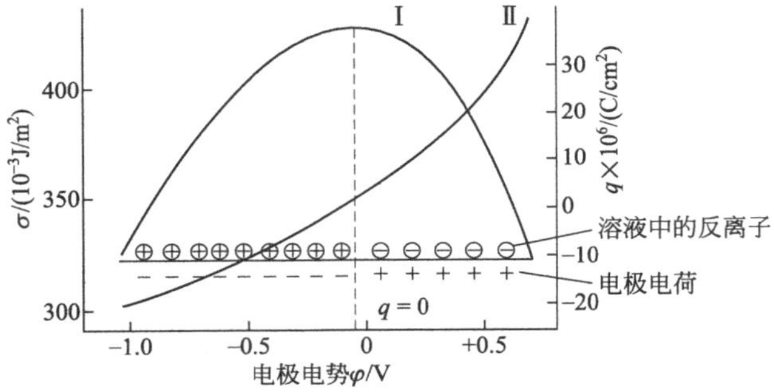

图 2-12　汞电极的电毛细曲线（Ⅰ）和表面剩余电荷密度（Ⅱ）

2.2.2 电毛细曲线的微分方程

对于与 KCl 水溶液接触的甘汞电极，由于汞与水溶液之间无共同组分，可认为在其相界面间无电流通过，故可将汞电极视为理想极化电极。

$$Ag|AgCl|KCl,H_2O|Hg$$

根据吉布斯等温吸附公式，界面张力与界面处吸附的离子及其吸附量相关。对于带电量为 q 的单位界面，将其表面的电势改变 $d\varphi$，则在单位面积上所做的功为 $qd\varphi$。而在该界面处的界面张力与吸附量有如下关系

$$d\sigma=-\sum_i \Gamma_i d\mu_i \tag{2-43}$$

式中，σ 为界面张力；Γ_i 为单位面积上 i 粒子的吸附量。

对于电极体系，电极界面处的电子在电极表面的吸附量为

$$\Gamma_e = -\frac{q}{F} \tag{2-44}$$

其化学位的变化为

$$d\mu_e = -F d\varphi \tag{2-45}$$

故

$$\Gamma_e d\mu_e = q d\varphi \tag{2-46}$$

当界面处于平衡状态时，单位面积上的表面张力与粒子在界面处吸附产生的排斥力相等，即

$$d\sigma + \sum_i \Gamma_i d\mu_i + \Gamma_e d\mu_e = 0 \tag{2-47}$$

由于在溶液内部物质的组成不变，从而对各组分而言

$$\sum_i \Gamma_i d\mu_i = 0 \tag{2-48}$$

故

$$d\sigma + q d\varphi = 0 \tag{2-49}$$

即界面处于平衡状态时，界面处的界面张力与电场在单位面积所做的功相等。由此，可得李普曼（Lippman）方程

$$\frac{d\sigma}{d\varphi} = -q \tag{2-50}$$

由于 $q = C(\varphi - \varphi_{PZC})$，其中 C 为单位面积上的积分电容，φ_{PZC} 为零电荷电势。通过将李普曼方程对电势求微分，可得式（2-51）

$$\sigma_{PZC} - \sigma = -\frac{C(\varphi - \varphi_{PZC})^2}{2} \tag{2-51}$$

式中，σ_{PZC} 为在零电荷电势时的表面张力。在不发生特性吸附，且具有较高离子浓度（$>$0.1mol/L）条件下，σ 与 φ 可精确地满足上述关系式。

在双电层中，金属的表面电荷层与溶液离子层电荷相等，符号相反。将李普曼方程对电势进行积分

$$\frac{d^2\sigma}{d\varphi^2} = -\frac{dq}{d\varphi} = -C_d \tag{2-52}$$

式中，C_d 为单位面积上的微分电容，由电毛细曲线的曲率计算可得到汞滴表面的微分电容。

2.2.3 不可极化界面的电毛细方程

对于如下的体系

$$Ag|AgCl|KCl(\beta), MCl, H_2O|Hg(\alpha), M$$

由于汞电极和水溶液中存在共同的 M，从而汞/水溶液相界面吉布斯吸附方程可表示为

$$\begin{aligned} -d\sigma &= \sum_i \Gamma_i d\mu_i \\ &= \Gamma_{M^+} d\mu_{M^+} + \Gamma_{Hg} d\mu_{Hg} + \Gamma_e d\mu_e + \Gamma_{K^+} d\mu_{K^+} + \Gamma_{Cl^-} d\mu_{Cl^-} + \Gamma_{H_2O} d\mu_{H_2O} \end{aligned} \tag{2-53}$$

通过各相间的电化学平衡及附加条件，可得

$$d\mu^{\alpha}_{M^+} = d\mu^{\beta}_{M^+} \tag{2-54}$$

$$d\mu_{MCl} = d\mu^{\alpha}_{M} + F d\varphi \tag{2-55}$$

从而式（2-53）可转化为

$$-d\sigma=-(q^{(\beta)}-F\Gamma_{M^+(H_2O)})d\varphi+(\Gamma_{M^+(Hg)}+\Gamma_{M^+(H_2O)})d\mu_M+\Gamma_{K^+(H_2O)}d\mu_{KCl} \tag{2-56}$$

由于在双电层中，两层电荷电量相等，符号相反，故

$$q^{(\alpha)}=F(\Gamma^{\alpha}_{M^+}+\Gamma^{\alpha}_{Hg^+}-\Gamma^{\alpha}_{e})=-q^{(\beta)}=F(-\Gamma^{\beta}_{M^+}-\Gamma^{\beta}_{Hg^+}+\Gamma^{\beta}_{e}) \tag{2-57}$$

如果汞电极和水溶液的组成不变

$$\left(\frac{d\sigma}{d\varphi}\right)_{\mu}=q^{(\beta)}-F\Gamma^{\beta}_{M^+(H_2O)} \tag{2-58}$$

即为不可极化界面的电毛细方程。若体系中 MCl<<KCl 时，则

$$\Gamma^{\beta}_{M^+(H_2O)}\approx 0$$

故

$$\left(\frac{d\sigma}{d\varphi}\right)_{\mu}=q^{(\beta)} \tag{2-59}$$

该形式与李普曼方程一致。

2.2.4 微分电容的测量

双电层电容已逐步应用到界面电化学研究中，双电层可被简化为平板电容器模型，而在微观上，溶剂分子、特性吸附分子、溶剂化离子在界面上的行为均可引起双电层电容的变化。例如，当电极对电解质中的有机物发生吸附时，双电层间的介电常数因吸附而降低，同时双电层厚度因吸附而增加，导致电容下降。通过对微分电容的测量，可获得电极表面反应、扩散、吸附等过程的信息。双电层的微分电容可被精准测量，较经典的方法为格雷厄姆的交流电桥法。在该方法中，首先在平衡电势下或直流极化的电极上叠加一个小幅扰动，之后使用交流电桥测量与电解池阻抗相平衡的等效电路中的电容值和电阻值，进而计算得出电极的双电层电容。

交流电桥法测定双电层电容的对称电桥体系如图 2-13 所示。该线路主要由交流信号源(G)、交流电桥、直流极化回路、电极电势测量回路构成，其中，R_1、R_2 为交流电桥的比例臂，由无感电阻箱组成，通常情况下，$R_1=R_2$。14 臂由标准电阻箱 R_S 和标准电容箱 C_S

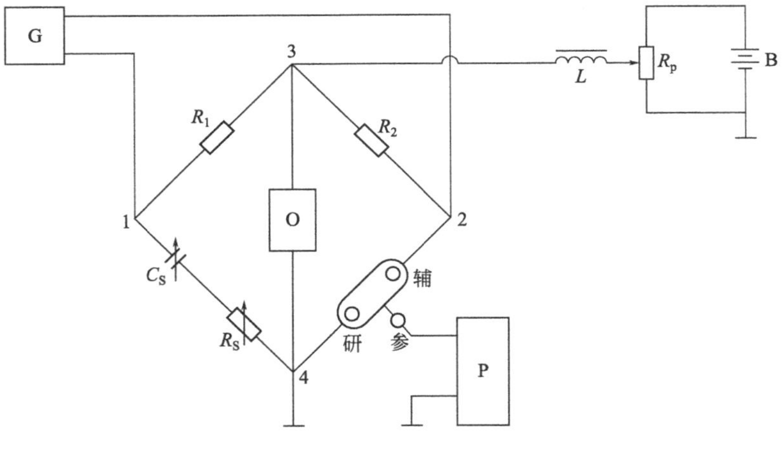

图 2-13　交流电桥法测定双电层电容示意图

串联组成，可用来模拟电解池的等效电路。24 臂为电解池，通常采用滴汞电极作为理想化参比电极，采用惰性的铂电极来作为辅助电极，辅助电极的阻抗很小，可忽略不计。因此，电解池可被视为溶液电阻 R_t 与研究电极界面电容 C_d 串联。最后，34 臂为电桥的平衡示零显示器（O）。

在测量时，由交流电压源 G 将交流电压加到电桥 12 臂，当调节 R_S 和 C_S，使二者分别与溶液电阻 R_t 和界面电容 C_d 相等时，电桥 34 臂两端电势相等，此时电桥平衡，示波器示零。根据电解池的等效电路，可得

$$\frac{R_1}{R_2}=\frac{Z_S}{Z_x} \tag{2-60}$$

其中

$$Z_S=R_S+\frac{1}{j\omega C_S},Z_x=R_t+\frac{1}{j\omega C_d} \tag{2-61}$$

故

$$\frac{R_1}{R_2}=\frac{R_S}{R_t},\frac{R_1}{R_2}=\frac{C_d}{C_S} \tag{2-62}$$

由此可得

$$R_t=\frac{R_2}{R_1}R_S \tag{2-63}$$

$$C_d=\frac{R_1}{R_2}C_S \tag{2-64}$$

当 $R_1=R_2$ 时，$R_t=R_S$，$C_d=C_S$。通过测量同一电极体系不同电极电势条件下的电容值，即可作出微分电容随电极电势变化的曲线，该曲线称为微分电容曲线。通过微分电容曲线可获得关于界面特性与界面结构的相关信息。

交流电桥法是测量双电层电容的有效方法，但不能作为阻抗测量的自动记录方法。图 2-14 是使用相敏交流（AC）极谱仪自动记录阻抗的示意图。在该系统中，使用恒电位仪（PS）控制参比电极（RE）调节电极电势，电流则通过恒电位仪中的电流跟随器（CF）转换为电压信号，$\overline{E}$ 和 $\overline{R}$ 分别代表电极电势和电流的直流分量，而电极的导纳 Y 与电压信号的直流分量成正比，导纳的电导分量 G 和电纳分量 B 分别与相敏检波器 PSD 的输出信号 e_B 和 e_G 成正比。

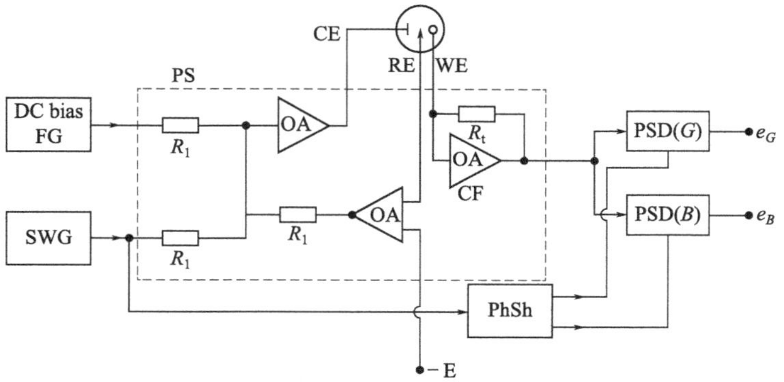

图 2-14　相敏 AC 极谱仪示意图

WE—工作电极；RE—参比电极；CE—对电极；PS—恒电位仪；CF—电流跟随器；OA—运算放大器；DC bias FG—直流偏压函数发生器；SWG—正弦发生器；PhSh—移相器；PSD—相敏检测器

对于电极导纳有

$$Y=G+jB \tag{2-65}$$

使用函数振荡器扫描电极电势 $\overline{E}$，记下与之相对的 e_B 和 e_G，则可得到 G 和 B 的电势关系。在理想化的电极体系中，双电层电容 C_d 与溶液电阻 R_S 可通过等效电路中的组合表示，从而 C_d 和 R_S 可由观测到的 G 和 B 表示，即

$$R_S=\frac{G}{G^2+B^2}, C_d=\frac{G^2+B^2}{\omega B} \tag{2-66}$$

式中，ω 为角频率。

2.3 电极/溶液界面的吸附现象

在电化学过程中，不仅包括电极表面的氧化还原反应，还包含了反应物或产物在电极表面的吸附过程。例如，氢气的催化氧化反应中，每个到达电极表面的氢分子都会离解并吸附到电极表面，离解吸附过程中所需的能量来自分子的吸附焓。从微观角度，电极表面的结构决定了吸附往往优先发生在分子与电极表面的活性位点之间，例如平滑表面的孤立原子或原子簇、表面晶格缺陷等。通常，电极表面吸附物质的量与该物质在溶液中的浓度存在特定关联，且随温度变化而改变。在同一温度下获得的吸附量与浓度的关系曲线称为该物质在此温度下的吸附等温线，曲线形状既取决于吸附物质间的相互作用，也取决于吸附物质与电极表面的相互作用。

2.3.1 吸附等温线的形式

假设电极表面只吸附单分子层，且表面的每个吸附位点等同，任一点的吸附焓不受附近位点影响，这即是最简单的 Langmuir 吸附模型。当某物质在吸附时的电化学势与溶液中的电化学势相等时，可认为反应达到了吸附平衡。即

$$\tilde{\mu}_a=\tilde{\mu}_S \tag{2-67}$$

式中，$\tilde{\mu}_a$ 为该物质在吸附态时的电化学势；$\tilde{\mu}_S$ 为其在溶液中的电化学势。当我们忽略内亥姆霍兹面（IHP）和溶液间电势差的影响，则可用化学势代替电化学势。溶液的化学势可由下式得出

$$\mu_S=\mu_S^0+RT\ln\frac{c^0}{c^*} \tag{2-68}$$

吸附物的化学势可由下式得出

$$\mu_a=\mu_a^0+RT\ln\frac{\theta_0}{1-\theta_0} \tag{2-69}$$

式中，c^* 是标准浓度；θ_0 是吸附物的平均覆盖度，即吸附物实际覆盖的表面位点数量与所有可能的表面位点数量的比值。

使式（2-68）与式（2-69）相等，则有

$$\frac{\theta_0}{1-\theta_0}=\frac{c^0}{c^*}\exp\left(-\frac{\mu_a^0-\mu_S^0}{RT}\right) \tag{2-70}$$

由于 $\Delta G_a=\mu_a^0-\mu_S^0$，则

$$\frac{\theta_0}{1-\theta_0}=\frac{c^0}{c^*}\exp\left(-\frac{\Delta G_a}{RT}\right) \tag{2-71}$$

该式称为 Langmuir 吸附等温线公式。若将 θ_0 作为 c^0/c^* 的函数，则可得

$$\theta_0=\frac{(c^0/c^*)\exp[-\Delta G_a/(RT)]}{1+(c^0/c^*)\exp[-\Delta G_a/(RT)]} \tag{2-72}$$

因此，当溶液浓度 c^0 很小时，θ_0 将随着 c^0 线性增加，而当溶液浓度很大时，覆盖度将趋近于1。但是，Langmuir 吸附公式假设吸附焓的大小与相邻吸附位点的性质无关，导致当覆盖度很小或很大时，公式成立，而在中等覆盖度（$0.2<\theta<0.8$）时，则会出现较大偏差。因此，需要对 Langmuir 公式进行一级修正，增加 ΔG_a^0 与 θ_0 的线性关系

$$\Delta G_a=\Delta G_a^0+\gamma\theta_0 \tag{2-73}$$

式中，$\gamma>0$，代表 ΔG_a 随着吸附物之间排斥力的增加而增加。将该式带回到式（2-71）中可得

$$\frac{\theta_0}{1-\theta_0}=\frac{c^0}{c^*}\exp\left(-\frac{\Delta G_a^0}{RT}-\frac{\gamma\theta_0}{RT}\right) \tag{2-74}$$

式（2-74）为 Frumkin 型吸附等温线。当 $\theta_0\approx0.5$ 时，$\frac{\theta_0}{1-\theta_0}\approx1$，上式可简化为

$$RT\ln\left(\frac{c^0}{c^*}\right)\approx\gamma\theta_0+\Delta G_a^0 \tag{2-75}$$

式（2-75）为 Temkin 型吸附等温线。根据 Langmuir-Temkin 理论，可得到吸附速率 v_a

$$v_a=K_ac^0(1-\theta)=k_a^0c^0\exp\left(-\frac{\Delta G_a^0}{RT}\right) \tag{2-76}$$

同理可得脱附速率 v_{da}。当 $v_a=v_{da}$ 时，在 $\Delta G_a=\Delta G_{da}^0-\Delta G_a^0$ 的条件下，因

$$\frac{d\theta}{dt}=v_a-v_{da}=k_ac^0\left(1-\frac{\theta}{\theta_0}\right) \tag{2-77}$$

将上式积分可得

$$\theta=\theta_0\left[1-\exp\left(-\frac{k_ac^0t}{\theta_0}\right)\right] \tag{2-78}$$

而对于吸附位点的吸附焓，在一级近似中，可将化学吸附作为化学成键进行处理，从而用键能公式估算吸附焓，可通过该方法估算氢的吸附焓。

对于氢的吸附过程

$$H_2 \rightleftharpoons 2H$$

其吸附焓 ΔH_a 可由下式确定

$$\Delta H_a=D_{HH}-2D_{MH} \tag{2-79}$$

式中，D_{HH} 为离解 H_2 所需的能量；D_{MH} 为打断金属表面原子-氢键所需的能量。D_{MH} 可通过 Pauling 电负性近似估算得到

$$D_{MH}\approx-D_{MM}-97700(\chi_M-\chi_H)^2 \tag{2-80}$$

2.3.2 粒子在电极表面的吸附

电极/溶液界面吸附的活性粒子在不参与电极反应的情况下，会改变电极/溶液界面双电层的状态和电荷分布，会影响反应离子在界面处的浓度和反应活化能，进而改变反应速度。界面吸附的粒子参与电极反应的情况下，会直接影响相关步骤的动力学过程。表面活性粒子在界面处的吸附行为取决于活性粒子与电极表面间的作用、电极表面与溶剂分子间的作用、表面活性粒子与溶剂间的作用。因此，不同物质发生吸附的能力不同，在不同溶剂体系下发生吸附的行为也不同。

2.3.2.1 无机离子的吸附

大多数阴离子是表面活性离子，并符合典型的离子吸附规律。当电解/电解液相界面无特性吸附时，电极界面不存在双电层结构，此时电极电势处于零电荷电势。此时若发生阴离子特性吸附，则会在溶液相中形成双电层，称为吸附双电层。因此，该吸附双电层与未发生特性吸附时相比，零电荷电势发生负向移动。当发生阴离子特性吸附时，紧密层中的阴离子数量超过双电层中阳离子数量，这一现象称为超载吸附。由于超载吸附，紧密层中过剩的阴离子会吸引溶液中的阳离子，从而形成如图 2-15 所示的结构。由于只有存在特性吸附时，才会发生超载吸附，因此当不发生特性吸附时，φ_1 和 φ_a 的符号相同，而发生超载吸附时，φ_1 和 φ_a 的符号相反。

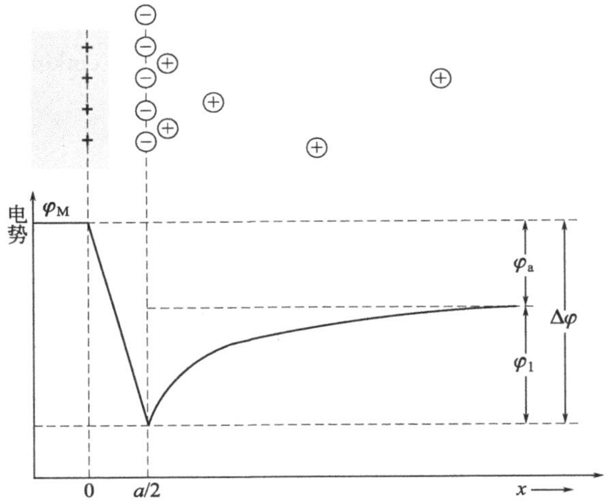

图 2-15 溶液中三电层结构及其电势分布

当阴离子发生特性吸附时，阴离子将脱去水合膜，进入水分子层，并直接与电极表面接触，形成内亥姆霍兹面。由于引入阴离子，使紧密层有效厚度减小，微分电容增大。因此，在零电荷电势和其稍正区域，由于阴离子特性吸附，与无特性吸附的曲线相比，微分电容值升高。

由于大多数阳离子表面活性小，仅少数阳离子具有表面活性。当少数阳离子发生特性吸附时，具有与阴离子相似的规律，如界面张力下降，微分电容升高，零电荷电势移动。由于所带电荷不同，阳离子的吸附发生在零电荷电势稍负的位置。

2.3.2.2 有机物的吸附

表面活性有机分子在电极表面吸附并定向排列，有机分子取代电极表面吸附的水分子，形成了新的有机分子层。由于有机分子介电常数比水分子小、分子半径比水分子大，因此会导致其微分电容降低。随着有机分子浓度增加，吸附覆盖率增加，微分电容减小。假设电极吸附覆盖率为 θ，被有机分子覆盖部分的电容值为 C'，未被有机分子覆盖的部分电容值为 C，则

$$q = C\varphi_a(1-\theta) + C'\varphi_a\theta \tag{2-81}$$

$$C_d = \frac{dq}{d\varphi} = C(1-\theta) + C'\theta - \frac{\partial\theta}{\partial\varphi}(C-C')\varphi_a \tag{2-82}$$

式中，C 和 C' 为常数，由于在吸附过程中覆盖率基本不变，即 $\frac{\partial\theta}{\partial\varphi}=0$，所以 C_d 为常数。但是在吸附/脱附开始的电势下，覆盖率的变化较为明显，因此，C_d 增加并出现极限值。

有机分子在不同电极表面和不同电极电势下的吸附行为不同，但其在界面吸附的必要条件是吸附后自由能降低，而有机分子在电极表面吸附时体系自由能变化主要来自以下四方面：a. 有机分子与溶剂分子间的相互作用。在水溶液中，当有机分子在电极/电解液界面层吸附时，有机分子亲水基朝向溶液方向，而憎水基远离溶液方向，从而使有机分子在电极表面形成定向排列，使得体系自由能降低。b. 有机分子与电极表面相互作用，包含静电作用和化学作用。静电作用包括极性有机分子与金属电极表面的短程相互作用，表面剩余电荷与偶极子之间的相互作用。化学作用是指有机分子与电极表面的原子或原子簇形成强度和性质接近于化学键的吸附键，这些相互作用都可使得体系自由能降低。c. 紧密层中有机分子间的相互作用。吸附的有机分子间可能存在氢键、范德瓦尔斯力、离子间的静电作用力等，吸附层的覆盖率越大，粒子间相互作用越强。当粒子间出现吸引力时，体系的自由能降低；当粒子间出现排斥力时，体系的自由能升高。d. 有机分子与水分子层间的相互作用。有机分子在电极表面吸附时，取代原本在电极表面吸附的水分子，随着水分子在电极表面脱附，体系自由能升高。

2.3.2.3 氢原子和氧的吸附

在常温下，通过分子间作用力诱导的氢吸附很弱，可忽略不计。氢分子在结构上较稳定，不易发生化学吸附。因此，氢在金属电极表面通常以原子态发生化学吸附，而氢的吸附过程会伴随氢分子的分解过程，分解后的氢原子再与金属原子相互作用成键。在吸附过程中，氢原子释放出能量，故吸附态氢的能量低于游离态氢的能量。

氢的吸附具有选择性，氢分子分解为氢原子的热焓为 428kJ/mol，故当氢与金属的吸附热大于 214kJ/mol 时，才可发生氢分子的分解与吸附。与氢亲和的元素主要为 Pt、Pd 等铂族元素以及 Fe、Ni 等过渡金属元素，当氢开始在金属电极表面吸附时，由于氢原子在电极表面覆盖率较低，则先吸附的氢原子优先在能量最低的位置结合，故氢原子与金属的结合较为稳定，吸附热较大。但随着吸附过程不断进行，氢原子覆盖率逐渐提高，低能量位点逐渐减少，同时相邻位点间氢原子的斥力逐渐增大。因此，氢的吸附热减小，吸附键的强度也逐

渐降低。在图 2-16 中，电势正向扫描到 0.2V 前，吸附键能较低的氢原子先发生脱附，而另一部分结合较牢固的氢原子则在 0.2～0.4V 才发生脱附。氢吸附区上的两个峰表明，氢的吸附过程分两步进行。

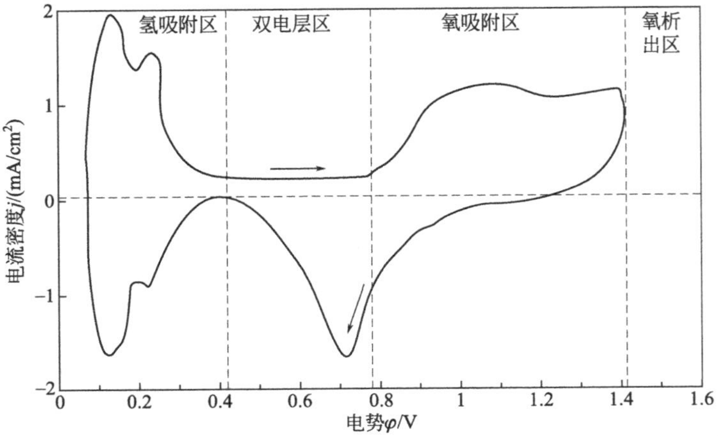

图 2-16 铂电极在 2.3mol/L H_2SO_4 溶液中的循环伏安曲线

氢原子吸附后，将改变电极/电解液界面的双电层结构和电荷分布。由于氢原子具有强还原性，故吸附后氢原子的电子向金属原子方向靠近，在一定程度上使得金属表面带负电，氢原子带正电，从而形成吸附双电层，导致相间产生负电势差。由于吸附的氢还会向金属内部扩散，导致金属脆性增加而韧性下降，发生材料的脆性断裂。

氧分子只有在低温下会发生物理吸附，在常温下通常发生氧的逐步还原或 OH^- 的逐步氧化产生氧原子和含氧离子的吸附。而含氧离子的吸附电势常常相互重叠，且含氧离子吸附后，还将发生反应形成各种氧化物/氢氧化物。氧吸附的特点还在于吸附过程不可逆，如图 2-16 所示，氧的吸附和脱附峰电势具有明显差异，表明氧的吸附过程可逆性较差。氧吸附后，电极/电解液界面的结构和电荷分布以及电极的诸多性质均会发生改变。例如，当氧吸附在电极表面形成氧化物或氢氧化物膜层，将导致电极反应速率下降。

2.3.3 研究电极表面吸附层的电化学方法

许多电化学反应过程中都伴随着反应物的吸附和中间产物的生成，且吸附过程会显著影响电极反应速率，甚至在某些情况下可抑制电化学反应过程。定量测量吸附物覆盖率的方法主要分为两类：a. 通过法拉第定律和参比电极的比较而获得覆盖率数值；b. 通过测量双电层电容，并与同等情况下的裸露表面进行比较而获得覆盖率数值。

如果电极表面吸附物发生完全氧化还原反应时所需的电量为 Q，每个吸附粒子转移的电子数为 n，则

$$Q = nF\theta \tag{2-83}$$

如果某物质在电极表面最大覆盖率为 θ_{max}，对应电量为 Q_{max}，则覆盖率可由下式得出

$$\theta = \frac{Q}{Q_{max}} \tag{2-84}$$

如果氢的氧化电量为 Q_H^F，则

$$\theta=\frac{Q_H-Q_H^F}{Q_H} \tag{2-85}$$

图 2-17 为铂电极在硫酸溶液中有甲醇和无甲醇时的循环伏安曲线。通过图中的阴影部分可估算 $Q_H-Q_H^F$，并由上式估算出 θ 值和 n 值。该方法简单直观，且在吸附物吸附过程缓慢和不可逆的情况下也可行。

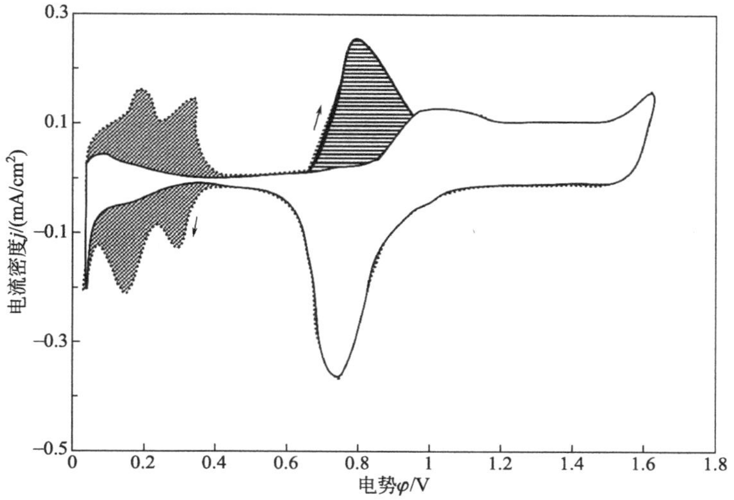

图 2-17　用来测量吸附物在电极表面覆盖度的循环伏安曲线

如果以 C_0 表示无吸附情况下电极双电层的电容值，而 C 表示吸附膜形成后的电容值。由于吸附层的存在导致双电层厚度增加，因此通常情况下 $C_0>C$。假设 $C-C_0$ 数值与吸附物的覆盖率成正比，C_{min} 为最大覆盖率时所测得的电容值，则

$$\theta=\frac{C_0-C}{C_0-C_{min}} \tag{2-86}$$

可以通过交流循环伏安法测量电容，即在对电极进行循环伏安的线性扫描电势上叠加小的交流电压信号，从而对电极表面电容进行连续测量。该方法可实时跟踪测量在电势扫描过程中的界面吸附过程。该方法也被称作表面张力电量法，常用于鉴别吸附的表面活性剂。

【例题】

1. 画出 298.15K（25℃）时 Cd | $CdCl_2$ 在平衡电势时的双电层结构示意图和双电层电势分布图。已知离子活度 $a=0.001$，电极的零电荷电势 φ_{PZC} 为 -0.71V，扩散层电势 φ_+ 为 -0.404V。

解：电极的平衡电势为

$$\varphi=\varphi_+ +\frac{RT}{2F}\ln a$$

代入数据可得

$$\varphi=-0.404+2.3RT/(2F)\times \lg(0.001)=-0.493\text{V}$$

离子活度为 0.001，表明溶液很稀，而零电荷电势为 -0.71V，从而平衡电势时，电极表面带正电荷。因此，可得该情况下的双电层结构及其电势分布，如图 2-18 所示。

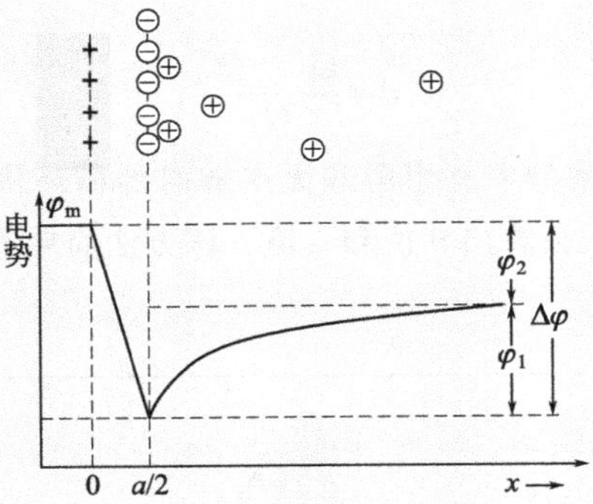

图 2-18　双电层结构及电位分布

2. 图 2-19 为滴汞电极在稀电解液中的微分电容曲线，从图中可知，$\varphi_0=-0.19\text{V}$、$\varphi_1=-0.45\text{V}$、$\varphi_2=-0.55\text{V}$，电势处于 φ_0 时的微分电容为 $4\mu\text{F/cm}^2$，φ_2 时的微分电容为 $18\mu\text{F/cm}^2$，求 φ_1 时的表面剩余电荷密度。

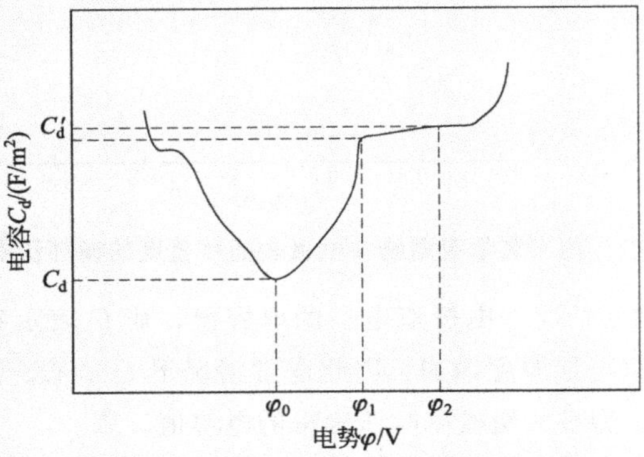

图 2-19　滴汞电极在稀电解液中的微分电容曲线

解：由于

$$C_d=\frac{dq}{d\varphi}$$

从而

$$q=\int C_d d\varphi+常数$$

将 $\varphi=\varphi_0$ 时，$q=0$ 代入上式，可得

$$q=\int_{\varphi_0}^{\varphi} C_d d\varphi$$

将 $\varphi_0=-0.19\text{V}, C_d=4\mu\text{F/cm}^2, \varphi_2=-0.55\text{V}, C_d'=18\mu\text{F/cm}^2$ 代入，通过将 φ_0 到 φ_2 段简化为两段折线，有

$$q=\int_{\varphi_0}^{\varphi_2} C_d d\varphi=\frac{1}{2}(C'_d+C_d)(\varphi_1-\varphi_0)+C'_d(\varphi_2-\varphi_1)=-0.0466\text{C/m}^2$$

思考题

1. 什么是电毛细现象？为什么电毛细曲线是具有极大值的抛物线形状？

2. 试解释为什么双电层电容会随着电极电势变化？请根据双电层结构的物理模型和数学模型予以解释。

3. 试述双电层方程式的推导思路，并阐述推导结果及其说明的问题。

4. 什么是零电荷电势？它是电极绝对电势的零点吗？

5. 什么是特性吸附？哪些类型的物质具有特性吸附的能力？

6. 氢和氧的吸附各有什么特点？

7. 试述交流电桥法测量微分电容的原理。

8. 谈谈 Langmuir 吸附公式和 Frumkin 吸附公式的区别及优缺点。

习题

1. 若假定电极 Cu | $CuSO_4$ 的双电层电容与电极电势无关，恒为 34$\mu F/cm^2$，已知电极的平衡电势 φ 为－0.763V，零电荷电势 φ_{PZC} 为－0.63V，试求：

（1）平衡电势时的表面电荷密度。

（2）在电解液中加入 1mol/L 的 NaCl 水溶液后，电极表面剩余电荷密度以及双电层电容的变化。

（3）当电极电势变化到＋0.36V 时，其电极表面剩余电荷密度。

2. 某电极的微分电容曲线如图 2-20 所示，试画出图中三个电势下双电层结构示意图和电势分布图，并写出 φ_1 电势的表达式。

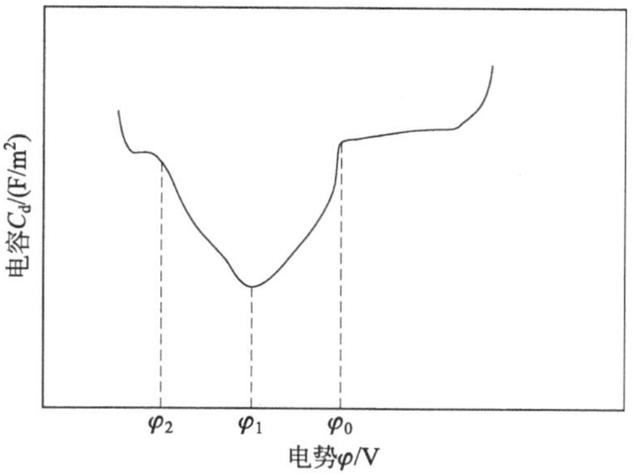

图 2-20　某电极的微分电容曲线

3. 滴汞电极在 0.1mol/L KCl 溶液中的电毛细曲线如图 2-21 所示，求 φ＝－0.33V 时电极表面的剩余电荷密度。

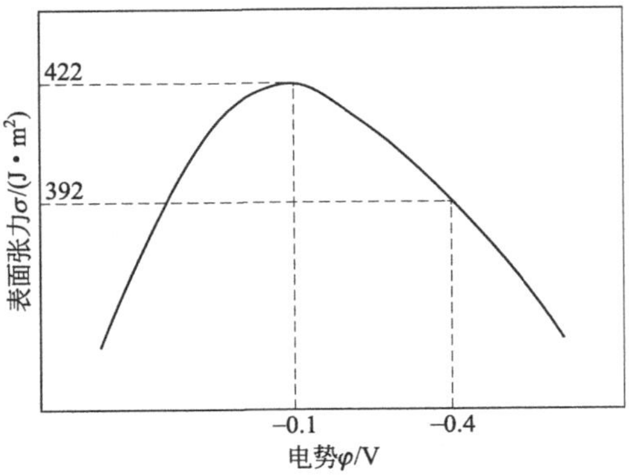

图 2-21　滴汞电极在 0.1mol/L KCl 溶液中的电毛细曲线

4.假定在电势为 $\varphi_a-\xi$、φ_a、$\varphi_a+\xi$ 时，其表面张力分别为 σ_1、σ_2、σ_3，试证明当 ξ 足够小时，在 φ_a 电势下的电容 C 与其界面张力 σ 之间有关系：$C=-\dfrac{\sigma_1-2\sigma_2+\sigma_3}{b^2}$。

5.已知在 25℃时，汞在 KCl 溶液中的零电荷电势为－0.18V，溶液的相对介电常数为 39，电极的表面剩余电荷密度为 $0.1C/m^2$，试求该电极在电极电势为 0.17V 时，在 0.001mol/L 和 0.1mol/L 的溶液中的平衡电势 φ，并由计算结果说明两种情况下的电极双电层结构有什么不同。

第3章

电极过程热力学概述

电极反应过程是异相催化的氧化还原过程，该反应通常发生在电极表面，其主要特征是伴随着电荷在两相之间发生转移，不可避免地在两相界面发生化学变化，包括固体金属相、液相、气相在内的任何两相在接触时，界面会形成电势差，进而影响电化学反应。原电池电动势是由电池内部一系列相界面电势差共同组成，用 E 表示，其大小由电池体系内的化学反应、温度、浓度等条件决定。原电池对外接负载输出电功，而电解池是由外界对其自身做功。

3.1 相间电势

带正、负电荷的粒子在界面的不均匀分布会导致电极电势发生改变，且电荷数量也会对电极电势产生重要影响，相间电势的形成主要有以下几种情况。

① 离子双电层：在电场的作用下，带电粒子在两相之间转移或在界面处积累剩余电荷，如图 3-1（a）所示；

② 吸附双电层：由于正、负电荷离子的吸附量存在差异，界面层近处和远处的离子电性相反，当体系稳定后，正、负电荷的离子将形成吸附双电层，如图 3-1（b）所示；

③ 偶极双电层：不带电的极性分子和偶极子在界面处进行吸附，即形成偶极双电层，如图 3-1（c）所示；

④ 金属表面电势：金属表面因短程力作用而形成表面电势差，如图 3-1（d）所示，同一种金属在不同溶液体系中的电势不同，这与溶液离子类型、数量有关。

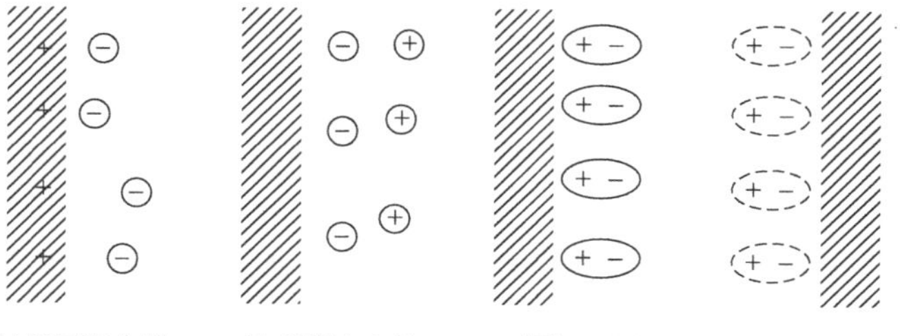

(a) 离子双电层　(b) 吸附双电层　(c) 偶极双电层　(d) 金属表面电势

图 3-1　形成相间电势的可能情形

3.1.1 内电势与外电势

在电化学中，电极与电解液界面的电势差是通过电荷移动所做的功进行衡量。某带电物体（α）靠近其表面 10^{-4}～10^{-5}cm 处的电势称为外电势 Ψ，其数值等于将电量为 ze 的试验电荷自无穷远处移至带电物体表面处 10^{-4}～10^{-5}cm 所做的功，即 $W_1=ze\Psi$（如图 3-2 所示），外电势可被直接测量。如果将试验电荷从带电物体表面移入体相内部，则克服表面电势 χ 所做的功 $W_2=ze\chi$，表面电势差是由带电物质相表面形成偶极层所导致，这是由于液相中有机极性分子定向排列或金属表面层中电子密度不同。此外，除了克服表面电势所做的功 W_2 外，还需克服粒子间短程作用的化学功，即化学势 μ（如图 3-3 所示）。

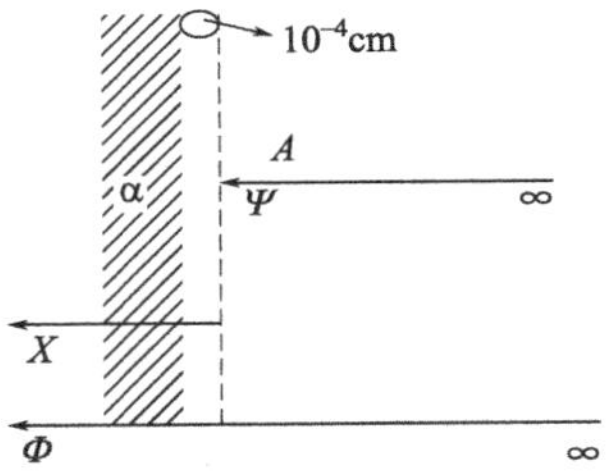

图 3-2　带电物体的内电势、外电势、表面电势

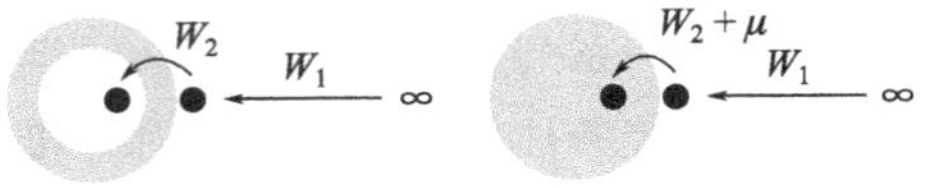

图 3-3　将试验电荷自无穷远处移至带电物体内部所做的功示意图

内电势 Φ，又叫伽伐尼（Galvani）电势，指带电物体内部一点的电势。Φ 分为两部分，表达式为

$$\Phi=\Psi+\chi \tag{3-1}$$

由此可见，Φ 在数值上等于将试验电荷自无穷远处移至带电物体内部所做的功 W_3。如图 3-2 所示，如果带电粒子间的化学作用（短程力）可以忽略，则 $\Phi=W_3=W_1+W_2=ze(\Psi+\chi)$，其中，外电势 Ψ 可以测量，但表面电势 χ 无法测量，故内电势不可被直接测量。

当试验电荷与带电物体的化学作用（短程力）不能被忽略时，需考虑试验电荷向带电物体内部转移所涉及的能量变化与带电物体内部的化学组成有关。假设 1mol 带电粒子进入 α 相，其所做的化学功等于该粒子的化学势 μ_i；若该粒子的荷电量为 ne_0，其所做的电功为 nF，F 为法拉第常数。因此，1mol 带电粒子进入 α 相所引起的能量变化为

$$\mu_i+nF\Phi=\overline{\mu}_i \tag{3-2}$$

式中，$\overline{\mu}_i$ 为该粒子在 α 相中的电化学势，其取决于 α 相所带电荷的数量和分布情况，且与该粒子及 α 相的化学本质有关。

3.1.2 金属接触电势

金属接触电势是指不相同的两种金属在接触后形成的外电势差，其中一种导体会因为失去电子而带正电，另一种导体则会因为得到电子而带负电，这种电荷转移过程达到平衡时，两相之间会形成稳定的电势差。电荷转移的速度会因为金属性质的不同而发生变化，电子所做的功也不同。当电荷从某相逸出时，需摆脱与该相物质之间的短程相互作用，跃出表面时还需克服其表面电势，克服这些作用需做的功被称为电子逸出功（Φ_e）。因此，金属相

的 Φ_e 越高，则电子越难逸出。

当两种不同的金属相互接触时，由于 φ_e 不同，使得金属逸入的电子数目并不相等，因此在两相界面间会产生电势差。Φ_e 高的金属内部逸入的电子数目多，使其带负电；反之，Φ_e 低的金属内部逸入的电子数目少，使其带正电。例如，当金属 Zn 与金属 Cu 接触时，Zn 的 Φ_e 小，则体相正电荷过剩；Cu 的 Φ_e 大，则体相负电荷过剩，如图 3-4 所示。Cu 中过剩的负电荷会阻止电子的转移，当达到平衡时，Zn 与 Cu 两相建立的平衡电势差被称为金属接触电势差，即 $\Phi_{接触}$。

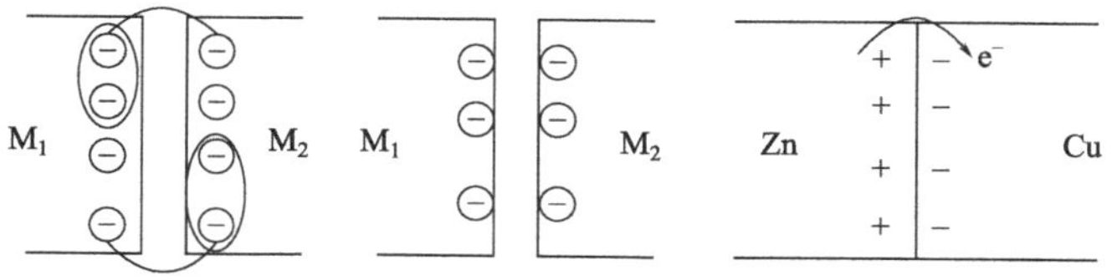

图 3-4　不同金属相接触时产生的界面电势差

3.1.3 电极电势

在特定体系中，若存在相互接触且在相界面上有电荷转移的两个导体相，即电子导体和离子导体，则称这个体系为电极体系。在电极体系中，电子导体（如金属、碳、导电聚合物）为电极，离子导体为电解质或电解液，而电子导体和离子导体的内电势差就是电极电势 φ。

“电极/电解液”界面是电极体系中最常见的界面，电极电势的形成取决于该界面层中离子双电层的形成。以金属电极为例，金属晶格中有金属离子和能够自由移动的电子存在，并按照特定的晶格形式排列。金属离子若脱离晶格，则必须克服晶格间的结合力，通常金属表面的离子比体相内的离子更容易发生脱离。电解液中存在着极性很强的溶剂分子、溶剂化的金属阳离子和溶剂化的阴离子。当把金属浸入含有该种金属离子的溶液时，溶剂分子和金属表面的金属离子相互吸引而定向排列在金属表面；同时，表面的金属离子被溶剂分子吸引，脱离晶格的趋势增大。这即为溶剂分子对金属离子的“溶剂化作用”。综上所述，对于金属离子而言，在金属电极与其电解液界面存在着两种具有相反关系的相互作用力，这也决定了金属表面所带的电性。

① 当金属晶格中的自由电子对金属离子的静电作用大于溶剂分子对其的溶剂化作用时，界面的溶剂化金属离子趋向于脱溶剂化而沉积于金属表面，因此金属表面带正电，如 Zn、Mn、Li、Fe 等。

② 当金属晶格中的自由电子对金属离子的静电作用小于溶剂分子对其的溶剂化作用时，表面的金属离子趋向于金属溶液中，使得金属表面带负电，如 Cu、Au、Pt 等。

金属离子脱离自由电子束缚的能力越强，则代表该金属电极电势越小；相反，若金属离子越容易脱溶剂化沉积于金属表面，则代表该金属电极电势越大。此外，电极电势越小的金属越容易失去电子，其还原态物质的还原能力越强，而氧化态物质的氧化能力越弱；电极电势越大的金属越容易得到电子，其氧化态物质的氧化能力越强，而还原态物质的还原能力越弱。

以铜锌电池（丹尼尔电池）所构成的电化学体系为例，借此说明电极与溶液界面电势差的形成过程。如图 3-5 所示，Zn 片插入到 1mol/L 的 $ZnSO_4$ 溶液中构成 Zn 半电池，Cu 片插入到 1mol/L 的 $CuSO_4$ 溶液中构成 Cu 半电池，两个半电池之间用盐桥连接，从而构成原电池体系。将 Zn 片和 Cu 片用导线连接，检流计指针向 Cu 片一侧偏转，代表有电子从 Zn 片向 Cu 片流入，此时 Zn 为负极，Cu 为正极。

Zn 半电池发生如下反应

$$Zn = Zn^{2+} + 2e^- \quad (3\text{-}3)$$

Zn 片失去电子，发生氧化反应变成 Zn^{2+}，Zn^{2+} 进入溶液相。

Cu 半电池发生如下反应

$$Cu^{2+} + 2e^- = Cu \quad (3\text{-}4)$$

Cu 片得到电子，Cu^{2+} 还原为 Cu 并沉积于 Cu 片上。

同理，当其他金属 M 与其电解液接触构成电极/电解液相界面时，M 越活泼，电解液越稀，则金属更易电离给出电子；相反，M 越不活泼，电解液越浓，则电解液阳离子更易与电子结合。当体系达到平衡时，对于 Zn 半电池说，Zn 片会存在大量负电荷，而 Zn^{2+} 进入溶液使其电势高于 Zn 片。因此，在 Zn 和 Zn^{2+} 溶液的相界面形成了离子双电层，如图 3-6 所示。双电层的电势差是指金属与溶液间的电势差，即 Zn-Zn^{2+} 的电极电势 φ。当 Zn 和 Zn^{2+} 溶液均处于标准态时，该电势成为标准电极电势，用 $\varphi^{\ominus}$ 表示。

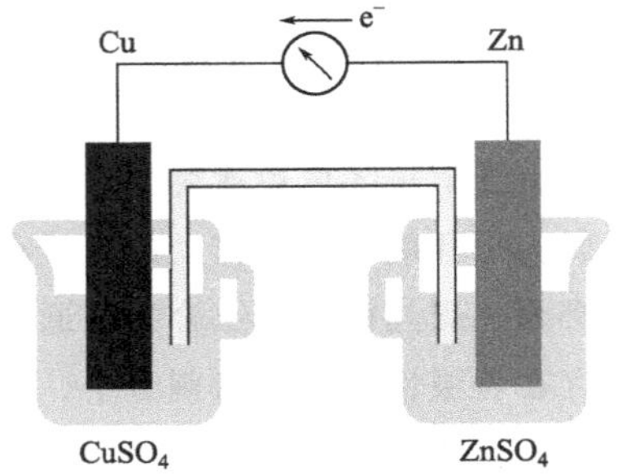

图 3-5　丹尼尔原电池示意图

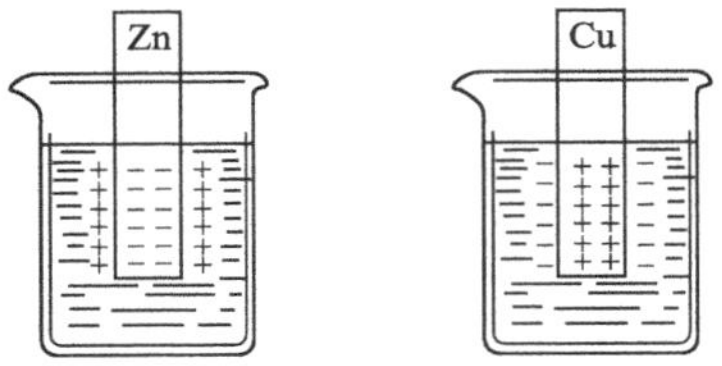

图 3-6　Zn 和 Cu 半电池的离子双电层

以 Zn 半电池所达到的平衡条件为例，相间平衡条件为

$$\bar{\mu}^{S}_{Zn^{2+}} + 2\bar{\mu}^{M}_{e} - \bar{\mu}^{M}_{Zn} = 0 \quad (3\text{-}5)$$

由于 Zn 原子是电中性的，故

$$\bar{\mu}^{M}_{Zn} = \mu^{M}_{Zn} \quad (3\text{-}6)$$

又

$$\bar{\mu}^{S}_{Zn^{2+}} = \mu^{S}_{Zn^{2+}} + 2F\varphi^{s} \quad (3\text{-}7)$$

$$\bar{\mu}^{M}_{e} = \mu^{M}_{e} - F\varphi^{M} \quad (3\text{-}8)$$

将式（3-6）～式（3-8）代入式（3-5），得

$$\varphi^{M} - \varphi^{S} = \frac{\mu^{S}_{Zn^{2+}} - \mu^{M}_{Zn}}{2F} + \frac{\mu^{M}_{e}}{F} \quad (3\text{-}9)$$

式（3-9）即为 Zn 半电池所达到的平衡条件，以此推算电极反应平衡条件的通式为

$$\varphi^{M} - \varphi^{S} = \frac{\sum_i \nu_i \mu_i}{nF} + \frac{\mu^{M}_{e}}{F} \quad (3\text{-}10)$$

式中，ν_i 为物质的化学计量数，其中还原态物质取负值，氧化态物质取正值；n 为电子数目；$\varphi^{M}-\varphi^{S}$ 为电极与电解液的相间电势，也是电极电势。

根据以上公式，可得到 Zn 的标准电极电势为－0.76V，表示为

$$\varphi^{\ominus}_{Zn^{2+}/Zn}=-0.76V$$

Cu 半电池的离子双电层结构与 Zn 半电池相反，当体系达到平衡时，由于大量的 Cu^{2+} 沉积于 Cu 片上，使得 Cu 片的电势高于其电解液。因此，Cu 的标准电极电势为

$$\varphi^{\ominus}_{Cu^{2+}/Cu}=+0.34V$$

3.1.4 绝对电势与相对电势

已知电极电势 φ 是电子导体和离子导体的内电势差，在数值上等于电极的绝对电势。然而，由于两导体相间的表面电势差 $\Delta\chi$ 无法测量，因此目前无法测得半电池体系单个电极的绝对电势。如图 3-7 所示，若要测量图中 Cu 电极的电极电势，又无法将电势差计与水溶液直接相连，就需引入金属 M（例如 Zn），此时电势差计读数 E 为电池的电动势，即

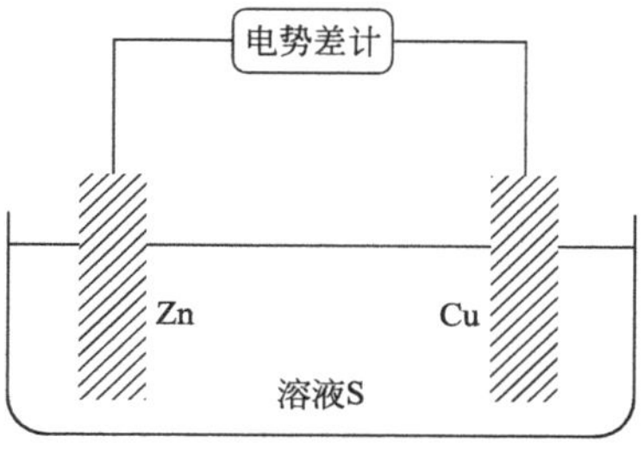

图 3-7 测量电极电势示意图

$$\begin{aligned}E&=(\varphi^{Zn}-\varphi^{S})+(\varphi^{S}-\varphi^{Cu})+(\varphi^{Cu}-\varphi^{Zn})\\&=\Delta^{Zn}\varphi^{S}+\Delta^{S}\varphi^{Cu}+\Delta^{Cu}\varphi^{Zn}\end{aligned}\tag{3-11}$$

分析公式（3-11），$\Delta^{Cu}\varphi^{Zn}$ 为金属接触电势，其与 $\Delta^{Zn}\varphi^{S}$ 和 $\Delta^{S}\varphi^{Cu}$ 相比很小，因此可将 $\Delta^{Cu}\varphi^{Zn}$ 忽略，得出被测电极与引入的金属 M 电极的电极电势差，即被测电极的相对电势，也就是电池的电动势为

$$E\approx\Delta^{Zn}\varphi^{S}+\Delta^{S}\varphi^{Cu}=\varphi_{+}-\varphi_{-}$$

由此可见，通常所述的电极相对电势并不仅仅是被测金属 Cu 与引入金属 Zn 电极的内电势差值，还包含了测量电池的金属接触电势。若组成该体系的电极处于标准状态，即满足电极的离子浓度为 1mol/L（离子活度 $a=1$），气体压强为 101.325kPa，温度为 298.15K，液体和固体都是纯净物质，则电池的标准电动势为

$$E^{\ominus}=\varphi^{\ominus}_{+}-\varphi^{\ominus}_{-}\tag{3-12}$$

在数值上，电极电势高的电极为正极，因此电池电动势的值为正值，即 $E>0$。以丹尼尔电池体系为例，其原电池的符号表示为

$$(-)Zn|Zn^{2+}(1mol/L)\,\|\,Cu^{2+}(1mol/L)|Cu(+)$$

Cu 片的电极电势高于 Zn 片，Cu 为正极，Zn 为负极，电子从 Zn 片流入 Cu 片。标准电池电动势为

$$E^{\ominus}=\varphi^{\ominus}_{+}-\varphi^{\ominus}_{-}=0.34-(-0.76)=1.10V$$

3.1.5 标准氢电极和标准电极电势

如上所述，某个电极的电极电势并不是绝对电势，而是相对电势，一般用符号 φ 表示。若要得到该电极的相对电极电势，则需引入另一个可作为基准的电极，这种能作为基准、具有恒定电极电势的电极被称为参比电极。

国际上通常采用标准氢电极（standard hydrogen electrode，SHE）作为参比电极，并规定标准氢电极的电极电势 $\varphi^{\ominus}_{H^+/H_2}=0V$

基于此，可将被测电极与标准氢电极组成原电池体系，获得其电极电势。其原电池的符号表示为

$$(Pt)H_2(g,p^{\ominus})|H^+(a=1)\|\text{待测电极}$$

由式可得，原电池的电动势就是被测电极的电极电势，即

$$E=\varphi_{\text{待测}}-\varphi^{\ominus}_{H^+/H_2}=\varphi_{\text{待测}} \qquad (3\text{-}13)$$

以测量 Zn 和 Cu 的电极电势为例（图 3-8）

$$(-)Cu|Cu^{2+}(a=1)\|H^+(a=1)|H_2(101.325kPa),Pt(+)$$

由于 Cu 片在原电池体系中发生还原反应，而电动势 E 为 0.34V，所以 $\varphi(Cu)=0.34V$。

$$(-)H^+(a=1)|H_2(101.325kPa),Pt\|Zn|Zn^{2+}(a=1)|Cu(+)$$

由于 Zn 片在原电池体系中发生氧化反应，而电动势 E 为−0.79V，所以 $\varphi(Zn)=-0.79V$。

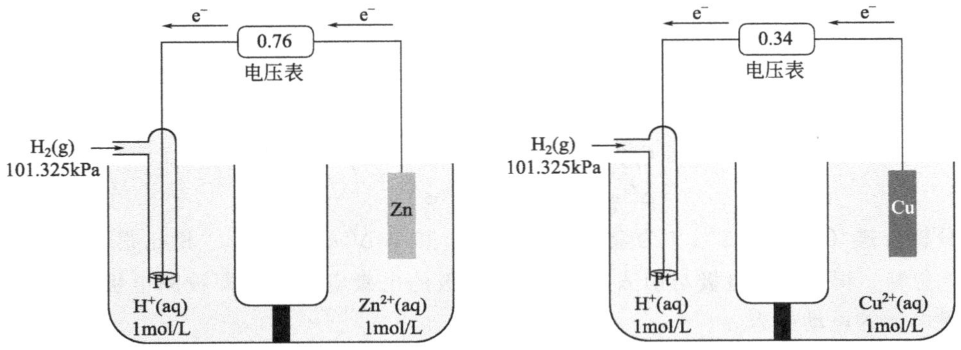

图 3-8　Zn 与 Cu 的标准电极电势测量示意图

标准氢电极温度系数极小，其电极电势可精确到 0.00001V，因此将其视为一级参比电极。然而，在实际的应用中，需严格控制标准氢电极氢的分压为 101.325kPa，这在制备和使用过程中带来不便，故通常使用制备简单、操作方便的二级参比电极，如甘汞电极、银（汞）-氯化银（汞）电极等。在标准状态下，一些常见电极相对于氢标准电极的电极电势列于表 3-1 中。

表 3-1　常见电极的标准电极电势

电对	电极反应	$\varphi^{\ominus}$/V
Li^+/Li	$Li^++e^-\rightleftharpoons Li$	−3.04
K^+/K	$K^++e^-\rightleftharpoons K$	−2.93
Ca^{2+}/Ca	$Ca^{2+}+2e^-\rightleftharpoons Ca$	−2.87
Na^+/Na	$Na^++e^-\rightleftharpoons Na$	−2.71
Mg^{2+}/Mg	$Mg^{2+}+2e^-\rightleftharpoons Mg$	−2.37
Al^{3+}/Al	$Al^{3+}+3e^-\rightleftharpoons Al$	−1.67
Zn^{2+}/Zn	$Zn^{2+}+2e^-\rightleftharpoons Zn$	−0.76

续表

电对	电极反应	$\varphi^{\ominus}$/V
$CO_2/H_2C_2O_4$，H^+	$2CO_2+2H^++2e^- \rightleftharpoons H_2C_2O_4$	−0.49
Fe^{2+}/Fe	$Fe^{2+}+2e^- \rightleftharpoons Fe$	−0.44
Cd^{2+}/Cd	$Cd^{2+}+2e^- \rightleftharpoons Cd$	−0.40
$PbSO_4/Pb$	$PbSO_4+2e^- \rightleftharpoons Pb+SO_4^{2-}$	−0.36
Co^{2+}/Co	$Co^{2+}+2e^- \rightleftharpoons Co$	−0.28
Ni^{2+}/Ni	$Ni^{2+}+2e^- \rightleftharpoons Ni$	−0.25
Sn^{2+}/Sn	$Sn^{2+}+2e^- \rightleftharpoons Sn$	−0.14
Pb^{2+}/Pb	$Pb^{2+}+2e^- \rightleftharpoons Pb$	−0.13
H^+/H_2	$2H^++2e^- \rightleftharpoons H_2$	0.00
Cu^{2+}/Cu^+	$Cu^{2+}+e^- \rightleftharpoons Cu^+$	+0.16
$AgCl/Ag$	$AgCl+e^- \rightleftharpoons Ag+Cl^-$	+0.22
Cu^{2+}/Cu	$Cu^{2+}+2e^- \rightleftharpoons Cu$	+0.34
I_2/I^-	$I_2+2e^- \rightleftharpoons 2I^-$	+0.54
Fe^{3+}/Fe^{2+}	$Fe^{3+}+e^- \rightleftharpoons Fe^{2+}$	+0.77
Hg_2^{2+}/Hg	$Hg_2^{2+}+2e^- \rightleftharpoons 2Hg$	+0.79
Ag^+/Ag	$Ag^++e^- \rightleftharpoons Ag$	+0.80
Hg^{2+}/Hg	$Hg^{2+}+2e^- \rightleftharpoons Hg$	+0.85
Pt^{2+}/Pt	$Pt^{2+}+2e^- \rightleftharpoons Pt$	+1.20
MnO_2/Mn^{2+}，H^+	$MnO_2+4H^++2e^- \rightleftharpoons Mn^{2+}+2H_2O$	+1.23
Cl_2/Cl^-	$Cl_2+2e^- \rightleftharpoons 2Cl^-$	+1.36
PbO_2/Pb^{2+}，H^+	$PbO_2+4H^++2e^- \rightleftharpoons Pb^{2+}+2H_2O$	+1.46
MnO_4^-/Mn^{2+}，H^+	$MnO_4^-+8H^++5e^- \rightleftharpoons Mn^{2+}+4H_2O$	+1.51
Au^+/Au	$Au^++e^- \rightleftharpoons Au$	+1.68
MnO_4^-/MnO_2，H^+	$MnO_4^-+4H^++3e^- \rightleftharpoons MnO_2+2H_2O$	+1.70
H_2/H^+	$H_2+2e^- \rightleftharpoons 2H^+$	+2.20

由于原电池的实质是氧化还原反应，因此将表 3-1 中任意两个电对组合，均可构成原电池，且依据标准电极电势数值可判断电极发生氧化反应或还原反应的难易程度。正极的电极反应减去负极的电极反应，即为原电池的电极反应，正极的标准电极电势减去负极的标准电极电势，即为原电池的电动势。

3.1.6 液体接界电势

两种组分或是浓度不相同的电解液在接触时，在浓度梯度驱动下，电解质阴阳离子会从高浓度向低浓度扩散，由于阴阳离子的扩散速率不同，在界面两侧就会有过剩的电荷积累，形成的电势差被称作液体接界电势（liquid junction potential），简称液接电势，用符号 φ_j 表示。

如图 3-9（a）所示，存在相接触的两个浓度不同的 $AgNO_3$ 溶液（浓度 $c_1<c_2$）。由于在两个溶液的界面处存在浓度梯度，Ag^+ 和 NO_3^- 会从高浓度处向低浓度处扩散。由于两种离子性质不同，Ag^+ 扩散速率低于 NO_3^-，故经过一定的扩散时间后，低浓度的电解液界面处存在较多的 NO_3^-，而高浓度的电解液界面处存在较多的 Ag^+，此时在两相界面处形成了双电层结构。界面两侧带电后，静电作用对 NO_3^- 的进一步扩散起阻碍作用，使 NO_3^- 通过界面的速率降低。相反，电势差可促进 Ag^+ 扩散，使其通过界面的速率增大。当达到稳态时，Ag^+ 和 NO_3^- 会以相同的速率通过界面，而界面处与稳态相对应的稳定电势差，即为液接电势 φ_j。当浓度相同的两种电解液 HNO_3 和 $AgNO_3$ 接触时，如图 3-9（b）所示，NO_3^- 并不发生扩散，而 Ag^+ 则向右侧扩散，右侧 H^+ 向左侧扩散。由于 H^+ 具有较高的扩散速率，导致界面左侧阳离子过剩，而右侧的阴离子过剩，导致两相界面处形成了双电层。当达到稳态时，界面会建立稳定的液接电势。

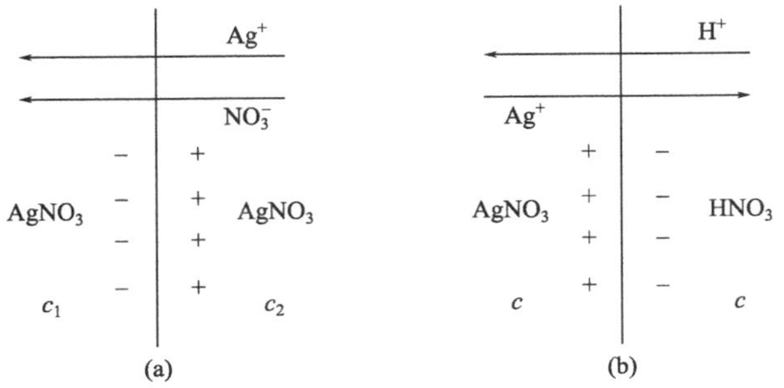

图 3-9　不同浓度的 $AgNO_3$ 溶液液接电势的形成（a）和同浓度 $AgNO_3$ 与 HNO_3 溶液在接触处液接电势的形成（b）

在实际研究中，液接电势无法准确测量，进而影响电池电动势测定，故研究人员试图消除或最大程度减小液接电势。消除液接电势的常用方式有以下两种：a. 电池使用单液电解液；b. 在两溶液间连接一个“盐桥”。所谓盐桥，实际上是一种充满凝胶状盐溶液的 U 型管，一般由装有 3%琼脂的饱和氯化钾溶液或饱和硝酸钾溶液制备而成，琼脂是一种固体凝胶，它可固定溶液而不损失电解液的导电性。盐桥的主要作用为：a. 盐桥两端分别与两种溶液连接而将两种溶液导通，以代替原来两种溶液的直接接触，稳定和减小液接电势；b. 盐桥中饱和 KCl 溶液的浓度高，当其与较稀的电解液接触时，K^+ 和 Cl^- 成为接触面主要的扩散离子，进而达到平衡电荷的目的；c. K^+ 和 Cl^- 的扩散速率基本相等，在接触面产生很小且方向相反的液接电势，故可相互抵消。综上所述，盐桥可降低液接电势，但不能完全消除。例如下列连接盐桥的电池：

$$Hg|Hg_2Cl_2(s)|HCl(0.1mol/L)|KCl\text{浓溶液}|NaCl(0.1mol/L)|Hg_2Cl_2(s)|Hg$$

若该电池无盐桥，φ_j 为 28.2mV，当增设盐桥并增加 KCl 浓度时，φ_j 逐渐下降，如表 3-2 所示。若电池的 φ_j 被盐桥消除，则上述电池表达式中两电极溶液间以“‖”表示盐桥。此外，选择盐桥的原则是选取高浓度、正负离子迁移数接近相等的电解质，且不与电池中溶液发生化学反应，例如 KCl、NH_4NO_3 和 KNO_3 等饱和溶液。

表 3-2 盐桥中 KCl 浓度对液接电势 φ_j 的影响

c/(mol/L)	φ_j/mV	c/(mol/L)	φ_j/mV
0	28.22	1.75	5.24
0.1	27.03	2.5	3.41
0.2	20.01	3.5	1.12
0.5	12.62	4.2（饱和溶液）	<1.02
1.0	8.39		

3.2 吉布斯自由能与能斯特方程

化学热力学可以指出一个化学反应的方向和限度问题，即该化学反应能否自发进行、向何方向进行、进行到何种程度、反应进行时能量变化情况、外界条件对反应方向和限度有何影响等。研究电化学热力学同样可以了解电化学体系中电化学反应进行的方向和限度。对于化学能和电能互相转化的电池体系而言，通过研究其热力学可知悉该电池反应对外电路输出的最大能量。

3.2.1 电池电动势与 Gibbs 自由能

在组装电池体系前后，导体相中离子的内能、焓、Gibbs 自由能等热力学状态函数均有所差异。因此，电池电动势和 Gibbs 自由能之间存在必然联系。以电化学反应 $Zn+Cu^{2+}=Zn^{2+}+Cu$ 为例，在组装成丹尼尔电池前，电子会发生转移，但无法产生可被检测的电流，即不做电功，却有热效应。此时，属于恒温恒压无非体积功的过程，该反应能自发进行的判定依据是摩尔吉布斯自由能变 $\Delta_r G_m<0$。在组装成丹尼尔电池后，不仅有电子转移，还产生电流，做电功的同时伴随热效应。此时，该反应属于恒温恒压且有非体积功（即电功 W）的过程，该反应能自发进行的判定依据是 $-\Delta_r G>W$，式中电功 W 为电量与电池电动势的乘积，即 $W=qE$。可以看出，电化学体系中荷电组分的热力学状态、化学状态及电性能状态有必然联系。

当反应进行程度为 ξ 时，假设该电化学反应转移 $z$mol 电子，其电量 Q 为

$$Q=zF\xi \tag{3-14}$$

式中，F 为法拉第常数，1mol 电子的电量为 96485C，因此 $F=96485$C/mol。

对于微小过程 $dQ=zFd\xi$，故电功 W 为

$$\delta W_r'=-(zFd\xi)E \tag{3-15}$$

若电池反应可逆，该电池体系做的非膨胀功只有电功，则该体系自由能减少等于体系在等温等压下所做的最大电功，即

$$\Delta_r G=(\partial G/\partial \xi)_{T,p}=-zEF \tag{3-16}$$

在式（3-16）中，自由能变化值 $\Delta_r G$ 的单位为焦耳（J）、F 的单位为库仑每摩尔（C/mol），E 的单位为伏特（V）。该式不仅表示了化学能与电能转变的定量关系，即对于

$\Delta_r G<0$ 的反应，在恒温、恒压条件下，Gibbs 自由能的减少可全部转化为电功，同时它也是联系热力学和电化学的桥梁。由于只有在可逆过程中，体系自由能减少才等于体系所做的最大非膨胀功，因此该式只适用于可逆电池，即电池反应过程必须同时满足电极反应可逆和能量转化可逆时，才能运用该式进行处理。

若该电池反应在标准情况下进行，即反应处于一个标准大气压下，溶解的物质为单位平均活度，得失电子数为 z，则

$$\Delta_r G_m^{\ominus} = -zE^{\ominus}F \tag{3-17}$$

3.2.2 电池反应的摩尔熵变

将式（3-16）代入式 $(\partial \Delta_r G/\partial T)_p = -\Delta_r S_m$，得

$$\Delta_r S_m = zF(\partial E/\partial T)_p \tag{3-18}$$

式中，$(\partial E/\partial T)_p$ 为电池电动势的温度系数，表示恒压下电动势随温度的变化率，单位为 V/K，其值可通过实验测定一系列不同温度下的电动势而求得。

3.2.3 电池反应的摩尔焓变

将式（3-16）和式（3-18）代入公式 $\Delta_r G_m = \Delta_r H_m - T\Delta_r S_m$，得

$$\Delta_r H_m = -zFE + zFT(\partial E/\partial T)_p \tag{3-19}$$

焓是状态函数，因此，利用式（3-19）计算得出的 $\Delta_r H_m$，与恒温、恒压进行时的 $\Delta_r H_m$ 相等。

3.2.4 电池可逆放电时的反应热

电池在可逆放电过程中，化学反应热为可逆热 Q，在恒温下 $Q_r = T\Delta_r S_m$，将式（3-18）代入，得

$$Q_r = zFT(\partial E/\partial T)_p \tag{3-20}$$

由式（3-20）可知，在恒温下电池可逆放电时，若 $(\partial E/\partial T)_p = 0$，$Q_r = 0$，则电池既不吸热也不放热；若 $(\partial E/\partial T)_p > 0$，$Q_r < 0$，则电池从环境中吸热；若 $(\partial E/\partial T)_p < 0$，$Q_r > 0$，则电池向环境中放热。

3.2.5 电池电动势与化学平衡常数的关系

化学平衡常数（K）是反映化学反应限度的重要参数，根据 $\Delta_r G_m^{\ominus} = -zE^{\ominus}F$ 和 $\Delta_r G_m^{\ominus} = -RT\ln K^{\ominus}$，得

$$E^{\ominus} = \frac{RT}{zF}\ln K^{\ominus} = \frac{2.303RT}{zF}\lg K^{\ominus} \tag{3-21}$$

在标准状态下，T 为 298K，将摩尔气体常数 R、法拉第常数 F、温度 T 代入公式（3-21），得

$$E^{\ominus} = \frac{0.059\text{V}}{z}\lg K^{\ominus} \tag{3-22}$$

上述推导公式反映了 $E^{\ominus}$ 与 $K^{\ominus}$ 的关系，即电化学反应进行的程度和限度之间的关系。

例如，求丹尼尔反应 $Zn+Cu^{2+}$ ═══ $Zn^{2+}+Cu$ 在标准状态下的 $K^{\ominus}$。在原电池体系中，Zn 为负极，Cu 为正极，将其分解为两个半电池反应。

$$Zn^{2+}+2e^- = Zn, Zn\ 电极电势为\ \varphi^{\ominus}_{Zn^{2+}/Zn}=-0.76V$$

$$Cu^{2+}+2e^- = Cu, Cu\ 电极电势为\ \varphi^{\ominus}_{Cu^{2+}/Cu}=+0.34V$$

又 $E^{\ominus}=\varphi^{\ominus}_{Cu^{2+}/Cu}-\varphi^{\ominus}_{Zn^{2+}/Zn}=0.34-(-0.76)=1.1V$，且该反应转移电子数 $z=2$，将其代入式（3-22），得

$$K^{\ominus}=2.0\times10^{37}$$

一般地，当 $K^{\ominus}>10^7$ 时，则说明反应完全。由此可得，丹尼尔电池的化学平衡常数极大，证明该反应进行完全。

3.2.6 能斯特方程

标准电极电势在标准态下测得，故只能在标准态下应用，但大多数发生在电池中的氧化还原反应均在非标准态下进行，其电极电势和电池电动势则需通过能斯特 Nernst 方程式表述和计算。通过热力学理论推导，可得出电化学体系中离子浓度比与电极电势的定量关系，以丹尼尔电池 $Zn+Cu^{2+}$ ═══ $Zn^{2+}+Cu$ 为例，参与该电化学反应的电荷数为 2，此反应的 Gibbs 自由能变可用化学势 μ_i 表示，即

$$\Delta G=\sum_i v_i\mu_i \tag{3-23}$$

$$\mu_i=\mu_i^{\ominus}+RT\ln a_i \tag{3-24}$$

式中，$\mu_i^{\ominus}$ 为标准化学势。结合公式（3-23）和公式（3-24），得

$$\Delta G=\Delta G^{\ominus}+RT\ln(a_{Zn^{2+}}/a_{Cu^{2+}}) \tag{3-25}$$

丹尼尔原电池反应的电动势为

$$\begin{aligned}E&=-\Delta G/(zF)\\&=-\Delta G^{\ominus}/(zF)-[RT/(zF)]\ln(a_{Zn^{2+}}/a_{Cu^{2+}})\\&=E^{\ominus}-\frac{RT}{zF}\ln\frac{a_{Zn^{2+}}}{a_{Cu^{2+}}}\end{aligned} \tag{3-26}$$

同样地，对于任何电池反应 $aA+bB$ ═══ $cC+dD$，可将其分为两个半电池反应

正极：$aA\longrightarrow cC$（A 为氧化型，C 为还原型）

负极：$dD\longrightarrow bB$（D 为氧化型，B 为还原型）

电池反应电动势的 Nernst 方程则为

$$E=E^{\ominus}-\frac{RT}{zF}\ln\frac{[C^c][D^d]}{[A^a][B^b]} \tag{3-27}$$

基于电池反应电动势的 Nernst 方程，可推导出电极电势的 Nernst 方程，即

$$\begin{aligned}\varphi_+-\varphi_-&=(\varphi_+^{\ominus}-\varphi_-^{\ominus})-\frac{RT}{zF}(\ln[氧化型]-\ln[还原型])\\&=(\varphi_+^{\ominus}+\frac{RT}{zF}\ln[还原型])-(\varphi_-^{\ominus}+\frac{RT}{zF}\ln[氧化型])\end{aligned} \tag{3-28}$$

故

$$\varphi_+=\varphi_+^{\ominus}+\frac{RT}{zF}\ln[还原型] \tag{3-29}$$

$$\varphi_- = \varphi_-^{\ominus} + \frac{RT}{zF}\ln[\text{氧化型}] \tag{3-30}$$

归纳成一般通式，得

$$\varphi = \varphi^{\ominus} + \frac{RT}{zF}\ln\frac{[\text{氧化型}]}{[\text{还原型}]} \tag{3-31}$$

在标准状态下

$$\varphi = \varphi^{\ominus} + \frac{0.059\text{V}}{z}\lg\frac{[\text{氧化型}]}{[\text{还原型}]} \tag{3-32}$$

式（3-26）和式（3-27）为原电池电动势的 Nernst 方程，式（3-29）～式（3-32）为电极电势的 Nernst 方程，式中 z 为电极反应中电荷转移数，[氧化型]/[还原型]代表参与电极氧化还原反应的反应物浓度乘积与产物浓度乘积之比，而各物质在电极反应中的系数为物质浓度的指数。离子浓度单位为 mol/L，在反应体系中，纯固体与纯液体的浓度为 1mol/L，气体用分压表示。

由此可见，Nernst 方程是定量描述某种离子在 A、B 两体系间形成的扩散电势的方程表达式，它反映了非标准状态下的电动势与标准状态下的电动势和电解质浓度之间的定量关系。

例题：计算 298.15K 下，$c(Zn^{2+})=0.100$mol/L 时的 $\varphi_{Zn^{2+}/Zn}$ 值。

Zn 半电池的电极反应为 $Zn^{2+}+2e^- \rightleftharpoons Zn$

$$\begin{aligned}\varphi_{Zn^{2+}/Zn} &= \varphi^{\ominus}_{Zn^{2+}/Zn} + \frac{0.059\text{V}}{2}\lg\frac{c_{Zn^{2+}}}{1}\\ &= -0.76 + \frac{0.059\text{V}}{2}\lg\frac{c_{Zn^{2+}}}{1}\\ &= -0.79\text{V}\end{aligned}$$

因此，当 $c_{Zn^{2+}}$ 减少为 $c^{\ominus}_{Zn^{2+}}$ 的十分之一时，$\varphi_{Zn^{2+}/Zn}$ 比 $\varphi^{\ominus}_{Zn^{2+}/Zn}$ 减少 0.03V。

又例如：假设混合溶液中 MnO_4^- 和 Mn^{2+} 的浓度均为 0.1mol/L，分别计算 298K 时 MnO_4^-/Mn^{2+} 电对在 1.0mol/L 和 0.1mol/L 盐酸溶液中的电极电势。（已知：$E^{\ominus}_{MnO_4^-/Mn^{2+}}=1.51$V。）

混合溶液中发生的电极反应为

$$MnO_4^- + 8H^+ + 5e^- = Mn^{2+} + 4H_2O$$

根据电池反应电动势的 Nernst 方程，得

$$E = E^{\ominus} - \frac{0.059\text{V}}{z}\lg\frac{[\text{还原型}]}{[\text{氧化型}]}$$

在 1.0mol/L 的盐酸溶液中

$$E_{MnO_4^-/Mn^{2+}} = 1.51 - \frac{0.059\text{V}}{5}\lg\frac{0.1}{0.1\times 1^8} = 1.51\text{V}$$

在 0.1mol/L 的盐酸溶液中

$$E_{MnO_4^-/Mn^{2+}} = 1.51 - \frac{0.059\text{V}}{5}\lg\frac{0.1}{0.1\times 0.1^8} = 1.42\text{V}$$

计算结果说明改变电解液的浓度或 pH 值，可引起电极电势变化，pH 值越低，则 MnO_4^- 氧化性越强。

3.3 可逆电池与可逆电极

3.3.1 可逆电池

可逆电池是指以热力学可逆的方式将化学能转化为电能的装置。根据热力学可逆条件，可逆电池必须同时满足下列三个条件：

① 电池内进行的化学反应必须可逆，即充电反应和放电反应互为逆反应，电池内其他过程（如离子迁移）也必须可逆；

② 能量转化可逆，要求充放电时允许通过的电流无限小，电极内化学反应进程无限接近平衡态；

③ 实际可逆性，即无扩散现象，例如为了消除离子扩散使用盐桥。

例如，将 Zn(s) 和 Ag(s) ＋AgCl(s) 插入到 $ZnCl_2$ 溶液中组成电池，其中，Ag/AgCl 的电极电势高于 Zn 片，因此电子从 Zn 片流入 Ag/AgCl 片，此时 Ag/AgCl 为正极，Zn 为负极。

电池放电时，

Zn 电极发生的反应：$Zn \longrightarrow Zn^{2+} + 2e^-$

Ag/AgCl 电极发生的反应：$2AgCl + 2e^- \longrightarrow 2Ag + 2Cl^-$

电池总反应为：$Zn + 2AgCl \longrightarrow 2Ag + 2Cl^- + Zn^{2+}$

电池充电时，

Zn 电极发生的反应：$Zn^{2+} + 2e^- \longrightarrow Zn$

Ag/AgCl 电极发生的反应：$2Ag + 2Cl^- \longrightarrow 2AgCl + 2e^-$

电池总反应为：$2Ag + 2Cl^- + Zn^{2+} \longrightarrow Zn + 2AgCl$

上述电极及电池反应均互为可逆反应，如果充放电的电流无限小，则该电池体系可称为可逆电池；若外电压或放电时电流很大，则该电池体系仍然是不可逆电池。在化学电源中，实际应用中的一次、二次电池（包括丹尼尔电池）大多是不可逆电池。

3.3.2 电池符号的表达方式

已知电池一般由电极和电解液组成，为了使电池符号的表达式简便、统一，1953 年国际上制定了电池符号表达方式的相关规定，即电池符号的排列顺序要真实地反映电池中各物质的接触次序，负极（发生氧化反应）应写在左边，正极（发生还原反应）应写在右边，中间为电解液。书写时还必须注意以下几点。

① 电池中各组成物质应以化学式表示，并标明物质的聚集状态（气态、液态、固态等）以及温度，电解液要标明浓度或活度，气体要标明压力。（当温度为 298K 和压力为 1.01×10^5 Pa 时可省略。）

② 用单线“|”表示两个不同相之间的接界、不同溶液间的接界以及同一物质不同浓度溶液间的接界（也可用逗号“,”表示），表示该处有电势差，盐桥则需要用双线“‖”表示。如将 Zn(s) 和 Ag(s)＋AgCl(s) 作为两个电极插入到 $ZnCl_2$（1mol/L）溶液中组成电

池，可将该电池体系写为

$$Zn(s)|ZnCl_2(1mol/L)|AgCl(s)+Ag(s)$$

③ 气体不能直接作为电极，必须依附于不活泼的金属（如 Pt、Au 等），电极旁的溶液均假定已为电极上的气体所饱和，气体须注明压力，如

$$(Pt)H_2(1.01\times10^5Pa)|HCl(0.01mol/L)|H_2(1.01\times10^4Pa)(Pt)$$

可以省略不活泼的金属以简化电池符号表达式

$$H_2(1.01\times10^5Pa)|HCl(0.01mol/L)|H_2(1.01\times10^4Pa)$$

④ 若两电极之间存在不同溶液或同一种溶液但浓度不同，应写出所有溶液相，如

$$H_2(1.01\times10^5Pa)|HCl(0.01mol/L)|HCl(0.001mol/L)|H_2(1.01\times10^4Pa)$$

若两溶液间插入盐桥，则表示为

$$H_2(1.01\times10^5Pa)|HCl(0.01mol/L)\|HCl(0.001mol/L)|H_2(1.01\times10^4Pa)$$

按照上述电池符号的规定表达式，我们可以很方便地根据反应设计电池。

3.3.3 可逆电极的类型

构成可逆电池的两个电极均可称为可逆电极，因此可逆电极也必须满足可逆电池的前两个条件，即电极反应可逆和能量转化可逆。可逆电极应是在平衡条件下进行电化学反应的电极，也称平衡电极，主要可以分为以下几类。

（1）第一类可逆电极

第一类可逆电极只具有电子导体和离子导体唯一相界面，在电极电势的建立过程中有离子在电极与溶液间迁移，从而完成电极单质和其离子间的转化反应。该类电极通常包括金属电极、汞齐电极和气体电极等。以金属电极作为典型进行分析，其构成较为简单，即将金属板浸在含该金属离子的可溶性盐溶液中。以 Cu 电极为例，$Cu(s)\ |\ CuSO_4(a)$，其电极反应为 $Cu^{2+}+2e^-\rightleftharpoons Cu$。气体电极 $Pt(s)$，$H_2(p)\ |\ H^+(a)$，其电极反应为 $2H^++2e^-\rightleftharpoons H_2$。由此可见，气体电极符合第一类可逆电极基本特征，但需要注意的是，气体在常温常压下不导电，需引入铂或其他惰性金属起到导电作用，使气体吸附至金属表面，完成其单质和离子间的转化反应。

（2）第二类可逆电极

第二类可逆电极存在金属难溶盐或难溶氧化物、难溶盐或难溶氧化物电解液两个界面，在电极电势的建立过程中阴离子在界面间进行溶解和沉积。该类电极通常包括难溶盐电极和难溶氧化物电极两种。以难溶盐电极为典型进行分析，将金属板浸在其难溶盐和与该难溶盐有相同阴离子的可溶性盐溶液中构成此类电极，该类电极的金属既是导体又是活性物质。以甘汞电极为例，$Hg|Hg_2Cl_2(s)$，$KCl(a)$，其电极反应为 $Hg_2Cl_2(s)+2e^-\rightleftharpoons 2Hg+2Cl^-$。第二类可逆电极的可逆性较好、平衡电势值稳定、电极制备工艺简单，因此常被用作参比电极。

（3）第三类可逆电极

第三类可逆电极是由将铂或其他惰性金属电极浸在含有同种元素但不同价态离子的混合溶液中而构成。例如 $Pt|Fe^{2+}(a_{Fe^{2+}})$，$Fe^{3+}(a_{Fe^{3+}})$、$Pt|Sn^{2+}(a_{Sn^{2+}})$，$Sn^{4+}(a_{Sn^{4+}})$ 等电极，其电极反应为 $Fe^{3+}+e^-\rightleftharpoons Fe^{2+}$ 和 $Sn^{4+}+2e^-\rightleftharpoons Sn^{2+}$。该类电极中的惰性金属只充当

导体，在电极反应过程中，同种元素的两种不同价态离子之间发生氧化还原反应，因此又称之为氧化还原电极。

(4) 第四类可逆电极

第四类可逆电极通常由内参比电极、内充液和具有离子选择性响应的薄膜组成，又称为膜电极，常见的有玻璃电极、离子交换膜电极和液体膜电极等。该类电极与前三类电极相比，其特点是电极电势由膜电势决定，而膜电势由溶液中离子和膜中离子的交换平衡决定，它与待测溶液中的选择性离子浓度有关。

(5) 第五类可逆电极

第五类可逆电极是在其体相发生嵌入反应的电极，又称嵌入式电极。嵌入反应是指客体粒子（也称嵌质，包括离子、原子、分子等）嵌入主体晶格（也称嵌基）生成嵌入化合物的反应。嵌入化合物属于非化学计量化合物，其结构特点主要表现在主体晶格骨架结构稳定且存在合适的离子空位与离子通道。嵌入式电极反应可表示为

$$xA^{+}+xe^{-}+yS \rightleftharpoons A_xS_y$$

式中，A 表示嵌质阳离子；S 为嵌基。嵌入和脱嵌反应的速度与电极电势有关，嵌入粒子的数量决定于嵌入反应过程消耗的电量。嵌入反应的研究历史可追溯到 1841 年研究人员发现 SO_4^- 嵌入到石墨晶格的反应。

3.3.4 可逆电池的类型

按照电动势的产生缘由可将可逆电池分为三类：物理电池、浓差电池和化学电池。

3.3.4.1 物理电池

物理电池是由化学性质相同但物理性质不同的两个电极浸入电解液中组成，其发生相同反应。在给定的物理条件下，若电池中的一端电极材料 A 处于稳定状态，而另一端电极材料 A^* 处于不稳定状态，电能来源即为电极材料从不稳定状态转变成稳定状态时的自由能变化。因此，电池电动势的产生是由两电极材料所处的物理性质不同而导致，可表示为

$$E=\varphi_A^{\ominus}-\varphi_{A^*}^{\ominus}$$

物理电池一般包括重力电池和同素异形电池等。

(1) 重力电池

重力电池是由同一种金属导体电极以两个不同高度浸入该金属的盐溶液中所组成。如将两个不同高度的汞电极（高度分别为 h_1 和 h_2，且 $h_1>h_2$）浸入 HgA 溶液中。其中，高度较高的汞电极 h_1 处于不稳定状态，具有较大自由能，因此作为该电池的负极，该电极发生的反应为

$$2Hg(h_1) \longrightarrow Hg_2^{2+}+2e^-$$

高度较低的汞电极 h_2 处于相对稳定状态，作为该电池的正极，该电极发生的反应为

$$Hg_2^{2+}+2e^- \longrightarrow 2Hg(h_2)$$

故电池中发生的反应是汞金属从较高的汞电极转移到较低的汞电极，即

$$Hg(h_1) \longrightarrow Hg(h_2)$$

因此，该电池表示式为

$$Hg(h_1)|HgA(a)|Hg(h_2)$$

这是一种自发过程，该过程一直进行到两个电极高度相等为止。由此可见，重力电池是由于电极重力不同而将机械能向电能转化的电化学体系。显然，重力电池的电动势与电极间的高度差有关，随电极高度差的减小而降低，通常这类电池电动势很小。对于上述电池而言，汞电极的高度差 $\Delta h=100\text{cm}$ 时，产生的电池电动势仅为 $1\times10^{-5}\text{V}$。根据高度差 Δh 计算电动势的关系式为

$$E=\frac{Mg\Delta h}{zF} \tag{3-33}$$

式中，M 为金属的摩尔质量；g 为重力加速度。

(2) 同素异形电池

若同一金属存在两个变体（M_α 和 M_β），将两个变体浸入该金属离子的溶液中所组成的电池称为同素异形电池。在给定温度下，金属的一种变体处于稳定状态（如 M_α），而另一种变体则处于不稳定状态（如 M_β）。将处于不稳定状态的金属变体 M_β 制成电极，其具有较大自由能，因此作为该电池负极，溶解生成金属离子，该电极发生的反应为

$$M_\beta \longrightarrow M^{n+}+ne^-$$

在处于稳定状态的金属变体 M_α 电极上，金属离子放电生成金属，该电极发生的反应为

$$M^{n+}+ne^- \longrightarrow M_\alpha$$

故电池中发生的反应是金属从不稳定状态变体转向稳定状态变体，即

$$M_\beta \longrightarrow M_\alpha$$

该电池的电动势可由同素异形转变的自由能变化计算确定。通常，该类电池具有较小的电动势，仅在腐蚀过程中才加以考虑，其电池符号为

$$M_\beta|MA(a)|M_\alpha$$

3.3.4.2 浓差电池

浓差电池是指由物理性质、化学组成和电极反应性质完全相同的两个电极组成，但参加电极反应的物相（电子导体或离子导体）、浓度（或活度）不同的电池。该类电池与化学电池相似，其内部同样经历了氧化还原过程，但电池总反应并没有反映出这种变化，仅仅是一种物质从高浓度状态向低浓度状态转移。与自发扩散作用不同，在浓差电池中这种物质转移是间接地通过电极反应实现的，故其 Gibbs 自由能变可转变为电功。因此，可以将这类电池的电能来源理解为物质从较高活度到较低活度的转移能。在这种情况下，该类电池电动势可表示为

$$E=\frac{RT}{nF}\ln\frac{a_{k_2}a_{n_2}}{a_{k_1}a_{n_1}} \tag{3-34}$$

式中，k 和 n 分别为在每个电极上具有不同活度的电极反应参加物。

浓差电池一般包括"单液浓差电池"和"双液浓差电池"两大类。"单液浓差电池"是由物理、化学性质相同而浓度不同的两个电极材料浸入同一电解液中所组成，又称为电极浓差电池。"双液浓差电池"是由两个相同电极材料浸入到活度不同的相同电解液中所组成，又称为溶液浓差电池。

（1）单液浓差电池

气体电池和汞齐电池是单液浓差电池较为典型的例子，两个电极差别在于气体或金属汞电极的活度不同。例如，气体氢电池

$$(Pt)H_2(p_1)|HCl(a)|H_2(p_2)(Pt)$$

式中，p 为氢气压力，且 $p_1>p_2$，则左边的氢电极失去电子转化为氢离子进入溶液，右边电极溶液中的氢离子得到电子形成氢气回到氢电极中。根据 Nernst 方程，该气体氢电池电动势为

$$E=\frac{RT}{zF}\ln\frac{p_1}{p_2} \tag{3-35}$$

一般地，气体电池在 25℃时，压力比 $p_1/p_2=10$，则其电动势为$\frac{0.0592}{z}$V。对于气体氢电池，电荷转移数 $z=2$，其电池电动势为 0.0296V。

再以汞齐电池为例

$$Hg,M(a_1)|MA(a)|M(a_2),Hg$$

式中，a_1 和 a_2 为金属在汞齐中的活度，且 $a_1>a_2$，则左边的金属电极失去电子转化为金属离子进入溶液，右边电极溶液处的金属离子得到电子转化为金属。电池反应的全部过程为金属从浓的汞齐转移到稀的汞齐

$$M(a_1)\longrightarrow M(a_2)$$

根据 Nernst 方程，该汞齐电池电动势为

$$E=\frac{RT}{nF}\ln\frac{a_1}{a_2} \tag{3-36}$$

在浓差电池中，电池电动势的数值仅取决于两极浓度（或压力）的差别，与溶液浓度无关。

（2）双液浓差电池

这类电池具有两个相同的电极，但溶液中电解质浓度不同，产生电动势的过程是电解质从浓溶液向稀溶液的转移过程。例如，将两个 AgCl 电极分别插在浓度不同（$a_1>a_2$）的盐酸溶液中组成电池

$$Ag,AgCl|HCl(a_1)|HCl(a_2)|AgCl,Ag$$

假设 H^+ 和 Cl^- 的迁移数分别为 t_+ 和 t_-。当电极反应生成 1mol 的 AgCl 时，左边电极的溶液消耗掉 1mol 的 Cl^-，同时应有 t_- mol 的 Cl^- 从右边电极的溶液迁入而补偿消耗的 Cl^-。同时，有 t_+ mol 的 H^+ 从左边电极的溶液迁入右边电极的溶液。因此，HCl 的量将减少 t_+ mol。反之，当电极反应消耗掉 1mol 的 AgCl 时，右边电极的溶液生成 1mol 的 Cl^-，同时有 t_- mol 的 Cl^- 通过电迁移进入左边电极的溶液和 t_+ mol 的 H^+ 迁入。因此，HCl 的量将增加 t_+ mol。可以发现，所有电极过程的总结果是 t_+ mol 的 H^+ 从左边电极的溶液迁入至右边电极溶液，其电化学反应的一般方程式为

$$t_+H_1^+ + t_+Cl_1^- \longrightarrow t_+H_2^+ + t_+Cl_2^-$$

根据 Nernst 方程，该类电池电动势为

$$E=\frac{t_+RT}{zF}\ln\frac{a_{H_1^+}a_{Cl_1^-}}{a_{H_2^+}a_{Cl_2^-}} \tag{3-37}$$

在浓差电池中，只要电极间或电解液间存在浓度差，该过程就会持续发生。

3.3.4.3 化学电池

化学电池是指将化学能转变为电能的装置，体系中包括电解液和浸入溶液的正负电极，两个电极的物理性质和化学性质都可能不同。使用导线将两电极连接，就会有电流通过，因而获得电能，当放电到一定程度后，电能减弱。在化学电池中，有的电池可经充电复原而再次使用，被称作蓄电池，例如铅蓄电池、铁镍蓄电池等；而有的电池充电后无法复原，被称作原电池，例如干电池、丹尼尔电池、燃料电池等。化学电池通常又分成简单化学电池和复杂化学电池两类，它们的电动势均可直接用 Nernst 方程表示。

（1）简单化学电池

对于简单化学电池而言，一个电极对电解质阳离子可逆，而另一个电极对电解质阴离子可逆。韦斯顿（Weston）电池是一种典型的简单化学电池，其电池形式为

$$Cd,Hg|CdSO_4(a)|Hg_2SO_4,Hg$$

在韦斯顿电池中，

负极反应： $Cd \longrightarrow Cd^{2+}+2e^-$

正极反应： $Hg_2SO_4+2e^- \longrightarrow 2Hg+SO_4^{2-}$

电池总反应： $Cd+Hg_2SO_4 \longrightarrow Cd^{2+}+2Hg+SO_4^{2-}$

电池的电动势为

$$E=E^{\ominus}+\frac{RT}{2F}\ln(a_{cd^{2+}} \cdot a_{SO_4^{2-}})$$

化学电源中许多的二次电池都属于简单化学电池，如铅酸蓄电池等。

（2）复杂化学电池

这类电池中两个电极的电解液不同，两溶液接触时，产生液体接界电势差。通常可采用盐桥使液体接界电势差降低到可以忽略不计的程度，方可通过 Nernst 方程表示。例如丹尼尔电池。

3.4 不可逆电极

3.4.1 不可逆电极的特征

在实际电化学体系中，电化学中的电极反应都是非平衡电极过程，这类电极被称作不可逆电极。例如，铝在海水中形成的电极、零件在电镀溶液中形成的电极等。具体而言，存在以下任何一种情况均可被视为不可逆电极：a. 有一个有限电流（电流较大）通过电极；b. 放电与充电时，电极反应不同；c. 其他过程为不可逆过程。以 Zn 电极浸入 NaCl 溶液为例，反应开始前，溶液中只有 Na^+ 而没有 Zn^{2+}。此时，电极的正反应为 Zn 的氧化溶解，即

$$Zn \longrightarrow Zn^{2+}+2e^-$$

逆反应为 Na^+ 的还原反应，即

$$Na^+ + e^- \longrightarrow Na$$

随着反应的进行，Zn 电极溶解生成的 Zn^{2+} 开始发生还原反应，即

$$Zn^{2+}+2e^- \longrightarrow Zn$$

同时还会伴随着 Na 镀层重新溶解，即

$$Na \longrightarrow Na^+ + e^-$$

此时，该电极同时存在四个反应，如图 3-10 所示。在电极总反应过程中，Zn 溶解速度和沉积速度不相等，Na 亦如此，导致物质交换不平衡，即存在 Zn 溶解和 Na 沉积。因此，该电极是不可逆电极，由此建立起来的电极电势被称为不可逆电势或不平衡电势。它的数值只能通过实验测定，无法通过 Nernst 方程计算得出。

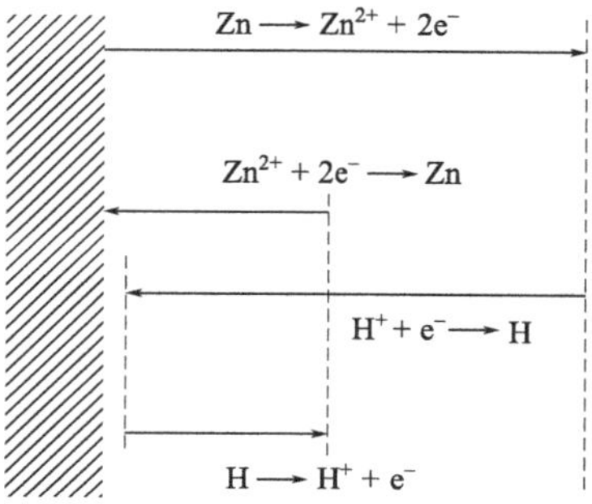

图 3-10 建立稳定电势的示意图（图中箭头表示反应速度大小）

不可逆电势可以是稳定的，也可以是不稳定的。当电荷在界面上交换速度相等时，尽管物质交换不平衡，也能建立起稳定的双电层，使电极电势达到稳定状态。稳定的不可逆电势被称为稳定电势。对同一种金属而言，由于电极反应类型和进行速度不同，在不同条件下形成的电极电势往往差别很大，如表 3-3 所列。不可逆电势的数值可以用来判断不同金属接触时的腐蚀倾向，用稳定电势比用平衡电势更接近实际情况。例如，当 Al 与 Zn 接触时，参照标准平衡电势，$\varphi^{\ominus}_{Al}=-1.67V$，$\varphi^{\ominus}_{Zn}=-0.76V$，由于 Al 电势更小，似乎 Al 比 Zn 更易腐蚀。然而，在 3% NaCl 或 3% NaCl 溶液+0.1% H_2O_2 溶液中，通过实验测得的稳定电势表明，Zn 的稳定电势更小，因此，Zn 更易被腐蚀，这与实际生活中得出的接触腐蚀规律保持一致。

表 3-3 不同电解液中金属的电极电势（25℃）

金属	φ(3%NaCl 溶液)/V		φ(3%NaCl 溶液+0.1%H_2O_2 溶液)/V		$\varphi^{\ominus}$/V
	开始	稳定	开始	稳定	
Zn	−0.83	−0.83	−0.77	−0.77	−0.76
Al	−0.63	+0.63	−0.52	−0.52	−1.67
Fe	−0.23	−0.50	−0.25	−0.50	−0.44
Cr	−0.02	+0.23	+0.40	+0.60	−0.74
Ni	−0.13	−0.02	+0.20	+0.05	−0.25

此外，可以根据稳定电势值判断在不同电镀液中镀 Cu 的结合力。例如，将 Fe 浸入含 Cu^{2+} 的溶液时，按照标准电极电势，即 $\varphi^{\ominus}_{Cu}=0.34V$ 和 $\varphi^{\ominus}_{Fe}=-0.44V$，此时溶液中发生如下的置换反应

$$Fe+Cu^{2+} \longrightarrow Cu+Fe^{2+}$$

当反应进行一段时间后，Fe 表面沉积了一层疏松的“置换 Cu”，这使以后电镀的 Cu 层与机体的结合力显著降低。然而，在实际电镀液中，浸在镀 Cu 液中的 Fe 电极为不可逆电极，因而上述的置换反应能否发生还要根据稳定电势进行判断。根据测量结果，Fe 和 Cu 在不同镀铜液中的电极电势列于表 3-4 中。由表 3-4 可知，由于生成“置换 Cu”而降低镀层结合力的倾向为：焦磷酸盐镀铜液＞三乙醇胺碱性镀铜液＞氰化物镀铜液。如在氰化物镀铜液

中，反应生成了稳定的络离子 $[Cu(CN)_3]^-$，使得 Cu 的平衡电势变小，接近 Fe 的电势，此时，反应不会产生“置换 Cu”，可以获得结合力强的镀层。

表 3-4 Fe 和 Cu 在各种镀液中的电极电势

镀液	Fe 的平衡电势/V	Cu 的平衡电势/V
氰化物镀铜液	−0.62	−0.61
焦磷酸盐镀铜液	−0.42	−0.04
三乙醇胺碱性镀铜液	−0.25	−0.12

3.4.2 不可逆电极的类型

(1) 第一类不可逆电极

金属电极浸入到离子溶液中通常会发生溶解现象，比如将 Zn 金属电极浸入 HCl 溶液中，Zn 会和 HCl 溶液发生化学反应且金属 Zn 会被溶液腐蚀。这种金属电极浸入离子溶液（不含该金属离子）组成的电极被称为第一类不可逆电极。基于上述 Zn 金属电极浸入 HCl 溶液的体系，在电极附近会存在一定浓度的 Zn^{2+} 积累，并且 Zn^{2+} 将参与后续的反应，最终此体系的稳定电势将和 Zn^{2+} 浓度相关。

(2) 第二类不可逆电极

金属电极浸入到溶液中发生化学反应，且产物为金属电极的难溶盐或金属氧化物，这一类电极被称为第二类不可逆电极。当 Cu 电极浸入 NaOH 溶液中时，会生成少量的 $Cu(OH)_2$，因为 $Cu(OH)_2$ 溶解度很小，所以此金属电极是不可逆电极，又被称为难溶盐电极。

(3) 第三类不可逆电极

这一类电极也被称为氧化还原电极，当金属电极浸入含有氧化-还原离子对的溶液中时，溶液中发生氧化还原反应，比如当 Pt 金属电极浸入含有 Fe^{2+}/Fe^{3+} 的溶液中时，铁离子溶液会发生氧化还原反应。这类电极电势主要依赖于溶液中氧化态物质和还原态物质之间的氧化还原反应。

(4) 不可逆气体电极

气体参与电极反应的电极体系被称为气体电极，一般常见的气体电极有氢电极和氧电极。这些电极浸入水溶液中会形成相应的过电势，但当过电势较低时，会形成一种不可逆的电极电势，尤其是在氢电极中较为常见。氢气参与氧化还原反应，不断发生电子得失，使电极电势产生变化，这一类电极被称为不可逆气体电极。

3.4.3 可逆/不可逆电势的判定

电极是否可逆也可进行基本判定，这些判定均可从电极反应特点入手，观察电极反应中的电荷转移变化即可总结出可逆电势与不可逆电势的判定规律。

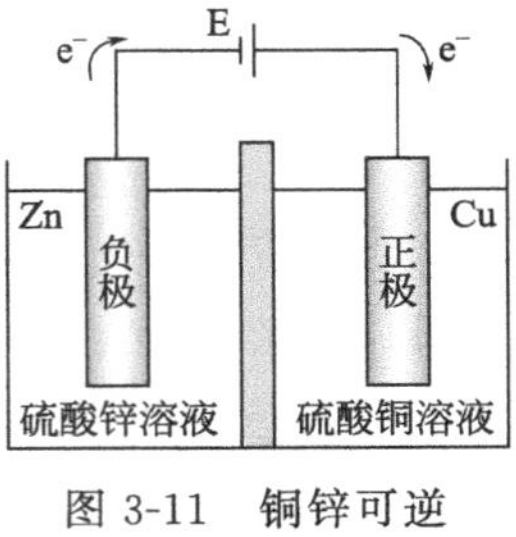

图 3-11 铜锌可逆电池放电示意图

举一个常见的可逆电池的例子，比如铜锌电池（图 3-11）在放电的过程中是

$$Zn + CuSO_4 \longrightarrow Cu + ZnSO_4$$

此电池在充电的过程中是

$$Cu + ZnSO_4 \longrightarrow Zn + CuSO_4$$

此电池满足可逆电池的三个条件：一是化学反应可逆，电池分别在充电、放电的过程中是相互可逆的；二是此电池反应的能量转换是可逆的，电池在充放电过程中的电流可以无限小；三是其他过程也是可逆的。当电池满足上述三个条件时，这个电池就是可逆电池。

相比可逆电池，可逆电极也有着异曲同工之妙，我们都可以通过能斯特方程来计算出其可逆电势。比如，在室温环境下，氯化银电极插入到 0.5mol/dm^3 的氯化钾溶液中，其可逆电极电势可以通过如下计算得知。

$$Ag + Cl^- \longrightarrow AgCl + e^-$$

通过上述电极反应化学式可以利用能斯特方程 $\varphi = \varphi^0 + (RT/F) \times \ln(1/\alpha)$ 计算出电极电势为 0.25V（查表可知 $\alpha = 0.651$），此电势就是电极反应的可逆电势，当电势达到 0.25V 时，此电极为可逆电极，属于第二类可逆电极。

为了可以进一步地精确判断，根据不同的情况也需要提出相应的判断方法。如果实验所测得的值和理论值相差较大，那一切均以实验数值为准，因为实验环境的改变或者是仪器的精密度均会影响电化学反应的测试。现以 AgCl 电极在不同浓度的 KCl 溶液中的测试结果为例（表 3-5）。

表 3-5　实验测得 AgCl 电极在不同浓度的 KCl 溶液中的电极电势

$c_{氯化银}$/(mol/L)	10^{-2}	10^{-1}	10^0	10^1
φ/V	0.24	0.25	0.27	0.26

基于以上实验数据，我们可以得出不同环境下的电极电势数值不一样，且其与上述计算出的 0. 25 V 有所出入。当实验电极电势达不到 0. 25 V 时（即实验测量值和理论值相差偏大），此电极为不可逆电极，所以电极的可逆与不可逆程度均需要结合实际测量值和理论值进行比较后再得出。

3.5 φ-pH 图及其应用

平衡电极电势与电解液的离子浓度有关，而对于有 H^+ 或 OH^- 参与的反应来说，平衡电极电势将随溶液 pH 值变化而变化。由此，根据热力学数据可以做出某一电化学反应的系列等温等浓度的 φ-pH 关系曲线，即为该反应 φ-pH 图。从电化学体系 φ-pH 图，可知体系内发生各种化学或电化学反应所需要具备的电极电势和溶液 pH 值条件，可以由此判断在给定条件下某化学或电化学反应进行的可能性。

φ-pH 图最早在 20 世纪 30 年代由比利时学者普尔贝（Pourbaix）和他的同事们提出，起初用于金属腐蚀问题的研究，后应用范围逐渐扩大到电化学、分析、无机、地质科学等领域，它相当于研究相平衡时的相图，即电化学的平衡相图。最简单的 φ-pH 图只涉及一种元素不同氧化态形态与水构成的体系，可预测其在具有特定电势和 pH 值的水溶液体系中，某种元素稳定存在的形态和其价态的变化倾向。1963 年，普尔贝等人已将 90 多种元素与水组

成的 φ-pH 图汇编成《电化学平衡图谱》，应用十分方便。除了水与金属的 φ-pH 图，近年来，研究人员把金属的 φ-pH 图同金属的腐蚀与防护实际情况密切结合，建立了多元体系 φ-pH 图。

3.5.1 φ-pH 图的绘制方法及分类

绘制 φ-pH 图需要了解电化学反应体系各类参数，再经人工或计算机处理得到，并已由简单的金属-水系 φ-pH 图发展到采用“同时平衡原理”绘制的金属-配位体-水系 φ-pH 图。一般地，φ-pH 图的绘制大致包括以下步骤：a. 确定电化学体系中可能发生的各种反应，写出其反应方程式；b. 查出参加反应的各种物质的热力学数据，确定其反应的 $\Delta G^\ominus$、平衡常数 K_a 和标准电极电势 $\varphi^\ominus$；c. 确定所有反应的平衡电极电势 φ_r 和 pH 值的计算式；d. 利用 φ_r 和 pH 值的计算式，在指定离子浓度、气相分压和一定温度条件下计算出所有反应的 φ_r 和 pH 值；e. 根据计算结果，以 φ_r 为纵坐标，pH 值为横坐标作图，便得到了指定离子浓度、气相分压和一定温度条件下的 φ-pH 图。对于金属与水组成的电化学体系，可以利用 φ-pH 图描述三种典型的反应。下面将具体讨论平衡电势和 pH 值对这三类反应平衡的影响。

第一类反应是有电子参加而无 H^+ 参加的氧化还原反应，其通式为 $dA+ne^- \rlap{=}{=\!=} bB$。例如，电极反应 $Cu^+ + e^- \rightleftharpoons Cu$ 和 $Cl_2 + 2e^- \rightleftharpoons 2Cl^-$ 等都属于该类反应，其相应的电极电势为

$$\varphi_r = \varphi^\ominus + \frac{RT}{zF}\ln\frac{a_A^d}{a_B^d} \tag{3-38}$$

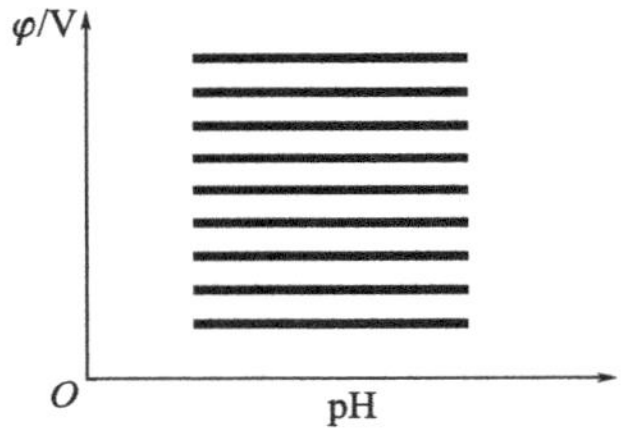

图 3-12　电子参与而 H^+ 未参与的电极反应的平衡条件

显然，由于 H^+ 未参加此类反应，电极反应的平衡电势与 pH 值无关。用 φ-pH 图表示该类反应平衡条件时，应表现为一组平行于横轴的水平线，各条水平线对应于一定的反应物质活度（如图 3-12）。

第二类反应是有 H^+ 参加而无电子参加的非氧化还原反应，其通式为 $dA+mH^+ = bB+cH_2O$。例如，电极反应 $HCO_3^- + H^+ \rightleftharpoons H_2CO_3$ 和 $Fe(OH)_2 + 2H^+ \rightleftharpoons Fe^{2+} + 2H_2O$ 等都属于该类反应，其反应平衡时的自由能变化为

$$\Delta G = \Delta G^\ominus + RT\ln\frac{a_B^b}{a_A^d a_{H^+}^m} = 0 \tag{3-39}$$

又

$$\Delta G^\ominus = -2.3RT\lg a_{H^+}^m = -2.3RTm\mathrm{pH}^\ominus \tag{3-40}$$

将公式（3-40）换算，得

$$\mathrm{pH}^\ominus = -\frac{\Delta G^\ominus}{2.3RTm} \tag{3-41}$$

$\mathrm{pH}^\ominus$ 称为标准 pH，将式（3-41）代入式（3-39）中得其平衡条件为

$$\mathrm{pH} = \mathrm{pH}^\ominus + \frac{1}{m}\lg\frac{a_A^d}{a_B^b} \tag{3-42}$$

由于没有电子参加该类反应，其平衡与电极电势无关，而是取决于溶液的 pH 值，这类反应在 φ-pH 图上表现为平行于纵轴的垂直直线（如图 3-13），各条垂线都对应于一定反应物质的活度。

第三类反应是既有电子参加又有 H^+ 参加的氧化还原反应，其通式为 $dA+mH^+ +$

$ne^- = bB + cH_2O$。例如，电极反应 $MnO_4^- + 8H^+ + 5e^- \rightleftharpoons Mn^{2+} + 4H_2O$ 和 $Fe(OH)_3 + 3H^+ + e^- \rightleftharpoons Fe^{2+} + 3H_2O$ 等都属于该类反应，对应的平衡电极电势表示为

$$\varphi_r = \varphi^\ominus - \frac{2.3RT}{zF} m\text{pH} + \frac{2.3RT}{zF} \lg \frac{a_A^d}{a_B^b} \tag{3-43}$$

第三类反应的平衡既取决于平衡电势又取决于溶液的 pH 值。当一定的温度下，溶液中 $\frac{a_A^d}{a_B^b}$ 达到平衡时，电极反应的平衡电势将随 pH 值的变化而变化。这类反应在 φ-pH 图中表达的函数关系是一组斜率为 $-\frac{2.3RTm}{zF}$ 的平行的斜线（如图 3-14），各条斜线对应于一定的反应物质活度。

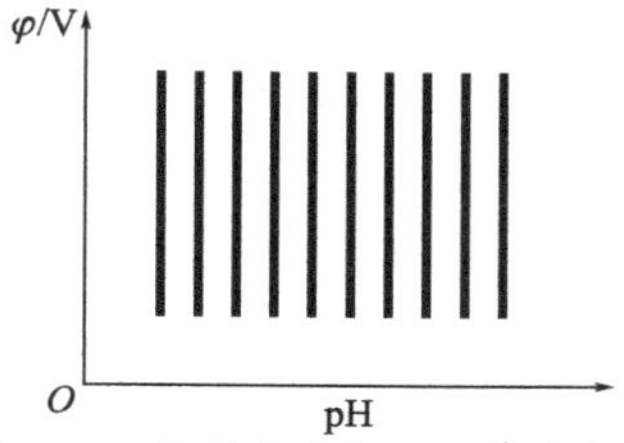

图 3-13　电子未参与而 H^+ 参与的电极反应的平衡条件

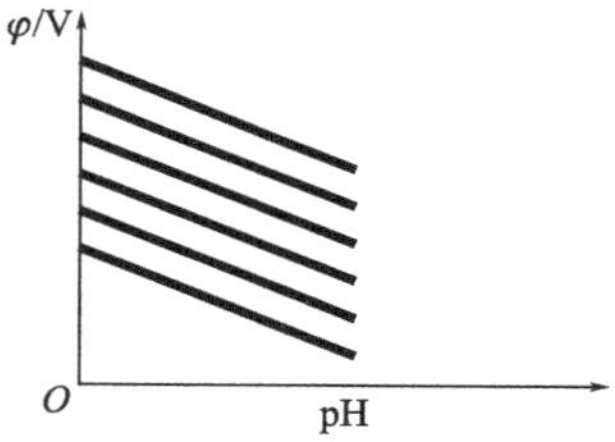

图 3-14　电子和 H^+ 均参与的电极反应的平衡条件

3.5.2 水的 φ-pH 图

在电化学研究中，当金属在水溶液中进行氧化还原反应时，由于水的电极电势也受 pH 值影响，水溶液中 H^+、OH^- 以及水分子都有可能与溶液中的氧化剂或还原剂发生反应。因此，研究金属-水系的 φ-pH 图，首先要研究水的 φ-pH 图。水的 φ-pH 图实际上也是氢电极和氧电极的 φ-pH 图。水的氧化还原性可用以下两个电极反应分别表示。

水被还原放出氢气时　　　$2H_2O + 2e^- \rightleftharpoons H_2 + 2OH^-$

在 298K 和 $p_{H_2} = 1.01 \times 10^5$ Pa 时

$$\begin{aligned}\varphi_r &= \varphi^\ominus_{H_2O/H_2} + \frac{0.0592V}{2} \lg \frac{1}{[p_{H_2}/p^\ominus][c_{OH^-}]^2} \\ &= -0.828 + 0.0592\text{VpOH} \\ &= -0.828 + 0.0592\text{V}(14 - \text{pH}) \\ &\approx -0.0592\text{VpH}\end{aligned} \tag{3-44}$$

基于式（3-44），当 pH=0 时，$\varphi_r = 0$V；当 pH=7 时，$\varphi_r = -0.414$V；当 pH=14 时，$\varphi_r = -0.829$V。以 φ 为纵坐标、pH 值为横坐标，就得到了图 3-15 所示的（a）线。该线被称作氢线，表示水被还原放出氢气时电极电势随 pH 值的变化。若某物质电对的 φ-pH 线在氢线下方，其还原态将会与 H_2O 反应放出氢气。若处于氢线之上，则无法把 H_2O 中的 H^+ 还原为 H_2。因此，氢线下方是 H_2 的稳定区，被称为氢区，上方为 H_2O 的稳定区，被称为水区。电对的 φ-pH 图处于氧线和氢线之间的物质，在水溶液中无论是氧化态或是还原态，他们都可以稳定存在。

水被氧化放出氧气时　　$2H_2O \rightleftharpoons O_2 + 4H^+ + 4e^-$

在 298K 和 $p_{O_2} = 1.01 \times 10^5 Pa$ 时

$$\varphi_r = \varphi^{\ominus}_{O_2/H_2O} + \frac{0.0592V}{4} lg\{[p_{O_2}/p^{\ominus}][c_{H^+}]^4\}$$
$$= 1.229 + 0.0592V lg[H^+]$$
$$= 1.229 - 0.0592V pH \quad (3\text{-}45)$$

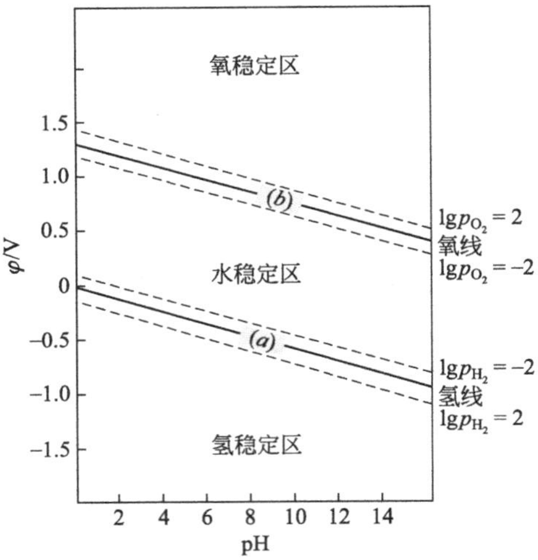

图 3-15　水的 φ-pH 图

基于式 (3-45)，当 pH=0 时，$\varphi_r = 1.229V$；当 pH=7 时，$\varphi_r = 0.815V$；当 pH=14 时，$\varphi_r = 0.400V$。以 φ 为纵坐标、pH 值为横坐标，就得到了图 3-15 所示的 (*b*) 线。该线被称作氧线，表示水被氧化放出氧气时电极电势随 pH 值的变化。若某物质电对的 φ-pH 线在氧线以上，其氧化态就会氧化水，放出氧气。若处于氧线之下，则无法把 H_2O 氧化为 O_2。因此，氧线以上为氧稳定区，被称为氧区，氧线下方为水稳定区，被称为水区。

可以看出，水的 φ-pH 图由两条斜率为 −0.0592V、间距为 1.229V 的平行线 (*a*) 和 (*b*) 组成。该图表示了在 25℃、氢和氧的平衡压力为 $1.01 \times 10^5 Pa$ 时水的 φ-pH 图。若氢和氧的平衡压力不是 $1.01 \times 10^5 Pa$ 时，如 $p_{H_2} = 1.01 \times 10^4 Pa$，则有

$$\varphi_r = -0.0592V - 0.0592V pH \quad (3\text{-}46)$$

式 (3-46) 在图 3-15 中表现为平行于直线 (*a*) 且在其之上的一条虚线。如果 $p_{H_2} = 1.01 \times 10^3 Pa$，则有

$$\varphi_r = 0.0592V - 0.0592V pH \quad (3\text{-}47)$$

式 (3-47) 在图 3-15 中表现为平行于直线 (*a*) 且在其之上的一条虚线。(*a*) 线上为 $p_{H_2} = 1.01 \times 10^5 Pa$；(*a*) 线之下为 $p_{H_2} > 1.01 \times 10^5 Pa$；(*a*) 线之上为 $p_{H_2} < 1.01 \times 10^5 Pa$。同理，(*b*) 线之上的平行虚线为 $lg p_{O_2} = 2$ 的 φ-pH 关系，(*b*) 线之下的平行虚线为 $lg p_{O_2} = -2$ 的 φ-pH 关系。

3.5.3 Fe-H_2O 体系的 φ-pH 图及应用

金属的电化学平衡图通常是指温度为 25℃、压力为 $1.01 \times 10^5 Pa$ 时，金属在水溶液中不同价态时的 φ-pH 图。金属的 φ-pH 图不仅反映了在一定电势和 pH 值下金属的热力学稳定性及其不同价态物质的变化倾向，还能反映出金属与其离子在水溶液中的反应条件，因此其在金属的腐蚀与防护科学中尤为重要。本节以 Fe-H_2O 体系作为典型案例进行分析。

根据 φ-pH 图的绘制方法，可以确定 Fe-H_2O 体系中存在的各组分物质的相互反应和对应的 φ-pH 关系，可表示如下：

① $Fe^{2+} + 2e^- = Fe$，其平衡条件为 $\varphi_r = -0.414 + 0.0296V lg a_{Fe^{2+}}$；

② $Fe^{3+}+e^{-}$ ═══ Fe^{2+}，其平衡条件为 $\varphi_r=-0.771+0.0592V\lg(a_{Fe^{3+}}/a_{Fe^{2+}})$；

③ $Fe(OH)_2+2H^{+}$ ═══ $Fe^{2+}+2H_2O$，其平衡条件为 $pH=6.57-\frac{1}{2}\lg a_{Fe^{2+}}$；

④ $Fe(OH)_3+3H^{+}$ ═══ $Fe^{3+}+3H_2O$，其平衡条件为 $pH=1.53-\frac{1}{3}\lg a_{Fe^{3+}}$；

⑤ $Fe(OH)_3+3H^{+}+e^{-}$ ═══ $Fe^{2+}+3H_2O$，其平衡条件为 $\varphi_r=1.057-0.1776pH-0.0592V\lg a_{Fe^{2+}}$；

⑥ $Fe(OH)_2+2H^{+}+2e^{-}$ ═══ $Fe+2H_2O$，其平衡条件为 $\varphi_r=-0.047-0.0592VpH$；

⑦ $Fe(OH)_3+H^{+}+e^{-}$ ═══ $Fe(OH)_2+H_2O$，其平衡条件为 $\varphi_r=0.271-0.0592VpH$。

在25℃和 $p_{O_2}=p_{H_2}=1.01\times10^5Pa$，且 $a_{Fe^{3+}}=a_{Fe^{2+}}=1$ 时，由上述七个线性 φ-pH 关系式可以绘制得到图3-16所示的 $Fe-H_2O$ 体系的 φ-pH 图，其中①、②是没有 H^+ 参加的电化学平衡体系，在不生成 $Fe(OH)_2$、$Fe(OH)_3$ 的范围内与溶液的pH值无关，是两条水平线。③、④是没有电子参与的化学平衡体系，只同溶液的pH值有关，是两条垂直线。⑤、⑥、⑦是既有 H^+ 参与反应，又有电子得失的电化学平衡体系，表现为有一定斜率的直线。图中，虚线（*a*）代表氢线：$2H_2O+2e^{-}\rightleftharpoons H_2+2OH^{-}$，$\varphi(H_2O/H_2)=-00592VpH$；虚线（*b*）代表氧线：$2H_2O\rightleftharpoons O_2+4H^{+}+4e^{-}$，$\varphi(O_2/H_2O)=1.229-0.0592VpH$。

以该 $Fe-H_2O$ 体系的 φ-pH 图为例进行分析。首先，测定金属在水溶液中的平衡电极电势时，必须在水的稳定区内进行，即（*a*）和（*b*）两线之间的水区，否则金属电极表面会发生析氢或析氧反应而无法直接测定其平衡电极电势。φ-pH 图中每一条直线都对应于 $Fe-H_2O$ 体系中的一个平衡反应，即代表一条两相平衡线。如①代表Fe和 Fe^{2+} 之间的两相平衡线，②代表 Fe^{2+} 和 Fe^{3+} 之间的两相平衡线。线的位置与组分浓度有关，如当 $a_{Fe^{2+}}$ 减小时，线⑤的位置向上平移。三条平衡线的交点表示三相平衡点，如①、③、⑥三条线的交点是Fe、$Fe(OH)_2$ 和 Fe^{2+} 的三相平衡点，③、⑤、⑦三条线的交点是 Fe^{2+}、$Fe(OH)_2$ 和 $Fe(OH)_3$ 的三相平衡点。因此，φ-pH 图也被称为电化学相图，可从中获得反应体系各相的热力学稳定范围和各种物质生成的 φ 和pH值条件。

可以根据金属的 φ-pH 图确定某相的稳定区。以 Fe^{2+} 稳定区（Ⅱ）为例，φ 的作用使得 Fe^{2+} 仅在线①和线②之间稳定，所以线⑤终止于线②和线④的交点。若pH值大于线③，Fe^{2+} 会发生水解，所以线⑤应止于线③和线⑦的交点，线③应止于线①和线⑥的交点。因此，由线①、②、③、⑤围成的区域（Ⅱ）就是 Fe^{2+} 的稳定区，其他组分的稳定区也可用同样的方法确定。

此外，还可以根据金属的 φ-pH 图了解金属的腐蚀倾向。$Fe-H_2O$ 体系的 φ-pH 图可划分为三个区域。

① 金属保护区（Ⅰ），该区域内的Fe处于热力学稳定状态，在其所包含的 φ 和pH值条件下，Fe不发生腐蚀。但体系内发生 H^+ 还原为H原子或H分子的反应，因此Fe存在渗氢腐蚀或产生氢脆的可能性。

② 腐蚀区（Ⅱ）和（Ⅲ），该区域内Fe的可溶性离子，如 Fe^{2+}、Fe^{3+} 稳定存在而Fe处于热力学不稳定状态，有可能发生腐蚀。如图3-16中，若Fe处于A位置，在该 φ 与pH值下，体系中将发生如下反应

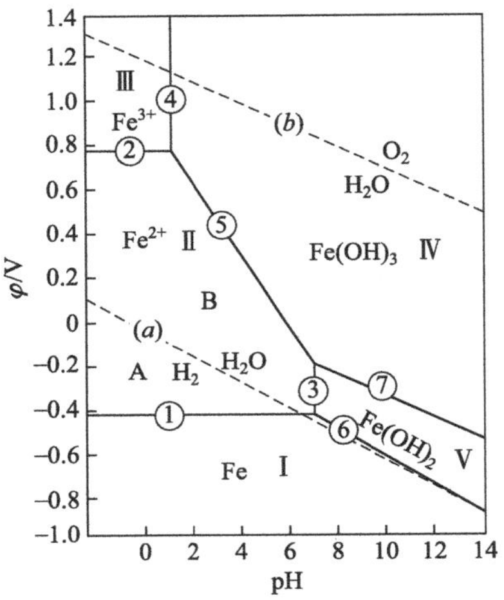

图 3-16 Fe-H_2O 体系的 φ-pH 图

阳极反应：$Fe \longrightarrow Fe^{2+} + 2e^-$

阴极反应：$2H^+ + 2e^- \longrightarrow H_2$

总反应：$Fe + 2H^+ \longrightarrow Fe^{2+} + H_2$

该反应为 Fe 的析氢腐蚀。

若 Fe 处于 B 位置，即 φ 高于线（a），则将发生吸氧腐蚀反应，即

阳极反应：$Fe \longrightarrow Fe^{2+} + 2e^-$

阴极反应：$2H^+ + \frac{1}{2}O_2 + 2e^- \longrightarrow H_2O$

总反应为：$Fe + 2H^+ + \frac{1}{2}O_2 \longrightarrow Fe^{2+} + H_2O$

③ 钝化区（Ⅳ）和（Ⅴ），在该区域内难溶性的金属氧化物、氢氧化物可以稳定的存在，如 $Fe(OH)_2$、$Fe(OH)_3$。在钝化区，这些难溶性物质可牢固覆盖在金属的表面，保护其免于腐蚀。

3.5.4 φ-pH 图的局限性

φ-pH 图是根据热力学数据而建立的理论电势-pH 图，相比于实际的电化学体系，理论电势-pH 图为了方便分析而简化了诸多条件。所以，对于实际电化学情况的分析不能简单依据理论电势-pH 图，需要注意其自身局限性。

局限 1：理论电势-pH 图的绘制前提是热力学的电化学平衡状态，所以通过该图只能判断出电化学反应的进行方向和热力学可能性，无法精确解释反应动力学过程。

局限 2：由于理论电势-pH 图的绘制是以金属电极在溶液中的反应达到平衡为先决条件，而平衡状态会受到金属离子、溶液离子及电极表面析出产物等的影响，所以在实际测试体系中可能会偏离理论平衡状态。

局限 3：理论电势-pH 图中所涉及的 pH 值是指平衡状态时溶液整体的 pH 值，但在实际的电化学测试体系中电极表面各处的 pH 值通常并非完全一致。

【例题】

1. 求 25℃时，Ag|AgCl(s)，KCl(0.5mol/L) 电极的平衡电势 φ。

解：该电极的电极反应为：$Ag + Cl^- \rightleftharpoons AgCl + e^-$，可以用两种方法求得 φ。

（方法 1）按 Nernst 方程有

$$\varphi = \varphi^{\ominus} - \frac{RT}{F}\ln\frac{1}{a_{Cl^-}}$$

查表 3-1 可知，AgCl 的标准电极电势 $\varphi^{\ominus}_{AgCl} = 0.22V$，0.5mol/L KCl 溶液的活度系数为 0.651，故有

$$\varphi = \varphi^{\ominus}_{AgCl} + \frac{2.3RT}{F}\lg a_{Cl^-}$$
$$= 0.22 - 0.0591V\lg(0.5 \times 0.651) \approx 0.25V$$

（方法 2）可以利用 Ag 电极的标准电极电势 $\varphi^{\ominus}_{Ag}$ 和 AgCl 的溶度积 K_{sp} 求解，有

$$\varphi=\varphi_{Ag}^{\ominus}+\frac{RT}{F}\ln K_{sp}-\frac{2.3RT}{F}\lg a_{Cl^-}$$

查表 3-1 可知，Ag 的标准电极电势 $\varphi_{Ag}^{\ominus}=0.80V$，25℃时 AgCl 的溶度积 $K_{sp}=1.7\times10^{-10}$，故有

$$\varphi=0.80+0.0591V\lg(1.7\times10^{-10})-0.0591V\lg(0.5\times0.651)\approx0.25V$$

2. 求证能否用已知浓度的草酸溶液来滴定 $KMnO_4$ 溶液。

解：将草酸滴加到 $KMnO_4$ 溶液中，发生如下的半电池反应

$2CO_2+2H^++2e^-\!=\!=\!=H_2C_2O_4$，查表 3-1 可得：$\varphi^{\ominus}=-0.49V$。

$MnO_4^-+8H^++5e^-\!=\!=\!=Mn^{2+}+4H_2O$，查表 3-1 可得：$\varphi^{\ominus}=+1.51V$。

有 $E^{\ominus}=\varphi_{正极}^{\ominus}-\varphi_{负极}^{\ominus}=1.51-(-0.49)=2V$，该反应转移电子数 $z=10$，将其代入公式 (3-22) 有

$$K^{\ominus}=10^{338}$$

平衡常数如此之大，说明该反应进行得十分完全。因此，可以用已知浓度的草酸溶液来滴定 $KMnO_4$ 溶液。

3. 已知电池 Pt|H_2(100kPa)|待测溶液‖1mol/L KCl|Hg_2Cl_2|Hg 的标准电池电动势 $E^{\ominus}=0.6095V$，试计算溶液的 pH（已知：$\varphi_{正}=0.3335V$）。

解：

$$\varphi_{负}=\varphi_{负}^{\ominus}-\frac{RT}{2F}\ln\frac{p(H_2)/p^{\ominus}}{a(H^+)^2}$$

因 $\varphi_{负}^{\ominus}=0V$，$p(H_2)/p^{\ominus}=1$，$-\ln a(H^+)=pH$，有

$$\varphi_{负}=-0.05916V\cdot pH$$

由式 $E=\varphi_{正}-\varphi_{负}$，可得

$$pH=4.67$$

思考题

1. 化学势与电化学势有何本质上的区别？

2. 简述电势与电势差的区别，如何理解绝对电极电势和相对电极电势？

3. 试分析讨论如何将电化学与热力学联系起来。

4. 原电池的电动势与电池的结构和尺寸是否有关联？

5. 若金属的表面带有负电荷，在“金属/溶液”界面上的电势将如何分布？当出现“特性吸附”时，界面上的电势又将如何分布？

6. 液接电势产生的原因是什么？是否有有效的方式能消除它？能消除到什么程度？

7. 根据两个电极的标准电极电势的大小是否可以判断它们组成的电池反应能否自发进行？应注意哪些问题？

8. 说明标准电极电势 $\varphi^{\ominus}$ 的电化学意义，如何用它来计算 $E^{\ominus}$、$\Delta_rG_m^{\ominus}$ 和 K_a。

9. 试比较电化学反应和非电化学的氧化还原反应之间的区别。

10. 试写出 Al-H_2O 电化学体系中可能发生的反应，并绘制 Al 的 φ-pH 图。

11. 钢铁零件在盐酸中容易发生溶解腐蚀，而铜零件却不易腐蚀，为什么？

12. 试举例说明金属-溶液相图在生产生活中的应用。

习题

1. 已知下列反应：

$$O_2+4H^++4e^- \longrightarrow 2H_2O,\ \varphi^{\ominus}=1.229V$$

$$H_2O_2+2H^++2e^- \longrightarrow 2H_2O,\ \varphi^{\ominus}=1.776V$$

求反应 $O_2+2H^++2e^- \longrightarrow H_2O_2$ 的标准电极电势。

2. 在测定 $Ag|AgNO_3$ 电极的电势时，下列哪一种电解质可以在盐桥中使用？

A. KCl（饱和）；B. NH_4Cl；C. NH_4NO_3；D. NaCl

3. 写出电池 $Zn|ZnCl_2(0.1mol/L)|AgCl|Ag$ 的电极和电池反应，并计算其标准电池电动势。

4. 已知电池反应 $Ag^++Fe^{2+} \longrightarrow Ag+Fe^{3+}$：

（1）试着写出该电池的表示式和电动势表示式。

（2）计算上述反应的平衡常数。

（3）若将大量细的 Ag 粉加到 0.05mol/L 的硝酸铁溶液中，当反应达到平衡后 Ag^+ 的浓度为多少？

5. 判断反应 $H_3AsO_4+2I^-+2H^+ \longrightarrow HAsO_2+I_2+2H_2O$ 在向哪个方向进行？已知：$\varphi^{\ominus}(H_3AsO_4/HAsO_2)=0.559V$，$\varphi^{\ominus}(I_2/I^-)=0.5345V$。

6. 写出下列原电池的电极反应和电池反应。

（1）$Pt|H_2(p^{\ominus})|HCl(a)|AgCl(s)|Ag(s)$；

（2）$Pt|H_2(p^{\ominus})|NaOH(a)|O_2(p^{\ominus})|Pt$。

7. 将下列化学反应设计成原电池，并以电池图示表示。

（1）$Zn+H_2SO_4 \rightleftharpoons H_2+ZnSO_4$；

（2）$Pb+HgO \rightleftharpoons Hg+PbO$；

（3）$Ag^++I^- \rightleftharpoons AgI$。

第 4 章

电极过程动力学概述

无论原电池还是电解池，整个电池体系的电化学反应过程均包含了阳极反应过程、阴极反应过程、反应物质在电解液之间的传递过程这三部分。对于稳态电池而言，上述三个过程传递的净电量相等，因而可将三者视为串联。但是，这三个过程往往在不同区域进行，并伴随着物质变化，因而彼此又具有独立性。基于此，我们在电化学中研究电池反应过程时，可将电池分解成单个过程加以研究，利于清楚地了解各过程的反应特征及其在电池反应中的地位和作用。然而，液相传质由于不涉及物质的化学变化，且主要影响的是电极表面附近液层中的传质作用，故着重研究阳极和阴极的电极反应过程。对电化学反应而言，发生在电极/电解液界面上的电极反应、化学转化及电极附近液层中的传质作用等变化的总和常被称为电极过程。研究电极反应速度及影响因素的学科被称为电极过程动力学，其主要研究对象为不可逆电极。

4.1 电极的极化

当电流通过电极时，电极电势偏离平衡电势的现象被称为电极的极化，主要是由于电子运动速度往往大于电极反应速度，造成电子在电极界面积累引起的，又分为电化学极化和浓差极化。极化现象可通过极化曲线进行定量描述，极化曲线又可通过“恒电流法”和“恒电势法”测得。在不同电化学体系中，电极极化造成的结果可能完全相反。

4.1.1 电极极化现象

处于热力学平衡状态的电极体系（即可逆电极），由于氧化反应和还原反应速度相等，即电极上没有电流通过，此时的电极电势被称为平衡电势。当电极上有电流通过时，电极原有的平衡状态将被打破，电极电势也随之偏离平衡电势，该现象被称为电极极化现象。当阳极发生极化时，阳极的电极电势比平衡电势更正，而当阴极发生极化时，阴极的电极电势比平衡电势更负。

在一定电流密度下，电极电势 φ 与平衡电势 φ_e 的差值，被称为在该电流密度下的过电势，用 η 表示。电极上通过的电流密度越大，该电流密度下的过电势绝对值也越大。

$$\eta=\varphi-\varphi_e \tag{4-1}$$

过电势 η 是定量描述电极极化程度的重要参数，其绝对值越大，则电极的极化程度也越大。当阳极极化时，$\eta>0$；当阴极极化时，$\eta<0$。

实际中遇到的电极体系，在没有电流通过时，并不一定都是可逆电极。换言之，当电流为零时，测得的电极电势可能是可逆电极的平衡电势，也可能是不可逆电极的稳定电势。所以，往往将电极在没有电流通过时的电势统称为静止电势，记作 $\varphi_{静}$，将有电流通过时的电极电势（极化电势）与静止电势的差值称为极化值，用 $\Delta\varphi$ 表示，即

$$\Delta\varphi=\varphi-\varphi_{静} \tag{4-2}$$

在实际研究中，通常采用极化值 $\Delta\varphi$ 更方便。但是，应注意极化值与过电势之间的区别。

4.1.2 极化产生的原因

电化学反应进行时电极发生极化的原因主要有两类：①电化学极化，是由于电极反应本身不可逆，即电子转移迟缓引起的极化。电极体系通常是由两类导体串联形成的体系，在断路时，没有电流通过导体，只在电极/电解液表面存在氧化反应和还原反应的动态平衡和由此建立的平衡电势。当电流通过电极时，外电路和金属电极中有定向移动的电子，且溶液中有定向移动的离子，此时界面上存在的净电极反应使两种导电方式得以相互转化。因此只有界面反应速度足够快，能把电子导体带到界面的电荷及时转移给离子导体，才不会使电荷在界面积累而造成相间电势差的改变，从而保证电极的平衡状态。由此可见，当有电流通过电极时，电子流动和电极反应为矛盾关系。电极上发生电化学反应时，电化学反应速度和电荷转移速度不匹配，导致电荷在电极表面过度积累使电极电势偏离平衡电势。当电极反应可吸收积累的电荷时，可发生去极化作用使其恢复至平衡电势。所以，电化学反应速度和电荷转移速度的匹配是产生极化的重要因素。实际上，电子的运动速度往往大于电极反应速度，因而极化作用占主导地位。换言之，当有电流通过时，阴极上电子流入速度大，造成负电荷积累，阳极上电子流出速度大，造成正电荷积累。因此，阴极电势向负移动，阳极电势向正移动，均偏离平衡状态而产生“电极极化”现象。②浓差极化，是指电极表面附近溶液与本体溶液之间存在浓度差而引起的极化现象。在构成电极过程的各单元步骤中，如果液相传质步骤缓慢，则整个电极反应的进行速度等于液相传质步骤的速度。由于电极反应速度比液相传质速度快，导致电极表面附近溶液薄层的反应粒子浓度降低而与本体溶液间出现浓度差，进而引起电极电势改变而发生极化现象。在实际过程中，液相传质速度较慢而成为速度控制步骤，引起浓差极化。

4.1.3 极化曲线

当电流通过电极时，电极电势偏离平衡值，产生极化作用。随着电流密度增加，其电势值相对平衡值偏离越大，即极化作用越大。这种变化关系可用曲线表达，这种描述电流密度和电极电势之间关系的曲线，如图 4-1 所示，被称为极化曲线。极化曲线是研究电极过程常用的方法之一，从极化曲线不仅可读出任意电流密度下的过电势，也可得出在不同电流密度下电极电势的变化趋势，以及在某一电极电势下电流密度（电极反应速度）的值。

根据电极反应特点可知，它是有电子参与的氧化还原反应，因此可用电流密度代表其反应速度。假设电极反应为

$$O + ne^- \rightleftharpoons R \tag{4-3}$$

按照异相化学反应速度的表示方式，该速度为

$$v = \frac{1}{S}\frac{dc}{dt} \tag{4-4}$$

式中，v 为电极反应速度，m/s；S 为电极比表面积，m^2/g；c 为反应物浓度，mol/L；t 为反应时间，s。

根据法拉第定律，消耗 1mol 电子，电极上需通过 1F 电量。因此，电极上若有 1mol 物质还原或氧化，则需电量为 nF。n 为电极反应中一个反应粒子所消耗的电子数，即式（4-3）中参与电极反应的电子数 n，所以电极反应速度可用电流密度表示为

$$j = nFv = nF\,\frac{1}{S}\frac{dc}{dt} \tag{4-5}$$

当电极反应处于稳态时，外电流全部用于电极反应，故实验测得的外电流密度值代表电极反应速度。由此可见，稳态下的极化曲线实际反映电极反应速度与电极电势（过电势）之间的关系。

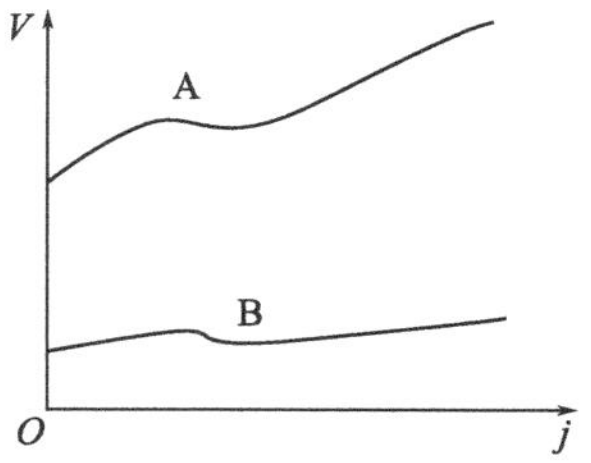

图 4-1　金属分别在 A、B 两种溶液中的阴极极化曲线

在极化曲线中，某一电流密度下的斜率$\frac{\Delta\varphi}{\Delta i}$被称为极化度或极化率。该参数可衡量极化程度，也可作为电极反应过程进行难易程度的判断依据。极化度小，代表电极反应过程容易进行，而极化度大，代表电极反应过程难以进行。同一电极在不同溶液中的极化曲线不同，如图 4-1 中金属分别在 A 溶液中测得的极化曲线比在 B 溶液中测得的曲线斜率大。说明此金属电极在溶液 A 中比在溶液 B 中更易发生极化，同时电极反应也更难以进行。实际情况亦如此，此金属在 A 溶液中沉积速度小于其在 B 溶液中的沉积速度。在同一条极化曲线中不同部位的极化度也可能有所不同，这说明在同一电极体系中不同电流密度下的极化程度也存在差异。

极化曲线的形式可根据自身需求选择不同的自变量，常用的主要有 φ-i、i-φ、η-i、i-η、η-lg$i$、φ-lg$i$ 等几种形式。

极化曲线作为研究电极动力学最基本的方法之一，已被广泛应用于电化学基础研究中，例如化学电源、电镀、电冶金、金属腐蚀等领域。既可以利用极化曲线判断电极过程的特征和控制步骤，也可以通过整个电池的极化曲线定量描述其负荷特性。在电镀时，可利用研究成分的极化曲线，找到适当的电解液配方和电流密度。在金属腐蚀方面，测量极化曲线可得出阴极保护电势、阳极保护电势、致钝电流、维钝电流、击穿电位、再钝化电势等。通过测量腐蚀系统的阴极极化曲线，可发现腐蚀的影响因素、腐蚀机理及缓蚀剂作用类型等。在电镀过程中，一般同时存在电化学极化和浓差极化，因而通常测得的极化曲线，是两种极化共同作用的结果。图 4-2 是典型的阴极极化曲线。曲线的 AB 段主要发生电化学极化，CD 段发生浓度极化，BC 段则为两种极化混合发生。C 点之后，曲线与电势坐标平行，电流不再上升，

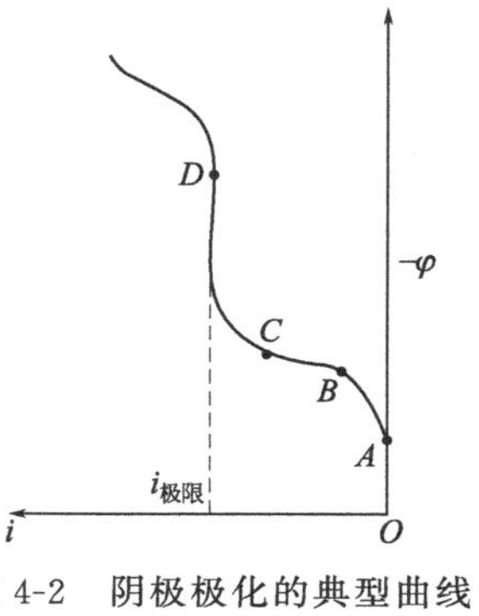

图 4-2　阴极极化的典型曲线

而电势急剧负移，此时对应的电流密度被称为极限电流密度，记作 $i_{极限}$。

极化曲线的测量方法有两种：恒电流法和恒电势法。恒电流法即在给定电流密度条件下，测量电极电势从而得出电流密度和电极电势之间关系曲线（极化曲线）的测量方法。在该方法中，电流密度 i 是自变量，电极电势 φ 是因变量，二者满足函数关系 $\varphi=f(i)$。图 4-3 为恒电流法测量极化曲线的线路及装置。为了维持线路中电流值恒定，外线路变阻器 3 的电阻远大于 H 形电解槽 8 的电阻（至少大 100 倍以上）。通过调节变阻器 3 可改变通过待测电极中的电流值，并可通过电流表 4 读出数值。

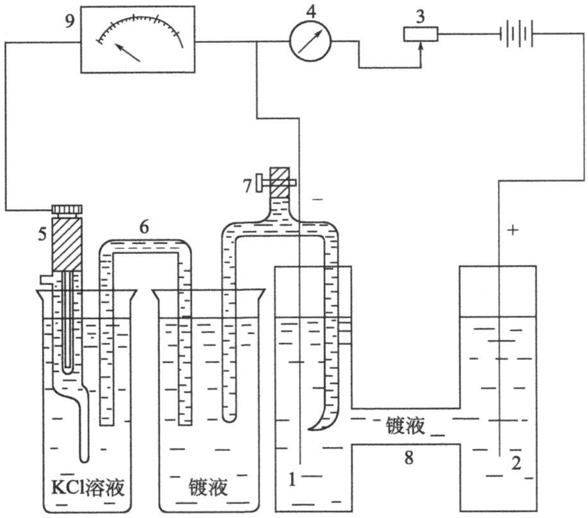

图 4-3　恒电流法测量极化曲线装置

1—待测电极；2—辅助电极；3—变阻器；4—电流表；
5—参比电极；6，7—盐桥；8—H 形电解槽；9—电子管伏特计

当待测电极上有电流通过时，其电势随之发生变化，为了测量其电势，将辅助电极 2 与之构成另外一条通路。通过盐桥 6 和 7 将参比电极和待测电极连通，构成三电极体系，再通过电子管伏特计 9 测出该电路的电动势。由于参比电极的电势值已知，故可求出待测电极的电势。同时为了消除 H 形电解槽中溶液的电势差对测量的影响，盐桥 7 的毛细管尖应尽量靠近待测电极 1 表面。由此可看出，整个装置存在两个电路，其一是待测电极 1 和辅助电极 2 构成的电路，有电流通过，用于控制待测电极的电流密度，其二是由待测电极 1 和参比电极 5 构成的电路，无电流通过，用于测定电极电势。这样测得的电极 1 的电势即是在外电流作用下极化的电极电势。依靠变阻器 3，当变更线路中电流，便可在电子管伏特计上测出对应的电势值，将这些数值在坐标纸上作出对应的点，即可绘制出极化曲线。

恒电势法是先将一系列的电极电势数值保持恒定，再测出对应的电流数值以绘制成极化曲线的方法。与恒电流法正好相反，在该方法中，电极电势 φ 是自变量，电流密度 i 是因变量，二者满足函数关系 $i=f(\varphi)$。图 4-4 为恒电势法测量极化曲线的线路及装置。图中变阻器 3 为保护电阻，防止电路短路。测量时，调节变阻器 10，使电子管伏特计获取固定数值，再由电流表 4 读出该电势下的电流数值。由此可得出电势和电流的对应值，从而可绘制出极化曲线。

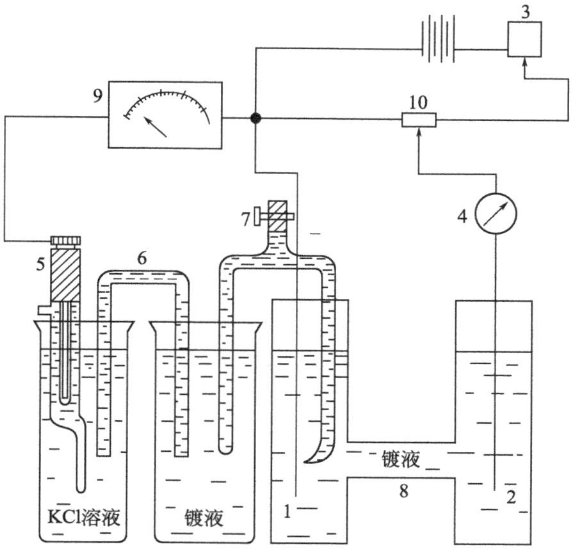

图 4-4　恒电势法测量极化曲线装置

1—待测电极；2—辅助电极；3，10—变阻器；4—电流表；
5—参比电极；6，7—盐桥；8—H 形电解槽；9—电子管伏特计

在上述两种测量方法中，若按照电极过程是否与时间因素相关，又可分为稳态法和暂态法。稳态法是指在测量过程中每改变一次电流（恒电流法）或电势（恒电势法）时，待相应的电势或电流达到稳定时读取数值。此时电流密度和电势并不随时间改变而发生变化，外电流即是电极反应速度。上面介绍的两种装置（图 4-3 和图 4-4）均为稳态法测量装置。暂态法则是一种较为快速的测量方法。在测量过程中，将所控制的电流（恒电流法）和电势（恒电势法），以一定的速度连续改变（或扫描），同时记录相应电势或电流在每一瞬间的数值。由于暂态法扫描速度很快，因此需要用 X-Y 函数记录仪自动测量。由于暂态法是电流密度和电势尚未达到稳态时的变化规律，其中包含着时间因素对电极过程的影响。

一般地，用恒电流法与恒电势法测得的极化曲线一致，但也有存在差异的情况。恒电流法主要适用于不受扩散控制的电极过程和整个过程中电极表面状况不发生较大变化的电化学反应。而当极化曲线较为复杂时，如快速电化学反应或电极表面在电极过程中发生较大变化的电极反应，则更多采用恒电势法进行研究。常采用三电极电解池体系测量极化曲线，三电极体系（图 4-5）由以下几个部分组成：a. H 型电解池，这种电解池构造简单，使用便利，在极化曲线测定以及暂态实验中均可采用；b. 研究电极，也称为工作电极，是极化曲线测定中被研究的对象；c. 辅助电极；d. 参比电极；e. 盐桥。

盐桥靠近研究电极一端有 Luggin 毛细管。图 4-5 中的 B 为极化电源，可提供和控制研究电极的极化电流；A 为电流表，可测定极化电流数值；E 为测定研究电极相对于参比电极的电极电势的仪器，可以是数字电压表、示波器、X-Y 函数仪等。由图可知，三电极体系包括两个回路，一个是左边的极化回路，由极化电源、电流表、辅助电极、研究电极构成，该回路有极化电流通过，使研究电极在不同的电流密度下极化；另一个回路是右边的电势测量回路，包括研究电极、盐桥、参比电极和测定电势的仪器 E，该回路几乎没有电流通

过（电流<10^{-7}A）。利用三电极体系既可使研究电极在一定电流密度范围内极化，又可以使参比电极电势稳定，因此可同时测定研究电极的电流与电势，从而得到研究电极的极化曲线。

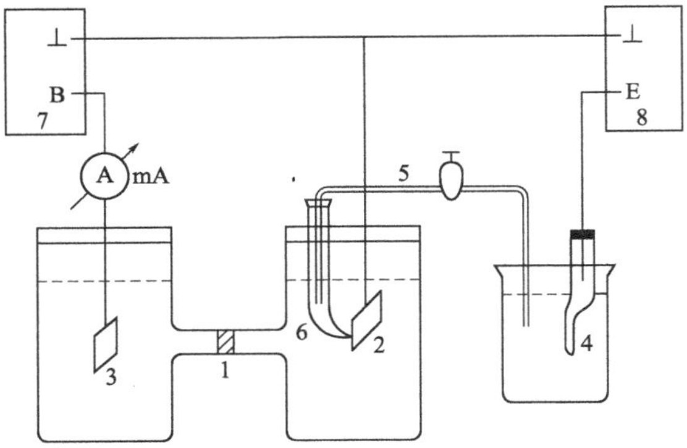

图 4-5　三电极电解池体系测定极化曲线装置

1—隔膜；2—研究电极；3—辅助电极；4—参比电极；5—盐桥；
6—Luggin 毛细管；7—极化电源；8—测定电极电势的仪器

4.2　电化学体系极化

就单个电极而言，不论在电解池还是原电池中，都仍然遵循极化的一般规律，即作为阴极时，电极电势为负，而作为阳极时，电极电势为正。但当有电流通过时，原电池与电解池两者是不同的电化学体系，其阴极、阳极刚好相反，因此在这两种体系中电流密度变化引起的极化也不同。

4.2.1　原电池的极化

图 4-6 为有电流通过时原电池端电压变化示意图以及等效电路图。对于原电池而言，断路时，阴极为正极，阳极为负极，因此电池电动势为

$$E=\varphi_{c平}-\varphi_{a平} \tag{4-6}$$

当通电后，电极会发生转移电荷，电解质溶液内部也会出现欧姆电压降。当电流增大时，电极的极化作用将会增强，阴极电势会更负，阳极电势会更正，导致电极电势与可逆平衡电势偏差增大，电池系统内的欧姆电压降也会增大。若以 U 表示电池端电压，I 表示通过电池的电流，R 表示溶液电阻，则从图 4-6 可看出

$$U=\varphi_c-\varphi_a-IR \tag{4-7}$$

所以

$$U=(\varphi_{c平}-\eta_c)-(\varphi_{a平}+\eta_a)-IR=E-(\eta_c+\eta_a)-IR \tag{4-8}$$

显然，$U<E$。随着电流密度增大，阴极过电势、阳极过电势以及溶液的欧姆电压降均增大，因此电池端电压变小。

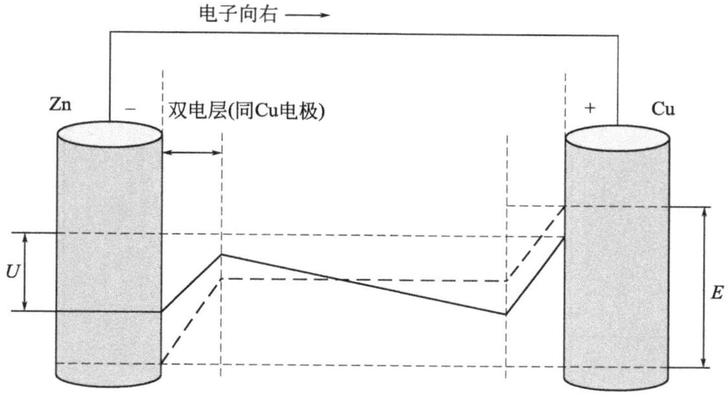

(a)

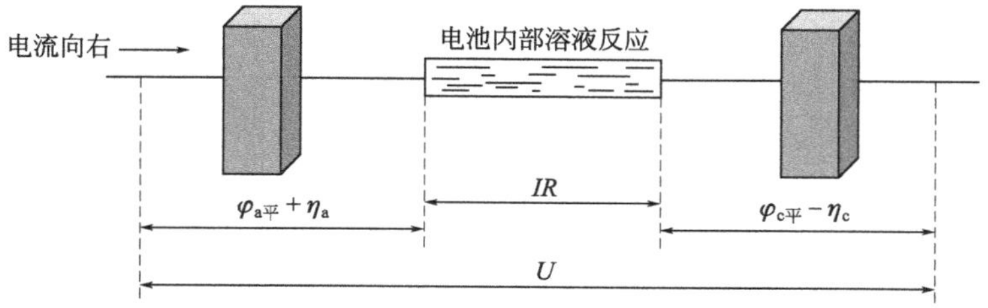

(b)

图 4-6　有电流通过时原电池端电压变化示意图（a）及等效电路（b）

在电化学研究中，有时把两个电极的过电势之和（$\eta_c+\eta_a$）称为电池的超电压，若以 $U_{超}$ 表示超电压，那么式（4-8）可写为

$$U=E-U_{超}-IR \tag{4-9}$$

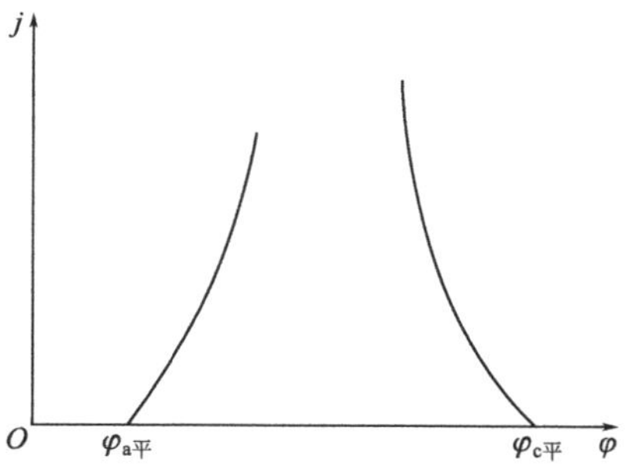

图 4-7　原电池极化示意图

一般情况下，电极的极化会导致原电池或电解池的电压发生变化。在分析电池体系的动力学过程时，通常将阴极和阳极的极化曲线绘制在同一坐标系中，该曲线图被称为极化图。在常见的原电池中，负极是阳极，正极是阴极。当电流密度增大时，阳极电势会逐渐增大，阴极电势会逐渐减小。图 4-7 为原电池的极化图，由图可知，原电池的端电压随电流密度的变化规律比图 4-6 更直观。但是，极化图只能反映电极极化对端电压的影响，而无法体现溶液欧姆电压降的变化情况。

4.2.2 电解池的极化

对于电解池而言，情况正好与原电池相反。由图 4-8 可知，断路时的电池电动势为

$$E=\varphi_{a平}-\varphi_{c平} \tag{4-10}$$

与外接电源接通后，电流从阳极（正极）流入而从阴极（负极）流出，形成与电动势方向相同的溶液欧姆电压降。因此电解池端电压为

$$U=\varphi_a-\varphi_c-IR \tag{4-11}$$

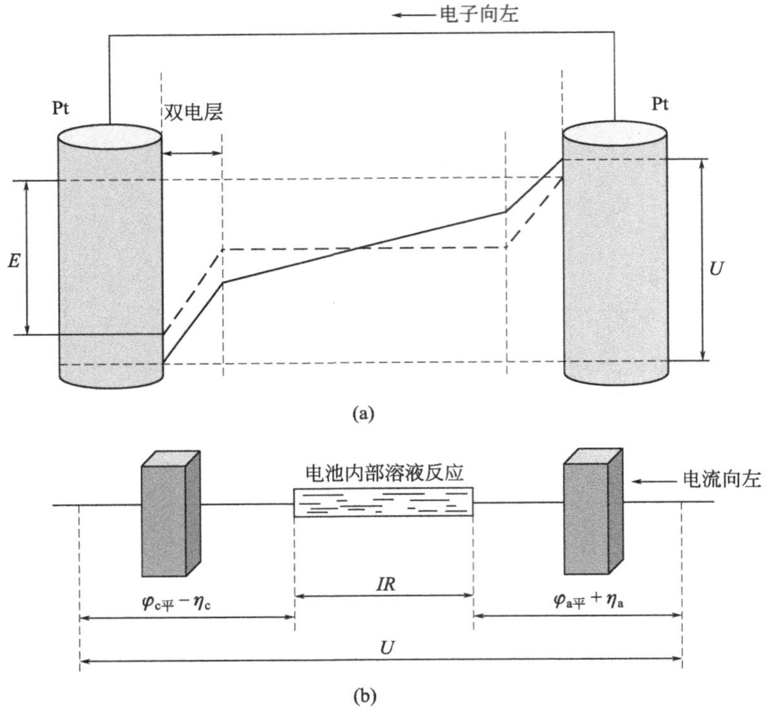

图 4-8　有电流通过时电解池端电压变化示意图（a）及等效电路（b）

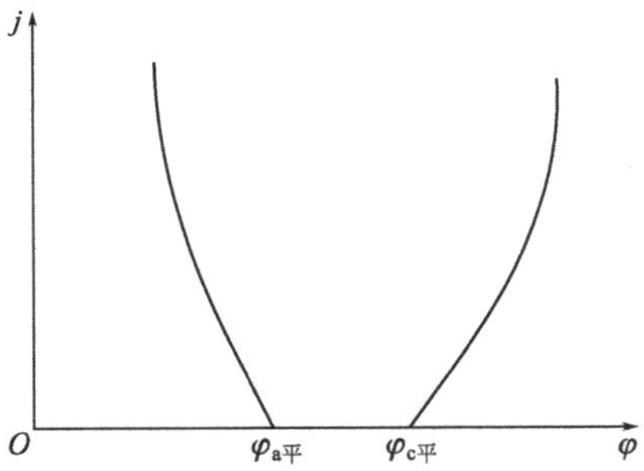

图 4-9　电解池极化示意图

故

$$U=(\varphi_{a平}+\eta_a)-(\varphi_{c平}-\eta_c)+IR$$
$$=E+(\eta_a+\eta_c)+IR \tag{4-12}$$

当通过电解池的电流密度越大时，电极极化现象会更显著，这也会导致电解池两端的欧姆电压降变化幅度更大，电解池两端的电压也越大。由图 4-9 可知，当电流密度增大时，阴极和阳极的过电势会逐渐增大，且阳极电势会更正，阴极电势会更负。在这种情况下，两极之间的电势差会不断扩大。

4.3　电极过程特征

电极反应是在电极/电解液相界面上进行且有电子参与的氧化还原反应，所以其具有氧化还原反应特征，即电子经由外电路传递，同时由于电子转移是通过电极与外电路连通，因而氧化反应与还原反应可在不同处进行。当有电流通过时，对电化学体系而言，通常因净反应性质划分为阳极区和阴极区。例如，电解池中 Zn 的氧化反应与还原反应：在阳极/电解液界面的净反应为氧化反应，即 $Zn \longrightarrow Zn^{2+}+2e^-$，电子从阳极流向外电路；在阴极/电解液界面的净反应为还原反应，即 $Zn^{2+}+2e^- \longrightarrow Zn$，电子从外电路流入阴极参加电化学反应。

由于电极/电解液相界面存在双电层和界面电场，而界面电场中的电势梯度可高达 10^8 V/cm，对界面上有电子参与的电极反应具有活化作用，可大幅增大电极反应速度。所以，可把电极反应看成一种特殊的异相催化反应。故电极反应还具有异相反应的特征，即反应速度与界面性质和形态、传质速度、反应新相（气体、晶体等）、界面双电层、界面电场、电池因素等相关。在一定范围内可连续、任意地改变电场方向和强度，从而改变电化学反应方向和强度。

电极过程是一个多步骤且连续进行的复杂过程，每一个单元步骤都有自己特定的动力学规律。在稳态时，整个电极过程动力学规律取决于速度控制步骤，具有与速度控速步骤类似的动力学规律，而其他单元步骤（非速度控制步骤）的反应潜力没有充分发挥，通常可将它们视为处于准平衡态。

基于分析电极过程的上述特征以及电极过程的基本历程可知，影响电极过程的因素多种多样，但只要抓住电极过程区别于其他过程的最基本特征，即电极电势对电极反应速度的影响，抓住电极过程中的关键环节，即速度控制步骤，就可理清影响电极反应速度的基本因素及影响规律，从而使电极反应按照实际所需要的方向和速度进行。

4.3.1 电极过程的基本历程

在电极化中，发生在电极/溶液界面上的电极反应、化学转化和电极附近液层中的传质作用等一系列变化的总和统称为电极过程。这个过程并不是一个简单的化学反应，而是由涉及液相传质、固-液传质及固相传质等许多相互串联的单元步骤组成。

一般地，对于具体电极反应而言，都会经历以下三个单元步骤。首先，液相传质步骤，即溶液内部的反应粒子（离子、分子）向电极/电解液界面运动传输的过程；其次，电极/电解液界面处的电化学反应（还原或氧化反应）过程；最后，电极内部的固相传质或者是固体界面旁新物质产生的化学反应。除了上述三个必经的单元步骤之外，还可能存在其他单元步骤。例如，在液相传质步骤和电子转移步骤之间，还可能存在前置的表面转化步骤，如反应粒子在电极表面吸附、配离子配位数的降低；而在电子转移步骤和新相生成步骤之间，可能存在后续表面转化步骤，如反应粒子的解吸、复合、分解、歧化等。

以常见的银氰络合离子［$Ag(CN)_3^{2-}$］在阴极的还原反应为例。起初，$Ag(CN)_3^{2-}$ 存在于电解质溶液深处，随着外接电源，向电池系统内部输入电流，$Ag(CN)_3^{2-}$ 逐渐由溶液深处移至电极表面附近。随后，$Ag(CN)_3^{2-}$ 在靠近电极/电解液界面处进行前置转化，$Ag(CN)_3^{2-} \longrightarrow Ag(CN)_2^{-} + CN^{-}$，且络合离子形式发生转变。然后，界面处发生电化学反应，$Ag(CN)_2^{-} + e^{-} \longrightarrow Ag$（吸附态）$+ 2CN^{-}$，即发生了电子转移，生成吸附态的 Ag 附着于电极表面。最后，生成新相或发生液相传质，Ag（吸附态）$\longrightarrow$ Ag（结晶态），$2CN^{-}$（电极表面附近）$\longrightarrow$ $2CN^{-}$（溶液深处），即结晶态的 Ag 在电极表面析出，CN^{-} 由电极表面扩散至溶液深处。上述过程即是一个完整的电极过程。

以上是一种较为经典的电极过程，其初始阶段只涉及了银氰络合离子的传质过程，且每个单元步骤属于串联过程。但在某些情况下，电极过程较为复杂，即除了串联单元步骤外，还存在并联进行的单元步骤。所以，对于一个电极过程而言，需要通过实验才能判断它的反应历程。

4.3.2 电极过程的速度控制步骤

电极过程中，每个单元步骤都需要达到活化能才可进行。由化学动力学知识可知，反应速度与标准活化自由能之间存在以下关系

$$v \propto e^{-E_a/RT} \tag{4-13}$$

式中，v 为反应速度，m/s；E_a 是以整个电极过程的初始反应物的自由能为起始点计量的活化能，J/mol；R 为摩尔气体常量，为 8.314J/(mol·K)；T 为温度，K。

某一单元步骤的反应特性决定了其活化能数值，故不同的单元步骤具有不同的活化能，从而反应速度也不同。在只有一个单元步骤的电极反应过程中，该单元步骤单独进行时的反应速度体现了该单元步骤的反应潜力。通常在一个电极反应中往往具有多个单元步骤，当几个步骤串联进行时，若在稳态情况下，各步骤实际进行速度相等。

在几个连续的单元步骤中，如果有一个步骤的速度比其他步骤小，则电极过程中的每个步骤在稳态条件下，都将与该速度相等，即由它来控制整个电极过程的速度。这个控制整个电极过程速度的单元步骤，被称为电极过程的速度控制步骤。由此可见，控制步骤速度的变化规律是整个电极过程速度的变化规律。只有提高该步骤速度，才会提高整个电极反应过程的速度。因此，在电极过程中确定其速度控制步骤，在电极动力学研究中尤为重要。

掌握了各单元步骤的动力学特征后，可对电极过程动力学特征加以分析。如果与某个单元步骤的动力学特征相同，即某个单元步骤的动力学公式可代表整个电极过程的动力学公式，则这个单元步骤即为电极过程的速度控制步骤。影响该单元反应步骤速度的因素，也就是影响整个电极反应过程速度的因素。

值得注意的是，电极反应过程中每一个单元步骤的快与慢是相对的，且改变电极反应条件则会影响不同的单元步骤速度，进而导致整个电极过程的控速步骤发生改变。例如，如果液相传质步骤较为缓慢，是电极反应过程中的最慢环节，那么它就是该反应过程的速率控制步骤。但是，当采用强烈搅拌加快液相粒子的传质速度后，则电极/电解液界面处的电子转移步骤可能变成电极反应的最慢步骤，此时速率控制步骤会由液相传质步骤变为电子转移步骤。在某些情况下，速率控制步骤也可能不只由一个单元步骤决定，这种情况被称为混合控制过程。

由于速度控制步骤决定整个电极过程的速度，而电极极化的内在原因即是电极反应速度与电子运动速度之间的矛盾，因此电极极化的特征也取决于控制步骤的动力学特征。因此，浓差极化与电化学极化也是由控制步骤的不同而产生的不同的电极极化方式。

浓差极化是指当液相传质步骤成为控速步骤时所引起的电极极化现象。当电解池未通电时，金属离子在电解质溶液中均匀分布，整个溶液中离子浓度近乎一致。当通电后，有电流通过溶液时，电极/电解液界面附近的金属离子会被还原成金属，导致溶液本体中和阴极附近的金属离子浓度产生差异，形成浓度差。如果溶液中的金属离子无法向电极/电解液界面附近进行快速补充，会造成金属离子浓度减小，电化学反应速度变慢。电极/电解液界面将积累大量负电荷，导致电极电势变负。所以这种电极极化过程是由于液相传质速度较慢，金属离子无法在电解质溶液中快速传质而造成金属离子产生浓度差，从而导致浓差极化现象。

电化学极化是指电化学反应进行迟缓而造成电极带电程度与可逆状态时不同，从而导致电极电势偏离的现象。例如，在未通电时，电极上存在着金属氧化还原反应的动态平衡，即

$$M^+ + e^- \rightleftharpoons M \tag{4-14}$$

通电后，电子由外电路流入阴极，电极还原反应速度增大，即

$$M^+ + e^- \longrightarrow M \tag{4-15}$$

电化学反应需要一定的反应时间，并非瞬时反应。当体系发生还原反应时，电流密度增大，积累在阴极处的电子来不及参与金属还原反应，则在阴极表面会积累过量电子，使电极电势偏离平衡电势发生负移，导致电化学极化现象。

此外，还有因表面转化步骤（前置转化或随后转化）成为控制步骤时的电极极化，被称为表面转化极化；由于生成结晶态（如金属晶体）新相时，吸附态原子进入晶格的过程（结晶过程）迟缓而成为控制步骤所引起的电极极化，被称为电结晶极化。

【例题】

1.在室温25℃的环境下，存在电极反应 $O+e^- \longrightarrow R$，且反应速度为0.99A/cm²。反应的电子转移步骤的速度是 1×10^{-2} mol/(m²·s)，扩散步骤的速度是0.1mol/(m²·s)。请判断此温度下的控制步骤属于什么类型。

解：根据电流密度公式 $j=nFv$ 可知，电子转移步骤中的反应速度可以用此公式表示，其中 $n=1$。

则电子转移步骤计算步骤如下：

$$j=nFv=1\times96500\times1\times10^{-2}=0.0965\text{A/cm}^2$$

再求扩散反应步骤：

$$j=nFv=1\times96500\times0.1=0.965\text{A/cm}^2$$

根据以上计算结果可以判断出，速度控制步骤主要为电子转移步骤。

2.在例题1的环境及条件中，电池反应步骤的环境逐渐发生改变，导致活化能降低了10kJ/mol，请写出其反应速度计算公式。

解：根据反应速率公式：$v_1=kc\exp\left(-\frac{E_a}{RT}\right)$，可以得知下一步计算公式为 $v=kc\exp\left(-\frac{E_a}{RT}\right)=v_1\exp\left(\frac{\Delta E_a}{RT}\right)$，其中 $\Delta E_a=10$kJ/mol，为活化能的变化数值，代入数值后即可计算出反应速度。

思考题

1.在电解池和原电池中，极化曲线有什么不同点？

2.为什么标准电极电势的数值有的是正值有的是负值？

3.某电池的反应如下，请判断电动势和吉布斯自由能是否相同？

(1) $H_2(p_{H_2})+Cl_2(p_{Cl_2})\longrightarrow 2HCl(\alpha)$

(2) $\frac{1}{2}H_2(p_{H_2}) + \frac{1}{2}Cl_2(p_{Cl_2}) \longrightarrow HCl(\alpha)$

4. 在电极过程中，如果速度控制步骤为液相传质时，其稳态极化曲线的特征是什么？

习题

1. 何谓电极极化？为何电化学中常常讨论单个电极的极化？

2. 为何电极过程中会出现速度控制步骤？研究速度控制步骤的意义何在？

3. 电流密度与电极过程的速度有何关系？

4. 用铂电极电解 0.6mol/L 的 $CuSO_4$ 水溶液，测得阴极在 25℃过电势为 −1.3V，溶液 pH 值为 7.0，计算该阴极电势数值。

5. 用铂电极电解 0.3mol/L 的 Na_2SO_4 水溶液，测得阴极在 25℃阴极电势为 −0.9V，溶液 pH 值为 7.0，计算阴极过电势数值。

第5章

液相传质动力学

液相传质作为整个电极过程中的重要环节之一，液相中的物质粒子在溶液中的迁移行为，与电极过程中反应粒子通过液相向电极表面的输送及离开电极表面的过程息息相关。整个电极过程不仅受到电流密度和自身反应速率的影响，还受到液相传质过程的控制。因此，研究液相传质动力学具有重要意义。

在关于电化学极化的研究中，为了简化研究模型采用了约束变量的方式，即假设电极反应过程各步骤处于稳定状态，得到了电化学极化过程动力学规律。同理，本章的研究也假设电极过程各步骤处于速率极快的稳定状态，整个电极过程取决于液相传质的方式及速率。因此，首先研究液相传质的几种方式。

5.1 液相传质方式

5.1.1 电迁移

电迁移是液相中的离子在电场（即电势梯度）作用下沿一定方向移动的现象，也是液相传质的一种重要方式。

电化学体系包括阴极、阳极和电解液。当体系中通过电流时，在阴极和阳极之间会形成电场，产生电势梯度，导致电解液中的阴阳离子分别朝向阳极表面和阴极表面定向迁移。这种定向迁移运动既使电解液具备导电性能，又实现液相中物质的传输，故电迁移在液相传质中具有重要作用。需要指出的是，虽然电解液中的离子均在电场作用下产生电迁移，但不会全部参与电极反应，有一部分只起到传导电流的作用。

电迁移作用会导致电极表面附近的电解液中离子浓度产生变化，其数量可用电迁流量表示，即在单位时间内流过单位截面积的物质的量。由于离子的电迁流量为

$$J=\pm c_i v_i=\pm c_i u_i E \tag{5-1}$$

式中，J 表示 i 离子的电迁流量，mol/(cm^2·s)；c_i 表示 i 离子的浓度，mol/cm^3；v_i 表示 i 离子的电迁移速度，cm/s；u_i 表示离子迁移率，cm^2/(s·V)；E 表示电场强度，V/cm。由于阴阳离子在电场作用下运动方向相反，故在电迁流量公式中以“±”表示离子运动方向，“+”号表示阳离子电迁移，“−”号表示阴离子电迁移。电迁流量可以表示为

$$J=\frac{jt_i}{z_iF} \tag{5-2}$$

式中，j 表示电流密度，A/cm^2；t_i 表示 i 离子的迁移数。

由式（5-1）和式（5-2），电迁流量与 i 离子的迁移率 u_i 成正比，与电场强度 E 成正比，且与 i 离子的迁移数 t_i 正相关。当溶液中除 i 离子外的其他电子浓度越大，i 离子迁移数越小，通过一定电流时，i 离子的电迁流量也越小。

5.1.2 对流

对流是指溶液不同部分之间，由于浓度、温度等差异而产生的相对流动。溶液中的粒子随着溶液的流动而迁移，进而实现溶液中的物质传输。根据产生对流的不同原因，可将对流分为两类，即自然对流和强制对流。

自然对流是指由溶液自身各部分的性质差异（如密度差异、温度差异等）而引起的对流，是自然发生的过程。自然对流在现实中广泛存在。以原电池为例，当电极反应进行时，反应粒子被消耗，电极附近电解液的密度会与其他位置产生梯度差异，导致电解液在重力作用下发生自然对流。此外，电极表面产生气体产物而扰动溶液，或者溶液温度随电极反应升高导致气体析出，也属于自然对流。

强制对流是指由外力作用而引起的对流，是被动发生的过程。以溶液体系为例，当其受到机械搅拌作用、压缩空气的推动作用或者超声波振荡器的振动作用而产生流动时，这种对流被称为强制对流。

对流作用会导致电极表面附近的电解液中离子浓度产生变化，其数值可以用对流流量表示，即单位时间内垂直流向电极表面的离子的物质的量。对流流量公式为

$$q_{ic}=v_xc_i \tag{5-3}$$

式中，q_{ic} 表示 i 离子垂直流向电极表面的对流流量，$mol/(cm^2 \cdot s)$；v_x 为电极垂直方向的液体流速，cm/s；c_i 为 i 离子的浓度，mol/cm^3。

5.1.3 扩散

扩散是指对于溶液中的某一组分，当其在溶液中的浓度分布不均匀时，该组分会从高浓度到低浓度方向自发迁移。因此，扩散可以有效地实现液相传质。

对于电极体系而言，当电流通过电极并引发电极反应时，体系中反应粒子会减少，产物粒子增多，直接导致一些组分（反应粒子和产物粒子）在电极表面附近液层的浓度出现明显变化。在这种浓度梯度影响下，液相中的反应粒子会向电极表面附近扩散，而产物粒子则会远离电极表面。由于电极体系中的扩散过程较为复杂，一般将其分为非稳态扩散和稳态扩散两个阶段进行讨论。

假定电极体系中的反应粒子可溶，产物粒子不可溶。在电极反应初期，随着电极表面附近液层中反应物 i 离子浓度 c_i 降低，在垂直电极表面的方向产生了浓度梯度，导致体系中的反应物 i 离子开始向电极表面附近液层扩散。然而，在初期阶段反应粒子浓度变化较小，产生的浓度梯度也较小，故向电极表面附近液层扩散的反应粒子不足以补充电极反应所消耗的粒子，且随着反应进行，浓度梯度逐渐增大，导致电极表面附近具有浓度梯度的液层

（扩散层）逐渐增厚。这种反应粒子浓度随时间和位置不断变化的不稳定阶段被称为非稳态扩散或者暂态扩散。

随着时间推移，向电极表面扩散的反应粒子逐渐达到了足够补充被消耗的反应粒子的程度，这种阶段的扩散被称为稳态扩散。在稳态扩散状态下，反应粒子在溶液中各处的浓度不随时间变化而变化，即使电极附近液层的浓度梯度仍存在，但扩散层厚度不再发生变化。需要指出的是，处于稳态扩散的体系，如果受到外力因素影响而进入非稳态，在经过一段时间后，往往会达成新的稳态扩散。

在稳态扩散状态下，由于向电极表面扩散的反应粒子恰好可完全补充电极反应消耗的反应粒子，故其扩散流量可用菲克第一定律表示，即

$$q_{id}=-D_i\frac{dc_i}{dx} \tag{5-4}$$

式中，q_{id} 为 i 离子的扩散流量，mol/(cm^2 · s)；D_i 为 i 离子的扩散系数，cm^2/s；$\frac{dc_i}{dx}$ 为 i 离子的浓度梯度，mol/cm^4；"－"号表示扩散方向与浓度增大方向相反。

在讨论扩散传质状态时，引出了包括扩散层在内的双电层外不同液层的概念，在此需明确各液层的具体位置。图 5-1 展示出阴极极化状态下扩散层的电解质浓度分布。在双电层中，虽然存在较大的浓度梯度，但因电势梯度极大，故主要服从 Boltzmann 分布。因此，本节以双电层边界为起点研究扩散传质规律。如图 5-1 所示，x_a、x_b 分别为双电层外扩散层边界及对流层边界，两者之间的离子浓度为 c_i，扩散层外离子的浓度等于电解质整体浓度 c_i^0，双电层厚度一般在 10^{-7}～10^{-6}cm，扩散层厚度则为 10^{-3}～10^{-2}cm。因为扩散层厚度远大于双电层，故双电层厚度相对扩散层厚度而言，可忽略不计。在实际情况中讨论电极表面附近液层时，如果溶液浓度较大则可不考虑双电层区域，直接将 x_a 视为 0。

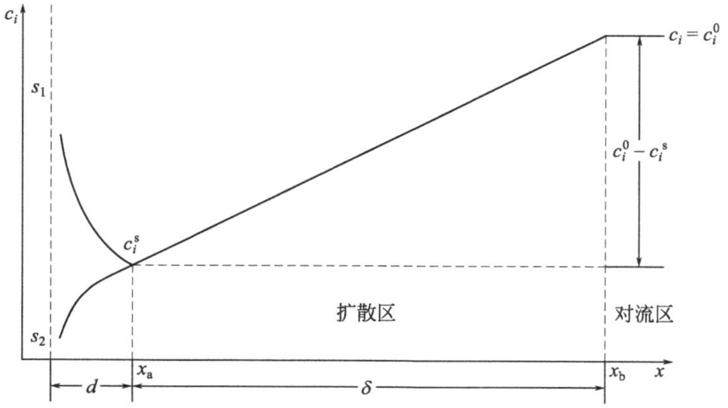

图 5-1　荷负电电极分散层的阴阳离子浓度分布以及扩散层的电解质浓度分布

x_a—扩散层边界；x_b—对流层边界；c_i—电极表面附近液层浓度；c_i^0—溶液整体浓度

5.1.4 三种传质方式的关系

液相传质三种方式存在不同特点，主要从以下三方面进行对比。

① 从传质运动的本质起因对比：电迁移起因在于电场作用（电势梯度）；自然对流起因

在于密度梯度/温度梯度造成的重力差；强制对流起因在于外力作用；扩散起因在于浓度梯度，实质是化学势梯度。

② 从迁移粒子的种类对比：电迁移只能传输带电粒子，但对电化学体系而言，是传输电解液中的阴阳离子。对流和扩散可包括离子、分子在内的所有组分粒子。

③ 从传质作用的区域对比：根据图 5-1 对双电层外不同液层区域分别进行讨论。从电极表面到 x_a 处的双电层区域，因其厚度极小（10^{-7}～10^{-6}cm），宏观上可等同于电极表面的位置，故该区域传质仅由电场作用控制。从 x_a 到 x_b 的扩散层区域，虽然其在非稳态扩散过程中厚度不确定，但在稳态扩散下厚度范围一般为 10^{-3}～10^{-2}cm，宏观上非常靠近电极表面。因此，根据流体力学原理，此区域对流传质作用很小，主要依靠电迁移和扩散传质。x_b 以外的对流层区域，其中各种离子浓度等于溶液整体离子浓度，通常溶液对流传质作用占据主导地位。

综合上述讨论，在电化学体系的电解液中，三种传质方式往往同时存在且作用机制较复杂，主要传质方式一般为其中一种或两种。为了进一步理解三种传质方式的相互关系，以电极反应为例进行讨论。在开始阶段，反应粒子不断被消耗而产生浓度梯度，促进反应粒子向电极附近液层扩散以补充电极反应的消耗。然而，单独的扩散传质方式无法完全补充反应粒子的消耗，故只有当反应粒子通过对流传质和扩散传质的共同作用得到补充时，扩散传质才能过渡到稳态扩散状态。对于存在较大量支持电解质的电化学体系而言，需要依靠扩散传质进行离子传输。由于向电极表面传输反应粒子主要由对流和扩散传质完成，且对流传质速度远大于扩散传质，由此可知，控制液相传质速率的关键步骤在于扩散传质。因此，讨论液相传质动力学可从研究扩散传质的角度入手，以扩散动力学代表液相传质动力学。

5.2 稳态扩散过程

在明确了扩散动力学特征规律后，为便于理解，本节首先研究相对简单的稳态扩散过程。

5.2.1 不同条件下的稳态扩散

5.2.1.1 理想稳态扩散

首先，分析最简单的理想情况，即仅有扩散传质，对流和电迁移传质忽略不计。由于在实际电化学体系中，电迁移、对流和扩散三种情况往往同时存在，即使通过引入大量支持电解质的方式消除了电迁移，从扩散层到对流层都存在的对流传质也难以消除。因此若要单独研究扩散传质动力学特征规律，需借助一种研究理想稳态扩散过程的装置，如图 5-2 所示，其可以排除电迁移传质的干扰，同时能够将对流传质和扩散传质完全划分为两个区域，从而消除对流传质对分析稳态扩散动力学的影响。

该装置实质上是一个结构特殊的电解池，其主体结构由一个大型容器和一个长度为 l 的毛细管组成，两个电极分别置于容器内部和毛细管端口（电极面积基本等于毛细管截面积），同时容器内部还安装了机械搅拌装置并加有大量支持电解质。

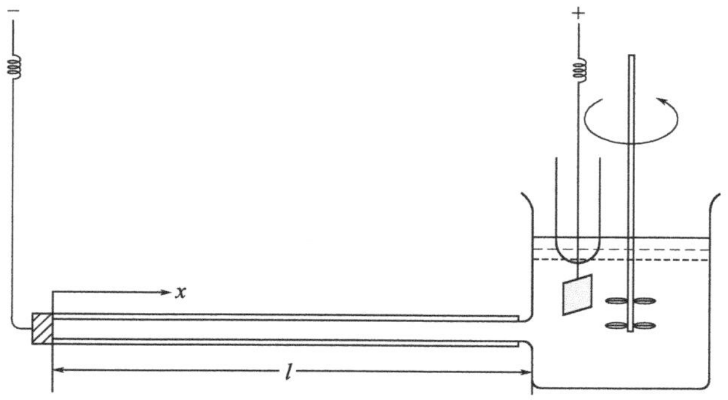

图 5-2 研究理想稳态扩散过程的装置

当电极上通过电流时，溶液中的 i 离子在毛细管端口处的阴极上不断反应析出，但由于溶液中大量支持电解质的存在，i 离子的电迁移数很低，因此装置内的电迁移传质作用微弱，可忽略不计。对于大容器内的溶液，由于机械搅拌装置使其中的溶液产生了强制对流，故可认为其中离子浓度分布均匀，各处均为 c_i^0，且相比于对流传质，扩散和电迁移可忽略不计。对于毛细管内溶液，由于毛细管内径极小，可认为大容器内的对流传质无法对其产生影响，故其中仅有扩散传质产生作用。因此，可认为该容器存在扩散传质和对流传质各自单独产生作用的扩散区域和对流区域，其浓度分布如图 5-3 所示。

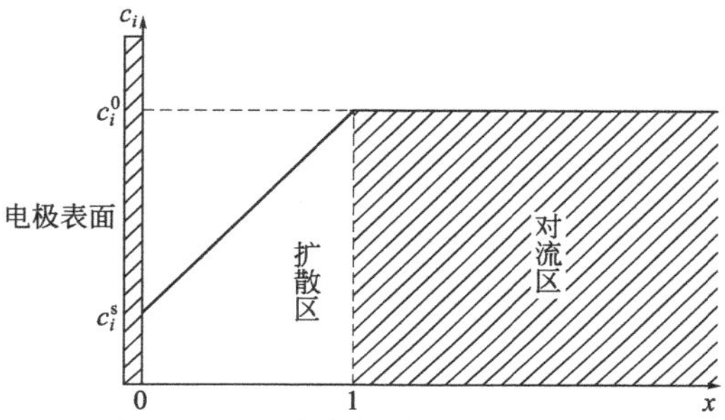

图 5-3 理想稳态扩散中，电极表面附近液层中反应离子浓度分布示意图

c_i^0—毛细管以外溶液中反应离子 i 的浓度；

c_i^s—紧靠电极表面液层中反应离子 i 的浓度

在电解池工作时，由于 i 离子在阴极处放电，电极表面附近液层的 i 离子浓度 c_i^s 从 c_i^0 开始逐渐下降，因此远离电极的溶液产生了浓度梯度，且随反应进行，浓度梯度逐渐延伸。当浓度梯度延伸至毛细管与大容器交接处 L 时，由于 L 面处于强烈的对流作用中，故该点处离子浓度始终保持大容器内离子浓度 c_i^0，即毛细管内溶液可通过处于交界的 L 面实时补充被电极反应消耗的 i 离子。当达到稳态扩散时，浓度差仅存在于毛细管内，扩散层厚度为毛细管长度 l。此时，在毛细管内部仅有扩散传质，达成了理想条件下的稳态扩散，具有稳态扩散流量恒定的特征。此时毛细管内部离子浓度梯度是一个常数，即

$$\frac{\mathrm{d}c}{\mathrm{d}x}=\frac{c_i^0-c_i^s}{l}=\text{常数}$$

根据菲克第一定律并结合上述分析，可得 i 离子的理想稳态扩散流量为

$$q_{i,\mathrm{d}}=-D_i\left(\frac{c_i^0-c_i^s}{l}\right) \tag{5-5}$$

由于扩散是控制液相传质速率的关键步骤，故此时电极反应速率由扩散传质速率控制，可用电流密度 j 表示扩散速率，同时选定还原电流为正值。此时溶液中反应粒子发生还原反应的运动方向为 x 轴的反方向，则电流方向为 x 轴的反方向。设电极反应为

$$A+ne^- \rightleftharpoons D$$

则稳态扩散的电流密度为

$$j=nF(-q_{i,\mathrm{d}})=nFD_i\frac{c_i^0-c_i^{\mathrm{s}}}{l} \tag{5-6}$$

通电之前，$j=0$，$c_i^0=c_i^{\mathrm{s}}$。当电解池工作时，随着电流密度 j 逐渐增大，电极表面附近液层的 i 离子浓度 c_i^{s} 逐渐减小，若 c_i^{s} 降为最小值 0，则毛细管内溶液的浓度梯度达到最大值，电流密度也达到最大值，即极限扩散电流密度 j_{D}，其表达式如式（5-7）所示。

$$j_{\mathrm{D}}=nFD_i\frac{c_i^0}{l} \tag{5-7}$$

将式（5-7）代入式（5-6），得

$$j=j_{\mathrm{D}}\left(1-\frac{c_i^{\mathrm{s}}}{c_i^0}\right) \tag{5-8}$$

或

$$c_i^{\mathrm{s}}=c_i^0\left(1-\frac{j}{j_{\mathrm{D}}}\right) \tag{5-9}$$

由式（5-9）可以看出，当 $j>j_{\mathrm{D}}$ 时，则 $c_i^{\mathrm{s}}<0$，显然不符合实际情况，故而直接证明了 $j\leqslant j_{\mathrm{D}}$，$j_{\mathrm{D}}$ 是理想稳态扩散下极限电流密度。综上，可以说 j_{D} 的出现是稳态扩散过程的重要特征，可以根据其出现情况来判断扩散是否为电极反应的控制步骤。

5.2.1.2 稳态对流扩散

在理想对流扩散中，采用特殊装置实现了扩散与对流的完全分离。然而，在实际电化学体系中，两种传质作用总是同时存在，即使在扩散区，也是由于对流作用的存在才能实现稳态扩散。因此，真实体系中这种在对流作用下的稳态扩散过程，被称为稳态对流扩散。

液体流动分为层流和湍流两种类型，由于湍流模型较为复杂，本节主要分析层流状态下的对流扩散传质。此外，对流扩散会受到对流作用影响，故也分为自然对流扩散与强制对流扩散两种情况。由于自然对流扩散的流速实时变化难以确定，并且其传质能力往往明显弱于外界因素影响下的强制对流扩散，故为了方便分析，本节忽略自然对流下的稳态扩散，主要讨论强制对流下的对流扩散过程及其动力学规律。

对于如图 5-4 所示的电极平面，设其处在由搅拌装置控制的强制对流环境，整体流速为 u_0，并且其附近的层流液流方向平行于电极表面。由于电极表面附近的液流会受到电极平面的黏滞阻力，且随着与电极表面距离的减小，这种黏滞阻力会逐渐增大并超过液流运动的动力。故在电极表面处，液流流速 $u=0$，且离电极表面距离越远，黏滞阻力越小，液流流速 u 逐渐增大到搅拌装置控制的整体液流流速 u_0。

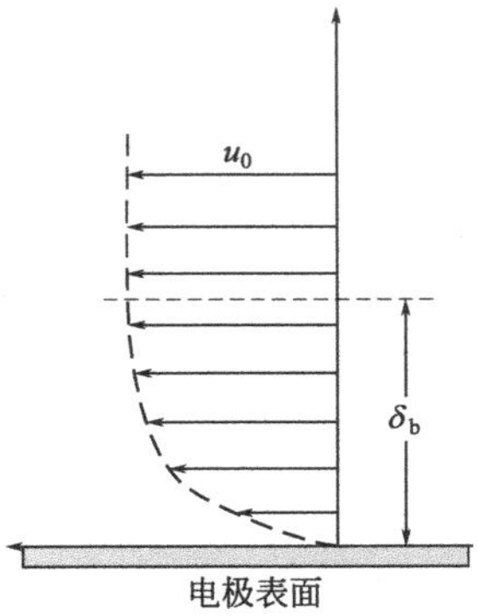

图 5-4 电极表面上切向液流速度的分布

从电极表面到液流速度 $u=u_0$ 的这段液层被称为边界层，电极表面附近的液层流动也可由此分为受黏性影响而存在速度梯度的边界层以及黏度为 0 且流速均一的理想流层。根据流体力学原理，边界层的厚度 δ_b 与电极形貌及流体动力学条件相关，可表示为

$$\delta_b \cong \sqrt{\frac{vy}{v_0}} \tag{5-10}$$

式中，v 为动力黏度系数；u_0 为液流的切向初始速度；y 为液流与冲击点 y_0 的距离。由式（5-10）可知，边界层的厚度 δ_b 并不均匀，会随着与冲击点的距离而产生变化，如图 5-5 所示。

需要指出，电极表面附近的液层，除边界层外还存在反应粒子浓度梯度的扩散层，两者是完全不同的概念。边界层内的动量传递受溶液的动力黏度系数 v 控制，而扩散层内的液相传质则由反应粒子的扩散系数 D_i 控制，并且两者相差可达到三个数量级。根据流体动力学得到的边界层厚度 δ_b 与扩散层厚度 δ 关系，得

$$\frac{\delta}{\delta_b} \cong \left(\frac{D_i}{v}\right)^{1/3} \tag{5-11}$$

显然，$\delta_b > \delta$，即扩散层包含在边界层内，如图 5-6 所示。将式（5-10）代入式（5-11），可得扩散层厚度

$$\delta = D_i^{\frac{1}{3}} v^{\frac{1}{6}} y^{\frac{1}{2}} u_0^{-\frac{1}{2}} \tag{5-12}$$

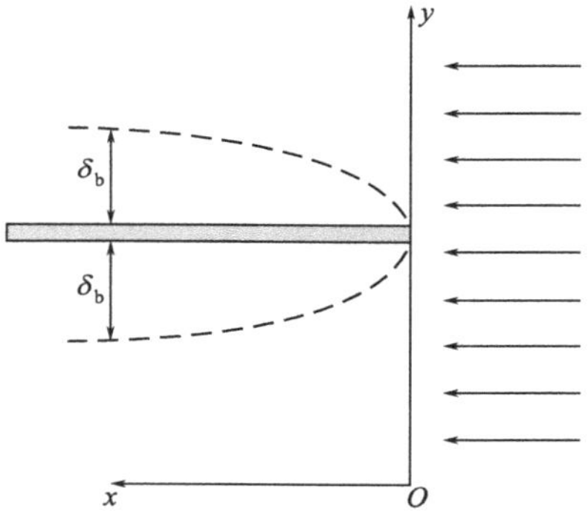

图 5-5 电极表面上边界层的厚度分布

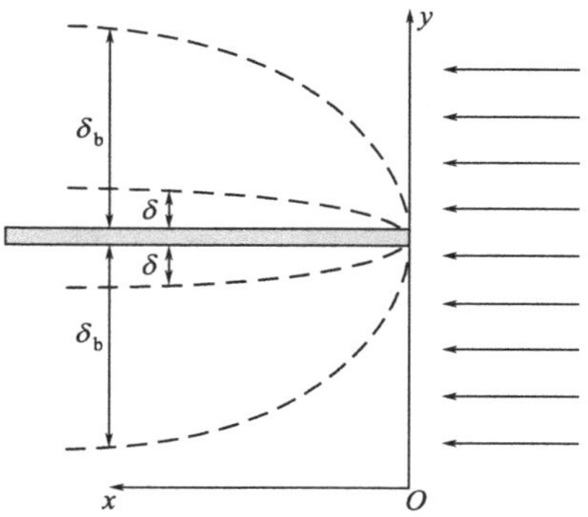

图 5-6 电极表面上边界层厚度 δ_b 与扩散层厚度 δ 关系

综合上述讨论，在边界层内厚度 $>\delta$ 处，完全依靠对流传质；在厚度 $<\delta$ 的扩散层处，同时存在扩散和对流两种作用。所以即使处于稳态，扩散层中各点的浓度梯度也非定值（图 5-7）。此时，由于在 $x=0$ 处液流速度 $u=0$，即排除了对流传质的影响，故可以根据 $x=0$ 处的浓度，得出扩散层有效厚度为

$$\delta_{\text{有效}} = \frac{c_i^0 - c_i^s}{(\mathrm{d}c_i/\mathrm{d}x)_{x=0}} \tag{5-13}$$

分别由式（5-12）及式（5-13）得到的扩散层厚度基本等于 $\delta_{\text{有效}}$，证明 $\delta_{\text{有效}}$ 包含了对流传质的影响，也进一步证明了对流扩散与理想扩散的区别。

将对流扩散层厚度 δ 的表达式（5-12）代入式（5-6）和式（5-7），并结合电流密度可获得对流扩散动力学规律，即

$$j = nFD_i \frac{c_i^0 - c_i^s}{\delta} \approx nFD_i^{\frac{2}{3}} v^{-\frac{1}{6}} y^{-\frac{1}{2}} u_0^{\frac{1}{2}} (c_i^0 - c_i^s) \tag{5-14}$$

$$j_D = nFD_i \frac{c_i^0}{\delta} \approx nFD_i^{\frac{2}{3}} v^{-\frac{1}{6}} y^{-\frac{1}{2}} u_0^{\frac{1}{2}} c_i^0 \tag{5-15}$$

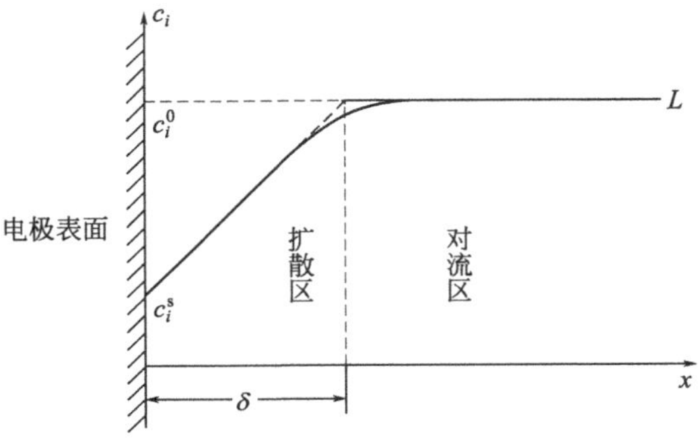

图 5-7　电极表面附近液层中反应粒子浓度的实际分布

对比两种稳态扩散的扩散电流［式（5-6）和式（5-14）］可以发现，理想扩散的电流完全与扩散系数 D_i 成正比，而对流扩散仅与 $D_i^{\frac{2}{3}}$ 成正比，表明对流扩散要同时受对流和扩散两种方式作用。此外，根据式（5-14）可知，对流扩散电流会受到液体流速 u_0、溶液动力黏度系数 v 以及电机表面位置 y 影响，可通过增强外力搅拌、修饰电极表面等方式有效调节扩散电流，并根据实际需求设计电化学装置。

5.2.2　旋转圆盘电极

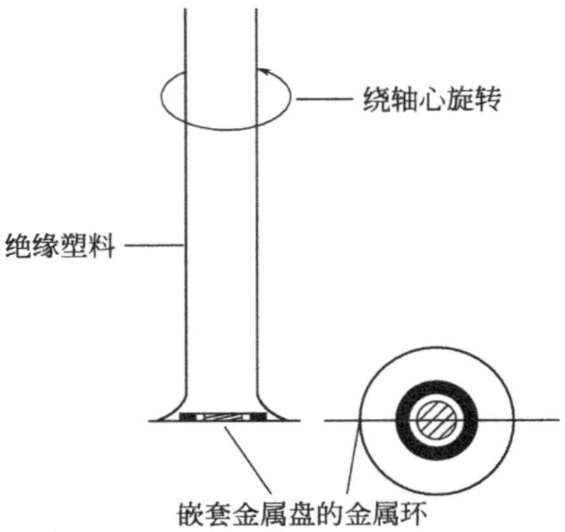

图 5-8　旋转圆盘电极

根据对流扩散理论，因电极表面各处受到的外力搅拌作用不均匀，电极表面上的扩散电流密度实际也不均匀，导致电极反应不均匀、电极各处极化条件差异大等问题，影响对流扩散动力学分析的准确性。为解决这一问题，提出了如图 5-8 所示的旋转圆盘电极。

旋转圆盘电极主体结构为镶嵌在绝缘材料上的圆盘式金属电极，其中一面与电解液接触，同时其上引出导线与外电源相接。当电极工作时，会围绕圆盘中心轴转动，故在离心力作用下，圆盘底部溶液沿箭头所示方向旋转向上流动，冲击圆盘中心，同时接触圆盘中心的溶液会被离心力甩向圆盘边缘。旋转圆盘电极产生了以圆盘中心点 y_0 为冲击点的液体对流，可以此研究扩散动力学规律。

根据式（5-12），扩散层厚度 $\delta \propto y^{\frac{1}{2}}$（$y$ 为离圆盘中心的距离），表明离圆盘中心越远，扩散层厚度越大。然而，随着离圆盘中心越远，由电极旋转引发的切向对流速度 u_0 越大，根据式（5-12）可知扩散层厚度 $\delta \propto u_0^{-\frac{1}{2}}$，即离圆盘中心越远扩散层厚度越小。两种相反的影响因素比例恰好相同，为进一步确定比例关系，设圆盘转速为常数 n_0（单位 r/s），则圆盘上各点切向的线速度 $u_0 = 2\pi n_0 y$，代入式（5-12），得

$$\delta \approx D_i^{\frac{1}{3}} v^{\frac{1}{6}} y^{\frac{1}{2}} u_0^{-\frac{1}{2}} = D_i^{\frac{1}{3}} v^{\frac{1}{6}} (2\pi n_0)^{-\frac{1}{2}} = D_i^{\frac{1}{3}} v^{\frac{1}{6}} \times 常数$$

即圆盘上各点的扩散层厚度与 y 值无关，呈现均匀分布，故旋转圆盘电极上各点的电流密度也呈均匀分布，证明旋转圆盘电极对于电化学研究具有极大优势。

对于含大量支持电解质的电解液体系而言，根据流体力学理论，扩散层厚度可表示为

$$\delta=1.62D_i^{\frac{1}{3}}v^{\frac{1}{6}}\omega^{-\frac{1}{2}} \tag{5-16}$$

将式（5-16）代入式（5-14）和式（5-15）可得

$$j=0.62nFD_i^{\frac{2}{3}}v^{-\frac{1}{6}}\omega^{\frac{1}{2}}(c_i^0-c_i^s) \tag{5-17}$$

$$j_D=0.62nFD_i^{\frac{2}{3}}v^{-\frac{1}{6}}\omega^{\frac{1}{2}}c_i^0 \tag{5-18}$$

式（5-17）和式（5-18）揭示了在包含大量支持电解质的电解液体系中，旋转圆盘电极表面附近液层的扩散动力学规律。

在电化学动力学研究中，还有一种旋转圆环圆盘电极被广泛应用，如图5-9所示。主体结构与旋转圆盘电极类似，即在旋转圆盘电极基础上，在圆盘电极周围增加了一个与之同心的圆环电极。圆盘电极与圆环电极间距很小且彼此绝缘，两电极分别通过导线与外电路相接。这种旋转圆环圆盘电极主要作用在于可以发现和研究电极反应过程中不稳定的中间产物。例如，分别设定圆盘电极和圆环电极处在不同的恒定电势，若产生了中间产物，则会在圆环电极上发生进一步氧化或还原反应，同时产生环电流，而目标产物不会在圆环电极发生反应。根据装置反馈的极化曲线及电化学数据，可进一步研究电极过程动力学。

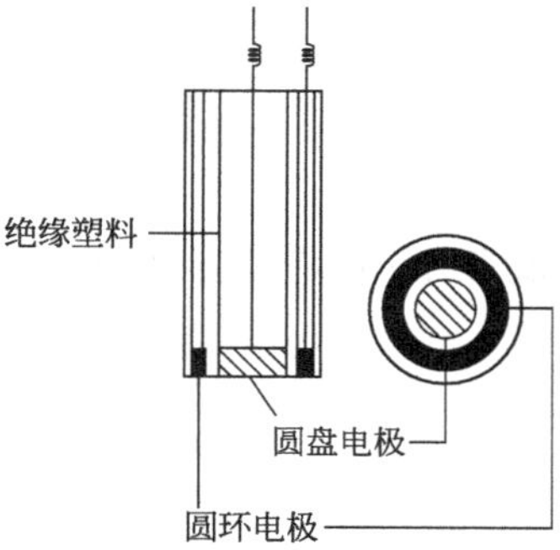

图5-9　旋转圆环圆盘电极示意图

5.2.3　电迁移对稳态扩散的影响

在前面关于扩散及对流传质动力学研究中，均选择了含有大量支持电解质的电解液，这是为了忽略电迁移作用的影响，然而当溶液中不含支持电解质或者含量很少时，在扩散层内除了扩散作用，还必须考虑在电场作用下离子的电迁移作用。

为便于讨论，假设溶液中仅存在一种二元电解质，反应物 i 离子带电荷 z_i，反应产物不溶。当电极有电流通过时，i 离子在电极表面发生反应，浓度 c_i 降低，同时溶液本体中 i 离子在浓度梯度作用下向电极表面扩散；对应 i 离子的阴/阳离子向对应电极迁移，并在浓度梯度下产生扩散传质，经过一段时间后达到稳态，离子浓度不再随时间变化而变化。

在稳态下，电极上消耗的反应粒子，同时受到电迁移和扩散两种传质方式的作用，并且溶液中各处离子浓度稳定，即相反方向的流量相互抵消、相同方向的流量相互叠加。根据电迁流量和对流扩散动力学规律式（5-2）和式（5-14），得

$$\frac{j}{nF}=D_i\frac{c_i^0-c_i^s}{\delta}+\frac{jt_i}{z_iF}$$

整理后为

$$j=\frac{z_iFD_i}{(z_i/n)-t_i}\frac{c_i^0-c_i^s}{\delta} \tag{5-19}$$

对于阳离子在阴极上的还原或阴离子在阳极上的氧化，结合式（5-14）和式（5-19）可知，在扩散与电迁移的共同作用下，其稳态电流密度会增大为仅有扩散传质时电流密度的

$\frac{z_i}{(z_i/n)-t_i}$倍；对于负离子在阴极上的还原或正离子在阳极上的氧化，电迁移的存在会使总电流密度低于仅有扩散传质时的电流密度。但在实际电化学体系中，往往会添加较大量支持电解质以增强溶液导电性，故需要讨论电迁移对稳态扩散影响的场合较少。

5.3 浓差极化方程

当电极反应具有很高的交换电流密度，且液相传质方式主要为扩散传质时，电极过程由扩散传质控制，此时电极所产生的极化即为浓差极化。因此，通过研究浓差极化动力学规律，可有效判断电极过程的控制步骤。

5.3.1 浓差极化规律

以一类简单的阴极反应为例（溶液中加入大量支持电解质以消除电迁移作用的影响）

$$\mathrm{O}+n\mathrm{e}^- \rightleftharpoons \mathrm{R}$$

式中，O为反应粒子；R为反应产物；n为参加反应的电子数。

当电极反应发生时，在溶液体系内，由于扩散阻力作用，需要一定时间过渡到稳态，故液相内的电极过程实际上并不可逆。但是由于不可逆成分仅在液相内部存在，并且电子转移步骤进行极快，扩散传质的平衡未受到破坏，故此时仍可认为电极反应可逆，且其步骤近似处于与电极电势相对应的热力学平衡状态，其电极极化下的电极电势φ可用Nernst方程表示，即

$$\varphi=\varphi^0+\frac{RT}{nF}\ln\frac{\gamma_{\mathrm{O}}c_{\mathrm{O}}^{\mathrm{s}}}{\gamma_{\mathrm{R}}c_{\mathrm{R}}^{\mathrm{s}}} \tag{5-20}$$

式中，γ_{O}为反应物在$c_{\mathrm{O}}^{\mathrm{s}}$浓度下的活度系数；$\gamma_{\mathrm{R}}$为产物在$c_{\mathrm{R}}^{\mathrm{s}}$浓度下的活度系数。

其在电极极化前的平衡电势可表示为

$$\varphi_{平}=\varphi^0+\frac{RT}{nF}\ln\frac{\gamma_{\mathrm{O}}c_{\mathrm{O}}^{0}}{\gamma_{\mathrm{R}}c_{\mathrm{R}}^{0}} \tag{5-21}$$

由此，可根据反应产物的两种情况讨论浓差极化的基本规律。

5.3.1.1 反应产物不溶的情况

对于如气体、固相沉积物一类的反应产物，由于无法溶于电解液，可认为通电前后反应产物的活度为1，即

$$\begin{cases}\gamma_{\mathrm{R}}c_{\mathrm{R}}^{0}=1\\ \gamma_{\mathrm{R}}c_{\mathrm{R}}^{\mathrm{s}}=1\end{cases} \tag{5-22}$$

由式（5-9）可知

$$c_{\mathrm{O}}^{\mathrm{s}}=c_{\mathrm{O}}^{0}\left(1-\frac{j}{j_{\mathrm{D}}}\right) \tag{5-23}$$

将式（5-23）代入式（5-20），可以得到电极通电前后平衡电势的关系，即

$$\varphi=\varphi^0+\frac{RT}{nF}\left[\ln\gamma_O c_O^0+\ln\left(1-\frac{j}{j_D}\right)\right]$$

$$=\varphi_{平}+\frac{RT}{nF}\ln\left(1-\frac{j}{j_D}\right) \tag{5-24}$$

故反应产物不溶时，浓差极化的极化值 $\Delta\varphi$ 表达式为

$$\Delta\varphi=\varphi-\varphi_{平}=\frac{RT}{nF}\ln\left(1-\frac{j}{j_D}\right) \tag{5-25}$$

当电流密度 j 极小时，$j\ll j_D$，将式（5-25）按级数展开并略去高次项，得

$$\Delta\varphi=\varphi-\varphi_{平}=-\frac{RT}{nF}\frac{j}{j_D} \tag{5-26}$$

根据式（5-24）可以得到产物不溶解时的浓差极化曲线，如图 5-10 所示，当电流密度 j 较小时，j 和 $\Delta\varphi$ 为直线关系，而当 j 增大到极限电流密度 j_D 时，两者为对数关系。

将 $\Delta\varphi$ 关于 $\lg\left(1-\frac{j}{j_D}\right)$ 作图，可得到如图 5-11 所示的直线，直线斜率 $\tan\alpha=\frac{2.3RT}{nF}$，可依据直线斜率求出参加反应的电子数 n。

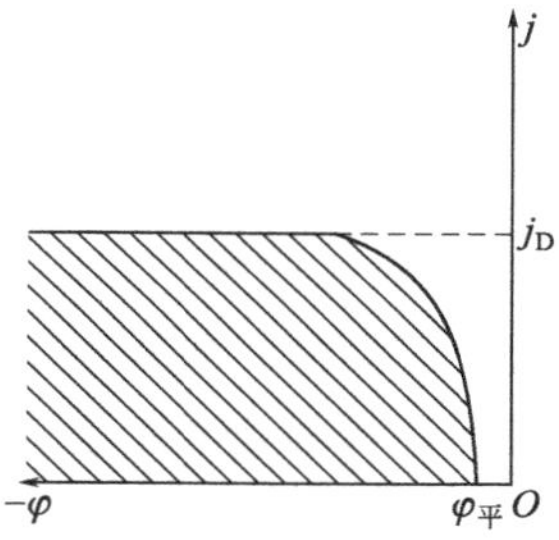

图 5-10　产物不溶时的稳态浓差极化曲线

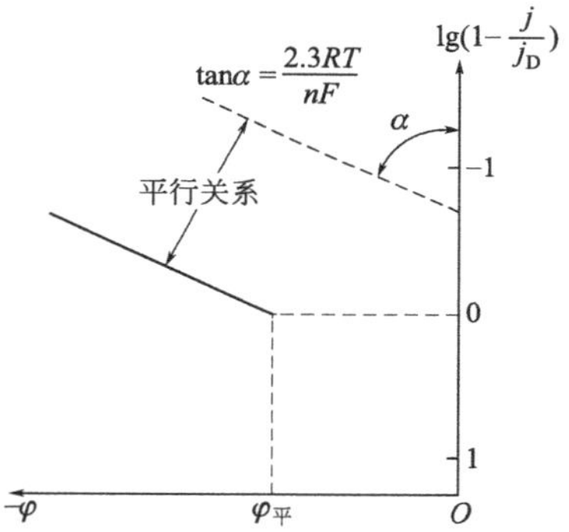

图 5-11　产物不溶时的半对数稳态浓度曲线

5.3.1.2　反应产物可溶的情况

对于可溶于电解液的反应产物，活度不为 1，则计算此时浓差极化动力学方程需明确电极附近的反应产物浓度 c_R^s。若将电流密度用反应产物表示，假设产物扩散速率为 $\pm D_R\left(\frac{\partial c_R}{\partial x}\right)_{x=0}$（产物向电极扩散为＋；向溶液中扩散为－），由于在稳态扩散时，产物生成速率等于扩散消耗速率，得

$$j=nFD_R\left(\frac{c_R^s-c_R^0}{\delta_R}\right)$$

或

$$c_R^s=c_R^0+\frac{j\delta_R}{nFD_R} \tag{5-27}$$

（1）产物初始浓度为 0

若电极反应开始前，电化学体系中不存在反应产物 R，同时忽略电极反应在体系内部产生的反应物堆积情况，则 $c_R^0=0$，根据式（5-27），得

$$c_R^s=\frac{\delta_R}{nFD_R}j \tag{5-28}$$

根据式（5-6），电流密度可表示为

$$j=nFD_O\left(\frac{c_O^0-c_O^s}{\delta_O}\right)=j_D-nFD_O\left(\frac{c_O^s}{\delta_O}\right) \tag{5-29}$$

则

$$c_O^s=\frac{\delta_O}{nFD_O}(j_D-j) \tag{5-30}$$

将式（5-28）和式（5-30）代入式（5-20），得

$$\varphi=\varphi^0+\frac{RT}{nF}\ln\frac{\gamma_O\delta_O D_R}{\gamma_R\delta_R D_O}+\frac{RT}{nF}\ln\left(\frac{j_D}{j}-1\right) \tag{5-31}$$

当 $j=j_D/2$ 时，式（5-31）最后一项为 0，将 $j=j_D/2$ 时的电极电势称为半波电势，记作 $\varphi_{\frac{1}{2}}$，其表达式为

$$\varphi_{\frac{1}{2}}=\varphi^0+\frac{RT}{nF}\ln\frac{\gamma_O\delta_O D_R}{\gamma_R\delta_R D_O} \tag{5-32}$$

将式（5-32）代入式（5-31），得产物可溶且初始浓度为 0 时的稳态浓度方程式为

$$\varphi=\varphi_{\frac{1}{2}}+\frac{RT}{nF}\ln\left(\frac{j_D}{j}-1\right) \tag{5-33}$$

对于含有大量支持电解质的电化学体系，D_R 及 D_O 不会随浓度变化而变化，同时 δ_O 及 δ_R 在固定的对流条件下为常数，所以 $\varphi_{\frac{1}{2}}$ 只与反应物及产物本身的性质有关，而不受反应体系浓度的影响，可看作电极反应的特征参数。

根据式（5-33）可知，产物可溶且初始浓度为 0 时的浓度极化曲线，如图 5-12（a）所示，其半对数曲线如图 5-12（b）所示。与产物不可溶时的情况类似，曲线斜率也可用于表示参加反应的电子数 n。同时，半波电势表达式也同时适用于阴极极化和阳极极化。

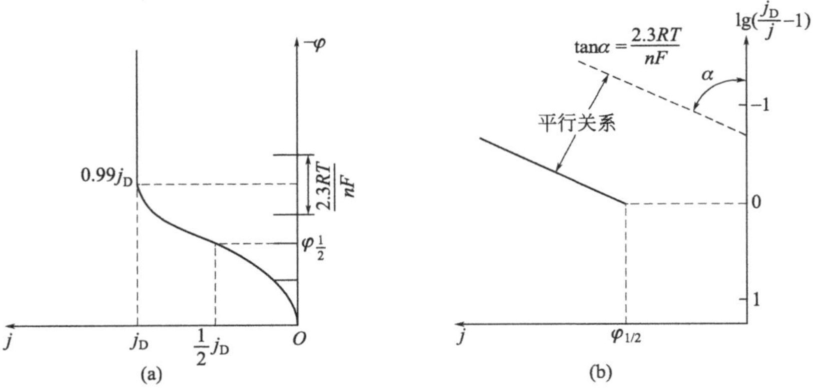

图 5-12　产物可溶且初始浓度为 0 时的稳态浓度极化曲线（a）和半对数曲线（b）

（2）产物初始浓度不为 0

若电极反应开始前，体系内的反应产物即存在一定浓度，则必须对阴极极化情况下当 $c_O^s=0$ 时的阴极极限电流密度 $j_{D,C}$ 与阳极极化情况下当 $c_R^s=0$ 时的阳极极限电流密度 $j_{D,A}$ 进行分别讨论。

对于阴极极化，其极限电流密度 $j_{D,C}$ 为

$$j_{D,C}=nFD_O\left(\frac{c_O^0}{\delta_O}\right) \tag{5-34}$$

对于阳极极化，由于电流为负值，故其极限电流密度 $j_{D,A}$ 为

$$j_{D,A}=-nFD_R\left(\frac{c_R^0}{\delta_R}\right) \tag{5-35}$$

电流密度可表示为

$$j=nFD_O\left(\frac{c_O^0-c_O^s}{\delta_O}\right)(j>0) \tag{5-36}$$

或

$$j=nFD_R\left(\frac{c_R^s-c_R^0}{\delta_R}\right)(j<0) \tag{5-37}$$

则阴阳极离子浓度表达式为

$$c_O^s=\frac{\delta_O}{nFD_O}(j_{D,C}-j) \tag{5-38}$$

$$c_R^s=\frac{\delta_R}{nFD_R}(j-j_{D,A}) \tag{5-39}$$

将式（5-38）及式（5-39）代入式（5-20），得

$$\varphi=\varphi^0+\frac{RT}{nF}\ln\frac{\gamma_O\delta_OD_R}{\gamma_R\delta_RD_O}+\frac{RT}{nF}\ln\left(\frac{j_{D,C}-j}{j-j_{D,A}}\right) \tag{5-40}$$

当 $j=\frac{j_{D,C}+j_{D,A}}{2}$时，式（5-40）的最后一项消失，而前两项为产物可溶且初始浓度不为 0 的半波电势 $\varphi_{\frac{1}{2}}$，故半波电势表达式为

$$\varphi=\varphi_{\frac{1}{2}}+\frac{RT}{nF}\ln\left(\frac{j_{D,C}-j}{j-j_{D,A}}\right) \tag{5-41}$$

图 5-13 为对应于式（5-41）的稳态浓度极化曲线，阴极极化和阳极极化发生时分别对应正负电流的出现。由于反应物和产物的初始浓度不同会影响稳态浓度极化曲线，故将 c_O^s 和 c_R^0 的不同情况进行对比，如图 5-14 所示。

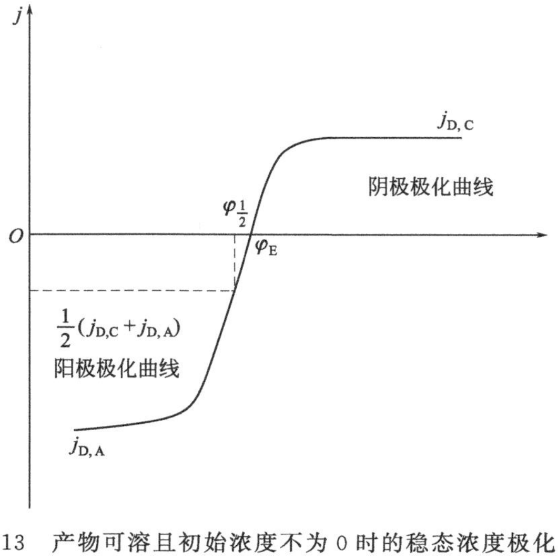

图 5-13　产物可溶且初始浓度不为 0 时的稳态浓度极化曲线

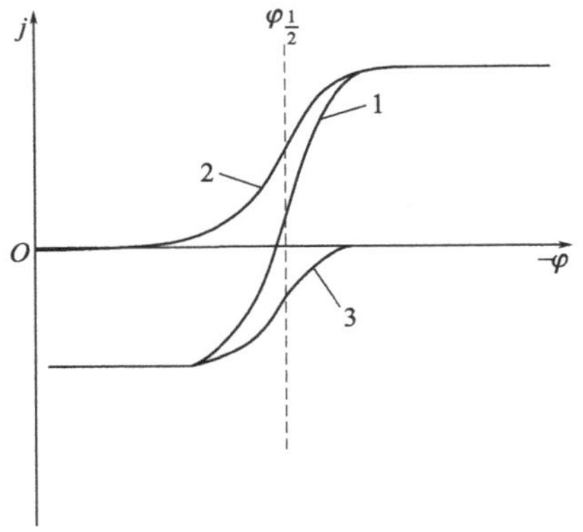

图 5-14　不同的初始浓度情况下，产物可溶时的稳态浓度极化曲线

曲线 1—反应物 O 初始浓度 $c_O^0 \neq 0$，产物 R 初始浓度 $c_R^0 \neq 0$；

曲线 2—反应物 O 初始浓度 $c_O^0 \neq 0$，产物 R 初始浓度 $c_R^0 = 0$；

曲线 3—反应物 O 初始浓度 $c_O^0 = 0$，产物 R 初始浓度 $c_R^0 \neq 0$

5.3.2 浓差极化的判别方法

研究浓差极化目的在于，可依据浓差极化动力学特征判断电极过程是否由扩散过程控制，进而对电化学反应进行有效利用，总结浓差极化动力学特征如下：

① 极限电流密度 j_D 是判断电极过程是否受扩散步骤控制的重要参数，若在电极反应中出现极限电流密度，则证明体系出现稳态扩散并可辅助证明电极过程受扩散步骤控制。

② 根据浓差极化动力学公式（5-24）及公式（5-33），得

$$\varphi = \varphi_{平} + \frac{RT}{nF}\ln\left(1 - \frac{j}{j_D}\right) \quad （产物不溶解）$$

$$\varphi = \varphi_{\frac{1}{2}} + \frac{RT}{nF}\ln\left(\frac{j_D}{j} - 1\right) \quad （产物可溶解）$$

绘制出对应的稳态浓差极化曲线，曲线斜率为$\frac{2.3RT}{nF}$。

③ 扩散电流密度 j 及极限扩散电流密度 j_D 与扩散流量及扩散层厚度有关。对于处在机械搅拌作用下的电化学体系，当其中溶液流速增大时，其扩散层厚度减小，相应的电流密度和极限电流密度都会增大。需要注意的是，电极表观面积对扩散电流密度的影响本质上是通过改变扩散流量通过的截面积，影响了扩散流量从而改变了电流密度，所以电极实际面积与扩散电流密度没有直接关联。

虽然上述的扩散动力学特征可用于判断电极过程是否由扩散过程控制，但是如果不考虑其他因素，仅以某一特征为判据，则不够充分。以极限电流密度为例，当电极过程的控制步骤为前置化学反应步骤或过程中的电催化步骤时，同样可能出现极限电流密度，表明单一的特征具有局限性。故在实际应用中，需判断反应是否符合多项特征，例如出现扩散电流密度的同时，验证了扩散电流密度的数值会随搅拌速率的变化而产生相应变化，则可以说明该电极反应受扩散过程控制。

5.4 非稳态扩散过程

在本章第 5.2 节关于稳态扩散的介绍中，已经明确了稳态扩散是逐渐形成的，且会经历非稳态扩散阶段。因此，若要完整总结扩散过程的动力学规律特点，则需研究非稳态扩散过程。由于非稳态扩散的影响因素较复杂，本节将根据不同的电极平面和极化条件分别对几种情况下的非稳态扩散过程进行详细讨论。

5.4.1 菲克第二定律

根据本章第 5.1 节关于稳态扩散的定义，在稳态扩散时，式（5-4）中的浓度梯度为常数，即稳态扩散中的离子浓度 c_i 与时间无关，仅为扩散中离子与电极表面距离 x 的函数 $c_i=f(x)$；而在非稳态扩散中，离子浓度 $c_i=f(x,t)$，其影响因素相对更为复杂。为研究非稳态扩散过程动力学，需算出非稳态扩散流量，进而得到关于电流密度及电极电势的公式。

由于在非稳态扩散中，其流量为

$$q_i=-D_i\left(\frac{\delta c_i}{\delta x}\right)_t$$

溶液中的浓度梯度会随时间而变化，故其函数关系需要利用菲克第二定律推导。假设存在两个完全平行且均为单位面积的方形平面 A 和 B，溶液从 A 流向 B，则 A 面扩散流量 q_A 为

$$q_A=-D\frac{\delta c}{\delta x}$$

B 面扩散流量 q_B 为

$$q_B=-D\frac{\delta c}{\delta x}-D\frac{\delta^2 c}{\delta x^2}\mathrm{d}x$$

故将上述两个单位面积下的扩散流量相减后再除以单位体积 $\mathrm{d}V$，即可得 A、B 两面在单位时间内的浓度变化量

$$\frac{\partial c}{\partial t}=\frac{q_A-q_B}{\mathrm{d}V}=\frac{D\dfrac{\mathrm{d}^2 c}{\mathrm{d}x^2}\mathrm{d}x}{\mathrm{d}x}=D\frac{\partial^2 c}{\partial x^2}$$

即

$$\frac{\partial c}{\partial t}=D\frac{\partial^2 c}{\partial x^2} \tag{5-42}$$

式（5-42）即为菲克第二定律公式，表明扩散离子浓度 c_i 受到扩散中离子与电极表面距离 x 及时间 t 的共同影响。代入反应的初始条件和边界条件，即可得到对应的非稳态扩散动力学，具体代入的数值可根据粒子类型选择。

5.4.2 非稳态过程的浓度变化

对于不同类型的电极表面，研究其附近液层的非稳态扩散规律时选择的初始条件及边

界条件有所变化，故本节从平面电极和球形电极两个类别出发，讨论其非稳态扩散动力学规律。

5.4.2.1 平面电极上的非稳态扩散

设本节中提到的平面电极，是指电化学体系内一个极大电极平面中极小的一块电极。故在该平面电极表面附近且与之平行的液面上各点离子浓度相等，即认为离子仅存在垂直于电极表面这一种扩散方向。此外，由于扩散层中的反应粒子浓度随着与电极表面距离的增大而减小，且电解液中的电极面积极小，故离电极表面越远，则等浓度液面的浓度越接近通电前溶液整体浓度，理论上在距离极远处浓度相等，这种扩散条件可称为半无限扩散条件，可以用离子浓度的形式表现为

$$c_i(\infty,t)=c_i^0$$

由此，对于平面电极，其初始条件为

$$当\ t=0\ 时，c_i(x,0)=c_i^0 \tag{5-43}$$

边界条件为

$$当\ x\to\infty 时，c_i(\infty,t)=c_i^0 \tag{5-44}$$

即在通电前溶液内 i 离子浓度为 c_i^0，通电后离电极极远处的液层其 i 离子浓度也为 c_i^0，然而要求解式（5-42）还需要一个具体的极化条件，以再求出一个边界条件。现根据不同的极化条件分为三种情况进行讨论。

（1）完全浓差极化

完全浓差极化是指电极过程控制步骤为扩散步骤，并且阴极具有很高的极化电势，同时电极表面附近液层的反应离子浓度 $c_i^s=0$，因此存在极限扩散电流密度 j_D。在这种极化条件下，可以得到边界条件

$$c_i(0,t)=0 \tag{5-45}$$

由此，在得到了如式（5-43）～式（5-45）所示的一项初始条件及两项边界条件后，通过拉普拉斯变换可求得方程（5-42）的特解如下

$$c_i(x,t)=c_i^0\operatorname{erf}\left(\frac{x}{2\sqrt{D_it}}\right) \tag{5-46}$$

式中的 erf 代表高斯误差函数，即

$$\operatorname{erf}(\lambda)=\frac{2}{\sqrt{\pi}}\int_0^{\lambda}e^{-y^2}\,dy \tag{5-47}$$

在本节讨论的完全浓差极化条件下，式（5-47）的积分上限 $\lambda=\dfrac{x}{2\sqrt{D_it}}$，其关于 λ 的曲线如图 5-15 所示。

根据图 5-15 可以看出，高斯误差函数主要性质包括：

① $\lambda=0$，$\operatorname{erf}(\lambda)=0$；$\lambda\geqslant 2$，$\operatorname{erf}(\lambda)\approx 1$；

② λ 值较小时（<0.5）时，$\operatorname{erf}(\lambda)$ 可近似为一条直线，其斜率为$\dfrac{2}{\sqrt{\pi}}$。

因此，结合高斯误差函数相关性质与式（5-46），可得出完全浓差极化条件下的非稳态

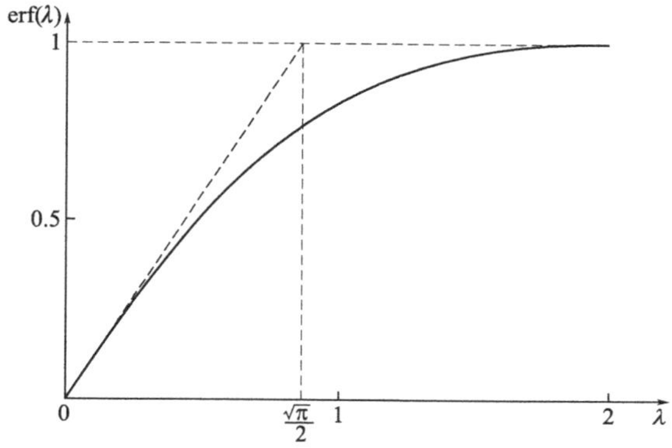

图 5-15 高斯误差函数图

扩散规律，即

$$\frac{c_i}{c_i^0}=\operatorname{erf}\left(\frac{x}{2\sqrt{D_i t}}\right) \tag{5-48}$$

将式（5-48）关于 λ 作图，可得如图 5-16 中所示的曲线，其走向与图 5-15 一致。

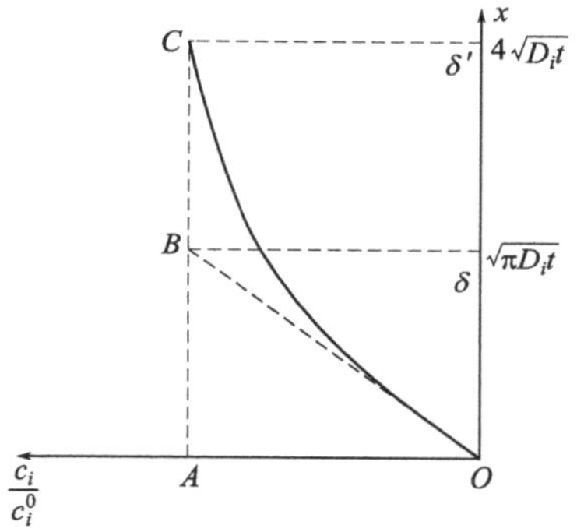

图 5-16 电极表面附近液层中反应粒子的暂态浓度分布

设定图 5-16 的横坐标意义为距电极表面距离 x，即得到了电极表面附近液层中反应粒子的暂态浓度分布图，其性质与高斯误差函数相近（$x=0$，$c_i=0$；$x\geqslant 4\sqrt{D_i t}$，$c_i\approx c_i^0$）。同时，根据曲线变化规律可知，当 $x\geqslant 4\sqrt{D_i t}$ 时，反应粒子浓度梯度基本消失，故可认为非稳态扩散中的扩散层厚度 $\delta'=4\sqrt{D_i t}$。

式（5-46）对 x 微分可得

$$\frac{\partial c_i}{\partial x}=\frac{c_i^0}{\sqrt{\pi D_i t}}\exp\left(-\frac{x^2}{4D_i t}\right) \tag{5-49}$$

浓度梯度受到电极表面距离 x 及时间 t 的影响，但由于主要的电极反应在电极/电解液界面处进行，故可认为主要是 $x=0$（即电极/电解液界面处）的浓度梯度对非稳态扩散流量产生影响。故当 $x=0$ 时

$$\left(\frac{\partial c_i}{\partial x}\right)_{x=0}=\frac{c_i^0}{\sqrt{\pi D_i t}} \tag{5-50}$$

根据扩散电流密度公式

$$j=nFD_i\left(\frac{\mathrm{d}c_i}{\mathrm{d}x}\right)_t \tag{5-51}$$

结合式（5-50），即可得到完全浓差极化条件下的非稳态扩散电流密度，即

$$j_{\mathrm{D}}=nFD_i\ \frac{c_i^0}{\sqrt{\pi D_i t}} \tag{5-52}$$

对比对流扩散下的电流密度公式（5-15），可以看出非稳态扩散中在时间 t 的扩散层有效厚度 $\delta=\sqrt{\pi D_i t}$，并且其数值与根据图 5-16 得到的扩散层厚度 $\delta'=4\sqrt{D_i t}$ 差别较大。

综上所述，完全浓度极化条件下，非稳态扩散的特点为：

① $c_i(x,t)=c_i^0\mathrm{erf}\left(\frac{x}{2\sqrt{D_i t}}\right)$；

② $\delta=\sqrt{\pi D_i t}$，$\delta'=4\sqrt{D_i t}$；

③ $j_{\mathrm{D}}=nFD_i\ \frac{c_i^0}{\sqrt{\pi D_i t}}=nFc_i^0\sqrt{\frac{D_i}{\pi t}}$。

综上所述，c_i、δ、j_{D} 都是关于时间 t 的变量，故在电化学体系中仅有扩散传质的理论条件下，平面电极的半无限扩散状态无法达成稳态扩散。但在实际情况下，液相中往往存在对流传质，故随着时间的推移，当非稳态的有效扩散层厚度 δ 达到对流扩散层厚度时，扩散传质进入稳态扩散阶段。

（2）恒电势阴极极化

设定电极反应处于平衡态，则在浓差极化条件下可将电极电势以能斯特方程表示为

$$\varphi=\varphi^0+\frac{RT}{nF}\ln c_i^{\mathrm{s}}$$

由此可知，电极电势 φ 仅由电极表面附近液层的反应离子浓度 c_i^{s} 决定，当设电极电势为恒定值时，可知 c_i^{s} 也为恒定值，则得出另一个边界条件为

$$c_i(0,t)=c_i^{\mathrm{s}}=\text{常数} \tag{5-53}$$

故结合式（5-43）、式（5-44）、式（5-53）所示的初始条件和边界条件，可得出菲克第二定律特解为

$$c_i(x,t)=c_i^0+(c_i^0-c_i^{\mathrm{s}})\mathrm{erf}\left(\frac{x}{2\sqrt{D_i t}}\right) \tag{5-54}$$

再对 x 求微分，依据得到的偏微分方程解得

$$\left(\frac{\partial c_i}{\partial x}\right)_{x=0}=\frac{c_i^0-c_i^{\mathrm{s}}}{\sqrt{\pi D_i t}} \tag{5-55}$$

扩散电流密度

$$j=\frac{nFD_i(c_i^0-c_i^{\mathrm{s}})}{\sqrt{\pi D_i t}} \tag{5-56}$$

对比恒电势阴极极化与浓差极化关系可知，完全浓差极化条件相当于恒电势条件下 $c_i^{\mathrm{s}}=$ 常数 $=0$ 时的特例。根据式（5-56），可以作出扩散电流密度-时间曲线，如图 5-17 所示。

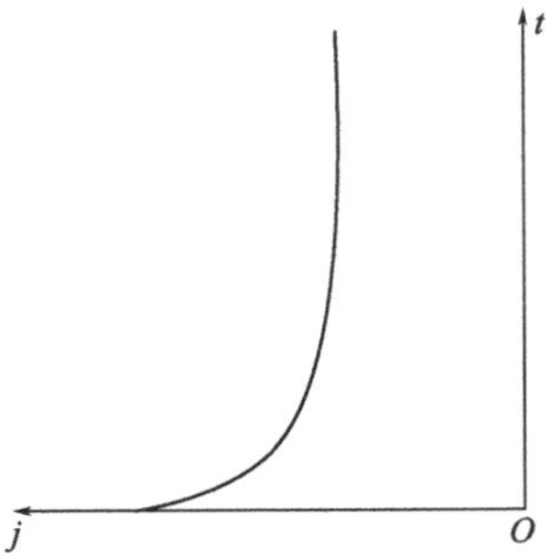

图 5-17　扩散电流密度-时间曲线

当电极表面附近液层的反应离子浓度 $c_i^s \neq 0$ 时，扩散电流密度 j 与时间 $\sqrt{t}$ 成反比，即随时间增加而减小，难以到达稳态。在实际情况中，与浓差极化条件一样，只有在对流传质作用下才能较快达到稳态。此外，若给阴极附加一个足够大的极化电势，使 $c_i^s=0$，则可得出极限电流密度公式为

$$j_D=\frac{nFD_i c_i^0}{\sqrt{\pi D_i t}} \tag{5-57}$$

同时，也可得到在恒压条件下的扩散层有效厚度 $\delta=\sqrt{\pi D_i t}$。

（3）恒电流阴极极化

在阴极极化过程中，假设电极上的电流为恒定值，则根据式（5-51）可以得出恒电流阴极极化条件下的非稳态电流密度表达式为

$$j=nFD_i\left(\frac{\partial c_i}{\partial x}\right)_{x=0}$$

故在恒电流密度条件下，获得了边界条件为

$$\left(\frac{\partial c_i}{\partial x}\right)_{x=0}=\frac{j}{nFD_i}=\text{常数} \tag{5-58}$$

由式（5-43）、式（5-44）、式（5-58）所示的初始条件和边界条件可以得出菲克第二定律特解为

$$c_i(x,t)=c_i^0+\frac{j}{nF}\left\{\frac{x}{D_i}\left[1-\operatorname{erf}\left(\frac{x}{2\sqrt{D_i t}}\right)\right]-2\sqrt{\frac{t}{D_i\pi}}\exp\left(-\frac{x^2}{4D_i}\right)\right\} \tag{5-59}$$

由此可知，对于紧靠电极表面液层的位置，即 $x=0$ 处，有

$$c_i(0,t)=c_i^0-\frac{2j}{nF}\sqrt{\frac{t}{D_i\pi}} \tag{5-60}$$

由式可知，随着时间增加，在恒电流条件下的电极表面附近液层离子浓度逐渐减小，并在时间 τ 处降至 0。故将在恒电流条件下电极表面附近液层 i 离子浓度降为 0 需要的时间定义为过渡时间，以 τ_i 表示，根据式（5-60），其表达式为

$$\tau_i=\frac{n^2F^2\pi D_i}{4j^2}(c_i^0)^2 \tag{5-61}$$

可以看出，极化电流越小、反应离子浓度越大，则过渡时间越长。此外，由于当 $c_i(0,t)$ 降至 0 时，为保持电流密度不变，需要有新的电极反应发生，从而会改变电极电势，故过渡时间也可以定义为在恒电流条件下，从电极极化开始到电极电势突变所需要的时间。

将式（5-61）代入式（5-59），可得 i 离子浓度与过渡时间关系式

$$c_i(0,t)=c_i^0\left[1-\left(\frac{t}{\tau_i}\right)^{\frac{1}{2}}\right] \tag{5-62}$$

对于紧靠电极表面附近的液层中的其他离子，如 k 离子，其浓度 $c_k(0,t)$ 可以用 τ_i 表示为

$$c_k(0,t)=c_k^0-c_i^0\left[\left(\frac{\nu_k}{\nu_i}\right)\left(\frac{D_i}{D_k}\right)^{\frac{1}{2}}\left(\frac{t}{\tau_i}\right)^{\frac{1}{2}}\right] \tag{5-63}$$

式中，c 为溶液中对应组分浓度；D 为对应组分扩散系数；ν_i 及 ν_k 分别为 i 离子和 k 离

子参与反应的化学计量数。反应粒子为正数，产物粒子为负数，粒子浓度随时间变化关系如图 5-18 所示，均与$\sqrt{t}$成线性关系。

根据式（5-60）可以作出不同时间的 i 离子浓度 c_i 与离子和电极距离 x 的关系图，如图 5-19 所示。

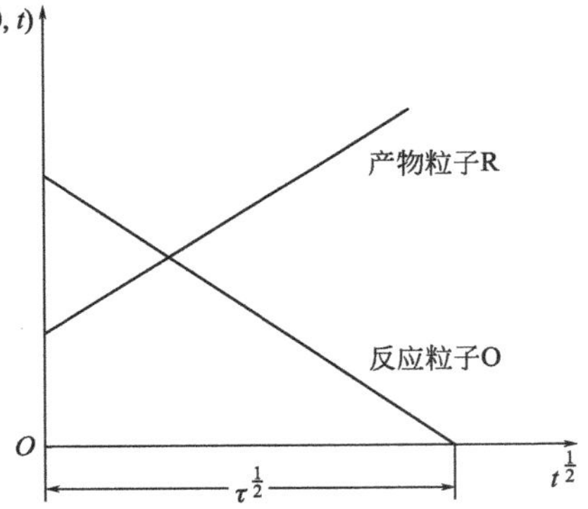

图 5-18　反应粒子和产物粒子浓度随时间变化关系

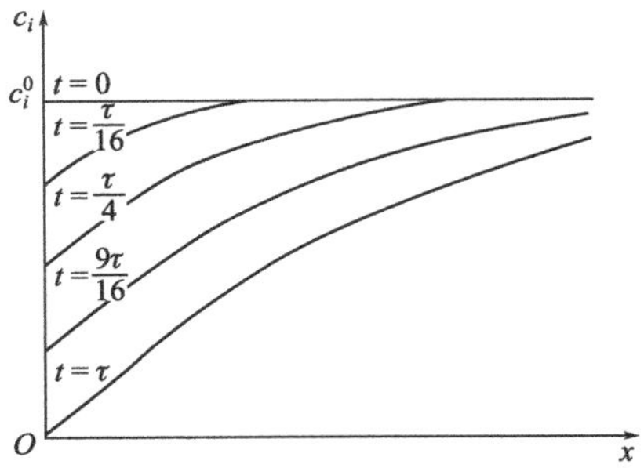

图 5-19　恒电流极化条件下，电极表面附近液层中反应粒子浓差极化区别

将图结合式（5-58）可知，在图 5-19 中 $x=0$ 处，图中各曲线斜率均为相等常数 $\left(\frac{\partial c_i}{\partial x}\right)_{x=0}$，设电极反应为 $O+ne^- \rightleftharpoons R$，同时假定活度系数 γ_O 和 γ_R 均为 1，对溶液浓度无影响。则在产物不溶解时，恒电流极化条件下的电极电势仅由反应粒子在电极表面附近液层的浓度 $c_O(0,t)$ 控制，此时根据反应产物不溶解时的浓差极化动力学公式（5-24）可知，通电前及平衡后的电势关系为

$$\varphi=\varphi_{平}+\frac{RT}{nF}\ln\gamma_O c_O^s \tag{5-64}$$

根据设定的条件代入 $\gamma_O=1$，又因 $c_O^s=c_O(0,t)$，可将式（5-64）变为

$$\varphi_t=\varphi_{平}+\frac{RT}{nF}\ln c_O(0,t) \tag{5-65}$$

将式（5-62）代入式（5-65），可得恒电流极化条件下，当反应物不溶时，电极电势关于时间 t 的关系为

$$\varphi_t=\varphi_{平}+\frac{RT}{nF}\ln c_O^0+\frac{RT}{nF}\ln\frac{\tau_O^{\frac{1}{2}}-t^{\frac{1}{2}}}{\tau_O^{\frac{1}{2}}} \tag{5-66}$$

由此可知，随反应时间的增加，电极电势逐渐减小为负值，当 $t=\tau_O$ 时，反应粒子浓度 $c_O(0,t)=0$，此时电极电势 $\varphi_t \longrightarrow -\infty$，发生电极电势的突变，即过渡时间为 τ_O。

对于电极反应 $O+ne^- \rightleftharpoons R$，在反应产物可溶解时，假定活度系数 $\gamma_O=1$、$\gamma_R=-1$，根据式（5-63），得

$$c_R(0,t)=c_R^0-c_O^0\left(\frac{D_O}{D_R}\right)^{\frac{1}{2}}\left(\frac{t}{\tau_O}\right)^{\frac{1}{2}} \tag{5-67}$$

为便于讨论，设定通电之前溶液中反应产物粒子的浓度 $c_R(0,t)=0$，且 $D_O=D_R$，活度

系数 γ_{O} 和 γ_{R} 均为 1，将式（5-62）、式（5-67）代入式（5-65），得

$$\begin{aligned}\varphi_t &= \varphi_{平} + \frac{RT}{nF}\ln\frac{y_{\text{O}}c_{\text{O}}^{\text{s}}}{\gamma_{\text{R}}c_{\text{R}}^{\text{s}}} \\ &= \varphi_{平} + \frac{RT}{nF}\ln\frac{c_{\text{O}}^{0}\left[1-\left(\dfrac{t}{\tau_{\text{O}}}\right)^{\frac{1}{2}}\right]}{c_{\text{R}}^{0}+c_{\text{O}}^{0}\left(\dfrac{D_{\text{O}}}{D_{\text{R}}}\right)^{\frac{1}{2}}\left(\dfrac{t}{\tau_{\text{O}}}\right)^{\frac{1}{2}}} \\ &= \varphi_{平} + \frac{RT}{nF}\ln\frac{\tau_{\text{O}}^{\frac{1}{2}}-t^{\frac{1}{2}}}{t^{\frac{1}{2}}} \end{aligned} \tag{5-68}$$

根据上式可作出反应产物可溶且初始浓度为 0 时的电极电势关于时间 t 的曲线，如图 5-20 所示，随着反应时间增加，φ_t 变为负值，且当 $t=\tau_{\text{O}}$，电极电势 $\varphi_t \rightarrow -\infty$，发生电极电势的突变，即过渡时间为 τ_{O}。

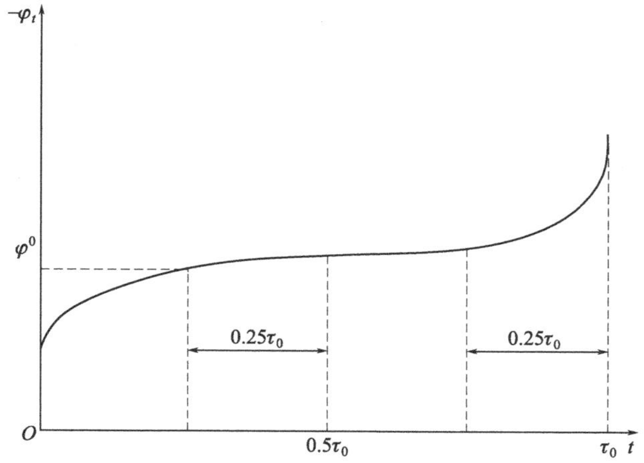

图 5-20　反应产物可溶且初始浓度为 0 时的电极电势-时间曲线

在本章关于稳态扩散的讨论中，提出了半波电势这一特殊参数，类似地，在非稳态扩散中也存在一个特殊电势 $\varphi_{\frac{1}{4}}$。在产物可溶且初始浓度为 0 的情况下，根据式（5-68）可知，当 $t=\dfrac{\tau_{\text{O}}}{4}$时，$\varphi_{\frac{1}{4}}=\varphi_{平}$，特殊电势值即为平衡电势值。

图 5-20 显示了平面电极在恒电流阴极极化下出现电势突变时的过渡时间 τ_{O}，故在电化学相关测试中，可利用过渡时间 τ_{O} 实现对多个关键参数的分析。例如通过电势-时间曲线测得过渡时间 τ_{O} 后，将其对于 $\ln\dfrac{\tau_{\text{O}}^{\frac{1}{2}}-t^{\frac{1}{2}}}{t^{\frac{1}{2}}}$作图，再依据式（5-66）和式（5-68）可得到直线斜率为$\dfrac{2.3RT}{nF}$，进而得到参加反应的电子数 n。此外，在电化学分析中，可依据 $\tau_{\text{O}} \propto (c_{\text{O}}^{0})^2$，对反应粒子浓度进行定量分析。需要注意的是，在实际的电化学体系中，若对流传质作用较强，则可能在对流作用下较快达到稳态，即不存在明显的电势突变，无法利用过渡时间进行参数分析。

上述即为平面电极上的非稳态扩散动力学特征，其不仅广泛适用于平面电极表面的液层分析，对于类平面电极，只要其电极表面附近非稳态扩散层的有效厚度远小于电极的曲率半径，同样可使用该非稳态扩散动力学特征进行相关的电化学分析。

5.4.2.2 球形电极上的非稳态扩散

平面电极上的非稳态扩散只需要考虑垂直于电极表面方向上的浓度分布，故模型相对简单。然而在实际情况下使用的电极往往具有一定的几何形状和封闭曲面，对于这种三维空间的非稳态扩散，需要构建对应的极坐标体系以分析其扩散动力学，本节以具有代表性的球形电极为例，进行非稳态扩散动力学的讨论。

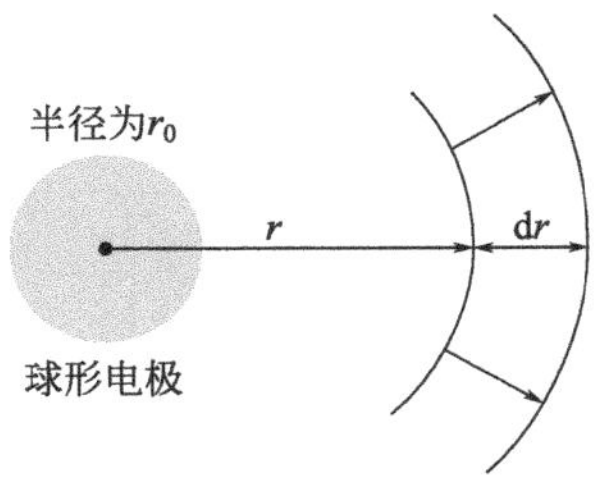

图 5-21　球形电极示意图

如图 5-21 所示，假设球形电极半径为 r_0，由于标准球形电极表面附近液层的粒子具有向三维空间均匀发散的特性，故球形电极附近有以 r 为半径的球形液层，其粒子浓度相等，因此以极坐标系表示球形电极周围的反应粒子浓度比用直角坐标系更方便。

极坐标体系下，对于球形电极表面附近半径为 r 的液层中 i 离子的浓度 c_i，可将其表示为球半径 r 与时间 t 的函数。由此，在半径为 r 和 $r+\mathrm{d}r$ 的球面上各点的径向流量可根据菲克第一定律得到，即

$$\begin{cases} q_{i(r=r)} = -D_i\left(\dfrac{\partial c_i}{\partial r}\right)_{r=r} \\ q_{i(r=r+\mathrm{d}r)} = -D_i\left(\dfrac{\partial c_i}{\partial r}\right)_{r=r+\mathrm{d}r} \end{cases} \tag{5-69}$$

由此可得出离子浓度梯度为 $\dfrac{\partial c_i}{\partial r}$ 以极坐标表示的菲克第二定律表达式

$$\frac{\partial c_i}{\partial t} = D_i\left[\left(\frac{\partial^2 c_i}{\partial r^2}\right) + \frac{2}{r}\left(\frac{\partial c_i}{\partial r}\right)\right] \tag{5-70}$$

为求解方程，需求出初始条件及边界条件。在电极反应开始，即 $t=0$ 时，溶液中反应离子 i 的浓度分布均匀，均满足

$$c_i(r,0) = c_i^0 \tag{5-71}$$

当电极反应开始后，距离电极表面很远的离子浓度也可视为 c_i^0，故得到边界条件

$$c_i(\infty,t) = c_i^0 \tag{5-72}$$

根据完全浓差极化条件，可得到第二个边界条件为

$$c_i(r_0,t) = 0 \tag{5-73}$$

根据式 (5-71) ～式 (5-73) 可得出方程特解为

$$c_i(r,t) = c_i^0\left\{1 - \frac{r_0}{r}\left[1 - \mathrm{erf}\left(\frac{r-r_0}{2\sqrt{D_i t}}\right)\right]\right\} \tag{5-74}$$

根据式 (5-74)，可得球形电极表面 ($r=r_0$) 处反应离子 i 的浓度梯度为

$$\left(\frac{\partial c_i}{\partial r}\right)_{r=r_0} = c_i^0\left(\frac{1}{\sqrt{\pi D_i t}} + \frac{1}{r_0}\right) \tag{5-75}$$

i 离子在电极表面还原产生的瞬间扩散电流密度为

$$j_D = nFD_i\left(\frac{\partial c_i}{\partial r}\right)_{r=r_0} = nFD_i c_i^0\left(\frac{1}{\sqrt{\pi D_i t}} + \frac{1}{r_0}\right) \tag{5-76}$$

对比平面电极和球形电极的非稳态扩散公式，球形电极的扩散传质速率更高（向三维方向扩散）。此外，当$\sqrt{\pi D_i t} \ll r_0$，即电极的扩散层有效厚度远小于表面曲率半径时，其非稳态扩散公式中的$\frac{1}{r_0}$项可忽略不计，因此式（5-76）转换成式（5-52）。因此，对于球形电极的非稳态扩散过程，当其扩散层厚度远小于电极表面曲率半径时，可将其当作平面电极进行处理。但随着通电时间延长，扩散层有效厚度$\sqrt{\pi D_i t}$增加，电极表面曲率半径 r_0 增大，此时则需要将球形电极与曲面电极分类讨论。

当 $t \to \infty$时，$\frac{1}{\sqrt{\pi D_i t}} \to 0$，此时扩散电流密度 j_D 为

$$j_D = \frac{nFD_i c_i^0}{r_0} \tag{5-77}$$

表明此时扩散流量与时间无关，达到稳态扩散，即理论上可以在没有对流传质作用的前提下进入稳态扩散，但通常需要很长时间。设当$\frac{1}{\sqrt{\pi D_i t}} : \frac{1}{r_0} = 1 : 100$ 时，体系达到稳态扩散，则需要的时间为

$$t = \frac{r_0^2}{\pi D_i} \times 10^4 \tag{5-78}$$

将 $r_0 = 10^{-1}\text{cm}$，$D_i = 10^{-5}\text{cm}^2/\text{s}$ 代入式（5-78），得

$$t = 3 \times 10^6\,\text{s} \approx 35\text{d}$$

随着球形电极半径增大，从非稳态过渡到稳态所需时间会进一步延长。因此，在实际电化学体系中，总需要对流与扩散共同作用以达到稳态，这种扩散实质上仍是对流扩散。

5.5 滴汞电极简介

滴汞电极的主体部分是由一根毛细玻璃管和贮汞瓶构成，工作时毛细管中的汞在汞柱压力下会在毛细管末端汇聚成汞滴并连续滴落。滴汞电极可作为阴极或阳极进行电化学研究，该研究方法被称为极谱法，其装置如图 5-22 所示。将滴汞电极与辅助电极（如氯化银电极或大面积汞电极）置于电解液中并附加由分压器控制的电压，构成的电解池装置为极谱装置。

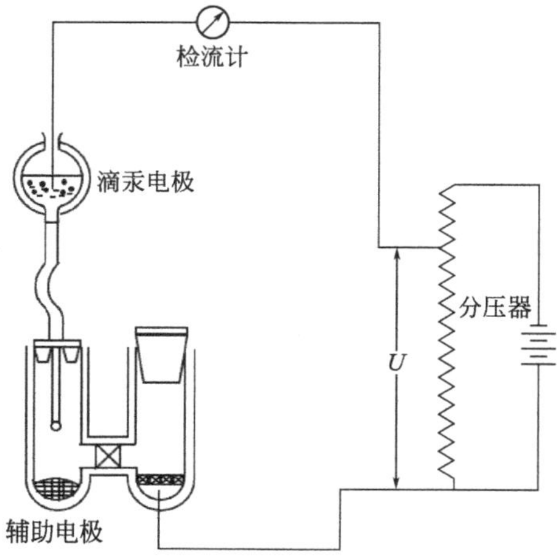

图 5-22　极谱装置示意图

在极谱装置中，一般通过的电流较小，同时滴汞电极面积一般远小于辅助电极，故可认为辅助电

极几乎不发生极化。此外，由于电解液中往往会加入较大量支持电解质，溶液电阻很小，所以溶液的欧姆电压降可忽略不计。因此，可认为极谱装置中外电压的变化实际上等价于滴汞电极电势的变化，可利用这一性质测得系列电流-电势曲线，用于进一步的电化学研究。

5.5.1 滴汞电极基本性质

相比于广泛使用的固体电极，滴汞电极由于具有真实面积便于计算、表面状态均一稳定等优点，在实验重现性、宽电势电化学实验等方面具有优势。具体而言，由于固体电极的表面细微形貌往往极不均匀且差别极大，其真实面积一般很难计算，同时当其表面吸附杂质或本身存在活性位点时，会导致各点电极反应不均匀，并严重影响实验重复性。表面均匀且连续滴落而不断更新的滴汞电极则很好地避免了这一问题，且由于其面积极小，当通过电解池的电流也极小时（$10^{-6}\sim10^{-4}$A），电解时溶液中反应物浓度一般不发生变化。

滴汞电极附近液层中离子的扩散也与固体电极有明显区别。滴汞电极的汞滴尺寸一般较小，其从形成到滴落所需时间 $t_{滴落}$ 很短，一般情况下 $t_{滴落}=3\sim6$s。汞滴从形成到滴落是连续过程，虽然看似属于球形电极的非稳态扩散过程，但由于汞滴滴落时扩散层厚度很薄，此过程可近似为平面电极的非稳态扩散过程。汞滴的滴落时间 $t_{滴落}$ 与毛细管内径和汞柱高度成正比，即

$$t_{滴落}\propto\frac{1}{h}，r_0^3$$

假设毛细管中汞的流速为固定值 m(kg/s)，则在 t 秒内形成汞滴的质量 Q_t 为

$$Q_t=\frac{4}{3}\pi r^3\rho=mt \tag{5-79}$$

式中，ρ 为汞的密度，kg/m^3；r 为汞滴半径，m，可表示为

$$r=\left(\frac{3mt}{4\pi\rho}\right)^{\frac{1}{3}} \tag{5-80}$$

可以看出，其数值随时间增加而增大，其最适宜的数值一般为 25～40μm。

需要注意的是，滴汞电极的使用同样存在一定限制，例如，a. 滴汞电极使用的溶液浓度存在限制，过高影响汞滴滴落，过低则无法排除电容电流干扰；b. 利用滴汞电极进行电化学实验得到的数据，虽然具有重要的参考价值，但无法直接用于固体电极计算，且由于电势限制，滴汞电极无法用于一些正电势电极反应的模拟。

5.5.2 极谱电流

滴汞电极在实际应用中多被用作阴极，故本节也以反应 $\nu_O O+ne^-\rightleftharpoons R$ 的阴极过程为例进行讨论。在本章研究中，由于假设电极过程中电化学反应及表面转化等步骤的速率极快，同时溶液中存在大量支持电解质使电迁移作用非常微弱，所以整个电极过程的速率由扩散步骤控制，通过滴汞电极的电流可认为是扩散电流。为便于研究该扩散极谱电流，对滴汞电极进行如下假设：a. 汞滴始终保持标准球形并且在其从毛细管中流出时，只存在相对于溶液的径向运动，不存在沿其表面向上的切向运动；b. 每个汞滴从形成到滴落都处在相同条件，即汞滴从毛细管中流出到滴落过程产生的搅拌作用可以消除毛细管附近溶液的浓度梯

度。可以看出，相比于实际的滴汞电极，理想滴汞电极存在多方面偏差，但液滴形状、搅拌作用、浓差极化等偏差造成的影响可在相当程度上相互抵消，因此根据理想滴汞电极得到的电化学规律，可较好地解释实验结果。

根据菲克第一定律，滴汞电极上的扩散电流 I 可表示为

$$I=\frac{nF}{\nu_i}SD_i\left(\frac{\partial c_i}{\partial x}\right)_{x=0} \tag{5-81}$$

假设滴汞电极处于恒电势极化条件下，则将平面电极的非稳态扩散方程式（5-56）及汞滴半径表达式（5-80）代入式（5-81），可得瞬间电流 I 关于时间 t 的表达式

$$I=4\sqrt{\pi}\left(\frac{3}{4\rho}\right)^{\frac{2}{3}}\frac{nF}{\nu_i}(c_i^0-c_i^s)D_i^{\frac{1}{2}}m^{\frac{2}{3}}t^{\frac{1}{6}} \tag{5-82}$$

其关系曲线如图 5-23 中的曲线 1 所示，随着时间的变化，电流强度波动较大。然而在实际情况下，通常不会采用示波器记录瞬间电流，而是选择具有较长振荡周期（周期≥10s）的检流计来记录汞滴存在时间 $t_{滴落}$ 内的平均电流 $\overline{I}$。

瞬间电流与平均电流关系表达式为

$$\overline{I}=\frac{1}{t_{滴落}}\int_0^{t_{滴落}}I\mathrm{d}t \tag{5-83}$$

将式（5-82）和式（5-83）同时代入一系列参数（汞密度 ρ、π 值等）后，得平均电流 $\overline{I}$ 的表达式为

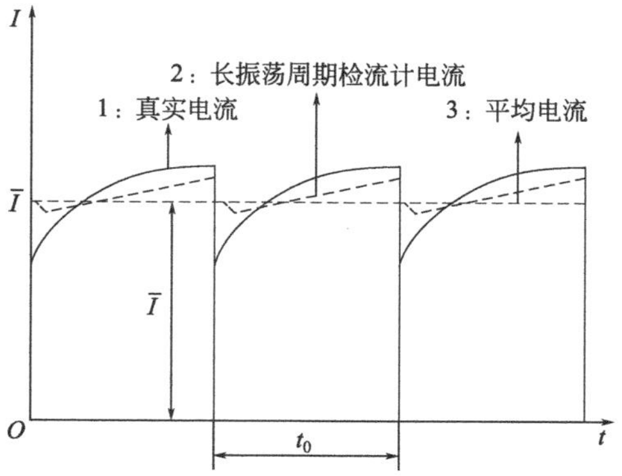

图 5-23　滴汞电极上的电流随时间变化的曲线

$$\overline{I}=0.627\frac{nF}{\nu_i}(c_i^0-c_i^s)D_i^{\frac{1}{2}}m^{\frac{2}{3}}t^{\frac{1}{6}} \tag{5-84}$$

得到的 $\overline{I}$ 曲线如图 5-23 中曲线 2 所示，可以看出 $\overline{I}$ 并不是真正意义上的平均值，会随着时间变化在平均值附近小幅度波动。电流平均值如图 5-23 中曲线 3 所示，其与时间无关。

对于滴汞电极，令其达到完全极化，即 $c_i^s=0$ 时，平均电流 $\overline{I}$ 即为平均极限电流 $\overline{I}_d$，其表达式为

$$\overline{I}_d=0.627\frac{nF}{\nu_i}c_i^0D_i^{\frac{1}{2}}m^{\frac{2}{3}}t^{\frac{1}{6}} \tag{5-85}$$

5.5.3 极谱波

对于本节设定的电极反应 $O+ne^- \rightleftharpoons R$，假设其反应粒子及反应产物粒子均可溶，且电极反应开始前体系内不存在产物粒子，即 $c_R^0=0$。根据极谱电流表达式（5-84）、式（5-85）可知，对于参数固定的极谱装置，其极谱电流 $\overline{I}$ 及 $\overline{I}_d$ 表达式与稳态扩散电流表达式（5-6）及式（5-7）的形式一致。因此为简化模型，可将滴汞电极这种周期性的非稳态扩散采用稳态扩散的方式进行分析，得到类似式（5-33）的公式，即

$$\varphi=\varphi_{\frac{1}{2}}+\frac{RT}{nF}\ln\left(\frac{\overline{I}_{d}-\overline{I}}{\overline{I}}\right) \tag{5-86}$$

关于 $-\varphi$-$\overline{I}$ 的曲线如图 5-24 所示，由图可知，虽然与稳态扩散具有相似的电势曲线及表达式，但滴汞电极本质上仍然属于非稳态扩散，只是由于其表面粒子浓度随时间周期性变化而具有平均状态，便于研究变化规律。因此，这种在滴汞电极上将非稳态扩散过程平均化的极化曲线被称为极谱波。

与稳态扩散过程类似，根据极谱曲线中 $\overline{I}=\frac{1}{2}\overline{I}_{d}$ 处的电势，同样可获得半波电势 $\varphi_{\frac{1}{2}}$。利用不同电极反应半波电势的不同特性，可借助 $\varphi_{\frac{1}{2}}$ 定性分析电极反应类型从而判断反应进行的程度。此外，当滴汞电极本身参数固定时，根据式（5-85）可知，$\overline{I}_{d}\propto c_i^0$ 及 $D_i^{\frac{1}{2}}$，故根据极谱波得到的电流密度可对反应粒子浓度及扩散系数进行定量分析。

为得到适用范围更广的极谱曲线公式，设体系内反应离子浓度 c_{O}^0 及产物离子浓度 c_{R}^0 均不为 0，根据电极上的电流方向不同，电极上分别发生还原反应和氧化反应，由式（5-86），可得同时包含氧化反应与还原反应的极谱曲线公式

$$\varphi=\varphi_{\frac{1}{2}}+\frac{RT}{nF}\ln\left[\frac{\overline{I}_{d(O)}-\overline{I}}{\overline{I}-\overline{I}_{d(R)}}\right] \tag{5-87}$$

式中，$\overline{I}_{d(O)}$ 表示氧化态离子的平均极限扩散电流；$\overline{I}_{d(R)}$ 表示还原态离子的平均极限扩散电流；φ、$\varphi_{\frac{1}{2}}$ 分别表示极谱电势及极谱半波电势，$\varphi_{\frac{1}{2}}=\frac{1}{2}[\overline{I}_{d(O)}-\overline{I}_{d(R)}]$。其极谱曲线如图 5-25 所示。

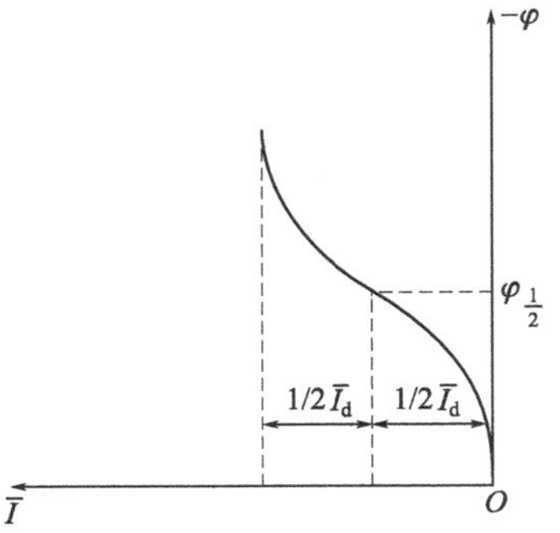

图 5-24　极谱波

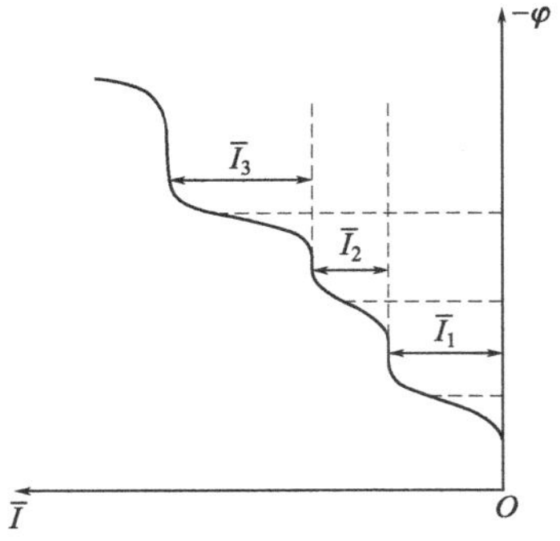

图 5-25　溶液中有三种还原物质时的极谱曲线

根据式（5-87），当阴极极化且 $c_{\mathrm{R}}^0=0$，即 $\overline{I}_{d(R)}=0$ 时，可得式（5-86）。同理，当阳极极化且 $c_{\mathrm{O}}^0=0$ 时，可得到形式近似的阳极极化曲线公式

$$\varphi=\varphi_{\frac{1}{2}}-\frac{RT}{nF}\ln\left[\frac{-\overline{I}_{d(R)}-(-\overline{I})}{-\overline{I}}\right] \tag{5-88}$$

但是，应用极谱曲线需注意以下两点。

① 存在多种可在滴汞电极处发生还原反应的离子的体系，极谱曲线会对应存在多个还原极谱波，如图 5-25 所示，可根据各极谱波的半波电势及峰高对各阶段的电极反应进行定性分析或对离子浓度及扩散系数进行定量分析。

② 对于电化学分析过程，通常认为半波电势不受反应物浓度影响。然而，由于溶液的组成和浓度会影响扩散系数，所以体系内支持电解质的组成及浓度也会对半波电势造成直接影响。因此，分析半波电势时，需明确体系内支持电解质的组成和浓度是否会对体系造成影响，部分无机物质的半波电势如表 5-1 所示。

表 5-1　部分物质的半波电势（相对 1mol/L 甘汞电极）

离子种类	$\varphi_{\frac{1}{2}}$/V	溶液组成
铁 Fe^{2+}	−1.339	0.1mol/L KCl
钾 K^{+}	−2.171	0.1mol/L $N(CH_3)_4Cl$
钙 Ca^{2+}	−2.253	0.1mol/L $N(CH_3)_4Cl$
铅 Pb^{2+}	−0.467	1.0mol/L KCl
镉 Cd^{2+}	−0.682	1.0mol/L KCl
钴 Co^{2+}	−1.240	0.1mol/L KCl
镍 Ni^{2+}	−1.136	1.0mol/L KCl
锌 Zn^{2+}	−1.064	1.0mol/L KCl
钠 Na^{+}	−2.152	0.1mol/L $N(CH_3)_4Cl$
锡 Sn^{2+}	−0.391	2.0mol/L $HClO_4$+0.5mol/L HCl
铜 Cu^{2+}	−0.019	0.1mol/L KNO_3
铝 Al^{3+}	−1.752	0.05mol/L KCl
钡 Ba^{2+}	−1.841	0.1mol/L LiCl

【例题】

1. 已知两种电化学反应其阴极稳态极化曲线如图 5-26 所示，其中（a）图对应的电化学反应的阴极稳态极化曲线，其反应为 $O+ne^- \longrightarrow R$，图内曲线分别代表浓度为

1：1mol/L 的 O 离子溶液，静置

2：2mol/L 的 O 离子溶液，静置

3：2mol/L 的 O 离子溶液，搅拌

请问：两幅图分别代表什么情况下的电极过程？其控制步骤是什么？并做出解释。

解：首先，两图中曲线同时出现了明显的极限电流密度，再结合曲线走向可以初步分析，其可能分别代表：图（a）为产物不溶时的扩散控制的阴极反应过程［符合式 $\varphi=\varphi_{平}+\frac{RT}{nF}\ln(1-\frac{j}{j_D})$］；图（b）为产物可溶同时初始浓度为 0 时扩散控制的阴极反应过程［符合式 $\varphi=\varphi^0+\frac{RT}{nF}\ln\frac{\delta_O D_R}{\delta_R D_O}+\frac{RT}{nF}\ln(\frac{j}{j_D}-1)$］。

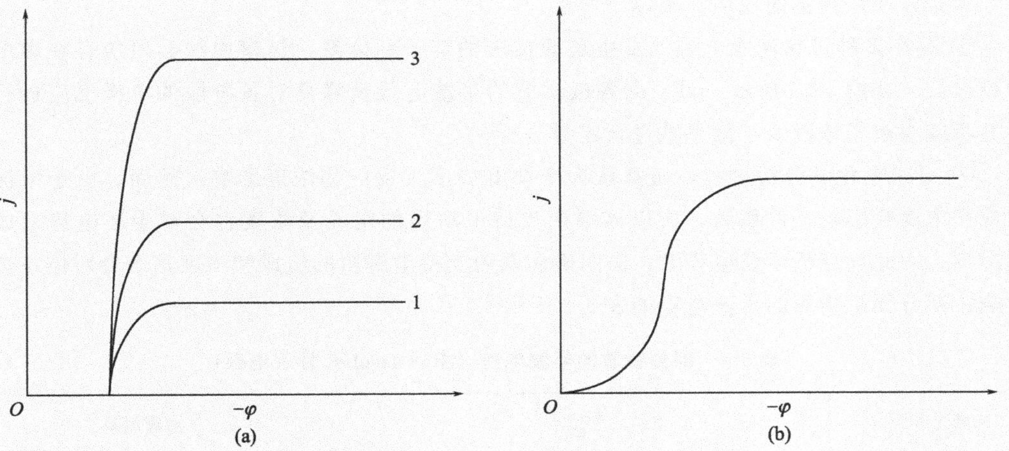

图 5-26　某电极反应阴极稳态极化曲线

再从图（a）中三条曲线入手。曲线 2、3 中离子浓度一致，且在施加搅拌后，极限电流密度会明显增大，由此分析认为当该体系中溶液流速增大时，溶液扩散层厚度减小，因此导致了电流密度和极限电流密度增大，符合浓差极化动力学特征。此外，图（a）中曲线 1、2 的离子浓度关系与极限电流密度关系一致，结合浓差极化极限电流密度表达式 $j_D=nFD_i\frac{c_i^0}{l}$，综上可以证明判断正确。

2. 已知电解 $AgNO_3$ 溶液以析出金属 Ag 时，阴极过程由扩散传质控制，电极极化为浓差极化。设定 $AgNO_3$ 溶液浓度为 0.5mol/L，溶液中银离子扩散系数为 $2\times10^{-4}cm^2/s$，在电极表面液层（$x=0$ 处）的浓度梯度为 $9.615\times10^{-3}mol/cm^4$，环境温度为 25℃，请求出：

（1）阴极的极限扩散电流密度；

（2）阴极过电势为 0.125V 时，对应的阴极电流密度；

（3）银离子在电极表面液层中的浓度。

解：阴极处电极反应为 $Ag^++e^-\longrightarrow Ag$

（1）根据稳态浓差极化过程中极限扩散电流密度公式

$$j_D=nFD_i\frac{c_i^0}{l}$$

及已知条件 $n=1$，$D_i=2\times10^{-4}cm^2/s$，$c_i^0=0.5mol/L=0.5\times10^{-3}mol/cm^3$，$\frac{c_i^0}{l}=9.615\times10^{-3}mol/cm^4$

可得极限扩散电流密度

$$j_D=1\times96500\times2\times10^{-4}\times9.615\times10^{-3}=0.186A/cm^2$$

（2）阴极反应产物为固体 Ag，不溶于电解液，根据产物不溶情况下的浓差极化规律，此时应有

$$\Delta\varphi=-\frac{2.3RT}{nF}\lg(1-\frac{j}{j_D})$$

代入已知参数可得

$$\lg(1-\frac{j}{j_D})=-\frac{\Delta\varphi F}{2.3RT}=-\frac{0.125\times96500}{5702}\approx-2.1$$

$$1-\frac{j}{j_D}=1\times10^{-2.1}$$

$$\frac{j}{j_D}=0.992$$

$$j=0.992\times0.186=0.184\text{A/cm}^2$$

(3) 根据浓差极化中产物不溶情况下的浓度关系式

$$c_R^s=c_R^0(1-\frac{j}{j_D})$$

代入已知参数可得

$$c_R^s=0.5\times(1-\frac{0.184}{0.186})=5.38\times10^{-3}\text{mol/L}$$

思考题

1. 在电化学体系的电解液中，三种传质方式是否保持同时存在？在电极表面附近液层的不同区域，三种传质方式的关系如何？起主导作用的是什么？

2. 理想稳态扩散与实际情况下的稳态扩散主要区别是什么？其稳态扩散电流与扩散系数关系分别是什么？

3. 旋转圆盘电极与旋转圆环圆盘电极的特点分别是什么？在电极过程动力学分析中有何意义？

4. 对于某个反应速度受液相传质控制的电极过程，当向该体系中加入大量支持电解质后，整个电极过程的反应速度及稳态电流密度会如何变化？为什么会出现这种变化？

5. 什么是半波电势？半波电势在什么条件下可作为不同电极反应且不受反应物浓度影响的判据？

6. 浓差极化的动力学特征有什么？

7. 滴汞电极上的非稳态扩散为什么可以看作稳态扩散处理？滴汞电极的使用有什么限制？

8. 什么是极谱曲线？其应用有什么限制？

习题

1. 对于下列扩散过程控制的阴极反应过程，请比较其极限电流密度，并给出解释。

(1) 1mol/L $AgNO_3$＋0.2mol/L NaOH

(2) 2mol/L $AgNO_3$

(3) 1mol/L $AgNO_3$

2. 在 18℃环境中测得阴极反应 $Cu^{2+}+2e^- \longrightarrow Cu$ 的电势是 0.084V，同时该过程受扩散步骤控制。已知 Cu^{2+} 的扩散系数为 $1.5\times10^{-5}cm^2/s$，浓度为 5mol/L，在电极表面液层（$x=0$ 处）的浓度梯度为 $5\times10^{-2}mol/cm^4$，请求出：

(1) 当阴极过电势为 0.084V 时的阴极电流密度；

(2) Cu^{2+} 在电极表面液层中的浓度。

3. 对于某阴极处的电化学反应 $O+3e^- \longrightarrow R$，已知氧离子浓度为 0.5mol/L，其在溶液中的扩散系数为 $5\times10^{-5}cm^2/s$，扩散层有效厚度为 $8\times10^{-2}cm$，环境温度为 20℃，请求出该电极过程的极限电流密度。

4. 现有一旋转圆盘电极装置，其内为含有大量支持电解质的 $Zn(NO_3)_2$ 溶液，已知 Zn^{2+} 浓度为 0.5mol/L，离子扩散系数为 $5\times10^{-5}cm^2/s$，溶液的动力黏度系数为 $2.61\times10^{-2}cm^2/s$，静止状态时扩散层厚度为 $3\times10^{-3}cm$，启动时转速为 10r/s，请求出该状态下阴极极限扩散电流密度与静止时的比值。

5. 在 25℃环境下，存在受扩散控制的阴极反应 $O+4e^- \longrightarrow R$，其中原料 O 及产物 R 均可溶，且产物 R 初始浓度为 0。已知 $c_O^0=0.5mol/L$，扩散层有效厚度为 $5\times10^{-2}cm$，O 离子扩散系数为 $7\times10^{-4}cm^2/s$，请求出：

(1) 当电流密度 $j=0.4A/cm^2$，阴极电势 $\varphi=-0.65V$ 时，对应的半波电势 $\varphi_{\frac{1}{2}}$ 是多少？

(2) 当阴极电势 $\varphi=-0.88V$ 时，对应的电流密度 j 是多少？

第 6 章

电子转移步骤动力学

电子转移步骤是指反应物质在电极/电解液界面得到电子或失去电子，从而还原或氧化成新物质的过程。这一单元步骤包含了化学反应和电荷转移两部分内容，是整个电极过程的核心步骤。尤其当该步骤成为电极过程的控制步骤时，整个电极过程的极化规律就取决于电子转移步骤的动力学规律。

电极电势对电极反应速率的影响可以通过间接和直接两种不同的方式进行。当电化学反应平衡基本不变，电极电势仅仅是通过改变了参与反应控制步骤中的某种粒子在电极表面浓度而间接改变电极反应速率时，电子转移步骤为非反应控制步骤（热力学控制）。当电化学反应平衡随电极电势而变化时，电极电势直接影响电极反应速率，电子转移步骤为反应控制步骤（动力学控制）。本章主要对电子转移步骤为反应控制步骤时的电极反应动力学规律进行研究，对于该步骤的深入了解，有助于人们控制这一类电极过程的反应速率和反应进行的方向。因此，研究电子转移步骤的动力学规律具有重要意义。

6.1 电极电势与电子转移动力学的关系

6.1.1 电极电势对电荷转移步骤活化能的影响

根据化学动力学公式

$$v=kce^{(-\frac{E_a}{RT})} \tag{6-1}$$

式中，v 代表反应速率，m/s；k 代表化学反应速率常数，kmol/(m^3•s)；c 代表反应粒子浓度，mol/L；E_a 代表反应活化能，kJ/mol。电极电势对电荷转移步骤反应速率的影响主要是通过对电荷转移步骤活化能的影响来实现的。当金属电极与含有该金属的盐溶液接触时，电极反应通常发生在金属电极与盐溶液界面处。因此，首先以银金属为例，对单电子转移的动力学规律进行探究。Ag 从 $AgNO_3$ 中析出的化学反应式为

$$Ag^+ + e^- \rightleftharpoons Ag \tag{6-2}$$

在该反应中，两个方向相反的反应过程同时发生，即溶液中的 Ag^+ 转移到晶格上的过程和晶格上的金属 Ag 转移到溶液中的过程同时发生。为了便于理解和讨论，做如下假设：a. 电荷转移步骤的电子交换发生在外亥姆霍兹平面，即双电层紧密层的边界处，电子通过隧

道效应传输给溶液中的离子；b. 在溶液界面处无任何吸附特性存在，且除离子双电层产生的相间电势外，其他相间电势均不存在；c. 溶液中离子浓度足够大，即双电层电势差完全在紧密层中分布。根据以上 3 点假设，电极与电解液界面处并未形成双电层结构，电极与溶液间的内电势差 $\Delta\phi=0$，绝对电极电势（absolute electrode potential）为零。在不存在界面电场（$\Delta\phi=0$）时，Ag^+ 在界面处发生的化学反应不受外电场的影响，为纯化学反应，反应过程的能量曲线用图 6-1 中曲线 1 表示。图 6-1 中的曲线 1a 部分表示 Ag^+ 从晶格中逸出至无穷远处所发生的能量变化，而曲线 1b 部分表示 Ag^+ 从溶液中逸出到无穷远处所发生的能量变化。图中曲线 1 代表了 Ag^+ 在相间转移的能量变化，曲线 1 的最高点 O 代表反应活化能，$\overrightarrow{E}_a^0$ 为还原反应活化能，$\overleftarrow{E}_a^0$ 为氧化反应活化能。

当考虑电极界面电场时，例如电极的绝对电势 $\Delta\phi>0$ 时，则双电层紧密层的电势变化如图 6-1 中曲线 3 所示。相应的由双电层紧密层的电势变化引起的势能变化如曲线 4 所示。能量曲线 1 变化的幅度由势能变化曲线 4 决定，将曲线 1 和曲线 4 叠加即可得到新的电极电势下的位能曲线（图 6-1 中曲线 2）。

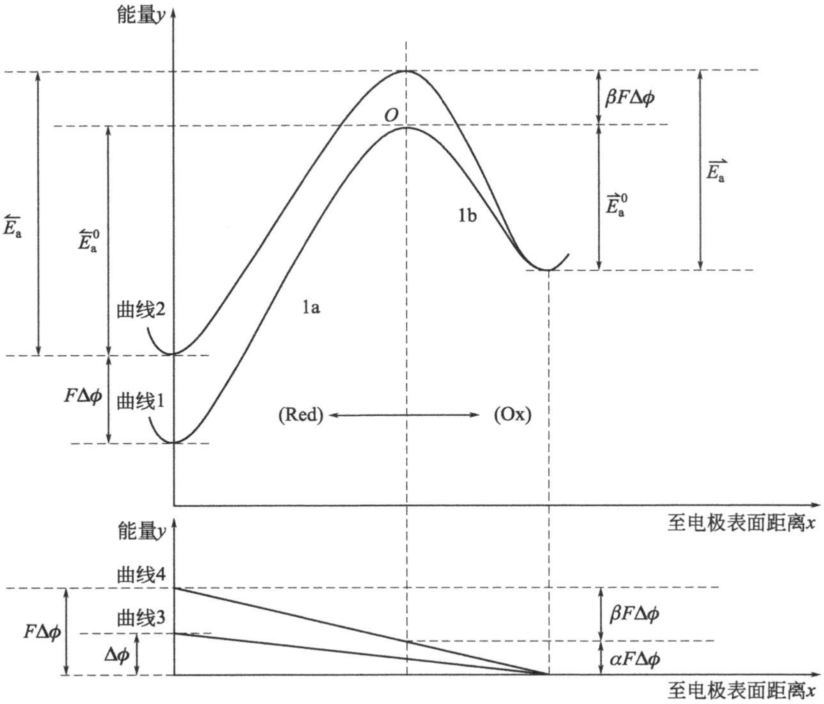

图 6-1　改变电极电势对电极反应活化能的影响

对比曲线 1 和曲线 2 可知，与零电荷电势相比，绝对电势 $\Delta\phi>0$ 时，氧化反应的活化能降低，晶格中的金属原子更容易逸出到溶液中。相反还原反应的活化能升高，则还原反应过程受阻。绝对电势 $\Delta\phi>0$ 时的还原过程和氧化过程活化能分别为

$$\overrightarrow{E}_a=\overrightarrow{E}_a^0+\alpha F\Delta\phi \tag{6-3}$$

$$\overleftarrow{E}_a=\overleftarrow{E}_a^0-\beta F\Delta\phi \tag{6-4}$$

此处应满足

$$\alpha+\beta=1 \tag{6-5}$$

式中，$\overrightarrow{E}_a$ 代表还原反应活化能；$\overleftarrow{E}_a$ 代表氧化反应活化能；α 和 β（$0<\alpha<1$，$0<\beta<1$）分别表示电极电势变化对还原反应和氧化反应的影响程度，称为还原反应和氧化反应的传递系数，也称对称系数。当绝对电势 $\Delta\phi<0$ 时，仍可以采用相同的计算方法。随着电极表面负电荷的累积使 $\Delta\phi<0$，有利于还原反应，还原反应的反应活化能随负电荷的累积而减小，氧化反应的活化能随之增大。

在上面的例子中，我们对 Ag^+ 在界面处相间转移的过程进行了探究。其实这一电极电势与反应活化能的关系可以拓展到其他发生 n 个（$n=1$ 或 2）电子转移的电化学反应中。部分反应的传递系数如表 6-1 所示。也就是说不管细节如何，只要是按照 $O+ne^- \rightleftharpoons R$（$n=1$ 或 2）的形式进行电化学反应，电极电势变化 $\Delta\phi$，则最终产物的势能变化必然是 $\pm nF\Delta\phi$（正负号取决于活性粒子电荷种类），即式（6-3）、式（6-4）在此类电化学反应中具有普适性。

表 6-1　传递系数实验值

电极	α	β	电极反应
Ni	0.583	0.417	$2H^+ + 2e^- \longrightarrow H_2$
Ag	0.553	0.447	$Ag^+ + e^- \longrightarrow Ag$
Hg	0.421	0.579	$Ti^{4+} + e^- \longrightarrow Ti^{3+}$
Pt	0.577	0.423	$Fe^{3+} + e^- \longrightarrow Fe^{2+}$

根据之前的假设，在只存在离子双电层的条件下，电极的绝对电势 $\Delta\phi$ 在零电荷电势时为零，绝对电势 $\Delta\phi$ 可用零标电势 φ_a 代替，即

$$\overrightarrow{E}_a=\overrightarrow{E}_a^0+\alpha F\varphi_a \tag{6-6}$$

$$\overleftarrow{E}_a=\overleftarrow{E}_a^0-\beta F\varphi_a \tag{6-7}$$

进一步可用更为实用的氢标电极电势代替前文中的绝对电势 $\Delta\phi$，则根据

$$\varphi_a=\varphi-\varphi_0 \tag{6-8}$$

可将公式转化为

$$\overrightarrow{E}_a=\overrightarrow{E}_a^0+\alpha F(\varphi-\varphi_0)=\overrightarrow{E}_a^{0'}+\alpha F\varphi \tag{6-9}$$

$$\overleftarrow{E}_a=\overleftarrow{E}_a^0-\beta F(\varphi-\varphi_0)=\overleftarrow{E}_a^{0'}-\beta F\varphi \tag{6-10}$$

式中，$\overrightarrow{E}_a^{0'}$ 和 $\overleftarrow{E}_a^{0'}$ 分别代表氢标电极电势为零时的还原过程活化能和氧化过程活化能。

综上所述，电极电势与反应活化能之间的关系可以用一组更具普适性的公式表达，即

$$\overrightarrow{E}_a=\overrightarrow{E}_a^0+\alpha nF\varphi \tag{6-11}$$

$$\overleftarrow{E}_a=\overleftarrow{E}_a^0-\beta nF\varphi \tag{6-12}$$

式中，$\overrightarrow{E}_a^0$ 和 $\overleftarrow{E}_a^0$ 分别代表所选取电极电势为零时的还原过程活化能和氧化过程活化能；n 代表转移电子数（$n=1$ 或 2）；φ 表示相对电极电势（与电势坐标零点选取有关）。

6.1.2 电极电势对电子转移反应速率的影响

首先，我们对单电子反应的动力学规律进行探究，则电极反应通式为 $O+e^{-}\rightleftharpoons R$。电化学反应的氧化过程和还原过程的反应速率分别为

$$还原过程\ \vec{v}=\vec{k}c_{O}e^{(-\frac{\vec{E}_{a}}{RT})} \tag{6-13}$$

$$氧化过程\ \overleftarrow{v}=\overleftarrow{k}c_{R}e^{(-\frac{\overleftarrow{E}_{a}}{RT})} \tag{6-14}$$

式中，$\vec{k}$ 和 $\overleftarrow{k}$ 为指前因子，分别表示还原和氧化过程的化学反应速率常数；c_R 和 c_O 分别为还原态和氧化态粒子浓度。还原反应和氧化反应过程的反应速率可用电流密度 j 表示

$$\vec{j}=nF\vec{v}=F\vec{k}c_{O}e^{(-\frac{\vec{E}_{a}}{RT})} \tag{6-15}$$

$$\overleftarrow{j}=nF\overleftarrow{v}=F\overleftarrow{k}c_{R}e^{(-\frac{\overleftarrow{E}_{a}}{RT})} \tag{6-16}$$

将式（6-11）和式（6-12）代入，可得电极电势与电流密度 j 的关系，即

$$\begin{aligned}\vec{j}&=F\vec{k}c_{O}e^{(-\frac{\vec{E}_{a}^{0}+\alpha F\varphi}{RT})}\\&=F\vec{K}c_{O}e^{(-\frac{\alpha F\varphi}{RT})}\end{aligned} \tag{6-17}$$

$$\begin{aligned}\overleftarrow{j}&=F\overleftarrow{k}c_{R}e^{(-\frac{\overleftarrow{E}_{a}^{0}-\beta F\varphi}{RT})}\\&=F\overleftarrow{K}c_{R}e^{(\frac{\beta F\varphi}{RT})}\end{aligned} \tag{6-18}$$

式中，$\vec{K}=\vec{k}\,e^{(-\frac{\vec{E}_{a}^{0}}{RT})}$ 和 $\overleftarrow{K}=\overleftarrow{k}\,e^{(-\frac{\overleftarrow{E}_{a}^{0}}{RT})}$ 分别代表选取电极电势为零（$\varphi=0$）时的还原反应速率常数和氧化反应速率常数。

则电极电势为零（$\varphi=0$）时的还原和氧化反应速率为

$$\vec{j}^{0}=F\vec{K}c_{O} \tag{6-19}$$

$$\overleftarrow{j}^{0}=F\overleftarrow{K}c_{R} \tag{6-20}$$

将式（6-19）和式（6-20）代入到式（6-17）和式（6-18）中，得

$$\vec{j}=\vec{j}^{0}e^{(-\frac{\alpha F\varphi}{RT})} \tag{6-21}$$

$$\overleftarrow{j}=\overleftarrow{j}^{0}e^{(\frac{\beta F\varphi}{RT})} \tag{6-22}$$

将式（6-21）和式（6-22）取对数，得

$$\varphi=\frac{2.3RT}{\alpha F}\lg\vec{j}^{0}-\frac{2.3RT}{\alpha F}\lg\vec{j} \tag{6-23}$$

$$\varphi=-\frac{2.3RT}{\beta F}\lg\overleftarrow{j}^{0}+\frac{2.3RT}{\beta F}\lg\overleftarrow{j} \tag{6-24}$$

式（6-23）和式（6-24）为电荷转移过程的反应动力学公式，反映了电极的相对电势与还原和氧化过程电流密度的关系。由于两个公式中的第一项均为常数项，电极的相对电势与氧化电流密度和还原电流密度的对数均呈线性关系，如图 6-2 所示。随着电极反应的升高，

氧化反应速率加快，还原反应速率变慢，反之则氧化反应速率变慢，还原反应速率加快。需要注意的是，$\overrightarrow{j}$ 和 $\overleftarrow{j}$ 被称为还原过程和氧化过程的反应电流密度，不能将这种反应电流密度值与外电路实际测量的电流密度值混为一谈，也不能误认为是“阳极上”和“阴极上”的电流密度。$\overrightarrow{j}$ 和 $\overleftarrow{j}$ 是在同一电极上，同一反应中同时出现的，在阳极和阴极上均存在还原反应电流密度和氧化反应电流密度。当电势偏离平衡值时，正反两个方向的电流密度不相等（即 $\overrightarrow{j}$ 和 $\overleftarrow{j}$ 不相等）时，外电路才有电流通过，电流密度为 $\overrightarrow{j}$ 和 $\overleftarrow{j}$ 的差值。

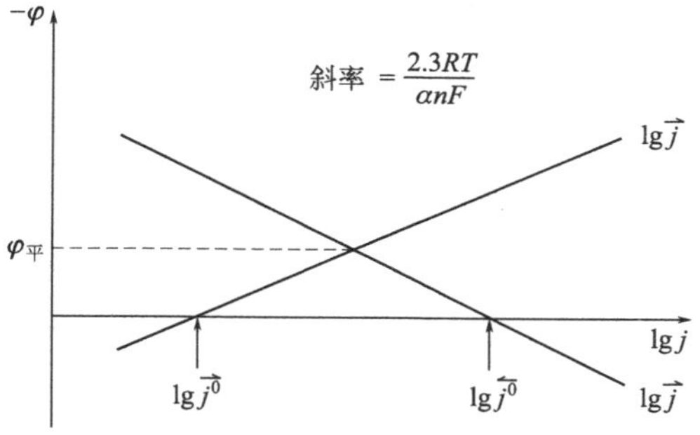

图 6-2　电极的相对电势与电流密度的关系

6.2 电荷转移过程的基本动力学参数

通常认为，电荷转移过程的基本动力学参数包括传递系数（α 和 β）、交换电流密度（j^0）、电极反应速率常数（K）。本节主要对这三个描述电极反应的基本动力学参数进行讲解。

6.2.1 传递系数

如前文所述，α 和 β（$0<\alpha<1$，$0<\beta<1$）分别表示电极电势的变化对还原反应和氧化反应的影响程度，分别称为还原反应传递系数和氧化反应传递系数，也称为对称系数。根据式（6-23）和式（6-24），要想求出任意电流密度下的过电势，除了需要知道传递系数，还需知道电极反应的还原反应速率和氧化反应速率。

6.2.2 交换电流密度 j^0

设电极反应为 $O+e^- \rightleftharpoons R$，当电极电势与平衡电势相等时，电极反应的还原和氧化反应速率相等，可用同一个符号表示

$$j^0=\overrightarrow{j}=\overleftarrow{j} \tag{6-25}$$

j^0 是在平衡电势下电极还原反应或氧化反应的单向电流密度，被称为交换电流密度，简称交换电流。交换电流密度的大小主要与以下因素有关：a. 交换电流密度与电极反应性质有关。由于 $\overrightarrow{K}=\overrightarrow{k}e^{(-\frac{\overrightarrow{E}_a^0}{RT})}$ 和 $\overleftarrow{K}=\overleftarrow{k}e^{(-\frac{\overleftarrow{E}_a^0}{RT})}$，与指前因子 $\overrightarrow{k}$ 和 $\overleftarrow{k}$ 以及反应活化能 $\overrightarrow{E}_a^0$ 和 $\overleftarrow{E}_a^0$ 有

关，不同电极反应的指前因子 $\overrightarrow{k}$ 和 $\overleftarrow{k}$ 以及反应活化能$\overrightarrow{E}_a^0$和$\overleftarrow{E}_a^0$不同，故交换电流密度有较大差别。b. 交换电流密度与反应温度有关。不同的反应温度，指前因子 $\overrightarrow{k}$ 和 $\overleftarrow{k}$ 以及反应活化能$\overrightarrow{E}_a^0$和$\overleftarrow{E}_a^0$也有所不同。c. 交换电流密度与电极材料有关。电极反应其实属于特殊的异相催化反应，电极本身既是电子转移的介质和化学反应发生的基体，又可以作为化学反应的催化剂或反应物参与到化学反应中。不同电极的催化能力和参与程度不同，使相同的电极反应在不同电极表面的交换电流密度不同。例如，相同的电极反应 $H^+ + e^- \rightleftharpoons 1/2H_2$ 在汞电极上和铂电极上，交换电流密度有巨大的差异，如表 6-2 所示。d. 交换电流密度与反应物质的浓度有关。这一点可以通过式（6-17）、式（6-18）、式（6-25）计算求得，表 6-3 中列出了电极反应 $Zn^{2+} + 2e^- \rightleftharpoons Zn(Hg)$ 在不同 Zn^{2+} 浓度时的交换电流密度数值。

表 6-2　常温下某些电极的交换电流密度

电极材料	电极反应	溶液组成	$j^0/(A/cm^2)$
Hg	$Na^+ + e^- \rightleftharpoons Na$	1×10^{-3}mol/L $N(CH_3)_4OH$+1.0mol/L NaOH	4.1×10^{-2}
Hg	$\frac{1}{2}Pb^{2+} + e^- \rightleftharpoons \frac{1}{2}Pb$	1×10^{-3}mol/L $Pb(NO_3)_2$+1.0 mol/L KNO_3	10^{-1}
Hg	$\frac{1}{2}Hg_2^{2+} + e^- \rightleftharpoons Hg$	1×10^{-3}mol/L $Hg_2(NO_3)_2$+2.0mol/L $HClO_4$	4.9×10^{-1}
Hg	$\frac{1}{2}Zn^{2+} + e^- \rightleftharpoons \frac{1}{2}Zn$	1×10^{-3}mol/L $Zn(NO_3)_2$+1.0mol/L KNO_3	7.2×10^{-4}
Pt	$H^+ + e^- \rightleftharpoons \frac{1}{2}H_2$	0.1mol/L H_2SO_4	10^{-3}
Cu	$\frac{1}{2}Cu^{2+} + e^- \rightleftharpoons \frac{1}{2}Cu$	1.0mol/L $CuSO_4$	1.8×10^{-5}
Zn	$\frac{1}{2}Zn^{2+} + e^- \rightleftharpoons \frac{1}{2}Zn$	1.0mol/L $ZnSO_4$	2.4×10^{-5}
Hg	$H^+ + e^- \rightleftharpoons \frac{1}{2}H_2$	0.5mol/L H_2SO_4	4.7×10^{-13}
Ni	$\frac{1}{2}Ni^{2+} + e^- \rightleftharpoons \frac{1}{2}Ni$	1.0mol/L $NiSO_4$	2.1×10^{-9}
Fe	$\frac{1}{2}Fe^{2+} + e^- \rightleftharpoons \frac{1}{2}Fe$	1.0mol/L $FeSO_4$	10^{-8}

表 6-3　25℃下，交换电流密度与反应物质浓度的关系

电极反应	$ZnSO_4$ 浓度/(mol/L)	$j^0/(A/cm^2)$
$Zn^{2+} + 2e^- \rightleftharpoons Zn(Hg)$	0.025	7.04
	0.05	14.02
	0.1	27.58
	1.0	79.92

电极反应的平衡状态并不是完全静止的状态，而是处于氧化速率和还原速率相等的动态平衡状态。根据式（6-25），可以从动力学角度对体现热力学特性的平衡电势公式（即

Nernst 方程）进行推导。根据式（6-17）、式（6-18）、式（6-25），得

$$F\overrightarrow{K}c_{\mathrm{O}}\mathrm{e}^{(-\frac{\alpha F\varphi_{平}}{RT})}=F\overleftarrow{K}c_{\mathrm{R}}\mathrm{e}^{(\frac{\beta F\varphi_{平}}{RT})} \tag{6-26}$$

两端取对数后可得

$$\frac{(\alpha+\beta)F}{RT}\varphi_{平}=\ln\overrightarrow{K}-\ln\overleftarrow{K}+\ln c_{\mathrm{O}}-\ln c_{\mathrm{R}} \tag{6-27}$$

整理可得

$$\varphi_{平}=\frac{RT}{F}\ln\frac{\overrightarrow{K}}{\overleftarrow{K}}+\frac{RT}{F}\ln\frac{c_{\mathrm{O}}}{c_{\mathrm{R}}} \tag{6-28}$$

令 $\varphi^{0'}=\frac{RT}{F}\ln\frac{\overrightarrow{K}}{\overleftarrow{K}}$，则

$$\varphi_{平}=\varphi^{0'}+\frac{RT}{F}\ln\frac{c_{\mathrm{O}}}{c_{\mathrm{R}}} \tag{6-29}$$

式（6-29）是从动力学角度推导出的 Nernst 方程，其与热力学推导的结果对比，区别仅在于用浓度 c 代替了活度，因此平衡状态下主要表现为热力学性质。

当还原反应速率和氧化反应速率不相同时，有一方占据主导地位，则会出现净电流，电极反应就处于不平衡状态。在不平衡状态下，电极反应主要表现为动力学性质，而交换电流密度是描述电荷转移过程动力学规律的重要物理量。电极反应的绝对反应速率可用交换电流密度表示为

$$\overrightarrow{j}=F\overrightarrow{K}c_{\mathrm{O}}\mathrm{e}^{\left[-\frac{\alpha F}{RT}(\varphi_{平}+\Delta\varphi)\right]}=j^{0}\mathrm{e}^{(-\frac{\alpha F\Delta\varphi}{RT})} \tag{6-30}$$

$$\overleftarrow{j}=F\overleftarrow{K}c_{\mathrm{R}}\mathrm{e}^{\left[\frac{\beta F}{RT}(\varphi_{平}+\Delta\varphi)\right]}=j^{0}\mathrm{e}^{(\frac{\beta F\Delta\varphi}{RT})} \tag{6-31}$$

根据还原过程电流密度和氧化过程电流密度，可求得电极反应的实际净反应速率 $j_{净}$，即

$$\begin{aligned}j_{净}&=\overrightarrow{j}-\overleftarrow{j}\\&=j^{0}\left[\exp\left(-\frac{\alpha F\Delta\varphi}{RT}\right)-\exp\left(\frac{\beta F\Delta\varphi}{RT}\right)\right]\end{aligned} \tag{6-32}$$

当两个反应的传递系数（α 和 β）相近时，相同过电势下（即 $\Delta\varphi$ 相等时），交换电流密度越大，反应越容易进行，反之交换电流密度越小，反应越难以进行。由此可知，在交换电流密度较大时，维持一定反应速率所需的电极相对电势就越小，极化也越小，越接近于可逆条件下进行。因此，交换电流密度可以作为判断电极反应过程可逆性的特征常数。

6.2.3 电极反应速率常数 K

采用传递系数以及交换电流密度的方式对电极反应动力学规律进行描述的方式也有不足之处，即交换电流密度本身与反应粒子的浓度有关（$j^{0}=F\overrightarrow{K}c_{\mathrm{O}}\mathrm{e}^{-\frac{\alpha F\varphi_{平}}{RT}}=F\overleftarrow{K}c_{\mathrm{R}}\mathrm{e}^{\frac{\beta F\varphi_{平}}{RT}}$）。使用交换电流密度对电极反应动力学规律进行描述时需要标注反应体系中各组分浓度。与平衡电势和交换电流密度等基本动力学参数不同的是，电极反应速率常数 K 不会随着电极体系中反应物或生成物的浓度变化而变化。这一特质使得 K 值可以用于比较不同电极体系的

性质。设电极反应为 $O+e^- \rightleftharpoons R$，当电极体系处于平衡状态，即电极电势为 $\varphi^{0'}$ 时，有 $\overrightarrow{j}=\overleftarrow{j}$，因而根据式（6-26）可得

$$F\overrightarrow{K}c_O e^{\left(-\frac{\alpha F\varphi^{0'}}{RT}\right)}=F\overleftarrow{K}c_R e^{\left(\frac{\beta F\varphi^{0'}}{RT}\right)} \tag{6-33}$$

由式（6-29）可得，当电极体系处于平衡状态，即电极电势为 $\varphi^{0'}$ 时，$c_O=c_R$，故式（6-33）可简化为

$$K=F\overrightarrow{K}e^{\left(-\frac{\alpha F\varphi^{0'}}{RT}\right)}=F\overleftarrow{K}e^{\left(\frac{\beta F\varphi^{0'}}{RT}\right)} \tag{6-34}$$

式中，K 为电极反应速率常数，也称电极反应的标准速度常数，它是标准平衡电势下反应粒子浓度为单位浓度时电化学反应的还原速率或氧化速率，单位为 cm/s 或者 m/s。标准反应速度常数 K 是交换电流密度的一个特例，是指定条件下的交换电流密度，其本身已经排除了浓度变化对电极体系的影响，即电极反应速率常数本身既具有交换电流密度的性质，又排除了物质浓度的影响，因此可以无需注明浓度，而用电极反应速率常数代替交换电流密度描述电极反应动力学规律。故电荷转移基本反应动力学公式还可以写为

$$\begin{aligned}\overrightarrow{j}&=F\overrightarrow{K}c_O e^{\left(-\frac{\alpha F\varphi}{RT}\right)}\\&=F\overrightarrow{K}c_O e^{\left(-\frac{\alpha F\varphi^{0'}}{RT}\right)}e^{\left[-\frac{\alpha F(\varphi-\varphi^{0'})}{RT}\right]}\\&=FKc_O e^{\left[-\frac{\alpha F(\varphi-\varphi^{0'})}{RT}\right]}\end{aligned} \tag{6-35}$$

$$\begin{aligned}\overleftarrow{j}&=F\overleftarrow{K}c_R e^{\left(\frac{\beta F\varphi}{RT}\right)}e^{\left[\frac{\beta F(\varphi-\varphi^{0'})}{RT}\right]}\\&=FKc_R e^{\left[\frac{\beta F(\varphi-\varphi^{0'})}{RT}\right]}\end{aligned} \tag{6-36}$$

对电极反应速率常数 K 与交换电流密度之间的关系进行进一步推导。

在平衡电极电势时，可用交换电流密度来表示还原或氧化反应速率，即

$$j^0=\overrightarrow{j}=FKc_O e^{\left[-\frac{\alpha F(\varphi-\varphi^{0'})}{RT}\right]}$$

已知用反应动力学公式推导出的 Nernst 方程为

$$\varphi_{平}=\varphi^{0'}+\frac{RT}{F}\ln\frac{c_O}{c_R}$$

将二式整理可得

$$\begin{aligned}j^0&=FKc_O e^{\left(-\alpha\ln\frac{c_O}{c_R}\right)}\\&=FKc_O\left(\frac{c_O}{c_R}\right)^{-\alpha}\end{aligned} \tag{6-37}$$

则

$$j^0=FKc_O^{\beta}c_R^{\alpha} \tag{6-38}$$

6.3 稳态下的电化学极化规律

整个电极反应一般是多个反应步骤连续发生的过程。每一个反应步骤在进行过程中都

会受到阻力而产生极化，其所受阻力越大，反应速率就越慢，整个电极的反应速率由最慢的反应步骤决定。在完整的电荷转移步骤动力学理论被提出前，人们在长期的生产和科研中发现了一个重要的事实，即在剧烈搅拌条件下，氢气在各种电极表面析出时，仍存在较为明显的极化。在剧烈搅拌下，反应离子在溶液中传输产生的极化很微弱，因此电极表面的极化通常是由反应离子在电极表面反应动力学迟缓所造成，这种极化被称为电化学极化。

6.3.1 电化学极化的主要特征

1905 年塔菲尔（Tafel）通过大量的实验事实，归纳总结出一个经验公式，被称为塔菲尔公式，即

$$\eta = a + b\lg j \tag{6-39}$$

式中，过电势 η 和电流密度 j 均为绝对值（即正值）；a、b 为常数，其值与电极反应自身性质和反应条件有关，a 是电流密度为单位数值（$1A/cm^2$）的过电势值，b 为极化曲线的斜率（一般在 0.12V 左右）。可通过 a 值的大小比较不同电极进行电荷转移的难易程度，a 值越大，η 越大，电流密度相同时，电极电势的变化也越大，电荷转移越困难。a 值的大小与电极材料本身性质、表面状态、溶剂组成和温度等因素有关。

塔菲尔公式在实际应用中有很宽的应用电流密度窗口。例如，汞电极在电荷转移步骤为控制步骤，电流密度在 $10^{-7} \sim 1A/cm^2$ 以内时，过电势 η 与电流密度 j 的关系均符合 Tafel 公式。但是，当 j 值很小（$j \to 0$）时，过电势 $\eta \to -\infty$，这显然不合理，所以在电流密度 $j \to 0$ 时，可以应用另外一个经验公式对过电势和电流密度的关系进行表达，即

$$\eta = \omega j \tag{6-40}$$

式中，ω 与塔菲尔公式中的 a 类似，是常数，且其值与电极材料本身性质、表面状态、溶剂组成和温度等因素有关。塔菲尔公式和式（6-40）共同表达了不同条件下过电势与电流密度之间的关系（在两种不同的条件下，过电势随电流密度的增大而增大），塔菲尔公式所表达的过电势与电流密度的关系，被称为塔菲尔关系，式（6-40）所表达的过电势与电流密度的关系通常被称为线性关系。

此外电化学极化的其他特征还包括：a. 在相同电流密度下，电极的真实比表面积越大，电化学极化越小。为了减小极化，一般会通过将电极制成多孔或粉末状的方式增大电极比表面积。b. 电化学极化与电极表面状态有关，如有机表面活性剂的吸附会显著影响电极反应，导致电化学极化值发生改变。c. 电化学极化受温度影响，随着温度的升高，电化学反应速率加快，电化学极化值会随温度的升高而减小。

6.3.2 巴特勒-伏尔摩方程式

如前文所述，电极反应一般存在平衡和不平衡两种状态，当电极反应处于平衡状态时，还原反应速率和氧化反应速率相同，即 $\overrightarrow{j} = \overleftarrow{j}$，净反应速率 $j_{净} = 0$，外电路没有电流通过。但当还原反应速率和氧化反应速率不相同时，有一方占据主导地位，则电极反应处于不平衡状态，会出现净电流，而净电流密度与由测量仪表直接测得的外电路的外电流 j 相等时称为稳态电化学极化。基于此利用前文推导的电荷转移步骤基本反应动力学公式（6-32），可以很容易得到稳态电化学极化时电化学反应速率与电极电势之间的关系，即

$$j=j_{净}=j^0\left[\exp\left(-\frac{\alpha F\Delta\varphi}{RT}\right)-\exp\left(\frac{\beta F\Delta\varphi}{RT}\right)\right] \tag{6-41}$$

式（6-41）即为单电子反应的稳态电化学极化方程，又称巴特勒-伏尔摩（Butler-Volmer）方程式。式中，j 可以同时表示电极反应的净反应速率和外电流密度。净反应速率 $j_{净}=\overrightarrow{j}-\overleftarrow{j}$，当 $\overrightarrow{j}>\overleftarrow{j}$ 时，电极表面发生净还原反应（阴极反应）时，$j>0$，当 $\overrightarrow{j}<\overleftarrow{j}$ 时，电极表面发生净氧化反应（阳极反应）时，$j<0$。

$$\begin{cases}\text{阴极上，}j>0\text{（即}\overrightarrow{j}>\overleftarrow{j}\text{）}\\ \text{阳极上，}j<0\text{（即}\overrightarrow{j}<\overleftarrow{j}\text{）}\end{cases}$$

若将电极反应速率用正值表示（分别用 j_c 和 j_a 表示阴极反应电流密度和阳极反应电流密度），则可将式（6-41）改写成

$$j_c=\overrightarrow{j}-\overleftarrow{j}=j^0\left[\exp\left(\frac{\alpha F\eta_c}{RT}\right)-\exp\left(-\frac{\beta F\eta_c}{RT}\right)\right] \tag{6-42}$$

$$j_a=\overleftarrow{j}-\overrightarrow{j}=j^0\left[\exp\left(\frac{\beta F\eta_a}{RT}\right)-\exp\left(-\frac{\alpha F\eta_a}{RT}\right)\right] \tag{6-43}$$

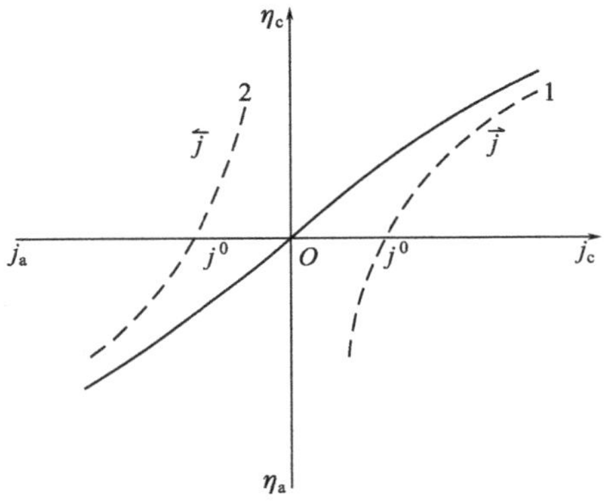

图 6-3 Butler-Volmer 方程的电化学极化曲线

式中，η_c 和 η_a 分别为阴极过电势和阳极过电势，均为正值。根据 Butler-Volmer 公式作出的极化曲线如图 6-3 所示。其中，实线为实际净反应速率和过电势的关系曲线（j-η 关系曲线），虚线 1 和虚线 2 分别为 $\overrightarrow{j}$-η 关系曲线和 $\overleftarrow{j}$-η 关系曲线。由图 6-3 可知，在电极电势为平衡电势时，过电势和净反应速率均为零，说明过电势的存在是产生净反应的必要条件。过电势是净电极反应的推动力，只有 η 不等于 0 时，才会有净电极反应的发生。

通过式（6-41）、式（6-42）、式（6-43）和图 6-3 可以看出，过电势的大小与交换电流密度和净电流密度的大小有关，即当外电路电流确定时，过电势随交换电流密度 j^0 的增大而减小，而当交换电流密度一定时，过电势随外电路电压的增大而增大。这表明，交换电流密度的大小和外电流密度的大小共同决定了过电势的大小。基于此，我们可以把交换电流密度看作是决定电极反应过电势大小的内因，把客观外界条件变化引起的外电流的变化作为决定过电势大小的外因。交换电流密度和外电流中的任何一个因素的变化都会引起电化学过电势的变化。

通过对巴特勒-伏尔摩（Butler-Volmer）方程式的进一步分析，极化电流密度和 η 或 $\Delta\varphi$ 之间有类似于双曲正弦函数的关系。当 $\alpha=\beta$ 时，式（6-41）可改写为

$$j=j^0\left[\exp\left(-\frac{F\Delta\varphi}{2RT}\right)-\exp\left(\frac{F\Delta\varphi}{2RT}\right)\right]$$

令 $x=-\frac{F\Delta\varphi}{2RT}$，则可获得完全对称的双曲正弦函数曲线，如图 6-4 所示。

$$j=2j^0\sinh x \tag{6-44}$$

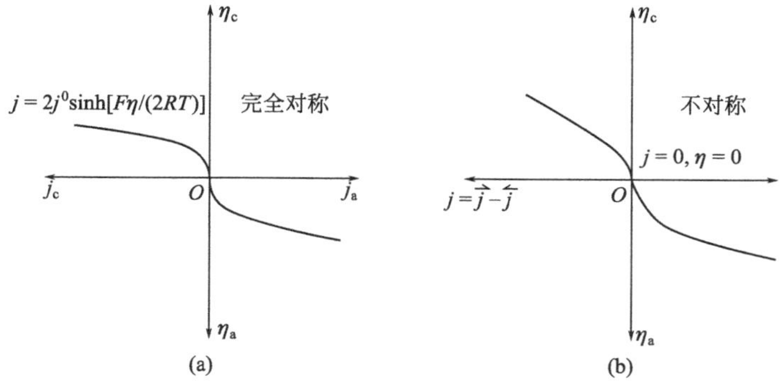

图 6-4 电化学极化曲线（具备双曲函数的特征）

当 α 和 β 不相等时，极化曲线虽不能形成完全对称的曲线但仍符合双曲函数的特征。双曲函数有 x 很大和 x 很小两种极限情况，接下来将对两种极限情况下电化学极化的反应动力学规律进行探究。

(1) 通过的外电流密度远小于交换电流密度（即 $j^0 \gg j$）

在这种条件下，净电流 j 作为 $\overrightarrow{j}$ 和 $\overleftarrow{j}$ 的差值，只要 $\overrightarrow{j}$ 和 $\overleftarrow{j}$ 有很小的差别就会引起数值比 j^0 小得多的净电流密度的产生。也就是说，电极电势的稍微偏移而产生的很小的过电势足以使外电路以 j 的速率进行净反应。例如，在一个交换电流密度 $j^0=10\text{A/m}^2$ 的电极体系中，想要产生电流密度值 $j=0.1\text{A/m}^2$ 的外电流，只要电极电势略有变化，$\overrightarrow{j}$ 和 $\overleftarrow{j}$ 的值就会产生变化。当 $\overrightarrow{j}$ 和 $\overleftarrow{j}$ 的值仅变化 0.5%，却使还原反应电流变为 $\overrightarrow{j}=10.05\text{A/m}^2$，氧化反应电流变为 $\overleftarrow{j}=9.95\text{A/m}^2$，这足以产生 0.1A/m^2 的外电流，如图 6-5 所示。

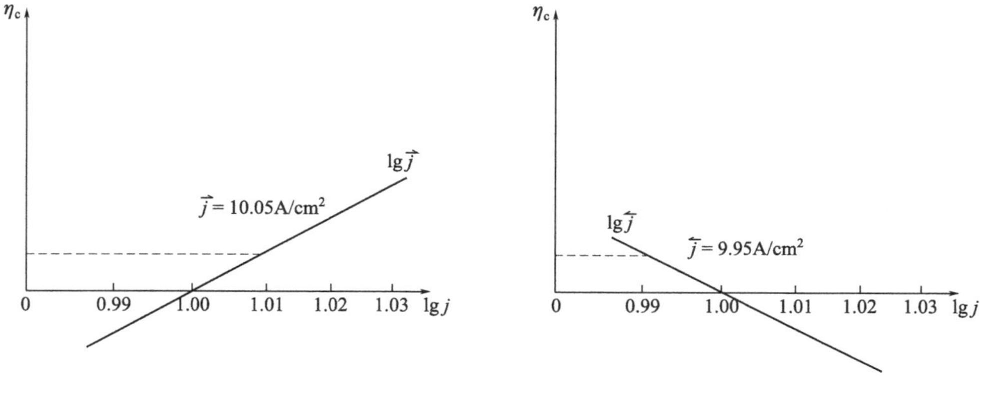

图 6-5 当 $j^0 \gg j$ 时出现的过电势（$j^0=10\text{A/m}^2$，$j=0.1\text{A/m}^2$）

由于 $\dfrac{\alpha F|\Delta\varphi|}{RT}$ 和 $\dfrac{\beta F|\Delta\varphi|}{RT} \ll 1$，可利用数学公式 $e^x \approx 1+x$ 和 $e^{-x}=1-x$ 对公式（6-41）进行处理

$$
\begin{aligned}
j_{净} &= j^0 \left[\exp\left(-\frac{\alpha F \Delta\varphi}{RT}\right) - \exp\left(\frac{\beta F \Delta\varphi}{RT}\right)\right] \\
&= j^0 \left(1 - \frac{\alpha F \Delta\varphi}{RT} - 1 - \frac{\beta F \Delta\varphi}{RT}\right) \\
&= j^0 \left(-\frac{\alpha F \Delta\varphi}{RT} - \frac{\beta F \Delta\varphi}{RT}\right) \\
&= j^0 \frac{F}{RT}\eta
\end{aligned}
\tag{6-45}
$$

式（6-45）表明，当通过的外电流密度远小于交换电流密度时，过电势与外电流密度成正比，且与电极反应 α 和 β 的值无关。按上述条件对之前假设进行计算，得

$$j_{净} = 0.1\text{A/m}^2, j^0 = 10\text{A/m}^2$$

$$\eta = \frac{j_{净} RT}{nFj^0} = \frac{0.1 \times 8.314 \times 298}{10 \times 96500} = 2.57 \times 10^{-4}\text{V}$$

所得过电势的数值很小，所以外电流密度远小于交换电流密度时的电极反应为近乎可逆的状态。一般而言，在选择电极电势测试所用的参比电极时，需要其具有难以极化的近乎可逆状态（如饱和甘汞电极或 Ag/AgCl 电极等）。在电镀过程中则需通过用不同的络合剂或添加剂降低交换电流密度，使得电极反应体系中出现较大的电化学极化来改善镀层质量，获得结晶细微镀层。

（2）通过的外电流密度远大于交换电流密度（即 $j^0 \ll j$）

当电化学反应中极化电流密度远大于交换电流密度时，会出现较高的过电势，电极的极化程度较高。例如，在一个交换电流密度 $j^0 = 10^{-5}\text{A/m}^2$ 的电极体系中，通过外电路的电流密度 $j = 0.1\text{A/m}^2$，只有 $\overrightarrow{j}$ 和 $\overleftarrow{j}$ 的差值足够大时才能满足 $j^0 \ll j$。当 $\overrightarrow{j} \gg \overleftarrow{j}$ 时，氧化反应电流密度 $\overleftarrow{j}$ 可以被忽略，还原反应电流密度 $\overrightarrow{j}$ 和外电流密度 j 相等。设当还原电流密度 $\overrightarrow{j} = 0.1\text{A/m}^2$，氧化电流密度 $\overleftarrow{j} = 10^{-9}\text{A/m}^2$，则

$$j = \overrightarrow{j} - \overleftarrow{j} = 10^{-1} - 10^{-9} \approx 0.1\text{A/m}^2$$

由于外电流电流密度远大于交换电流密度，外电流的通过会严重破坏电化学平衡，产生的过电势 η 数值很大，极化现象严重。此时氧化反应的电极电势远高于还原反应的电极电势，电极反应为完全不可逆状态，所以我们将外电流密度远大于交换电流密度时的电极反应称为不可逆电极或易极化电极。

由于 $\overrightarrow{j} \gg \overleftarrow{j}$，根据阴极极化反应公式（6-42）

$$j_c = \overrightarrow{j} - \overleftarrow{j} = j^0 \left[\exp\left(\frac{\alpha F \eta_c}{RT}\right) - \exp\left(-\frac{\beta F \eta_c}{RT}\right)\right]$$

其中，η_c 的值很大，则可得到 $\exp\left(\frac{\alpha F \eta_c}{RT}\right) \gg \exp\left(-\frac{\beta F \eta_c}{RT}\right)$，即

$$j_c = j^0 \exp\left(\frac{\alpha F \eta_c}{RT}\right) \tag{6-46}$$

将式（6-46）两边同时取对数，得

$$\eta_c = -\frac{2.3RT}{\alpha F}\lg j^0 + \frac{2.3RT}{\alpha F}\lg j_c \tag{6-47}$$

同理，根据阳极极化反应公式（6-43），得

$$j_a=j^0\exp\left(\frac{\beta F\eta_a}{RT}\right) \tag{6-48}$$

$$\eta_a=-\frac{2.3RT}{\beta F}\lg j^0+\frac{2.3RT}{\beta F}\lg j_a \tag{6-49}$$

式（6-47）和式（6-49）即为通过的外电流密度远大于交换电流密度时的巴特勒-伏尔摩（Butler-Volmer）方程式。式（6-47）、式（6-49）也符合塔菲尔公式的形式，且更清晰地说明了塔菲尔公式中常数 a 和 b 的物理意义。

阴极极化时

$$\begin{cases} a=-\dfrac{2.3RT}{\alpha F}\lg j^0 \\ b=\dfrac{2.3RT}{\alpha F} \end{cases} \tag{6-50}$$

阳极极化时

$$\begin{cases} a=-\dfrac{2.3RT}{\beta F}\lg j^0 \\ b=\dfrac{2.3RT}{\beta F} \end{cases} \tag{6-51}$$

从式（6-47）和式（6-49）的推导过程中，可以得到以下两个结论：a. 当外电路的电流密度一定时，影响过电势大小的因素除交换电流密度之外，还有电极反应 α 和 β 的值以及反应温度 T；b. 只有当外电流密度远大于交换电流密度时，忽略了逆向反应，巴特勒-伏尔摩（Butler-Volmer）方程式才能简化为塔菲尔方程。通常认为，巴特勒-伏尔摩方程式能简化为塔菲尔方程的条件是

$$\frac{\exp\left(-\dfrac{\alpha F\eta_c}{RT}\right)}{\exp\left(\dfrac{\beta F\eta_c}{RT}\right)}>100 \tag{6-52}$$

当 $\alpha\approx0.5$，反应温度为 25℃时，满足塔菲尔公式的条件可简化为 $\eta_c>0.116\text{V}$。

总结以上两种极端情况下的电荷转移步骤反应动力学规律可以看出，过电势的数值大小（极化程度）主要取决于外电流密度大小（外因）和交换电流密度大小（内因）。当通过的外电流密度远小于交换电流密度，即 $j^0\gg j$，$\vec{j}\approx\overleftarrow{j}$，电化学反应过程中要产生净电流所需的电极电势改变很小，电化学反应的平衡基本不被破坏。过电势与外电流密度成正比，可以得到线性极化曲线；当通过的外电流密度远大于交换电流密度，即 $j^0\ll j$，忽略了逆向反应，巴特勒-伏尔摩方程式才能简化为塔菲尔方程，出现半对数关系的极化曲线。

6.4 多电子反应的电极动力学

6.4.1 电子分步转移的电化学反应

前文中主要对单电子转移的电极反应的动力学规律进行探究。但在实际电化学反应过

程中很多的电极反应涉及多个电子转移。对于反应 $O+ne^- \rightleftharpoons R$ 来说，当 $n=1$ 时，只能一次转移单个的电子，当 $n=2$ 时，两个电子可以同时发生转移或者分步转移。

用经典的湿法冶炼铜为例，当电极反应过电势较高时，则电极反应的驱动力较大，反应过程中可以一次转移两个电子，即

$$Fe-2e^- \rightleftharpoons Fe^{2+}$$

$$Cu^{2+}+2e^- \rightleftharpoons Cu$$

电池总反应为

$$Cu^{2+}+Fe = Fe^{2+}+Cu$$

从上述电池反应可知，Fe 失去了两个电子（$Fe-2e^- \longrightarrow Fe^{2+}$），即发生了氧化反应，$Cu^{2+}$ 得到了两个电子（$Cu^{2+}+2e^- \longrightarrow Cu$），即发生了还原反应。在该反应中，若电极电势越高，则此电化学反应的能量越足，反应一次性转移两个电子的可能性越大（$Fe-2e^- \longrightarrow Fe^{2+}$，$Cu^{2+}+2e^- \longrightarrow Cu$）。但是，若电极电势较低，则反应历程会变为连续两次的单电子转移过程，即 $Fe-e^- \longrightarrow Fe^+$，$Fe^+-e^- \longrightarrow Fe^{2+}$ 和 $Cu^{2+}+e^- \longrightarrow Cu^+$，$Cu^++e^- \longrightarrow Cu$。这种多步骤电化学反应的特征是：当反应进行到稳态时，前一步产生的中间产物量与后一步反应的消耗量相同，所以每种中间产物的浓度基本保持恒定；稳态下每一个中间步骤的反应净速率都与总反应速率相等，但是，往往中间各步骤的反应动力学性质不同，通常是由反应速率最慢的步骤对总反应速率起决定性作用。在连续的多电子转移步骤中，反应速率最慢的反应步骤被称为速度控制步骤或速度决定步骤，以多电子转移的电极反应 $O+ne^- \rightleftharpoons R$ 为例。

其反应历程可被描述为

$$\left\{\begin{array}{l} O+e^- \xrightleftharpoons{j_1^0} X_1 \\ X_1+e^- \xrightleftharpoons{j_2^0} X_2 \\ \vdots \\ \vdots \\ X_{k-2}+e^- \xrightleftharpoons{j_{k-1}^0} X_{k-1} \end{array}\right. \quad \text{控制步骤前 } k-1 \text{ 个单电子转移步骤}$$

$$v(X_{k-1}+e^-) \xrightleftharpoons{j_k^0} X_k \text{（控制步骤）}$$

$$\left\{\begin{array}{l} X_k+e^- \xrightleftharpoons{j_k^0} X_{k+1} \\ \vdots \\ X_{n-1}+e^- \xrightleftharpoons{j_n^0} X_R \end{array}\right. \quad \text{控制步骤后共 } n-k \text{ 个单电子转移步骤} \tag{6-53}$$

有时控制步骤需要重复多次才能进行到下一步，式中 v 表示实现每摩尔总反应时速度控制步骤需要重复的次数。例如，阴极释氢反应 $H_3O^++M+e^- \longrightarrow H(M)+H_2O$ 时，则进行一次只能得到一个吸附在金属表面的氢原子，必须进行二次反应，才能发生两个氢原子复合为氢分子的后续步骤。当多电子反应的 $n>2$ 时，不可能一次转移 n 个电子，所以一定是多步骤电化学反应。

6.4.2 多电子转移的动力学规律

多电子转移的电极反应动力学过程是多步骤进行，如果用电子转移通式描述该过程，即

$O+ne^- \rightleftharpoons A$（步骤 1）

$A+ne^- \rightleftharpoons B$（步骤 2）

$B+ne^- \rightleftharpoons C$（步骤 3）

依次类推……

$Y+ne^- \rightleftharpoons Z$（最后一步）

其中，将速率控制步骤以外的步骤看为平衡态。在此基础上，将除速率控制步骤以外的所有步骤进行合并，适当简化步骤。以双电子反应过程为例，假设速率控制步骤为 $X+e^- \rightleftharpoons R$，假设其他步骤为 $O+e^- \rightleftharpoons X$（中间产物）。

反应控制作为单电子反应与前文讨论的单电子反应的动力学规律相同，即

$$\overrightarrow{j}_2=F\overrightarrow{K}_2c_Xe^{(-\frac{\alpha_2F\varphi}{RT})} \tag{6-54}$$

$$\overleftarrow{j}_2=F\overleftarrow{K}_2c_Re^{(\frac{\beta_2F\varphi}{RT})} \tag{6-55}$$

式中，中间产物的浓度为 c_X，c_X 可由非控制步骤 $O+e^- \rightleftharpoons X$ 求得，即

$$\overrightarrow{j}_1=\overleftarrow{j}_1$$

$$F\overrightarrow{K}_1c_Oe^{(-\frac{\alpha_1F\varphi}{RT})}=F\overleftarrow{K}_1c_Xe^{(\frac{\beta_1F\varphi}{RT})}$$

$$c_X=\frac{\overrightarrow{K}_1}{\overleftarrow{K}_1}c_Oe^{(-\frac{F\varphi}{RT})} \tag{6-56}$$

则

$$\begin{aligned}\overrightarrow{j}_2&=F\overrightarrow{K}_2\frac{\overrightarrow{K}_1}{\overleftarrow{K}_1}c_Oe^{(-\frac{F\varphi}{RT})}e^{(-\frac{\alpha_2F\varphi}{RT})}\\&=F\overrightarrow{K}_2\frac{\overrightarrow{K}_1}{\overleftarrow{K}_1}c_Oe^{(-\frac{F\varphi+\alpha_2F\varphi}{RT})}\\&=F\overrightarrow{K}_2\frac{\overrightarrow{K}_1}{\overleftarrow{K}_1}c_Oe^{(-\frac{F\varphi_{平}+\alpha_2F\varphi_{平}}{RT})}e^{(-\frac{F\Delta\varphi+\alpha_2F\Delta\varphi}{RT})}\\&=j_2^0e^{(-\frac{F\Delta\varphi+\alpha_2F\Delta\varphi}{RT})}\end{aligned} \tag{6-57}$$

$$\begin{aligned}\overleftarrow{j}_2&=F\overleftarrow{K}_2c_Re^{(\frac{\beta_2F\varphi}{RT})}\\&=F\overleftarrow{K}_2c_Re^{(\frac{\beta_2F\varphi_{平}}{RT})}e^{(\frac{\beta_2F\Delta\varphi}{RT})}\\&=j_2^0e^{(\frac{\beta_2F\Delta\varphi}{RT})}\end{aligned} \tag{6-58}$$

式中，j_2^0 为控制步骤的交换电流密度，由于稳态下每一个中间步骤的反应净速率都与总反应速率相等，在电极上由 n 个单电子转移步骤串联组成了多电子转移步骤的总电流密度 j 应为各单电子转移步骤电流密度之和，即 $j=nj_k$，其中 j_k 为速度控制步骤的电流密度。

对于双电子反应来说，则有

$$j=2j_2$$

则将式（6-57）和式（6-58）代入，得

$$j=2(\overrightarrow{j}_2-\overleftarrow{j}_2)=2j_2^0\left[e^{\left(-\frac{F\Delta\varphi+\alpha_2F\Delta\varphi}{RT}\right)}-e^{\left(\frac{\beta_2F\Delta\varphi}{RT}\right)}\right] \tag{6-59}$$

其中令 $j_0=2j_2^0$ 代表双电子反应的总交换电流密度，令 $\overrightarrow{\alpha}=(1+\alpha_2)$、$\overleftarrow{\alpha}=\beta_2$ 分别代表还原反应和氧化反应总传递系数，则可得到双电子电极反应动力学公式（双电子转移的巴特勒-伏尔摩方程）

$$j=2j_0\left[e^{\left(-\frac{\overrightarrow{\alpha}F\Delta\varphi}{RT}\right)}-e^{\left(\frac{\overleftarrow{\alpha}F\Delta\varphi}{RT}\right)}\right] \tag{6-60}$$

6.4.3 双电层结构对电化学反应动力学规律的影响

在前面电化学反应动力学的讨论中，我们假定双电层结构中的分散层可以忽略不计，且在电极反应过程中不存在浓差极化。但这样的条件在实际应用过程中难以实现，一般而言，只有溶液很浓和电极电势离零电荷电势无限远时，才能认为分散层电势 ψ_1 对电化学反应动力学的影响可以被忽略。当在稀溶液中，或电极电势接近零电荷电势时，则分散层电势对电极反应的影响不能被忽略，特别是在发生离子特性吸附时，ψ_1 电势会发生明显变化，对电极反应过程有显著影响。通常将这种影响称为“ψ_1 效应”。ψ_1 电势主要通过两方面对电极反应产生影响：a. 当存在 ψ_1 电势时，影响电荷转移步骤活化能的电极电势不再是电极和溶液界面的全部电势差，而是其中紧密层部分的电势差，所以在 ψ_1 效应的影响下，电化学反应规律中的电极电势 φ 可用 $\varphi-\psi_1$ 表示。b. 当存在 ψ_1 电势时，紧密层发生电极反应部分的反应物或生成物浓度与溶液体相中的浓度不同，因而应当用电极表面的还原态和氧化态粒子的浓度 c_R^* 和 c_O^* 代替体相中还原态和氧化态粒子的浓度 c_R 和 c_O。在界面电场影响下，荷电粒子在电场中的分布规律服从玻尔兹曼分布律。则电荷数为 Z 时，电极表面和体相中的还原态和氧化态粒子的浓度可表示为

$$c_R^*=c_R e^{\left(-\frac{ZF}{RT}\psi_1\right)} \tag{6-61}$$

$$c_O^*=c_O e^{\left(-\frac{ZF}{RT}\psi_1\right)} \tag{6-62}$$

将 $\varphi-\psi_1$、c_R^* 和 c_O^* 代入到式（6-17）、式（6-18）、式（6-59）中，可得到 ψ_1 效应影响下的电化学反应动力学公式，即

$$\begin{aligned}\overrightarrow{j}&=nF\overrightarrow{K}c_O^* e^{\left[-\frac{\alpha nF(\varphi-\psi_1)}{RT}\right]}\\&=nF\overrightarrow{K}c_O e^{\left(-\frac{ZF}{RT}\psi_1\right)}e^{\left[-\frac{\alpha nF(\varphi-\psi_1)}{RT}\right]}\end{aligned} \tag{6-63}$$

$$\overleftarrow{j}=nF\overleftarrow{K}c_R e^{\left(-\frac{ZF}{RT}\psi_1\right)}e^{\left[\frac{\beta nF(\varphi-\psi_1)}{RT}\right]} \tag{6-64}$$

由式（6-63）和式（6-64）可得，交换电流密度为

$$j^0=nF\overrightarrow{K}c_O e^{\left(-\frac{ZF}{RT}\psi_1\right)}e^{\left[-\frac{\alpha nF(\varphi-\psi_1)}{RT}\right]}=nF\overleftarrow{K}c_R e^{\left(-\frac{ZF}{RT}\psi_1\right)}e^{\left[\frac{\beta nF(\varphi-\psi_1)}{RT}\right]} \tag{6-65}$$

当 $j_{净}=\overrightarrow{j}-\overleftarrow{j}=\overrightarrow{j}$ 时（处于高过电势条件下）

$$j_{净}=nF\overrightarrow{K}c_{O}e^{\left(-\frac{ZF}{RT}\psi_1\right)}e^{\left[-\frac{\alpha nF(\varphi-\psi_1)}{RT}\right]} \tag{6-66}$$

两端取对数，得

$$-\varphi=-\frac{RT}{\alpha nF}\ln(nF\overrightarrow{K}c_{O})+\frac{RT}{\alpha nF}\ln j_{净}+\left(\frac{Z-\alpha n}{\alpha n}\right)\psi_1 \tag{6-67}$$

$$\eta=A+\frac{RT}{\alpha nF}\ln j_{净}+\left(\frac{Z-\alpha n}{\alpha n}\right)\psi_1 \tag{6-68}$$

式中，A 为常数，与塔菲尔公式 $\eta=a+b\lg j$ 相比，式中增加 $\left(\frac{Z-\alpha n}{\alpha n}\right)\psi_1$ 相，η 与 $\lg j$ 不再成线性关系，分散层电势 ψ_1 成为影响电化学电极反应速率的因素之一。只有电极电势无限远离零电荷电势时，分散层电势 ψ_1 的影响可以忽略，η 与 $\lg j$ 又能恢复线性关系，与塔菲尔公式相符。

当阳离子在阴极发生还原反应时，由于 $Z\geqslant n$，$\alpha<1$，则 $\frac{Z-\alpha n}{\alpha n}$ 为正值，电极过电势 η 随分散层电势 ψ_1 的增大而增大。界面上发生阳离子特性吸附，溶液体系的浓度加大或者加入其他电解质等凡是能增大 ψ_1 值的情况，均能使 η 增大，此时 ψ_1 增大对阳离子的还原有不利影响。例如，当电极反应为 $H^{+}+e^{-}\longrightarrow\frac{1}{2}H_2$ 时，设 $Z=n$，$\alpha=0.5$，则式（6-68）可化简为

$$\eta=A+\frac{RT}{\alpha nF}\ln j_{净}+\psi_1 \tag{6-69}$$

当中性分子在阴极还原时，例如当电极反应为 $H_2O+e^{-}\longrightarrow\frac{1}{2}H_2+OH^{-}$，$Z=0$，则式（6-68）可变为

$$\eta=A+\frac{RT}{\alpha nF}\ln j_{净}-\psi_1 \tag{6-70}$$

此时电极过电势 η 随分散层电势 ψ_1 的增大而减小，ψ_1 增大对中性分子还原有促进作用。

当阴离子［如 IO_3^-、$Ag(CN)_2^-$、$S_2O_8^{2-}$ 等］在阴极还原时，$Z<0$，则式（6-68）中 $\frac{Z-\alpha n}{\alpha n}<-1$。电极过电势 η 同样随分散层电势 ψ_1 的增大而减小，但 ψ_1 增大对阴离子还原的影响程度更大。

6.4.4 浓度极化对电化学反应动力学规律的影响（不考虑 ψ_1 效应）

前面的章节中对电化学反应动力学规律的探究主要是基于电极表面不存在浓差极化的情况，即假定电极体系的极限扩散电流密度 j_D 远大于净电流密度 $j_{净}$。但在实际电极反应中，特别是当过电势较大时，$j_{净}$ 随过电势 η 的增长呈指数型增长，当 $j_{净}$ 逐渐与 j_D 接近时则浓差极化不可忽略。当考虑浓差极化时，电极表面反应粒子的浓度和体相中反应粒子的浓度不同，则还原电流密度和氧化电流密度可分别表示为

$$\overrightarrow{j}=j^0\frac{c_O^s}{C_O}e^{\left(-\frac{\alpha nF\varphi}{RT}\right)} \tag{6-71}$$

$$\overleftarrow{j}=j^0\frac{c_R^s}{C_R}e^{\left(\frac{\beta nF\varphi}{RT}\right)} \tag{6-72}$$

则净电流密度 $j_{净}$ 可表示为

$$j_{净}=\overrightarrow{j}-\overleftarrow{j}=j^0\left[\frac{c_O^s}{c_O}e^{\left(-\frac{\alpha nF\varphi}{RT}\right)}-\frac{c_R^s}{c_R}e^{\left(\frac{\beta nF\varphi}{RT}\right)}\right] \tag{6-73}$$

此时若通过剧烈搅拌消除浓差极化，令 $c_O^s=c_O$、$c_R^s=c_R$，则可将式（6-73）转换为巴特勒-伏尔摩（Butler-Volmer）方程。

当 $j_{净}=\overrightarrow{j}-\overleftarrow{j}=\overrightarrow{j}$（处于高过电势条件下）时

$$j=\overrightarrow{j}-\overleftarrow{j}=j^0\frac{c_O^s}{c_O}e^{\left(\frac{\alpha nF\eta_c}{RT}\right)} \tag{6-74}$$

将液相传质过程公式 $c_O^s=c_O(1-\frac{j_{净}}{j_D})$ 代入到式（6-74）中，在两端取对数，得

$$\eta_c=\frac{RT}{\alpha nF}\ln\frac{j_{净}}{j^0}+\frac{RT}{\alpha nF}\ln\frac{j_D}{j_D-j_{净}}=\eta_{电化学}+\eta_{浓差} \tag{6-75}$$

在此式中，我们可以看出电化学极化过电势主要由净电流密度 $j_{净}$ 和交换电流密度 j^0 比值决定，浓差极化过电势主要由净电流密度 $j_{净}$ 和极限扩散电流密度 j_D 的比值决定。根据净电流密度 $j_{净}$、交换电流密度 j^0 和极限扩散电流密度 j_D 的大小，可以分四种极化情况对过电势的形成进行分析。

① 若 $j_{净}\ll j^0$，$j_{净}\ll j_D$，则 $j_{净}=\overrightarrow{j}-\overleftarrow{j}\ll j^0$，可以得到 $j_{净}\approx\overrightarrow{j}\approx\overleftarrow{j}$，还原电流密度和氧化电流密度接近，则电化学平衡状态几乎未遭到破坏，$\eta_{电化学}$ 值很小（此时若只从数学角度考虑第一项应为负无穷，但在此处还应该考虑其实际意义，所以 $\eta_{电化学}\to 0$）。与此同时，$\frac{RT}{\alpha nF}\ln\frac{j_D}{j_D-j_{净}}\approx 0$ 所以浓差极化几乎为 0。此时，过电势 η_c 基本不超过几毫伏，电极上保持不通过电流的平衡状态。

② 若 $j_D\ll j^0$，由于 $j_{净}\leqslant j_D$，故 $j_{净}\ll j^0$，同样可得到 $\eta_{电化学}\to 0$，电化学极化可以忽略。此时过电势 η_c 的大小完全由浓差极化引起的过电势 $\eta_{浓差}$ 决定。但是需要注意的是，$j_D\ll j^0$ 与式（6-75）的前提假设 $j_{净}=\overrightarrow{j}-\overleftarrow{j}=\overrightarrow{j}$ 相悖，所以不能通过式（6-75）的第二项求浓差极化过电势 $\eta_{浓差}$。

③ 若 $j_D\gg j_{净}\gg j^0$，则 $\frac{RT}{\alpha nF}\ln\frac{j_D}{j_D-j_{净}}\to 0$，过电势 η_c 主要由电化学极化的过电势 $\eta_{电化学}$ 决定，则式（6-75）可简化为

$$\eta_c=\frac{RT}{\alpha nF}\ln\frac{j_{净}}{j^0}=-\frac{RT}{\alpha nF}\ln j^0+\frac{RT}{\alpha nF}\ln j_{净}$$

该式符合塔菲尔关系式。

④ 若 $j_{净}\gg j^0$，$j_D\gg j^0$，则两种极化共同影响过电势，但浓差极化引起的过电势 $\eta_{浓差}$ 变为决定总过电势的主要因素。可根据 $j_{净}$ 和 j_D 的关系进一步细分成三种情况：a. 当 $j^0\ll$

$j_{净}<0.1j_D$时，极化曲线为半对数型，式（6-75）中的第二项浓差极化过电势可以忽略不计，符合塔菲尔公式。此时，过电势η_c也可以认为是完全由电化学极化引起的。b. 当$0.1j_D \ll j_{净}<0.9j_D$时，电极反应处于混合控制区，电化学过电势由电极反应和离子扩散共同控制，并随着$j_{净}$的增大反应过程逐渐由明显的浓差极化控制向纯粹的电化学极化控制转变。过电势是电化学极化过电势和浓差极化过电势之和，随电流密度的增大而增大。$j_{净}>0.9j_D$时，电流逐渐接近极限电流，反应过电势几乎完全由浓差极化引起的过电势决定。

6.4.5 影响电极反应速率的因素

结合本章内容，我们对电极反应动力学的影响因素进行了如下总结。

（1）电极电势

电极电势无疑是对电荷转移动力学影响的主要因素，过电势η随净电流密度$j_{净}$的增大而增大，且当过电势较小时，过电势η与净电流密度$j_{净}$成线性关系。当过电势较大时，过电势η与$\lg j_{净}$成线性关系。

（2）电极因素

对于由电子转移控制的电极反应而言，电极材料对电极反应速率的影响很大。例如，a. 不同电极的选择：不同的电极材料参与电极反应的程度和方式都有差异，相同反应过程在不同电极材料表面的反应速率不同，正如本章前文所说有些电极材料在电极反应过程中会起到催化作用，甚至会参与电极反应。b. 电极表面：由于电极反应是在电极表面进行的，电极反应速率会随电极比表面积的增大而增大。在化学电源中，一般可以将电极制备成多孔材料提高其比表面积。由于多孔材料存在孔中电阻、传质等问题，导致多孔材料电极表面的电化学性质一般并不均匀且复杂，故对多孔材料扩散控制的研究非常重要。c. 其他因素：如电极表面粗糙度和扩散层厚度等也会对电极反应速率有影响。

（3）溶液浓度和离子扩散速率

根据式（6-13）和式（6-14）可知，溶液中参与反应粒子的浓度是影响电极反应速率的关键因素之一。当在电极表面发生电子转移时，电极反应速率与反应粒子在电极表面的浓度有关。在扩散控制下，极限电流密度与反应粒子浓度成正比。此外，溶液pH值、溶剂种类、含氧量等因素同样会对电极反应速率产生影响。采用对流传质如剧烈的搅拌可以增加传质速率，降低浓差极化，从而降低扩散控制的影响。

（4）外部因素

温度和压力等外部因素也会对平衡电极电势和反应速率常数有显著影响。一般地，温度每增加10℃，反应速率常数可以增加2～4倍。压力的影响主要针对反应物或生成物有气体存在的情况，压力影响参与反应的气体的溶解度（可以看成是影响反应物或生成物浓度）。

【例题】

已知电极反应$O+2e^- \longrightarrow R$由电荷转移步骤控制，没有电流通过时电极电势为$-0.6V$，当阴极电极电势为$-1.2V$时，电极反应速率为$0.12A/cm^2$，则该反应的交换电流密度是多少？（$T=298K$，$\alpha=0.48$）

解：（1）阴极极化电势值为

$$\Delta\varphi=\varphi-\varphi_{j=0}=-1.2-(-0.6)=-0.6V$$

(2) 由于电极反应速率处于塔菲尔公式应用范围内，所以电极反应规律符合塔菲尔公式，即

$$j=j^{0}\left[\exp\left(-\frac{\alpha nF\Delta\varphi}{RT}\right)-\exp\left(\frac{\alpha nF\Delta\varphi}{RT}\right)\right]$$

将 $n=2$，$\alpha=0.48$，$j=0.12\text{A/cm}^2$，$T=298\text{K}$ 代入，

所以 $$\frac{0.12}{j^{0}}=\left[\exp\left(\frac{1.2\times0.48F}{RT}\right)-\exp\left(-\frac{1.2\times0.48F}{RT}\right)\right]$$

$$\lg0.12-\lg j^{0}=\frac{1.2\times0.48F}{2.3RT}$$

$$\lg j^{0}=\lg0.12-\frac{1.2\times0.48}{0.0591}$$

$$j^{0}=2.15\times10^{-11}\text{A/cm}^2$$

思考题

1. 多电子转移动力学规律和单电子转移动力学规律是否相同，为什么？

2. 极化是怎么产生的，如何降低过电势的数值？

3. 影响电极反应的因素有什么，是如何影响的？

4. 电化学反应的基本动力学参数有哪些？说明他们的物理意义。

5. “ψ_1 效应”为什么会影响电荷转移动力学，在什么情况下可以忽略这种效应？

6. 交换电流密度（j^0）和电极反应速率常数（K）的大小受哪些因素影响，二者有什么联系和区别。

7. 电化学极化的主要特征有哪些？

8. 电极反应过电势受哪些因素影响？是如何影响的？

9. 根据净电流密度 $j_{净}$、交换电流密度 j^0 和极限扩散电流密度 j_D 的不同大小，说明电化学极化和浓差极化是如何影响过电势大小的。

习题

1. 为什么电池放电时输出电压要比理论电压或开路电压低？

2. 试比较电化学极化和浓差极化基本特征。

3. 如何理解交换电流密度 j^0 的物理意义？并说明其数值的大小和极化的关系。

4. 电解 H_2SO_4 水溶液时，H_2 在 Ni 阴极上的过电势为 0.35V，当电流密度增加为原来数值的八倍，则阴极过电势为多少？已知 $b=0.12$。

第 7 章

氢、氧电极过程

气体电极过程是指气体作为反应物或产物的电极过程，这是电化学体系中比较重要的一类反应。在实际应用的各种电化学体系中，最常见的气体电极过程是氢电极过程和氧电极过程。本章围绕这两种电极催化过程进行简要的分析与讨论。

7.1 氢电极过程

7.1.1 氢电极

氢电极反应为氢析出反应（hydrogen evolution reaction，HER）和氢氧化反应（hydrogen oxidation reaction，HOR）的总称。电化学中经常使用的标准氢电极是一种典型的氢电极。它是将镀了铂黑的铂片浸在 H^+ 活度为 1 且氢气过饱和的盐酸溶液中组成的电极体系。当这种电极体系作为阴极时，在铂片与盐酸溶液界面上会发生如下反应

$$2H^+ + 2e^- \longrightarrow H_2$$

而当它作为阳极时，在铂片与盐酸溶液界面上则发生如下反应

$$H_2 - 2e^- \longrightarrow 2H^+$$

上述电极反应中发生氧化还原反应的是氢而不是铂，铂仅用于氢的依附材料和作为发生电极反应的场所。所以，此类电极被称为氢电极而不是铂电极。

除了铂电极，其实许多金属作为电极，放在其他电解液中可能也会发生上述氢的氧化还原反应，发生此类反应的电极均可被称为氢电极。

同样发生氢的氧化还原反应的体系，由于内部溶液性质不同，其化学反应式也不尽相同。例如，在酸性溶液体系中，反应方程式为

$$2H^+ + 2e^- \rightleftharpoons H_2$$

而在碱性溶液中，其反应式为

$$2H_2O + 2e^- \rightleftharpoons H_2 + 2OH^-$$

7.1.2 氢的阴极还原过程

氢电极的阴极还原过程就是 H^+ 在阴极上获得电子还原为氢原子，最后以氢气析出的过程。氢在阴极的还原反应已被广泛应用于生产实践。例如，在电解水工业中，阴极和阳极分

别析出氢气与氧气；而在氯碱工业中，阴极和阳极分别析出氢气与氯气；除此之外，析氢反应通常是金属腐蚀时的副反应，析氢反应的动力学与许多金属的腐蚀速率密切相关。可见，探究氢的阴极还原过程具有重要的实际意义和理论意义。

阴极析氢反应的最终产物是分子氢，在酸性溶液中的总反应为

$$2H_3O^+ + 2e^- \longrightarrow H_2 + 2H_2O$$

或

$$2H^+ + 2e^- \rightleftharpoons H_2$$

在碱性溶液中的总反应为

$$2H_2O + 2e^- \longrightarrow H_2 + 2OH^-$$

然而，两个水合质子或水分子在电极表面的同一位置同时放电的机会非常少，因此可认为电极反应首先生成初始产物原子氢，而原子氢具有较高的活性，能够生成吸附在金属表面上的吸附氢原子（MH）。随后生成分子氢的过程有两种可能，即通过复合脱附或电化学吸附生成氢分子，因为氢分子中价键已达饱和，所以在常温下可不考虑氢分子的表面吸附问题。无论是在酸性溶液或是碱性溶液中，阴极析氢反应并不是一步完成的，一般认为氢离子在阴极上的还原过程主要包含以下几步：

（1）液相传质

当处于电镀、电解和金属腐蚀等电化学过程中时，水溶液中的氢离子均以水合氢离子（H_3O^+）形式存在。对于阴极的还原过程而言，溶液本体中的 H_3O^+ 依靠对流、扩散或电迁移等液相传质作用，被输运到电极表面附近的液层中，整个过程如下式所示

$$H_3O^+(\text{溶液本体}) \longrightarrow H_3O^+(\text{电极表面附近液层})$$

（2）电化学反应

被输运到电极表面附近液层中的 H_3O^+，在阴极上接受电子发生还原反应，在电极表面上生成吸附氢原子，其过程如下式所示

$$H_3O^+ + e^- \longrightarrow MH + H_2O$$

（3）复合脱附

在电极表面，两个吸附的氢原子发生复合反应从而生成氢分子，并从电极表面脱附，整个过程如下式所示

$$MH + MH \longrightarrow H_2$$

该反应的本质是化学转化反应。

（4）电化学脱附

在电极表面，另一个 H_3O^+ 在吸附氢原子的位置处发生放电，并直接生成氢分子，随后从电极表面脱附，整个过程如下式所示

$$MH + H_3O^+ + e^- \longrightarrow H_2 + H_2O$$

（5）新相生成

电极表面所脱附的氢分子通过富集的方式生成气相，随后氢气以气泡的形式从溶液当中逸出，整个过程如下式所示

$$nH_2 \longrightarrow nH_2(\text{气泡})\uparrow$$

7.1.3 析氢过电势及其影响因素

(1) 析氢过电势

当处于平衡电势时，氢电极中氧化反应与还原反应速率一致，所以氢气不会析出。通常地，当还原反应速率远超过氧化反应速率时，氢气才会析出。上述过程会打破反应体系的平衡状态，使得电势向负方向移动而产生阴极极化现象。换言之，只有当电势向负方向偏离达到一定的过电势时（相较于氢的平衡电势），才能析出氢气。图 7－1 为氢析出的极化曲线，由图可知，析氢过电势与电流密度有关。因此，在特定的电流密度条件下，氢的实际析出电势与平衡电势之间的差值被称为该电流密度下的析氢过电势，记作 η。可通过如下公式表示

$$\eta=\phi_{平}-\phi_{i}$$

有必要说明的是，上述定义明确指出了析氢过电势是针对特定的电流密度所产生。当电流密度不同时，析氢过电势也不尽相同。因此，若不指明具体的电流密度，则无法讨论析氢过电势。

(2) 影响析氢过电势的因素

大量实验事实表明，氢的阴极还原反应在不同金属电极上的过电势不同，但在许多金属上的析氢过电势均服从塔菲尔公式。

$$\eta=a+b\lg j \tag{7-1}$$

当 $j\rightarrow0$ 时，由塔菲尔公式，得 $\eta\rightarrow-\infty$，此时塔菲尔公式并不适用。因为事实上，当 $j\rightarrow0$ 时，$\eta\rightarrow0$。

式中，a、b 为常数，单位均为 V。a 的物理意义是电流密度 j 为 $1A/cm^2$ 时的过电势。a 的大小与电极材料、电极的表面状态、电流密度、溶液组成和温度有关，氢过电势的大小基本决定于 a 的数值，因此 a 值越大，则在给定电流密度下氢的过电势也越大。某些电极体系在酸性溶液和碱性溶液中 a 和 b 的数值如表 7-1 所示。

表 7-1　(20±2)℃ 时，氢在不同金属上阴极析出时的常数 a 和 b 的数值　单位：V

金属	酸性溶液		碱性溶液	
	a	b	a	b
Ti	0.82	0.14	0.83	0.14
Mn	0.80	0.10	0.90	0.12
Fe	0.70	0.12	0.76	0.11
Co	0.62	0.14	0.60	0.14
Ni	0.63	0.11	0.65	0.10
Cu	0.87	0.12	0.96	0.12
Zn	1.24	0.12	1.20	0.12
Ge	0.97	0.12	—	—
Nb	0.80	0.10	—	—
Mo	0.66	0.08	0.67	0.14
Pd	0.24	0.03	0.53	0.13
Cd	1.40	0.12	1.05	0.16

续表

金属	酸性溶液		碱性溶液	
	a	b	a	b
Sn	1.20	0.13	1.28	0.23
Sb	1.00	0.11	—	—
W	0.43	0.10	—	—
Pt	0.10	0.03	0.31	0.10
Hg	1.41	0.114	1.54	0.11
Pb	1.56	0.11	1.36	0.25

如表 7-1 所示，金属性质与常数 b 的数值通常不存在相关性。在常温条件下，常数 b 的数值基本处于 0.1～0.14V，即表明电极电势对析氢反应的活化作用基本一致。但是，在部分体系中，金属表面状态会发生变化，从而导致可能会出现大于 0.14V 的 b 值。接下来将详细分析影响析氢过电势的因素。

① 金属材料本性的影响。从表 7-1 可知，不同的金属具有不同的 a 值，当电流密度相同时，它们具有不同的析氢过电势，实验表明，可按照 a 值的大小，将常用电极材料大致分为三类：

a. 高过电势金属（$a \approx 1.0 \sim 1.5$V），主要有 Pb、Cd、Hg、Zn、Ga、Bi、Sn 等；

b. 中过电势金属（$a \approx 0.5 \sim 0.7$V），主要有 Fe、Co、Ni、Cu、Au 等；

c. 低过电势金属（$a \approx 0.1 \sim 0.3$V），其中最重要的是 Pt 和 Pd 等铂族金属。

此种分类方式虽然简单但行之有效，尤其是在电极材料的选择方面，可起到指导作用。例如，采用高过电势金属材料作阴极，能够降低金属电解过程中析氢的反应速度，提高电流效率。采用高过电势金属构成负极，能够减缓化学电池的自放电现象。采用低过电势金属材料作阴极，能够降低电解水、氯碱等工业过程中的电能损耗。此外，只有低过电势金属才可用于制备平衡氢电极、氢-氧燃料电池负极等。

另外，通过实验可知，在室温条件下 2 mol/L 的盐酸溶液中，当 $j=10^{-3}$ A/cm^2 时，部分金属的析氢过电势由小到大的次序如下：

Pt< Pd < Au < W < Mo < Ni < Fe < Ta < Cu < Ag < Cr < Be <Pb < Sn < Cd < Hg

产生不同的析氢过电势的原因是不同金属对析氢反应具有不同的催化能力。析氢反应进行的难易程度是由于部分金属可以加速 H^+ 与电子的化学反应或促进氢原子的复合反应。但是，部分金属却起到了相反的作用，抑制 H^+ 与电子的反应或阻碍氢原子的复合反应，导致析氢反应难以持续进行。总而言之，不同的金属对析氢反应具有不同的催化能力，即不同金属的析氢过电势存在差异。

② 金属表面状态的影响

金属的表面状态同样会影响析氢过电势。比如在镀锌过程中，相比于抛光处理的零件表面，喷砂处理的零件表面更易发生析氢现象。这表明粗糙表面的析氢过电势低于光滑表面的析氢过电势。此外，在镀铂黑的铂片上，其析氢过电势也低于光滑铂片的析氢过电势。造成上述现象的原因主要有以下两点：一是粗糙状态的表面活性较大，降低了电极反应的活化能，从而使析氢反应更容易进行，析氢过电势降低；二是粗糙金属表面的真实表面积大于表观表面积，意味着降低了电流密度，由式（7-1）可知，当电流密度降低时，析氢过电势也会降低，同时，真实表面积的增大也使电化学反应或复合反应的概率增大，从而也利于析氢反应进行。

③ 溶液组成的影响

在稀酸溶液条件下，析氢过电势与 H^+ 浓度无关（图 7-1）。对于 Hg 和 Cd 等高过电势金属而言，稀酸的界限为 0.1mol/L 以下，而对于 Pt 和 Pd 等低过电势金属而言，稀酸的界限则在 0.001mol/L 以下。但是，在高浓度的纯酸溶液条件下，析氢过电势与 H^+ 浓度呈现负相关性。对于高过电势金属而言，高浓纯酸的浓度界限为 0.5～1.0mol/L；对于低过电势金属来说，酸的浓度则在 0.001mol/L 以上。

由图 7-1 可知，当 HCl 浓度低于 0.1mol/L 时，所对应的都为线 1，即当酸的浓度变化时，析氢过电势不变。当 HCl 浓度较高时（>1.0mol/L），随着酸浓度的增大，析氢过电势呈现下降趋势。当浓度不太高时，在低电流密度区析氢过电势比高电流密度区降低更多；而在浓度较高时（>5mol/L），则情况相反。

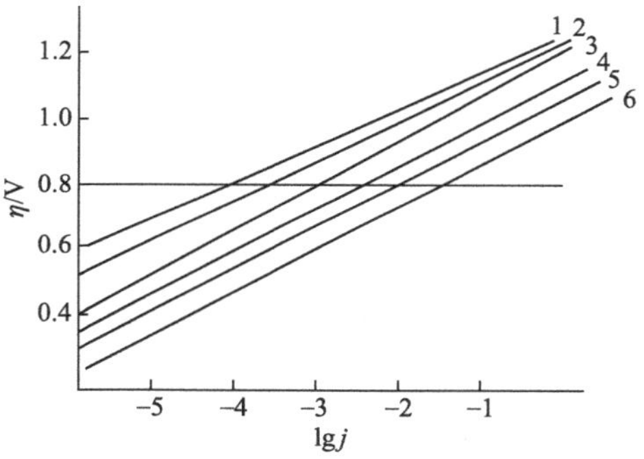

图 7-1　不同浓度时在汞上析氢过电势和电流密度 j 的对数之间的关系

1—<0.1mol/L HCl；2—1.0mol/L HCl；3—3.0mol/L HCl；

4—5.0mol/L HCl；5—7.0mol/L HCl；6—10.0mol/L HCl

研究人员在实验中发现，在浓度低于 0.1mol/L 的纯酸溶液中，汞阴极上析氢的过电势与所用酸的浓度无关，而在较高浓度时则会随着酸含量的增加而减小。若溶液中含有大量的支持电解质，则在某一电流密度条件下，汞阴极上的析氢过电势会随着 pH 值变化而发生线性变化。当溶液为酸性时，析氢过电势会随 pH 值增大而增大；当溶液为碱性时，析氢过电势则随 pH 值增大而减小。如图 7-2 所示，两段直线斜率的符号相反，但斜率的数值均为 55～58mV。以镍阴极为例，析氢过电势对 pH 值的依赖关系可在浓度小于 0.1mol/L 的纯酸溶液中观察到，但与汞阴极不同的是，此时析氢过电势只随 pH 值的变化而略有变化，并不完全遵守线性规律。此外，在铅和铂电极上，析氢过电势与溶液 pH 值几乎不存在相关性。

除了溶液的 pH 值外，在溶液中加入某些物质也会影响析氢过电势的数值，例如在电镀溶液中加入某些添加剂，或在腐蚀介质中加入缓蚀剂，这些物质的加入有的可提高析氢过电势，有的可使析氢过电势降低。人们可以根据实际情况，合理地、有选择性地向溶液中加入各种物质，以满足不同需求。

④ 温度的影响

溶液的温度对析氢过电势同样存在较大影响。二者是此消彼长的关系，具体而言，当温度升高时，在某一电流密度下的析氢过电势会下降（图 7-3），其温度系数由金属本身的性质和电流密度所决定。温度系数（$\frac{d_{\eta_k}}{d_t}$）平均是 1～4mV/℃，低限属于低过电势金属，高限属于高过电势金属。一般地，在低电流密度范围内，温度的影响比较明显。

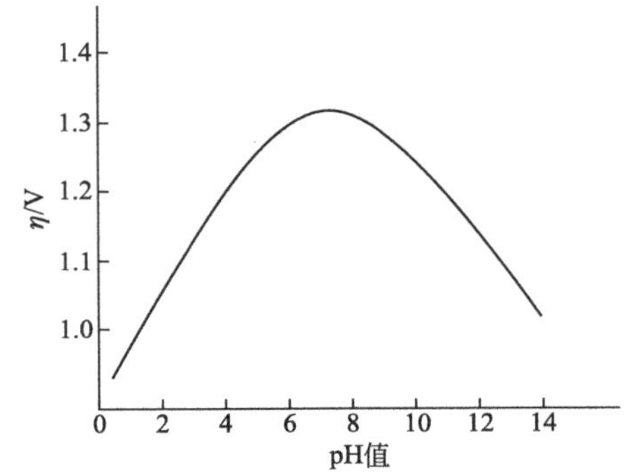

图 7-2　汞电极上析氢过电势随 pH 值的变化

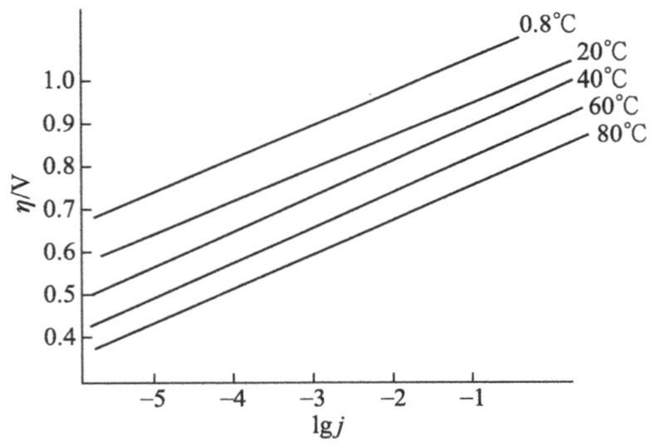

图 7-3　不同温度时在汞上析氢过电势和电流密度 j 的对数之间的关系

7.1.4 氢阴极还原过程的机理

（1）迟缓放电机理

① 迟缓放电机理的理论内容。迟缓放电机理认为，电化学反应步骤（$H_3O^+ + e^- \longrightarrow MH + H_2O$）是整个阴极还原过程中的控制步骤。$H^+$ 还原时，首先需克服其与水分子之间的较强作用力，因此，H^+ 与电子结合的还原反应需要很高的活化能，离子放电步骤就成了整个阴极还原过程的控制步骤。也就是说，析氢过电势是由于电化学极化作用而产生的。

② 整个过程是在汞电极上进行的。由于迟缓放电机理认为电化学步骤是整个电极过程的控制步骤，于是可以认为电化学极化方程适用于氢离子的放电还原过程。当 $j_c \gg j^0$ 时，得

$$\eta = -\frac{RT}{\alpha F}\ln j^0 + \frac{RT}{\alpha F}\ln j_c \tag{7-2}$$

$$\eta_H = -\frac{2.3RT}{\alpha F}\lg j^0 + \frac{2.3RT}{\alpha F}\lg j_c \tag{7-3}$$

一般地，$\alpha = 0.5$，将 α 的数值代入式（7-3）中，则

$$\eta_H = -\frac{2.3\times 2RT}{F}\lg j^0 + \frac{2.3\times 2RT}{F}\lg j_c \tag{7-4}$$

若令

$$-\frac{2.3\times 2RT}{F}\lg j^0 = a \tag{7-5}$$

$$\frac{2.3\times 2RT}{F} = b \tag{7-6}$$

则式（7-4）变为

$$\eta_H = a + b\lg j_c \tag{7-7}$$

由上述推导过程可以看出，式（7-4）与塔菲尔经验式（7-1）的形式相同。由式（7-5）可知，常数 a 是与交换电流密度 j^0 相关的常数，而 j^0 与电极材料性质、表面状态和溶液组

成等因素相关，因此常数 a 的值也与这些因素具有相关性，且这一观点已被大量实验数据证实。此外，当温度为室温（即 25℃）时，经式（7-6）计算，可得出 b 值约为 118mV，也与实验数据相符。

当假定控制步骤为复合脱附步骤时，脱附速率较为缓慢，则所吸附的氢原子会在电极表面积累。在有电流通过时，电极上吸附氢的表面覆盖度 θ_{MH} 会大于电势平衡时吸附氢的表面覆盖度 θ^0_{MH}。由于汞电极的氢吸附覆盖度很小，因此可将吸附氢原子的活度 α_{MH} 和 α^0_{MH} 用氢的吸附覆盖度 θ_{MH} 和 θ^0_{MH} 来代替。氢的平衡电势可表示为

$$\phi_{平}=\phi^0_H+\frac{RT}{F}\ln\frac{a_{H^+}}{\theta^0_{MH}} \tag{7-8}$$

当有电流通过时，氢电极的极化电势可表示为

$$\phi=\phi^0_H+\frac{RT}{F}\ln\frac{a_{H^+}}{\theta_{MH}} \tag{7-9}$$

氢过电势为

$$\eta_H=\phi_{平}-\phi=\frac{RT}{F}\ln\frac{\theta_{MH}}{\theta^0_{MH}} \tag{7-10}$$

或

$$\theta_{MH}=\theta^0_{MH}\exp\left(\frac{F}{RT}\eta_H\right) \tag{7-11}$$

当 $j_c>>j^0$ 时，也就是当阴极极化较大时，可忽略逆反应，阴极的净电流密度等于还原电流密度，若用电流密度表示反应速度，并考虑到氢原子的复合反应是双原子反应，则

$$j_c=2Fk\theta^2_{MH} \tag{7-12}$$

式中，k 为复合反应的速度常数。

若将式（7-11）代入式（7-12），并对式（7-12）两端取对数，整理可得

$$\eta_H=D+\frac{2.3RT}{2F}\lg j_c \tag{7-13}$$

式中，D 表示常数。当温度为 25℃时，式（7-13）中 $b=\frac{2.3RT}{2F}=29.5\text{mV}$，只相当于大多数实验值的 1/4，与实验事实不符。

如果假定电化学脱附步骤为控制步骤，则其反应式为

$$MH+H^++e^-=\!=\!=H_2$$

根据上述反应式可知，电化学脱附步骤的反应速度与电极表面吸附氢原子、氢离子的浓度具有相关性。由于吸附氢的覆盖度可用 θ_{MH} 表示，同时其受表面电场影响，浓度为 $c_{H^+}\exp\left(\frac{\alpha F}{RT}\eta_H\right)$，可将反应速度用电流密度表示，即

$$j_c=2Fk'c_H+\theta_{MH}\exp\left(\frac{\alpha F}{RT}\eta_H\right) \tag{7-14}$$

若将式（7-11）代入式（7-14），并对式（7-14）两端取对数，整理可得

$$\eta_H=D+\frac{2.3RT}{(1+\alpha)F}\lg j_c \tag{7-15}$$

当温度为室温（即 25℃）时，设 $\alpha=0.5$，式（7-15）中 $b\approx39\text{mV}$，该数值仅为实验论

证数值的 1/3，与实验事实并不吻合。

前述关于迟缓放电机理的理论推导是基于汞电极，因此其所得理论适用于汞电极上的析氢反应。此外，针对吸附氢原子表面覆盖度很小的 Pb、Cd 和 Zn 等高过电势金属的析氢反应，也可由该机理进行解释和推导。

(2) 其他机理

汞电极具备以下两个特性：a. 汞上的吸附氢 θ_{MH} 低，因此可认为吸附氢的 α_{MH} 与 θ_{MH} 成比例，从而可用 θ_{MH} 代替 α_{MH}；b. 汞电极表面均匀，从而可使氢离子的放电反应在整个电极表面上进行。因此，基于以上两个前提条件所推导出的迟缓放电机理的理论公式，完全适用于汞电极，且对于吸附氢原子 θ_{MH} 低的高过电势金属也同样适用。

然而，对于除上述提到的高过电势金属之外的其他金属而言，它们不具有汞电极的上述两个特点。首先，它们的表面不均匀；其次，在低过电势金属和中过电势金属（Pd、Pt、Ni 和 Fe 等）电极上，吸附氢原子的 θ_{MH} 数值较高。例如，在恒电流密度为 1 mA/cm^2 的条件下，用恒电流暂态法对 Pt 电极进行阴极极化时，可测得在 Pt 电极上吸附氢 θ_{MH} 为 83%，即 Pt 电极表面吸附氢的覆盖率较大。由于这些金属电极的特征显然已不满足推导迟缓放电机理理论公式的前提条件，所以迟缓放电机理不适用于此类金属电极，这使得研究者们开始思考并探索适用于低过电势金属和中过电势金属的其他反应机理。

针对 Ni 电极而言，当阴极极化电流被切断后，电势的变化速率极其缓慢，其电势需经过很长的时间方可恢复到平衡电势。此类缓慢的电势变化并非由变化速度快的双电层电荷变化引起，也不是由消失速度很快的浓差极化消失而导致。因此，可推断这主要是由于 Ni 电极表面上积累了大量的吸附态氢原子，当电流切断后，它们以较慢的速度向固体 Ni 电极内部扩散，造成了这种电势呈现缓慢变化的现象。

某些金属在经过较长时间的析氢反应后，其机械强度大幅降低，明显变脆，即氢脆现象。这是由于电极表面上形成大量吸附态氢原子，并进行扩散过程，使得这些氢原子到达金属内部，从而在金属内部缺陷处聚集，产生可达几十兆帕的高压。若复合成为氢分子的速度较快，则电极表面吸附态氢原子的 θ_{MH} 不会太高。这一现象说明，电极表面的吸附氢原子浓度必然很大。

上面列举的这些例子说明，部分金属电极表面上存在着过量的吸附态氢原子，这与其脱附过程速率缓慢存在必然联系。因为如果氢原子的脱附过程速率较高，而电化学反应步骤缓慢，则不会有过量的吸附态氢原子积累在电极表面。只有电化学反应步骤速率较高而氢原子的脱附步骤速率较低时，电极表面才会出现过量的吸附态氢原子积累的现象。因此，析氢反应过程的控制步骤应为吸附态氢原子的脱附步骤。

从实验结果的角度来看，迟缓复合机理或电化学脱附机理对部分金属具有一定的适用性。从上述两种理论的角度出发，也可通过理论推导，得出符合塔菲尔经验公式的理论公式和相应的合理结论。

例如，假定上述两种理论中复合脱附步骤为控制步骤，则吸附态氢的 θ_{MH} 不符合式（7-11）中所述规律，而是如式（7-16）所述，即缓慢地随过电势变化而变化，即

$$\theta_{MH}=\theta^0_{MH}\exp\left(\frac{\beta F}{RT}\eta_H\right) \tag{7-16}$$

式中，β 相当于一个校正系数（$0<\beta<1$）。若将式（7-16）代入式（7-12），两端取对数，整理可得

$$\eta_H = D + \frac{2.3RT}{2\beta F}\lg j_c \tag{7-17}$$

式中，D 为常数。式（7-17）与式（7-1）一致，符合塔菲尔经验公式。

再如，假定氢原子的表面覆盖度很大，以至于可认为 $\theta_{MH}\approx 1$，若将其代入电化学脱附的反应速度式［式（7-14）］，经过取对数并整理后，得

$$\eta_H = D + \frac{2.3RT}{\alpha F} j_c \tag{7-18}$$

式（7-18）也符合塔菲尔经验公式。

从实验数据论证和理论推导两方面，均可证明迟缓复合机理和电化学脱附机理对于对氢原子有较强吸附能力的低过电势金属和中过电势金属而言，具有普适性。

7.1.5 氢的阳极氧化

氢电极的阳极氧化过程，就是氢的电离过程（$H_2 - 2e^- \longrightarrow 2H^+$）。对于氢的氧化反应过程，曾经历了很长时间的探索，因为在常规的实用电化学体系中很少遇到氢的氧化反应，因而人们普遍忽略了对氢的阳极氧化过程的研究。此外，在酸性或中性溶液中时，只有在一些贵金属（Pt、Pd、Rh、Ir 等）电极表面才会发生氢的电离过程。在碱性溶液中时，例如在 Ni 电极上也有可能由于平衡氢电极电势负移约 0.9V，而实现氢电极的阳极氧化过程。近年来，氢-氧燃料电池和氢-空气燃料电池研究的推动，促进了对氢的阳极过程的研究。

阳极反应历程应与阴极反应历程相同，只是进行方向相反。换言之，可以借助对阴极还原过程的认识来推知氢的阳极氧化反应历程。但当极化较大时，反应历程可能改变。在氢电极的平衡电极电势附近测得的阴、阳极化曲线如图 7-4 所示，图中曲线上的阴、阳极分支有着良好的对称性。然而，极化增大后情况则变得复杂。

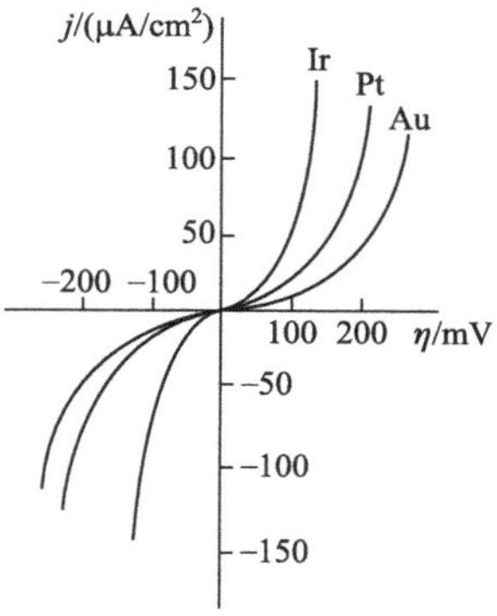

图 7-4 Ir、Pt、Au 电极的氢析出与氧化反应

在浸于溶液中的氢电极上进行的氧化反应历程，通常包括以下三个步骤：

① 分子氢溶解并扩散到达电极表面。

② 溶解氢在电极上“离解吸附”（$H_2 \xlongequal{} 2MH$），或发生电化学离解吸附（如在酸性溶液中 $H_2 \xlongequal{} MH + H^+ + e^-$）。

③ 吸附氢的电化学氧化：$MH \longrightarrow H^+ + e^-$（酸性溶液中），$MH + OH^- \longrightarrow H_2O + e^-$（碱性溶液中）。

反应历程中包括 H_2、H^+（或 OH^-）等粒子的扩散和 H_2 的离解吸附等非电化学过程，又包括电化学氧化与电化学离解吸附等电化学过程。

在电极反应速度由电化学离解吸附速度或电化学氧化速度控制的情况下，阳极电流密度随电极电势变化的具体情况和形式相对复杂，这是因为在可实现氢电离反应的电极表面，θ_{MH} 通常较高。

如果电极反应速度是受分子氢离解吸附速度或溶液中溶解氢的扩散速度控制时，则阳

极电流密度增大到某种程度后，会出现极限电流密度，即电流密度不随电极电势的变化而变化。如何区分这两种控制步骤所分别引起的极限电流密度呢？溶解氢的扩散速度与搅拌速度的平方根成正比，而不发生分子氢的表面浓度极化现象时，氢离解吸附过程的极限速度与搅拌无关。

例如，在浓度为0.5mol/L的硫酸溶液中，Pt电极上氢电离时的极化曲线在增大阳极极化后会很快出现极限电流密度，且阳极电流密度会随电极电势持续变正而呈现下降趋势。在低极化区以及搅拌速度适中的情况下，电流密度与搅拌速度的平方根数值成正比，极化曲线的形式也与上述扩散过程控制的极化曲线形式吻合，这表明此时电极反应速度是受溶液中溶解氢的扩散速率控制。但是，如果继续增大溶液搅拌速度，即使在低极化区，极限电流密度也不随搅拌速度的变化而变化，同时也不随电极电势的变化而变化。这一现象发生的可能原因是在分子氢的离解吸附速度也较慢的情况下，当增大液相传质速度后，分子氢在电极表面上的离解吸附步骤就成为整个电极反应的控制步骤。另外，若电极表面未经活化处理，或溶液中含有能减弱氢吸附键的阴离子（如Cl^-、Br^-等），则随搅拌速度增大，该过程会快速转为混合控制过程及表面转化速度控制过程，这说明分子氢在电极表面上的吸附速度与电极表面状态密不可分。

基于上述例证分析，当液相传质速度较低时，若不采取有效措施，则低极化区的电极过程主要由分子氢的扩散速度控制。因此，液相传质过程在制备高性能燃料电池的氢电极时应受到格外关注，从而有效发挥电极材料的催化活性。然而，采用搅拌溶液的方法在实际应用中难以实现，因此必须构筑诸如多孔电极等特殊的电极结构。

7.2 氧电极过程

7.2.1 氧的阴极还原

在各种类型的空气电池和燃料电池中，阴极（正极）反应几乎总是氧的还原。在近乎中性的介质中，氧的还原反应常常是金属自溶解过程的主要共轭反应，其速度对金属材料的腐蚀速度往往有直接影响。在细胞内线粒体中实现的氧还原过程也可能是按电化学历程进行的，对生物体内的能量转换起着极为重要的作用。显然氧的还原过程也是一个十分重要的电极过程。

若不考虑反应历程中的细节，则各电极上氧的还原反应历程可分为两大类：一是氧分子首先得到两个电子，被还原为H_2O_2（或HO_2^-），然后再进一步被还原为H_2O（或OH^-），被称为二电子反应途径。在酸性及中性溶液中的基本反应历程可描述为

$$O_2+2H^++2e^-\longrightarrow H_2O_2$$

$$H_2O_2+2H^++2e^-\longrightarrow 2H_2O \text{ 或 } H_2O_2\longrightarrow \frac{1}{2}O_2+H_2O$$

在碱性溶液条件下，氧化还原反应的最终产物为OH^-，同时中间产物H_2O_2可按照$H_2O_2+OH^-=\!=\!=HO_2^-+H_2O$的反应过程离解，所以其反应历程可用下式表示

$$O_2+H_2O+2e^-\longrightarrow HO_2^-+OH^-$$

$$HO_2^-+H_2O+2e^-\longrightarrow OH^- \text{ 或 } HO_2^-\longrightarrow \frac{1}{2}O_2+OH^-$$

另一类反应历程中，不是以 H_2O_2 或 HO_2^- 为中间产物，而是在电极表面上的氧分子连续得到四个电子而直接还原成 H_2O 或 OH^-，称为四电子反应途径。在酸性溶液中

$$O_2 + 4H^+ + 4e^- \longrightarrow 2H_2O$$

在碱性溶液中

$$O_2 + 2H_2O + 4e^- \longrightarrow 4OH^-$$

值得注意的是二电子反应途径的反应式之和就相当于四电子反应途径的反应式。因此，这两条反应途径的区别并不大。区分这两类反应历程的主要方法是检查反应中是否有中间产物的存在。例如，如果在反应中检查到中间产物 H_2O_2 的存在，则反应历程应属于第一类，或者至少有一部分反应是通过第一类历程进行的。

在汞电极上进行的氧化还原过程可作为第一类反应历程的例子。在含氧的 KCl 中性溶液中，实验测得的汞的极谱曲线如图 7-5 所示。在发生氧化还原的电势范围内，汞电极表面上不存在氧化物或吸附氧，从图 7-5 可以看到高度相等的两个双电子波，两个波的半波电势相差约 0.8V。

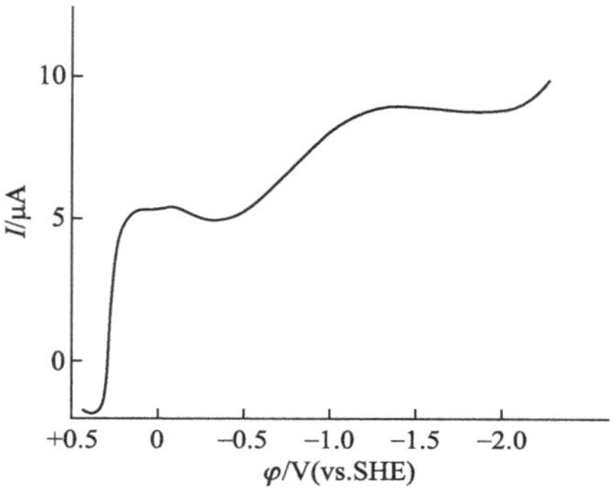

图 7-5 氧还原的极谱波

与汞电极情况类似，在锌电极上发生的氧还原过程同样可在极化曲线上表示为两个反应阶段。同时，在碱性溶液中，碳、石墨和金等电极表面上发生的氧还原过程也主要生成 HO_2^-。但是，在 Pr、Pd、Ag 和 Ni 等氧还原催化剂的金属表面上测得的极化曲线却有所不同，即不存在明显的两个波而是单一波形（四电子反应机制）。在这些电极表面上发生的氧还原反应过程中，通常能够在溶液中发现 H_2O_2，而有的则无明显 H_2O_2 生成。通常情况下，大部分氧还原催化剂可以部分实现四电子反应，同时又生成 HO_2^-。对于此类四电子反应和二电子反应的电势区相互重叠的复杂混合过程，应使用旋转环盘电极装置以探究其反应动力学过程。

7.2.2 氧的阳极氧化

阳极氧化反应在电化学生产实践中也经常遇到。例如，电解水时阳极析氧反应是主要反应；阳极氧化法制备高价化合物时，析氧反应是阳极不可避免的副反应，用不溶性阳极进行金属沉积时，阳极析氧反应不是主要反应就是副反应。析氧反应在不同的电解液中可能以不同的途径进行。在碱性溶液中，阳极析氧的总反应为

$$4OH^- \longrightarrow O_2 + 2H_2O + 4e^-$$

在酸性溶液中，阳极析氧的总反应则为

$$2H_2O \longrightarrow O_2 + 4H^+ + 4e^-$$

在中性盐溶液中，上述两种反应都有可能发生，到底以哪一种形式为主，需根据给定的具体条件（如哪种放电形式所需要的能量较低）而定。

针对实践或者理论层面而言，阳极的析氧反应与阴极的析氢反应同样重要。例如，在电解水的过程中，析氧过电势会直接影响到电解水过程中制取氢气和氧气的电能消耗。同样地，在各类无机物和有机物电解氧化反应的阳极过程中，氧的析出反应同样体现出重要的作

用。但是，由于阳极析氧反应是可逆性很小的复杂四电子反应过程，且该过程会发生较大程度的极化现象，涉及的电势范围宽，反应历程的中间价态离子多，因此探究其反应过程颇有难度。这导致目前对氧的阳极氧化过程的认识远不如阴极析氢反应。

阳极析氧反应过程总是伴随着较高的过电势，因此在平衡电势下氧的析出反应无法进行，氧总是要在比其平衡电势更正一些的电势下才可析出。与定义析氢过电势一样，可以把某个电流密度下氧析出的实际电势与平衡电势的差值称为氧过电势，可表示为

$$\eta_O = \phi_i - \phi_{平}$$

需要注意的是，在给定电流密度不变的情况下，氧过电势也会随时间的变化而变化，一般而言，氧过电势随时间延长而增大。举例说明，对于 Fe、Pt 等金属而言，其氧过电势随时间的延长而逐渐增大；而对于 Pb、Cu 等金属而言，其氧过电势随时间延长而发生跳跃式增大。造成上述现象的原因是电极表面上氧化物的形成及氧化层增厚。因此，通常所说的氧过电势都指其稳定状态下的数值。

实验表明，氧过电势与电流密度之间的关系通常服从半对数的塔菲尔公式，即

$$\eta_a = a + b\lg j$$

式中，a 和 b 的数值由电极材料、温度、溶液组成和电流密度所决定，是常数。大量的实验表明，在中等电流密度的条件下（约为 $10^{-3}A/cm^2$），在碱性溶液中，各种金属上的氧过电势按下列顺序增大：Co、Fe、Ni、Cd、Pb、Pd、Au、Pt。

这表明析氧过电势对电极材料具有一定的依赖性。例如，在电流密度为 $1mA/cm^2$ 时，随着由钴电极到铂电极的变化，析氧过电势要增加 0.7V 左右。

由于氧的析出过程涉及四电子反应历程，因此其往往包含多步电化学基元过程，且同时还需要考虑到氧原子的复合或电化学的解吸步骤，以及在该过程中存在着金属的不稳定中间氧化物的形成与分解等。因此，讨论阳极析氧反应的机理存在较大难度。阐明该机理即要讨论众多的反应步骤及在这些步骤中哪一步为控制步骤，而析氧反应的过程步骤要比析氢反应的过程步骤多，且每一个步骤都可能称为控制步骤，这就使问题变得更加复杂。

7.3 探究气体电极过程的意义

全球人口增长及对能源需求的不断增加使能源供需问题日益严峻，开发可持续的非化石燃料能源是解决问题的有效途径。我国于 2020 年在联合国大会上向世界宣布了 2030 年前实现碳达峰、2060 年前实现碳中和的目标，这将推动我国从化石能源为主向非化石能源过渡，对我国实现能源独立、确保能源安全具有重要意义。大量的研究人员正致力于寻找洁净可再生能源，如太阳能、风能、潮汐能、核能、氢能等。但是很多可再生洁净能源的供应存在不稳定性、间歇性和地域性等问题，使得大量洁净能源不能有效地利用，造成资源浪费。因此，开发能够高效利用这些可再生洁净能源的能量储存和转换技术对于解决当前能源短缺、环境污染等问题具有重要意义。

近年来，许多先进的能量储存和转换技术得到了迅猛发展，如燃料电池、电解水、金属-空气电池以及金属-离子电池等。利用这些技术能够有效实现化学能与电能的转换，对高效

利用可再生洁净能源、缓解能源危机和环境污染发挥着重要作用。电催化反应是多种能量转换器件的核心，催化剂是电催化反应的关键。氢气析出反应（HER）和氧气析出反应（OER）是电解水的阴阳极反应，有时人们有意识地利用这种反应为科研和生产服务，有时又要尽量控制或避免这种反应，以减少它所带来的危害。同时，从原子和分子水平上认识电催化反应的机理，理解影响其电催化动力学过程的各类因素是理性设计高效电催化剂的前提。由此可见，气体电极过程与许多实际电化学体系有着密切联系。因此不论是为了合理地利用气体电极过程为人类服务，还是为了避免该过程所带来的危害，都应该尽量对气体电极过程进行更加深入的研究。

【例题】

在25℃的环境下，存在镍电极作为阴极电解0.5mol/L硫酸溶液的反应，其电极电势是−0.48V，请问阴极析氢的过电势和电流密度是多少？（析氢过程中 H^+ 的 α 值为0.63V，b 值为0.11V）

解：根据过电势的计算公式 $\eta=\varphi_{平}-\varphi_{过}=\frac{2.3}{F}RT\lg\alpha_{H^+}-\varphi_{过}$，得 $\eta=0.4V$。

其中，已知电流密度的公式为 $\lg j=\frac{\eta-\alpha}{b}=-1.8$，即可算出电流密度 $j\approx0.016A/cm^2$

阴极析氢的过电势是0.4V，电流密度是 $0.016A/cm^2$。

2. 在25℃的环境下，pH值为1的水溶液有析氢反应，其符合塔菲尔曲线关系，其中 a 值为0.7V，b 值为0.128V，计算电极反应的电流密度和极化电势。

解：

$$\lg j^0=-\frac{a}{b}=-5.47$$

通过算式转换即可得到电流密度：

$$j^0\approx3.4\times10^{-6}A/cm^2$$

又由公式可以计算出极化电势：$\varphi=\varphi_{平}-\eta=\frac{2.3}{F}RT\lg\alpha_{H^+}-(a+b\lg j)\approx0.38V$。

电极反应的电流密度为 $3.4\times10^{-6}A/cm^2$，极化电势为0.38V。

思考题

1. 何为电催化？它与一般化学催化有何不同？研究电催化有何意义？
2. 氢的阳极氧化有何特点？
3. 析氢过程的反应机理有哪几种？请说明它们各自适用的范围。
4. 氧电极过程中阴极反应和阳极反应有何共同点？
5. 请举例说明在汞电极上，析氢过程是符合迟缓放电机理的。

习题

1. 实验测得 25℃时，pH=1 的酸性溶液中，氢在某金属上析出的极化曲线符合塔菲尔公式，且 a 值为 0.75V，b 值为 0.12V。试说明该电极过程的机理，并计算该电极反应的交换电流密度和外电流密度为 $1mA/cm^2$ 时的极化电势。

2. 在酸性溶液中，当铂电极上析氢速度为 $5\times10^{-3}A/cm^2$ 和 $3.2\times10^{-3}A/cm^2$ 时，如果 $j^0=1\times10^{-4}A/cm^2$，$\alpha=0.5$，求两者的过电势各是多少？并用电化学基本原理说明两者有何不同？

3. 在室温下的 2mol/L HCl 溶液中，当 $j=10^{-3}A/cm^2$ 时，将下列金属的析氢过电势按由小到大的次序排列。

Au、Mo、Ni、Tl、Fe、Pt、Ta、Cu、Ag、Cr、W、Be、Pb、Sn、Pd、Cd

第 8 章

金属的电化学腐蚀过程

金属的电化学腐蚀过程又被称为金属的阳极过程，是金属作为反应物发生氧化还原反应的电极过程。金属的阳极过程与溶液成分有关，因此反应过程和产物比金属的阴极过程更为复杂，可以分为阳极活性溶解和阳极钝化两种过程。在无外电流存在时金属阳极与周围介质发生的自溶解过程被称为金属的自溶解或电化学腐蚀。阳极过程存在于化学电源、电解、电镀和腐蚀等过程中。在化学电源中，通常将活泼金属作为负极，如锌、铬、锂、镁、钠等，它们在放电过程中会伴随着金属的溶解过程。

在电镀和电解工业中，可溶性金属与不溶性金属都可作为阳极材料。可溶性金属阳极在极化时会溶解为可溶性阳离子进入电解液中，为阴极提供反应物。不溶性金属阳极在电流存在的情况下，会发生析氧等反应，使体系形成闭合的回路从而控制电流分布。很多金属的阳极过程非常复杂，受金属本身的特性、电解质的组成、pH 值、温度等因素的影响。对影响因素进行合理的控制会使阳极过程向着有益的方向进行，因此对阳极过程的掌握非常重要，本章主要从阳极的钝化和电化学腐蚀两种阳极过程进行说明。

8.1 阳极反应过程的特点

金属的阳极过程包括金属的溶解（腐蚀）和金属的钝化两种。金属活性溶解过程通常服从电化学极化规律。当阳极活性溶解产物是可溶性金属阳离子 M^{n+} 时，电极反应可以用方程式（8-1）表示。

$$M \rightleftharpoons M^{n+} + ne^- \tag{8-1}$$

阳极的极化服从电化学极化规律。极化电流密度 j_a 与阳极电势 η_a 之间符合巴特勒-伏尔摩方程（8-2）。

$$j_a = j^0[\exp(\beta nF\eta_a/RT) - \exp(-\alpha nF\eta_a/RT)] \tag{8-2}$$

在高过电势区，则服从塔菲尔关系，即

$$\eta_a = -RT\beta nF/\ln j^0 + RT/(\beta nF\ln j_a) \tag{8-3}$$

交换电流密度 j^0 的数值大小与金属阳极有关，因此不同的金属阳极极化作用也不相同（j^0 的数值如表 8-1 所列）。在金属阳极活性溶解时，大部分金属材料的交换电流密度较大，因此阳极极化通常较小。根据实验结果，电极电势的变化对阳极反应速度的影响比阴极过程更显著，传递系数 β 的数值一般较大（如表 8-2 所列），因此阳极极化度通常比阴极小。

表 8-1 部分金属的交流电流密度范围（金属离子浓度为 1mol/L）

低过电势金属 $j^0 \approx 10 \sim 10^{-3}$ A/cm^2	中过电势金属 $j^0 \approx 10^{-3} \sim 10^{-6}$ A/cm^2	高过电势金属 $j^0 \approx 10^{-8} \sim 10^{-15}$ A/cm^2
Pb	Cu	过渡族金属
Sn	Zn	贵金属
Hg	Sb	Fe
Cd	Bi	Ni

表 8-2 某些金属电极的传递系数

电极体系	α(或 αn)	β(或 βn)	电极体系	α(或 αn)	β(或 βn)
$Zn\|Zn^{2+}$	0.47	1.47	$Zn(Hg)\|Zn^{2+}$	0.52	1.40
$Ag\|Ag^{+}$	0.5	0.5	$Cd(Hg)\|Cd^{2+}$	0.4～0.6	1.4～1.6
$Cd\|Cd^{2+}$	0.9	1.1	$In(Hg)\|In^{+}$	0.9	2.2
$Hg\|Hg^{2+}$	0.6	1.4	$Bi(Hg)\|Bi^{2+}$	1.18	1.76

根据阳极极化时从溶液中检测出中间价粒子的实验证实：多价金属离子的还原过程被分为若干个单电子步骤，其中得到第一个电子的步骤为速度控制步骤 [$M^{n+} + e^- \longrightarrow M^{(n-1)+}$]，失去最后一个电子的步骤 [$M^{(n-1)+} \longrightarrow M^{n+} + e^-$] 为速度最慢步骤。

在一定条件下，金属阳极的溶解速度变得非常小，即金属阳极失去电化学活性，这一现象被称为金属的钝化。金属钝化的实现途径有两种：a. 在外加电源存在的情况下，阳极发生极化使阳极金属钝化，称为阳极钝化；b. 在没有外加电源的情况下，介质中氧化剂（去极化剂）的还原引起阳极金属钝化，称为化学钝化或自钝化。

极化曲线是电极电势随电流密度变化的关系曲线，可采用恒电势法和恒电流法进行测定。图 8-1 是典型的金属阳极极化曲线，由恒电势法测得（即维持恒定电势，测定相对应的电流值）。由图可知，在不同的电极电势范围内，金属阳极呈现五种不同的状态。将呈现不同状态的区域进行划分，分别为活化区、过渡区、稳定钝化区、过钝化区和析氧区。在每一个电势区间，金属阳极所处的状态有较大的差异。

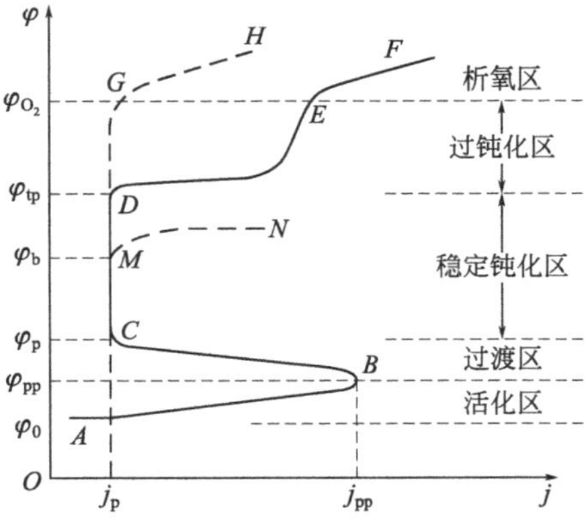

图 8-1 用恒电势法测得的金属阳极极化曲线

从 A 点到 B 点的区域称为活化区，电流密度随着电极电势的增加而增加，此时金属阳极活性溶解，其表面处于活化状态。当电势通过 B 点以后，金属阳极的溶解速度随着电极电势的增加呈现急速下降的状态，这一现象被称为钝化。产生这一现象的根本原因是在金属阳极表面上形成了一层高电阻耐腐蚀的钝化膜，此时钝化开始发生。对应于 B 点的电流密度叫致钝电流密度或临界钝化电流密度 j_{pp}。B 点对应的电势被称为临界钝化电势或钝电势 φ_{pp}。若继续升高电势到 C 点电势 φ_p，此时金属完全进入钝态，C 点的电势 φ_p 被称为初始稳态钝化电势。从 B 点到 C 点被称为活化-钝化过渡区，在此区域内金属表面处于不稳定状态。

在 C 点之后，电势继续增高，金属阳极完全进入钝态，电流维持一个基本不变的很小值被称为维钝电流 j_p，维钝电流大约在几个 $\mu A/cm^2$ 的数量级。从 C 点到 D 点的区域被称为钝化稳定区。

若极化电势继续增加到 D 点，则金属进入了过钝化状态，电流密度又重新增大。D 点的电势称为过钝化电势 φ_{tp}，DE 段被称为金属的过钝化区，此时金属阳极表面生成可溶性高价金属离子从而增加电流密度。但并不是所有的电极体系都存在过钝化区，有的电极体系可以随着电极电势的增加直接过渡到下一区域。

随着电极电势的继续增加，电流密度再次增大，这是由于电极电势达到析氧电势，这一阶段称为析氧区，即 EF 段。

需要进行说明的是，用恒电流法无法测出上述曲线的 $BCDEF$ 段。当金属受到阳极极化时，表面发生了复杂的反应和变化。电极电势成为电流密度的多值函数，因此当电流增加到 B 点时，电势即由 B 点跃增到 E 点，金属进入过钝化状态，无法反映出金属进入钝化区的过程。因此，只有恒电势法才能测试出完整的阳极极化曲线。

此外，由于金属阳极材料和电解液的种类和性质的差异，并非所有电极体系都具备完整的经典阳极极化曲线。有些金属电极体系的阳极极化曲线只具有活性溶解过程。有些金属电极体系虽然会产生钝化过程，但在未达到过钝化电势 φ_{tp} 时，金属表面形成的钝化膜就已产生破损。在破损区域，金属会发生活性溶解，电流密度重新升高，极化曲线中不会出现过钝化区，即图 8-1 中 $ABCMN$ 形式。电流急速上升时的电极电势称为击穿电势或破裂电势 φ_b，经过此电势后，金属阳极表面将出现被腐蚀的小孔。此外，还存在某些金属阳极在外电流为零时就已经处于钝化状态，则阳极极化曲线从 C 点开始。

综上所述，随着电极电势的增加，金属阳极可以呈现溶解和钝化两种阳极过程，与金属阳极和周围介质的种类和浓度有关。对于发生正常溶解的金属阳极，阳极极化过程符合电极极化的一般规律；而对于发生钝化的金属阳极，其极化过程不符合电极极化的一般规律。不同的电极极化行为赋予了金属阳极不同的实用性，因此对金属阳极极化行为的深入研究具有实际意义。

8.2 金属的钝化

8.2.1 钝化出现的原因

随着电极电势的增加，金属阳极的溶解速度随之增加，当溶解速度超过临界值之后，金属表面会发生钝化现象，而钝化现象是如何产生的呢？金属阳极表面发生了什么变化呢？首先根据阳极极化过程，金属的钝化行为可能与金属/溶液的界面有关。

随着金属阳极溶解速度的增加，金属表面附近的金属离子的浓度会迅速增加，可能会超过金属离子的溶解度而沉积在电极表面，进而降低了阳极的电流密度引起金属阳极钝化过程。这种沉积膜层通常比较薄，可能是单分子或者几个分子的厚度，也可能是具有三维结构的薄层。金属表面的沉积膜层会抑制离子迁移，造成离子电导性很低，因此抑制金属阳极溶解，表现为钝化行为。但是沉积膜层也可能不具有电子导电性，此时不但金属阳极的溶解行为被完全抑制，电极的其他反应也无法正常进行。通常只把抑制金属阳极溶解但本身不溶解于介质的具有电子导电性的沉积膜层称为钝化膜。金属表面生成钝化膜的过程即为钝化过程，具有完整钝化膜的表面状态称为钝化状态，简称为钝态。

8.2.2 钝化的影响因素

在金属阳极极化过程中，存在两种状态：溶解和钝化。这两种状态的产生条件以及如何进行合理转化和利用是人们关心的问题。本节主要针对钝化的相关因素进行分析。

(1) 金属本性的影响

不同金属的活性不同，即得失电子的难易程度不同，因而金属阳极在相同电极电势或相同电解质中的溶解速度也有所差异。同样地，不同金属阳极的钝化难易程度和钝化层的稳定性也不尽相同。最容易发生钝化的金属包括 Cr、Mo、Al、Ni 和 Ti 等，这些金属在氧气存在的情况下会自发地发生钝化，且当钝化层遭到破坏时，这些金属还可以再次自发地形成钝化层。对比而言，其他金属则需要在含有氧化剂的电解液中或者在发生阳极反应后才可能发生钝化过程。

对于合金而言，若合金中含有容易钝化的金属组分，则这种合金也具有易钝化的性质，比如在金属 Fe 中加入 Ni 或 Cr 等金属后，该合金就变成了易钝化的金属材料。

根据经典电极极化曲线，有些金属阳极随着电极电势的增加，可能会出现过钝化现象，包括 Fe、Cr、Ni 及其合金，而有些金属并不会发生这种现象，比如 Zn 等。

(2) 溶液组成的影响

由于电解液组成的多样化，电解液中阳极过程的溶解通常很复杂。下面主要对溶液组成对阳极过程的溶解或者钝化行为的影响进行分析。

① 络合剂的影响。在大部分电解液的构成中，络合剂是重要组成部分。络合剂可以络合金属离子，从而提高阴极极化。此外，非络合金属离子络合剂的存在可促进金属阳极溶解，阻止阳极钝化，对阳极过程有较大影响。

例如，在氰化镀铜的实际应用中，溶液中氰化物起到络合离子的作用，从而促进阴极极化和金属阳极溶解。当溶液中游离的氰化物含量增加时，阳极可正常溶解而不发生钝化作用，阴极过程的效率则显著降低；当溶液中游离的氰化物含量降低时，阳极发生钝化现象，阴极过程的效率显著提高。可以看出，电解液中的氰化物浓度对阴极和阳极的效率均有显著影响。因此，在氰化镀铜过程中，如何控制游离氰化物浓度，以提高阴极效率并加快沉积速度，是在实际生产过程中应该优先考虑的问题。在电镀等实际应用和生产过程中，对于络合剂的种类和浓度必须进行详细探究，以使应用效率和实际效果达到最佳状态。

② 活化剂的影响。对于一些金属，在电解液中会发生钝化作用。如果想抑制钝化发生，可以在电解液中加入某些物质，防止金属阳极钝化、促进溶解，具有这种作用的物质被称为“活化剂”。许多阴离子都具有很好的活化作用，比如卤素离子，是电镀过程中常用的活化

剂。按照活化能力的强弱，一般情况下离子排序为：$Cl^- > Br^- > I^- > F^- > ClO_4^- > OH^-$。但在不同条件时，该顺序可能会发生变化。

例如，氰化镀铜溶液中，为了防止阳极钝化，常在其中加入硫氰酸盐（如 KCNS）和酒石酸盐（如 $KNaH_4C_4O_6$）两种活化剂，他们的阴离子会使钝化膜氢氧化铜溶解，溶解作用如式（8-4）与式（8-5）所示。

$$Cu(OH)_2 \xlongequal{} Cu^{2+} + 2OH^- \tag{8-4}$$

$$3H_2O + CNS^- + Cu^{2+} \xlongequal{} [Cu(H_2O)_3CNS]^+ \tag{8-5}$$

例如，在 pH<7 的镀镍溶液中，阳极金属镍具有明显的钝化趋势。在高的阳极极化条件下，OH^- 可能会在阳极上发生放电反应，如式（8-6）所示。

$$4OH^- - 4e^- \longrightarrow 2H_2O + O_2 \tag{8-6}$$

OH^- 的放电使氧析出，从而促进 Ni^{3+} 形成，如式（8-7）所示。

$$Ni^{2+} - e^- \longrightarrow Ni^{3+} \tag{8-7}$$

Ni^{3+} 在水中不能稳定存在，又会按式（8-8）和式（8-9）发生反应。

$$Ni^{3+} + 3H_2O \xlongequal{} Ni(OH)_3 + 3H^+ \tag{8-8}$$

$$2Ni(OH)_3 \xlongequal{} Ni_2O_3 + 3H_2O \tag{8-9}$$

反应产物 Ni_2O_3 覆盖在金属阳极表面，导致阳极有效面积减小，进而阳极钝化越来越严重。

阳极钝化后，由于 OH^- 的放电反应导致溶液 pH 值下降，此外由于阳极金属无法正常溶解，导致溶液中离子浓度降低，造成阴极表面层变脆甚至出现脱落的现象。因此，必须防止阳极钝化的发生。目前，行之有效的方法是在溶液中加入大量活化剂，而活化剂主要是氯化物。

③ 氧化剂的影响。溶液中存在氧化剂时会加剧金属钝化，常见的氧化剂包括硝酸银、重铬酸钾和高锰酸钾等。此外，溶液中存在或者反应生成的氧也会促进阳极金属发生钝化。

④ 有机表面活性剂也会对金属的钝化产生影响。有机表面活性剂可以是含氮或硫的有机化合物，可阻碍金属阳极溶解行为，这类表面活性剂被称为阳极缓蚀剂。其促进钝化的内在机理尚未明晰，可能是由于其在电极表面的吸附作用，引起双电层结构的改变，从而影响了电极反应速度。

⑤ 电解液 pH 值不同，金属阳极的钝化情况也有所差异。在中性溶液中，金属一般比较容易发生钝化。这是因为金属在中性溶液中发生反应而生成溶解度很小的氢氧化物沉淀或者难溶盐，从而在金属表面形成沉积，造成金属表面钝化。在酸性溶液中，金属阳极的溶解性增强，钝化行为较难发生。这是由于在强酸性环境下，阳极金属溶解后一般生成可溶解的金属离子，故而很难产生钝化层，钝化行为难以发生。在碱性溶液中，部分金属溶解后也会产生具有一定溶解度的酸根离子，故也不易发生钝化。

⑥ 阳极电流密度也是影响阳极过程的一个显著因素。当阳极电流密度小于钝化电流密度时，提高电流密度，可增加阳极金属的溶解速度。从阳极充电曲线（图 8-2 所示）中可知，随着时间的增加，阳极电势变化缓慢，这是由于金属阳极表面没有发生钝化，溶液中金属离子浓度增大所引起。

当阳极电流密度大于临界钝化电流密度时，增大阳极电流密度会促进金属的钝化过程。

由图 8-2 可知，通过一段时间的电流后，电极电势发生明显变化，此时阳极转化为钝态。从开始通电到电势突变所需的时间被称为钝化时间，以 t_p 表示。极化电流的大小直接影响钝化时间，即极化电流越大，钝化时间越短；反之，钝化时间越长，钝态越容易形成。

在实际应用中，碱性镀锡过程可以明显观测到电流密度对阳极过程的影响。碱性镀锡溶液的阳极极化曲线如图 8-3 所示。从开始点（*A* 点）到 *B* 点，阳极电势随着阳极电流密度的增加而缓慢增加，此时锡金属阳极发生的反应为

$$Sn+4OH^- \longrightarrow Sn(OH)_4^{2-}+2e^- \tag{8-10}$$

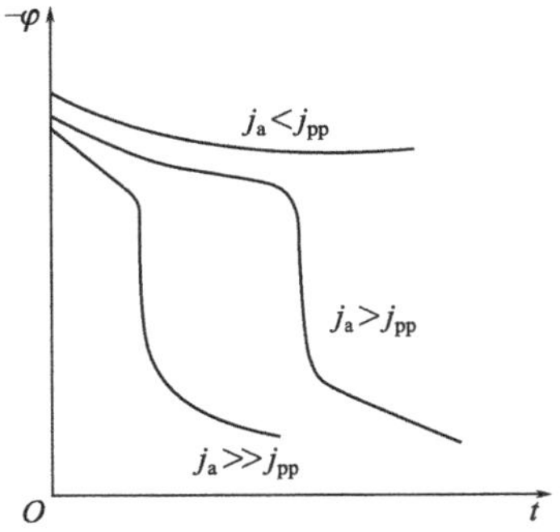

图 8-2　阳极充电曲线示意图

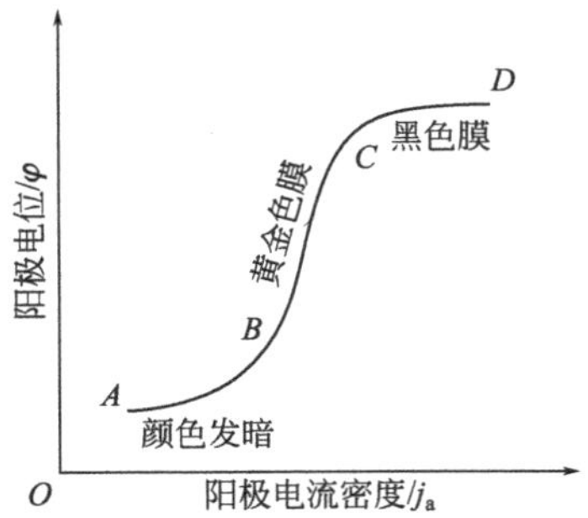

图 8-3　锡在碱性电镀液中的阳极极化曲线

但阳极电流密度达到 *B* 点时，阳极电势迅速增加，此时一层黄金色的薄膜在阳极表面生成。金属阳极正常溶解，会生成四价锡离子，即

$$Sn+6OH^- \longrightarrow Sn(OH)_6^{2-}+4e^- \tag{8-11}$$

电流密度继续增加，当超过 *C* 点时，金属阳极完全钝化，阳极表面生成一层黑色的钝化膜。此时，金属锡几乎不再溶解，溶液中生成大量的氧气，即

$$4OH^- \longrightarrow 2H_2O+4e^-+O_2\uparrow \tag{8-12}$$

随着电流密度的改变，金属阳极也发生明显变化，阳极过程可影响溶液中离子的种类和含量，对阴极过程产生显著影响。当极化电流位于 *AB* 段时，阳极溶解产生二价锡，使阴极沉积的镀层变得稀疏发暗。当极化电流位于 *BC* 段时，阳极溶解产生四价锡，此时阴极镀层为乳白色且致密。当极化电流位于 *CD* 段时，阳极完全钝化，有大量氧气析出，此时溶液稳定性遭到破坏。

因此，在电镀过程中，要严格控制电流密度，保持极化电流密度处于 *BC* 段，此时金属阳极表面应表现为黄金色的工作状态。

8.2.3 金属钝化理论

基于对金属钝化的原因及影响因素的分析，可见钝化过程的复杂性。本节将简单介绍三种目前被认为能够较好解释实验事实的理论，即成相膜理论、吸附理论和吸附薄膜理论。

（1）成相膜理论

成相膜理论认为阳极金属在溶解后会生成一种固态产物，这种固态产物与金属基体紧密结合，本身是一种致密结构且可独立成相，这被称为成相膜或钝化膜。成相膜将金属表面紧紧包围，使其与溶液基本不产生接触。因此，金属阳极的溶解速度非常缓慢，此时认为金

属进入钝态。当溶液或基体中存在氧化剂时，氧化膜更易形成，金属更易形成钝态。

在成相膜理论中，钝化膜是一种极薄的膜，其具有一定的离子导电性，电解液中的阴离子和阳极金属离子可从膜中穿过。在金属达到钝态时，并非完全不发生金属阳极的溶解，只是阳极的溶解速度变得非常小。

对阳极金属的稳定电势测试可通过机械除膜的方式进行。比如 Fe、Ni、Mn 等金属，在其钝化后，用机械除膜的方式可测量它们在碱性溶液中从钝化状态到溶解状态的稳定电势，测试结果如表 8-3 所示，可以看出稳定电势的变化比较大。

表 8-3　在 0.1mol/L NaOH 中，表面机械修整对金属稳定电势的影响

金属	稳定电势/V	
	机械除膜前	机械除膜后
镁	−0.90	−1.50
锰	−0.35	−1.20
铁	−0.10	−0.57
钴	−0.08	−0.53
镍	−0.03	−0.45
铬	−0.05	−0.86

成相膜理论之所以被认可，是因为可以通过实验方法直接观测到成相膜的存在，并且可以对其厚度和组成进行表征。测试成相膜常用的方法是溶解法，即将阳极金属与成相膜一同放入某种能够溶解金属而对成相膜没有作用的溶液环境中，缓慢地将金属溶解，此时成相膜已经单独存在，可以对其厚度和成分进行表征。例如，对于金属铁的成相膜可以使用 I_2-KI 溶液进行分离。除了采用分离法测试成相膜以外，还可采用直接测试的方式对成相膜的性质进行表征。例如，采用光学的方法直接测量成相膜的厚度，还可直接从金属钝化的充电曲线上得到数据，从而直接求得膜厚度。通过实际测量，金属阳极成相膜的厚度一般处于纳米或微米数量级，比较薄的成相膜厚度从几纳米到几十纳米，比较厚的成相膜可达到几微米的厚度。

对于金属钝化膜的成分分析可以采用电子衍射法，通过测试大多数金属钝化膜是由金属氧化物组成的。例如铁的钝化膜是氧化铁，铝的钝化膜是氧化铝。此外，有些金属的钝化膜由难溶盐组成，如硫酸盐、铬酸盐、硅酸盐和磷酸盐等。

对于已经生成钝化膜的金属阳极，若改变电势将其重新进行活化溶解，可以测得活化电势与临界钝化电势的数值非常接近，这一现象说明钝化膜在一定条件下是可逆的。所处的电势与金属反应生成氧化物的热力学电势接近。所处的电势会随着 pH 值的变化而变化，变化规律与生成氧化物的平衡电势相符合。

$$M+nH_2O \rightleftharpoons MO_n+2nH^++2ne^- \tag{8-13}$$

或

$$M+nH_2O \rightleftharpoons M(OH)_n+nH^++ne^- \tag{8-14}$$

此外，对于大多数金属电极而言，其氧化物的生成电势都比氧的析出电势要小得多。因此，金属可以直接反应生成金属氧化物，而不是必须通过氧的作用。综合上述所有的实验内容和理论内容，说明了成相膜理论的真实性。

需要说明的是，对于金属阳极而言，并不是所有金属发生反应生成固态不溶物都可以形成钝化膜。有些金属发生反应后生成可溶性离子，这些可溶性离子会与溶液中的某些成分发生反应生成固态产物，也会沉积在金属阳极表面。但是这类固态沉淀通常较为稀疏，附着力差，因此不能直接钝化金属阳极。

（2）吸附理论

吸附理论也是当前被广泛认可的钝化理论，吸附理论认为钝化是由于吸附层导致的。吸附层由氧或含有氧的粒子组成，是一种只有单分子厚度的层状结构。得到广泛认可的氧或含有氧的粒子为 O^{2-} 或 OH^-，其中最被认可的是氧原子，因为氧原子的吸附会降低金属表面的反应活性，从而引发钝化现象。

验证吸附理论的正确性主要通过电量测量，测量结果表明，在一定条件下，如果使金属钝化，只需在金属电极的单位面积（每平方厘米）上施加千分之几库仑的电量即可。例如，只需要用 $1\times10^5 mA/cm^2$ 的电流密度，就可以使在 0.05mol/L NaOH 溶液中的铁电极钝化，即只需要 $0.3mC/cm^2$ 的电量就可以使铁电极钝化，而这些电荷量完全不够单层氧吸附层的形成。此外，对金属阳极界面电容的测试结果也是有效证据，如果金属阳极表面存在膜结构，即使是非常薄的膜，则根据公式 $C=\frac{\varepsilon_0\varepsilon_r}{l}$，界面电容值也会比自由表面的双电层电容值小很多。但是测量结果表明，在金属钝化后测试的界面电容值并没有特别明显的改变，说明在电极表面并没有形成氧化物膜。又比如当对铂电极进行表面钝化时，当表面被覆盖量为6%时，铂的溶解速度变为原来的1/4；当表面覆盖量为12%时，溶解速度变为原来的1/16。由此说明，即使金属表面没有完全被氧原子层覆盖时，金属阳极表面已经形成了明显的钝化作用。

吸附理论除了能够单独对钝化作用进行解释外，还可以作为成相膜理论的补充说明。比如，可以解释一些金属的超钝化现象。吸附理论的观点为增大阳极极化会造成两种结果：一是金属的溶解会更加困难，这是由含氧离子的吸附作用所导致；二是促进金属的溶解，这是由电势变正而使电场增加所导致。这两种相反的作用结果在一定的电势范围内可以相互抵消，具体表现为随着电势的变化，钝态金属的溶解速度基本不变。但是当电极电势处于超钝化区域内时，阳极金属溶解生成高价的含氧离子，此时电场促进金属的溶解作用占主导地位，而电极表面所吸附的氧不但不会阻碍电极反应，反而会促进高价离子的形成，因此金属阳极的溶解速度出现进一步增加的现象。

对于吸附理论中，是哪种离子的吸附作用导致了金属的钝化，以及含氧离子层对金属阳极极化作用的影响机理目前尚不清楚。有些观点认为是金属表面存在的不饱和键在含氧离子吸附层存在时变成饱和状态，导致金属表面失去了原有的反应活性；还有些观点认为由氧原子的吸附作用导致阳极表面双电层的电势分布产生变化，改变了金属表面的反应能力。但是这些观点仅仅是推测，尚且没有充分的实验结论作为支撑。

（3）吸附薄膜理论

成相膜理论和吸附理论都能解释部分的实验现象，但是又不能解释全部的实验事实，因此目前对这两种理论仍然存在争议。大量的实验研究发现，大部分金属钝化后表面形成了成相膜结构，厚度大于几个分子层。但是在某些条件下，表面也存在着单分子层的吸附结构。因此结合上面两种理论出现了第三种理论——吸附薄膜理论。

吸附薄膜理论认为，在电极电势增加的初期，形成的是化学吸附层，符合吸附理论。随着电极电势继续增加，金属表面由吸附层变为屏障层。屏障层被认为是一种无孔的连续无定型结构层，其组成非常复杂并且会在过程中产生一定变化，结构与金属取向一致，与氧化物结构明显不同。当电极电势继续增加时，屏障层厚度进一步增加，结构发生变化，进而演变为较厚的钝化层。然而，目前吸附薄膜理论并没有实验数据支撑，只是处于推测阶段。因此，钝态金属表面可能会存在成相膜或氧化物膜，但是具体在什么样的条件下会形成成相膜，什么样的条件下又会形成氧化物膜及膜的结构与组成等问题，是当前需要进一步探究的课题。

8.3 金属的腐蚀

金属腐蚀（corrosion）是指金属与环境之间发生的化学、电化学反应，或者是由于物理溶解作用而引起的损坏或变质。对于金属，单纯的物理腐蚀也可能发生，但只有少量的实例，比如合金在液态金属中的溶解作用。单纯的物理破坏，比如切削、研磨等，这种破坏不属于金属腐蚀。

金属腐蚀具有严重危害，当金属被腐蚀后，会出现外形、颜色的变化以及力学性能下降等变化，对设备造成严重损坏，甚至可造成燃烧或者爆炸等危险，同时金属腐蚀会造成金属资源严重浪费和环境污染等问题。

从另外一个角度，也可以利用腐蚀机理为生产和生活提供服务。比如，在电子行业印刷电路板的方式是采用三氯化铁溶液腐蚀金属铜，从而得到具有清晰线条的电路板。此外，生活中常见的热敷袋，是将其内部放入铁屑，使其发生腐蚀反应而获取热量以达到止痛的目的。

那么，腐蚀作用是如何发生的？内在机理是什么？如何对金属的腐蚀加以利用？如何对金属进行防护？本章主要针对上述问题进行介绍。

8.3.1 电化学腐蚀机理

从热力学角度，腐蚀是金属由非稳态自发向稳态转变的过程，即金属发生腐蚀的实质是金属原子失去电子被氧化的过程（如图 8-4 所示）。金属腐蚀一般从金属的表面开始发生，逐渐向金属内部延伸。金属腐蚀一般在具有恒温恒压的敞开体系下进行，可以根据吉布斯自由能变判断金属腐蚀的限度和方向。

自然界存在的大多数金属都是以氧化物的形式存在，极少数是以金属单质存在，除了少量贵金属（比如金、铂）以外，金属可以在自然环境下发生腐蚀，即腐蚀是一种自发的现象。但在金属的使用中，基本以金属单质或合金的形式进行，因此将金属氧化物提炼为可以使用的金属单质以及保持金属单质的稳定、防腐具有重要的研究意义。图 8-5 是金属腐蚀的实质示意图（以金属铁为例）。

根据腐蚀的作用原理，金属腐蚀可以分为化学腐蚀（chemical corrosion）和电化学腐蚀（electrochemical corrosion）两大类。

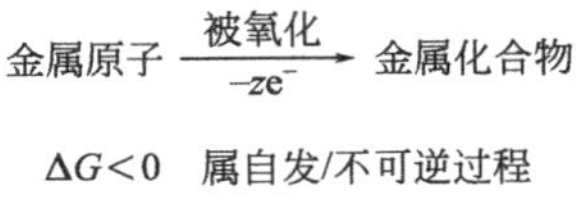
金属原子
被氧化
$-ze^-$
金属化合物
$\Delta G<0$ 属自发/不可逆过程

图 8-4 金属腐蚀的实质图

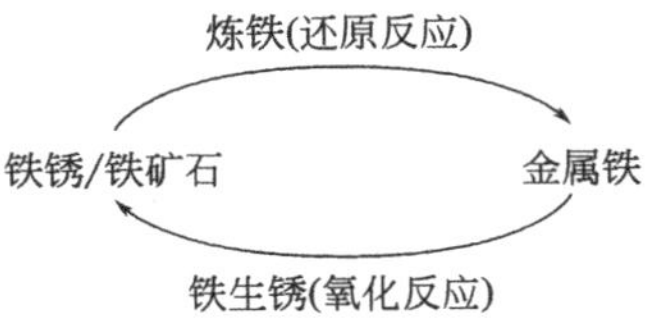

图 8-5 金属腐蚀的实质（以金属铁为例）

化学腐蚀是指单纯由化学作用引发的腐蚀。在金属化学腐蚀的过程中没有电流的变化。比如，将金属铁放入稀硫酸溶液中，铁单质会发生反应生成铁离子而发生溶解，过程中没有电流产生，这一过程为化学腐蚀。此外，在高温下金属与气态介质（比如 CO_2、SO_2 等）的化学作用通常是化学腐蚀。

对于金属的化学腐蚀，温度是其主要影响因素。比如钢材，在常温和干燥的环境中不容易发生腐蚀可以长时间存放，但是在高温环境下很容易发生腐蚀。腐蚀会导致钢材表面生成一层含有氧化亚铁、氧化铁和四氧化三铁组成的氧化层，同时钢材表面还会出现脱碳的现象。

在金属腐蚀的范围内，化学腐蚀只占一小部分，大部分的金属腐蚀过程属于电化学腐蚀。电化学腐蚀是金属在潮湿的空气、电解液等介质中，形成电池或微电池而引发的电化学作用导致的金属自溶解过程。在电化学腐蚀过程中，金属被氧化、氧化剂被还原，构成了一个自发的完整的短路电池，这种电池也被称为腐蚀电池。因此，电化学腐蚀也通常被认为是腐蚀电池极化反应的结果。自然界中金属由单质变为氧化物的腐蚀过程通常是电化学腐蚀。

化学腐蚀（图 8-6）与电化学腐蚀（图 8-7）的区别在于是否有电流产生。在电化学腐蚀中，金属表面存在薄隔离层隔离的阴阳两极，并且有微小的电流在两极之间流动；而对于单纯的化学腐蚀，金属表面不会产生电流，无法形成腐蚀电池。在早期的观点中，高温下的气体腐蚀属于化学腐蚀的范畴，但随着研究深入，人们发现在高温气体腐蚀中也存在着被隔离的阴阳两极，两极中同样存在着电子和离子的迁移。由此，对化学腐蚀也出现了一种新的分类：干腐蚀和湿腐蚀。干腐蚀是指金属在干气体中（通常是高温环境）或者是在非水溶液中的腐蚀；湿腐蚀是指金属在含有水的环境中发生的腐蚀作用，是一种典型的电化学腐蚀。

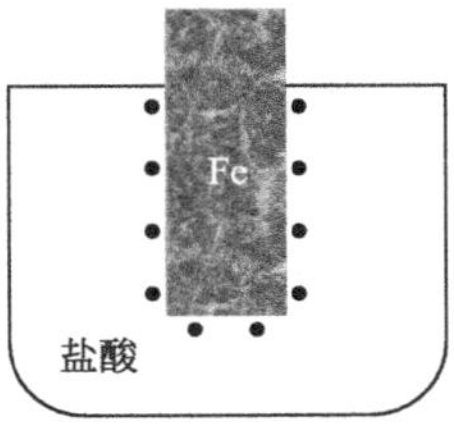

图 8-6 金属的化学腐蚀

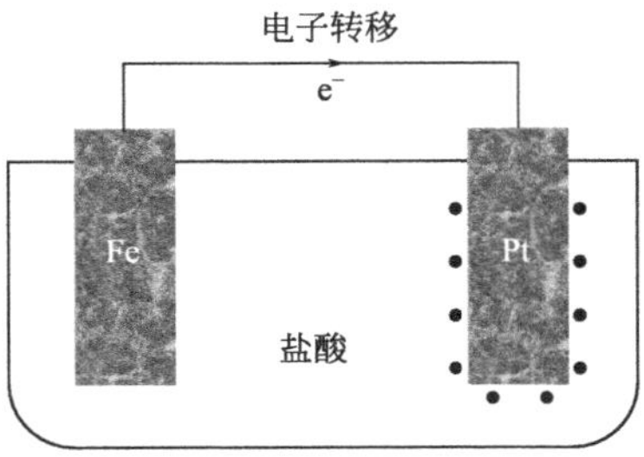

图 8-7 金属的电化学腐蚀

电化学腐蚀既可以单独引发金属的氧化，又可以与机械作用、生物作用共同引发金属的氧化反应。当金属受到电化学作用的同时又受到拉伸应力的作用时，可以使金属产生应力腐蚀断裂。当金属同时受电化学作用和交变应力的作用时可以引发腐蚀疲劳。当金属在化学作用和机械磨损的共同作用下，则可以产生磨损腐蚀。

对于电化学腐蚀的内在机理，本节将以金属铁为例进行详细的分析。将 Fe 浸入含有 Fe^{2+} 的酸性溶液中，假设金属电极表面只发生金属铁与铁离子的转化，则在金属铁电极与溶液的界面上会发生物质转移和电荷转移，如图 8-8（a）所示。随着反应进行，最后会达到平衡状态，即电荷平衡和物质平衡，此时的电极电势被称为平衡电势。电极与溶液界面上除了铁与铁离子的交换反应外，溶液中的氢离子也会得到电荷而转变为氢气，如图 8-8（b）所示。

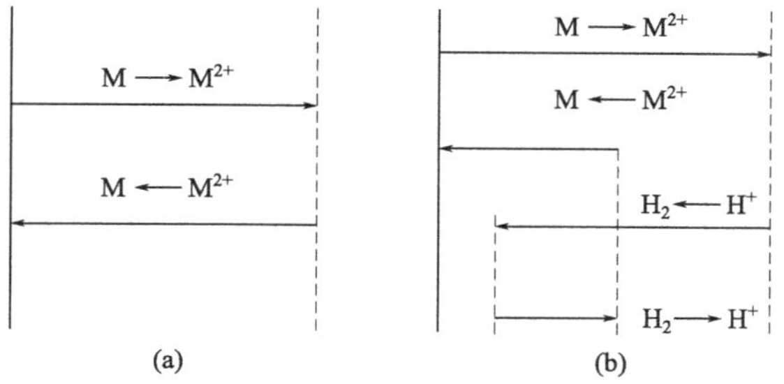

图 8-8　建立平衡电势（a）与稳定电势（b）的示意图

随着交换反应的深入，同样会达到平衡状态得到平衡电势。但此时的实际电势存在于两种平衡电势之间，称为稳定电势。而稳定电势偏离于两种平衡电势，因此体系内会连续发生金属的溶解和氢气的析出过程。并且由于电化学腐蚀只是在界面处建立了阴极和阳极，并没有电流从外电路流出，说明金属的溶解速度与氢气的析出速度一致，即界面处于电荷平衡状态，但此时界面的物质转移在持续发生，处于非平衡态。

这种在同一电极上，有着相同反应速度且同时进行相互独立的两个反应称为共轭反应，两者中一个是氧化反应，另一个是还原反应。在水溶液中，金属氧化溶解的共轭反应主要是氢的析出或者氧的还原。对处于同一电极的两对交换反应的电化学极化曲线进行描述，对其相互影响进行分析，以金属铁在酸性溶液中的腐蚀过程为例，其电化学极化曲线如图 8-9 所示。电极表面发生的共轭反应为

反应①：　$Fe^{2+} + 2e^- \rightleftharpoons Fe \quad \varphi^- = -0.447V$　(8-15)

反应②：　$2H^+ + 2e^- \rightleftharpoons H_2 \quad \varphi^- = 0V$　(8-16)

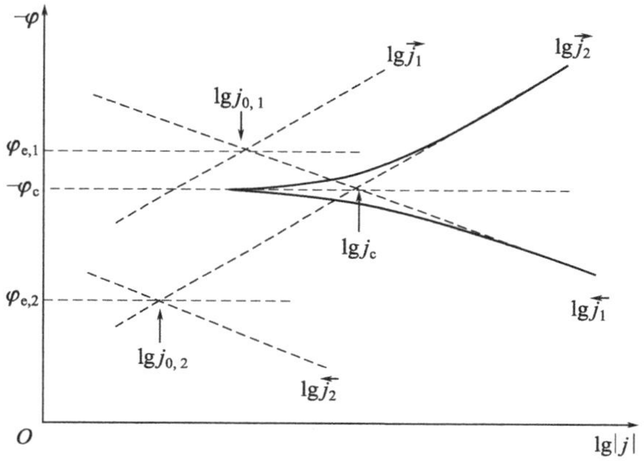

图 8-9　金属自溶解过程中两对交换反应的极化曲线

由图可知，在界面上同时发生两个反应，因此实际电极电势小于稳定电势 φ_c。此时两个反应都处于非平衡状态，即两个反应都在进行中。但是这两个反应的反应方向不同，对于反应①，其稳定电势大于平衡电势，$\overrightarrow{j_2}>\overleftarrow{j_2}$，因此反应向净氧化方向进行；对于反应②，其稳定电势小于平衡电势，$\overrightarrow{j_1}<\overleftarrow{j_1}$，故而反应向净还原的方向进行。

电化学腐蚀没有外电流的产生，因此金属的溶解速度和氢气的析出速度相同，即 $\overleftarrow{j_1}-\overrightarrow{j_1}=\overrightarrow{j_2}-\overleftarrow{j_2}=j_c$，此时的电流密度称为腐蚀电流密度，即 j_c。一般在电势处于稳定电势时，电极表面的两个反应已经进行极化，此时金属离子还原和氢气分子氧化的速度都非常小，可忽略不计，即 $\overrightarrow{j_1}\ll\overleftarrow{j_1}$，$\overrightarrow{j_2}\gg\overleftarrow{j_2}$，此时可认为 $\overleftarrow{j_1}\approx\overrightarrow{j_2}\approx j_c$，即阳极极化与金属氧化物溶解的电流密度 $\overleftarrow{j_1}$ 相同，而阴极极化与氢还原的电流密度 $\overrightarrow{j_2}$ 相同。将两条塔菲尔直线延长，交点所对应的就是腐蚀电流密度 j_c，也就是说可以通过稳态极化曲线的建立来表征金属腐蚀的速度。

阳极极化曲线中塔菲尔直线的测定通常是在腐蚀速度不太大的情况下进行。在腐蚀速度比较大时，难以得到阳极极化的塔菲尔直线，此时阴极极化的塔菲尔直线与水平线 φ_c 的交点，可认为是腐蚀电流密度。此外，如果采用 Nernst 方程计算出两种反应的平衡电势，则阴极或阳极的极化塔菲尔直线与水平线的交点对应的电流密度可认为是阴极或阳极的交换电流密度。

极化曲线外延法也有一定的使用限制，只有当阴极或阳极的腐蚀过程是由电化学过程控制时才使用。极化曲线外延法可以用来测定金属在酸性溶液中的腐蚀速度，因为腐蚀速度较慢，可以测得极化曲线中的塔菲尔直线。但是这种方法也存在缺点，由于极化作用较强，在测试阳极极化曲线的过程中，可能会导致金属阳极发生钝化。在阴极极化曲线的测定过程中，可能会导致金属表面的氧化膜发生还原反应而遭到破坏。此外，这种方法在测试过程中的电流密度较大，可能会引起浓差极化，或者引起电极表面发生明显变化，从而导致测试出的曲线偏离线性关系。因此，测定的极化曲线可能会产生偏差。除了极化曲线外延法，金属腐蚀速度的测试方法还包括交流阻抗法、动电势极化法及线性极化法等，也可以通过称重法来测试并计算金属的平均腐蚀速度。

在实际应用中，可以将极化曲线进一步划分。在阳极只考虑电极反应，则这部分的极化曲线为只包含 $\overrightarrow{j_1}$ 和 $\overleftarrow{j_1}$ 的塔菲尔曲线；在阴极只考虑氢电极反应，则可以得到只包含 $\overrightarrow{j_2}$ 和 $\overleftarrow{j_2}$ 的塔菲尔曲线，曲线如图 8-10 所示。若将塔菲尔曲线进一步简化，将阳极溶解极化曲线和阴极析氢极化曲线单独提取，并将其看作直线，则可以得到伊文思图，也被称为腐蚀极化图，如图 8-11 所示。图中两条极化曲线的起点电势为两电极反应的平衡电势。两条直线交点所对应的电势即为稳定电势，所对应的电流为腐蚀电流。

通过伊文思图可知电极反应过程的控制因素，如果阴极过程比阳极过程产生的过电势大，则金属腐蚀速度由阴极反应速度控制。反之，腐蚀速度由阳极反应速度控制。如果阴极和阳极的反应过电势基本相同，则腐蚀速度为阴极和阳极共同控制。通过对腐蚀速度控制因素的分析，就可以采取有效的措施控制腐蚀速度。

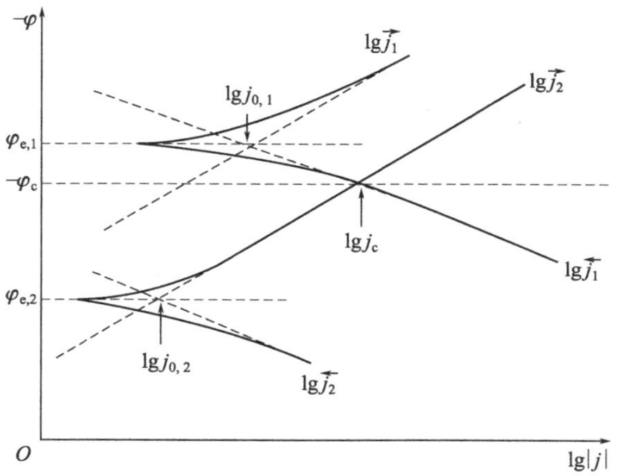

图 8-10 金属电极反应和氢电极反应的极化曲线

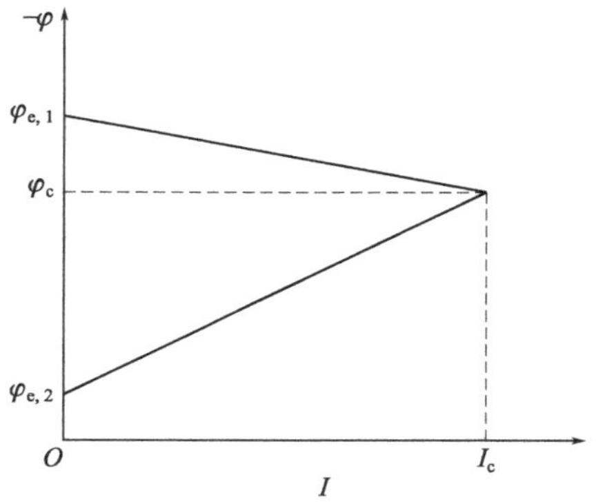

图 8-11 伊文思图

8.3.2 金属的腐蚀过程

金属的腐蚀过程与腐蚀介质紧密相关。金属发生腐蚀的介质分为两类，一类是自然环境，比如水、土壤、空气和微生物环境等；另一类是工业环境，比如酸性环境、碱性环境和盐溶液等。绝大多数金属材料均在自然环境中使用，因此金属在自然环境中的腐蚀会造成巨大的经济损失。为了对金属进行防护，需要对不同环境中金属的腐蚀特点和过程进行分析。金属在自然环境中的腐蚀可以分为下面几部分。

(1) 金属在水中的腐蚀

这里指的水包括淡水和海水。金属在海水和淡水中的腐蚀过程和影响因素相似，但是由于两种水的成分不同，因此金属的腐蚀特征也有所区别。

淡水一般指含盐量低于 0.3%的天然水，包括江河水、地下水和湖水，主要来源于降水和冰雪融化等。相比于海水，淡水的含盐量很低，水中的成分多变。金属在淡水中的腐蚀速度与水中成分有关，同一金属在不同成分的淡水中腐蚀速度有较大差别。大部分淡水是中性的，在此环境中金属的腐蚀是以吸氧腐蚀为主的电化学腐蚀。因此，氧在淡水中的存在是引起金属腐蚀的根本原因。但是也有些金属会发生析氢腐蚀，比如金属镁。此外，由于淡水通常含有大量泥沙，江河中的金属构件也会发生磨损腐蚀；另外淡水中也存在微生物等，因此也会发生金属酸腐蚀。

淡水中影响腐蚀速度的因素包括水的 pH 值、水中氧的浓度、盐含量、温度等。水中 pH 值不同，金属的腐蚀速度也不同。比如，当水的 pH 值在 4～9 时，金属铁的腐蚀速度基本恒定。此时铁的溶解受到氧的扩散控制，铁表面会生成氢氧化物膜，氧必须通过氢氧化物膜才能发生反应；当 pH<4 时，金属表面的氢氧化物膜会溶解，金属的腐蚀速度会随着 pH 值的减小而增加；当 9<pH<13 时，氢氧化物的形成比较容易，因此随着 pH 值的增加金属的腐蚀速度降低；当 pH>13 时，金属表面的膜遭到破坏，随着 pH 值的增加，金属的腐蚀速度增加。水中氧的含量也是影响金属腐蚀的重要因素之一，在非钝态时，随着水中氧浓度的增加，金属的腐蚀速度随之增加。但是当水中氧含量增加到一定范围后，金属会由于表面氧化膜的稳定性增加而转化为钝态，腐蚀速度迅速下降。若淡水为酸性或盐浓度高时，氧含量的增加不会使金属转为钝态，反而会加速腐蚀速度。

水中盐含量和成分的差异也会直接影响腐蚀速度。在一定范围内，水中盐含量增加会加快腐蚀。因此当达到某种盐浓度时，金属腐蚀速度会出现极限值，之后随着盐含量的增加，金属的腐蚀速度会下降。海水中氯化钠的浓度正好是使金属腐蚀速度最大的浓度。淡水的温度也是影响腐蚀的因素，其影响表现出两面性。当水温升高时，水中流速增加，离子电导率增加，阴阳两极的金属腐蚀速度加快；水温升高会导致水中氧含量减少，使腐蚀速度下降。因此，在合适的水温下，金属的腐蚀速度会达到最大值。在江河湖海中水的温度一般为25℃，随着温度的升高，金属的腐蚀速度加快。除了上面的几个因素外，流速也会影响金属的腐蚀速度，当流速增加时，氧在金属表面的扩散速度加快，金属的腐蚀速度增加；当流速继续增加到一定的程度后，氧向金属表面的扩散速度进一步增加，金属进入钝化状态；继续增加流速，水流会将金属表面的钝化层破坏，此时金属的腐蚀速度又开始升高。

除了淡水，在地球上海水的总量占97%，海水中包含了元素周期表中几乎所有的元素，是极为丰富的自然资源。当金属材料在海水中使用时，海水会对其造成严重的腐蚀，导致巨大的经济损失。与淡水相似，海水中的含盐量、含氧量、温度等都会对金属的腐蚀产生影响。海水中含盐量、含氧量、温度、流速等对金属腐蚀的影响与淡水相同，不再赘述。此外，海水中含有大量的海洋生物，包括海藻、藤壶等会对腐蚀造成影响的生物。某些生物能够破坏金属的表面涂层，造成金属的局部腐蚀；有些生物会与涂层形成超强的附着力，甚至强于涂层与金属的附着力，长时间的海水冲击，会使两者一同脱落，使金属直接暴露在海水中发生溶解。

(2) 金属在土壤中的腐蚀

由于土壤中的成分很复杂，因此金属在土壤中的腐蚀极为复杂，并且影响因素众多。土壤中金属的腐蚀种类众多，包括微电池腐蚀、微生物腐蚀及土壤本身的腐蚀。

土壤中的微电池腐蚀包括有氧浓差电池、酸浓差电池、盐浓差电池、温差电池和应力腐蚀电池等。常见的氧浓差电池是长期埋在地下的水平放置的直径很大的管道，由于各处管道所处的深度不同，表面接触氧的浓度不同，会形成氧浓差电池。金属构件处于盐含量不同的土壤中，形成盐浓差电池。盐浓度高的位置表面电极电势低，作为阳极发生极化反应。类似地，酸浓差电池是由土壤酸度不同所导致。此时位于酸度高的土壤中的金属作为阳极，优先发生腐蚀。温差电池是由于不同深度的土壤温度不同，构成腐蚀宏电池，温度高的土壤中的金属作为阳极，温度低位置的金属作为阴极。此外，在土壤中还会形成应力腐蚀电池，金属管道变形大的弯曲处会受到最大程度的腐蚀，这是由于弯曲处存在应力，受到高应力的位置腐蚀最严重。

微生物腐蚀也是土壤中常见的腐蚀。当土壤中存在大量的嗜氧类细菌时，它会使厌氧硫酸盐的还原菌发生氧化反应产生硫酸，破坏金属表面的钝化层，从而腐蚀金属。此外，细菌能够改变土壤性质，引起氧浓差腐蚀和酸浓差腐蚀。

(3) 金属在大气中的腐蚀

自然界大气中金属的腐蚀称为大气腐蚀。金属材料在使用和运输过程中绝大部分时间都处于大气环境中，因此金属会受到大气的腐蚀。在各种环境中，金属的大气腐蚀总量超过金属总腐蚀量的50%。

金属在大气中的腐蚀主要受水和氧的影响。大气中氧气的浓度一般为23%，而水蒸气的浓度却随着天气的变化而变化。因此在大气腐蚀中，水蒸气的浓度是影响腐蚀速度的主要因素，根据湿度的不同，大气中金属的腐蚀可以分为三类：干的大气腐蚀、潮的大气腐蚀和湿的大气腐蚀。干的大气腐蚀是指在干燥的大气中，金属表面只形成一层氧化物或硫化物的保护膜，金属表面没有水膜的腐蚀。潮的大气腐蚀是指空气相对湿度小于100%时，金属表面会存在一层非常薄的肉眼不可见的水膜导致发生的腐蚀。比如，铁并没有淋雨但是却发生了生锈的现象就归因于潮的大气腐蚀。湿的大气腐蚀是指空气中相对湿度接近100%时金属发生的腐蚀。

在不同的湿度环境下形成的金属表面水膜厚度直接影响金属的腐蚀速度，如图8-12所示。在干燥大气中，金属的腐蚀速度最小，金属表面的水层厚度为几个分子厚，显示在图中Ⅰ区域。在潮的大气中，金属表面的水层厚度为几十个分子厚度，金属的腐蚀速度随着水层厚度的增加而加快，金属的腐蚀过程也由化学腐蚀转变为电化学腐蚀。当水层厚度由Ⅱ区增加到Ⅲ区时，水层的厚度增加到了几十到几百微米，此时水膜肉眼可见，此时金属的腐蚀与在电解液中的腐蚀相似。随着水层厚度进一步增加，氧通过水层的速度下降，金属的腐蚀速度也随之下降。当大气环境中的相对湿度继续增加时，金属的腐蚀与浸泡在液体中的腐蚀完全相同，氧的扩散随着浓度的增加而变得缓慢，腐蚀速度略有下降，表现为Ⅳ区。在大气中，金属腐蚀一般都表现为Ⅱ区和Ⅲ区，随着气候和金属表面构成的差异，腐蚀形式会发生转化。

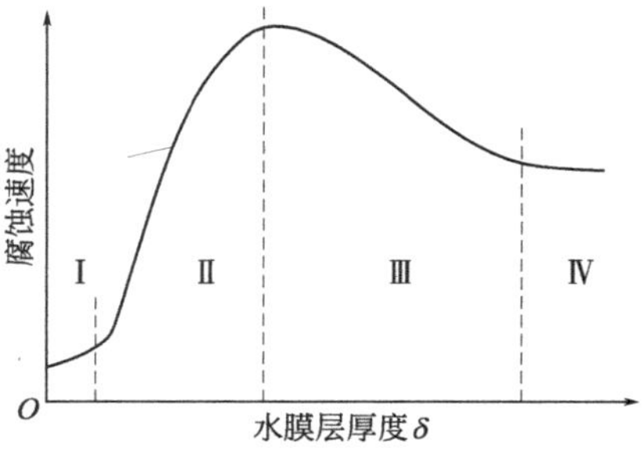

图8-12　大气腐蚀速度与金属表面水层厚度之间的关系示意图

（4）金属的微生物腐蚀

微生物腐蚀是指由于微生物的存在和活动，对金属间接产生的腐蚀行为。微生物腐蚀对于金属的破坏也是非常严重的，每年约占被腐蚀金属总量的10%。土壤、水、石油产品等环境中的金属都有可能受到微生物的腐蚀，其中土壤中的微生物种类和数量是最多的。微生物腐蚀除了会造成大量的浪费外，还会引起很多事故，造成经济损失。

与金属腐蚀相关的重要微生物有细菌、霉菌和藻类。微生物腐蚀是微生物生命活动间接对金属腐蚀产生的影响，可以表现在三个方面：a.直接影响金属腐蚀的阴极和阳极过程，比如硫酸盐还原菌会在贫氧环境中对阴极的去极化产生促进作用。b.微生物的代谢作用会改变金属所处的环境，比如pH值、盐浓度等，从而会改变金属在环境中的腐蚀速度。c.微生物会影响金属表面的组成和状态，比如微生物会破坏金属表面保护层造成局部腐蚀等。

金属在工业环境中的腐蚀可以表现为下面几部分。

（1）金属在酸性溶液中的腐蚀

酸是能在水中电离生成H^+的一类物质的总称。酸可以分为两种：有机酸和无机酸。

工业中应用最多的无机酸包括硫酸、盐酸和硝酸。浓硫酸是一种强氧化剂，会引起金属的钝化，稀硫酸则不具有氧化能力，对金属的腐蚀作用很强。盐酸对金属的腐蚀作用非常明显。除了少数的银、钛金属外，大部分金属都会被盐酸腐蚀生成可溶解的金属阳离子。浓硝酸同浓硫酸一样，是一种具有氧化性的酸，部分金属在浓硝酸中会发生钝化反应。一部分金属比如银、镍、铂、铜等在硝酸中会发生腐蚀作用。

在工业中应用广泛的有机酸包括甲酸、乙酸等。有机酸对金属的腐蚀作用比无机酸小很多。一些金属在甲酸中的腐蚀速度很快，比如钢、铝等。一部分金属比如铜（黄铜除外）及其合金在甲酸中不会发生腐蚀作用，可以在安全的甲酸环境中使用。金属在乙酸中也会发生腐蚀作用，但是腐蚀速度较慢。这种腐蚀受温度影响较大，随着温度升高，腐蚀速度会快速增加。

(2) 金属在碱溶液中的腐蚀

根据在水中离解能力的大小，碱被分为强碱和弱碱。在碱液中，金属的腐蚀很小。这是由于在碱液中，金属表面会生成难溶的氧化物或氢氧化物从而保护金属降低腐蚀。

(3) 金属在盐溶液中的腐蚀

金属在盐溶液中的腐蚀过程与三种因素息息相关：pH 值、水溶液的氧化还原特性及盐类的组成。腐蚀通常不只受单一因素的影响，而是几种因素综合作用的结果。

水溶液的 pH 值与溶液中含有的盐的种类有关。若溶液中含有强酸弱碱盐，则溶液呈现酸性，金属的腐蚀与酸类腐蚀类似。若溶液中含有强碱弱酸盐，在一定的浓度范围内对金属的腐蚀具有抑制作用。若水溶液中含有强酸强碱或弱酸弱碱的中性盐，则金属的腐蚀与电导率等方面相关。

在水溶液中含有卤素的氧化剂，尤其是含有卤素的阳离子氧化剂会加剧工业金属的腐蚀，即使是稳定的金属钛，在温度较高、浓度较高的水溶液中也会发生腐蚀。因此，这类氧化剂对于金属材料最为危险，其余的氧化剂的腐蚀作用与金属的种类、溶液温度等相关，需要根据实际环境进行分析。

需要指出的是，有一类特殊的盐——卤素盐，可以较为容易地穿过钝化膜吸附于金属表面，对金属的破坏力很强，根据破坏力的强弱可以排序为 $Cl^- > Br^- > I^-$。因此，在工业水溶液的应用中需特别注意这类盐。

8.3.3 金属腐蚀的防护

金属的腐蚀会造成巨大的危害及浪费，因此必须对金属进行防护，抑制金属的腐蚀，保护金属。金属腐蚀的防护常用的方法包括下面几种。

(1) 表面镀层的建立

金属腐蚀条件是金属与可反应的溶液等发生化学反应，故可以在金属表面建立一种更稳定的金属或者合金层作为保护层，阻隔金属与外界的接触，如电镀法等。在铁制的自行车表面镀铜锡合金，可达到防止自行车被腐蚀的目的；在铁制的水管表面镀锌防止生锈。

金属表面防护镀层通常为很薄但不易被腐蚀的金属层，但是这种防护手段也存在弊端。比如采用惰性金属（如铜）对金属铁进行防护，如果铜防护层表面被破坏，那么金属铁将局部暴露在环境中，此时金属铁表面电势将与金属铜的表面电势相同，而此电势远大于铁的溶解电势，因此铁的溶解速度会迅速增加，表现为局部腐蚀。在这种条件下，铁的局部腐蚀将一直持续，直至腐蚀到大面积的表面镀层剥落，这种情况在铁的防护过程中经常发生。

为了防止发生局部腐蚀，通常在金属表面镀上一层更活泼金属，比如金属铁以锌作为保护层。当表面镀层遭到破坏时，首先发生的是保护层锌的溶解，在金属铁表面发生的反应为氧气的还原，因此被保护的金属铁并没有遭到破坏。在实际应用中，具体采用哪种活性的金属作为保护层金属，还需要根据使用环境进行选择。

（2）表面保护层

除了在金属表面镀上另一种金属作为保护层外，还可在金属表面涂上一层有机膜或者无机膜，从而阻隔水等液体与金属接触，达到保护金属的目的。保护层的成分包括涂料、油漆、树脂或者高分子涂层等，比如汽车表面的油漆层。此外，还可以通过化学反应在金属表面获得一种难溶的涂层，比如对铁表面进行磷化处理，即金属铁放入磷酸二氢锌溶液中，金属铁表面会沉淀一种难溶的磷酸锌，从而保护金属铁的完整性。

除了上面提到的保护层，目前出现了很多新型的防腐涂层。比如达克罗涂层，这是一种由锌、铝等物质组成的，主要为超细鳞片状锌、超细鳞片状铝涂层，具有非常多优异的特点，具有很强的防腐性。当前研究的涂层技术除了达克罗涂层外，还包括自组装防腐层、表面修饰防腐层和导电高分子防腐层等。

（3）阳极保护

对于可以形成钝化膜的金属，可以采用阳极极化的方法使金属处于钝化状态，从而达到金属的防护。比如，可以采用石墨等作为阴极，被保护的金属作为阳极，在外电源存在的情况下，使金属阳极处于钝化状态，以此来保护金属。阳极保护法在实际生产中已经得到了应用，比如化工行业中对金属或合金反应釜的保护主要采用这种方法。

（4）阴极保护

阴极保护是将被保护的金属置于阴极，通过阴极极化，使其处于热力学稳定区，从而达到保护金属的目的。阴极保护的实现方法主要是牺牲阳极法和外加电流法。

牺牲阳极法是将被保护的金属作为阴极，活泼性更强的金属作为阳极。在具有腐蚀作用的介质中，活性更强的金属失去电子进行氧化反应而溶解，被保护的金属则不会发生反应而达到被保护的目的。这种方法采用的阳极材料通常是便宜易得的金属，比如锌合金（含有少量铝或者镉）或者铝合金（含有少量锌或者铟）。常见的应用实例为对金属船身的保护，通常除了在船身涂有机涂料外，还会在船底焊接锌合金作为阳极。在海水环境中，会局部形成以海水为电解质、焊接金属锌为阳极、铁船身为阴极的电池。此时金属锌会发生氧化反应而溶解，而铁船身却不会发生溶解，从而达到保护船体的目的。

外加电流法则是在电解液中加入合适的辅助电极，将其连接外接电源正极，将外接电源负极与需要保护的金属进行连接，调节外电流，使阴极电势达到金属的保护电极。这种方法常常被应用于海洋或者是潮湿环境中管道的防护。

（5）缓蚀剂保护法

缓蚀剂是一种可以加入到电解液中，并且具有明显抑制金属腐蚀效果的物质。比如说，当钢铁处于酸性环境中时，若在其中加入极少量的乌洛托品（六次甲基四胺）、磺化蓖麻油或者硫脲等物质，即可以达到防止钢铁腐蚀的作用。缓蚀剂的防腐蚀效果好，而且需要的量极少，因此是一种比较常用的方法。不同腐蚀剂对金属的防腐作用机理不同，有些腐蚀剂会促进金属钝化，或在金属表面形成沉淀膜等。

（6）微生物腐蚀的防治

除了化学腐蚀和电化学腐蚀外，微生物腐蚀也会对金属造成破坏，因此微生物的腐蚀也需要防治。理论上，凡是可以抑制细菌繁殖的方式都有助于防止或减慢细菌的腐蚀。比如，可以将杀菌剂或抑菌剂等与涂料进行共混，用于金属表面的防护；也可以在金属表面覆盖光滑的镀层，镀层可以是金属或者非金属，表面光滑可以使细菌不易附着在金属表面。在使用有机涂层时也可加入适量的灭菌剂，防止霉菌破坏涂层。抑制微生物也可以采用电化学阴极保护的方式，使阴极附近处于碱性条件，从而抑制细菌的活动。微生物的防治方式适用于下水道等金属的防腐。

【例题】

在室温25℃的环境下，存在Cu电极浸入双氧水溶液的腐蚀反应，请判断此腐蚀反应的可能性（$\varphi^0_{Cu^{2+}/Cu}=0.3V$，$\varphi^0_{O_2/OH^-}=1.2V$）。

解：

写出阳极、阴极的反应过程：

$$Cu \longrightarrow Cu^{2+} + 2e^-$$

$$\frac{1}{2}O_2 + 2H^+ + 2e^- \longrightarrow H_2O$$

且阴极、阳极反应电势分别为：$\varphi^0_{Cu^{2+}/Cu}=0.3V$，$\varphi^0_{O_2/OH^-}=1.2V$。

$$E=\varphi^0_{O_2/OH^-}-\varphi^0_{Cu^{2+}/Cu}=1.2-0.3=0.9V>0$$

$$\Delta G=-nFE<0$$

由此可以得出此反应可以进行，并且存在腐蚀倾向。

思考题

1. 简述化学腐蚀的概念及特点。
2. 简述金属氧化膜具有保护作用的条件，举例说明哪些金属氧化膜有保护作用，哪些没有保护作用，为什么？
3. 简述电化学腐蚀的概念和其与化学腐蚀的区别。
4. 试用腐蚀极化图说明电化学腐蚀的几种控制因素以及控制程度的计算方法。
5. 什么叫局部腐蚀？为什么说局部腐蚀比全面腐蚀更有害？
6. 简述应力腐蚀的概念、特征与控制。
7. 金属腐蚀防护的方法有哪些？
8. 何为缓蚀剂？缓蚀剂分为哪几类？简要介绍不同缓蚀剂的作用机理。
9. 阐述腐蚀与防护的意义。
10. 学习腐蚀与防护科学知识之后有何体会？

习题

1. 随着电极电势增加，金属阳极为什么会存在溶解或者钝化这两种过程？
2. 请问形成腐蚀电池的必要条件有哪些？
3. 请简述电化学腐蚀机理和化学腐蚀机理的区别。
4. 请简述腐蚀电池和原电池的相同点与不同点。

第 9 章
金属的电沉积过程

金属的电沉积是指金属离子或络离子通过电化学方法在固体（导体或半导体）表面上还原为金属原子附着于电极表面，从而获得金属层的过程。本章将围绕金属在水溶液中电沉积的基本理论展开介绍。

9.1 金属的电沉积

在电解池或化学电池中离子的行为可分为三部分，分别为阳极过程、阴极过程和液相传质过程，其中液相传质过程包括电迁移、对流和扩散。这三种行为并非单纯的在固体金属表面的过程，实际还包括一层极薄的液体层间的过程，即使进行搅拌和对流，附着在电极表面的这层液体总处于一种静止状态，不会随着搅拌或对流进行移动，从而对离子的电迁移、扩散等过程均有影响，在较大程度上控制了电沉积过程的速度。人们通常将在这层液体与固体表面发生的过程统称为电极过程。

金属的电沉积过程属于阴极还原过程，其目的是改变固体材料的表面性能或制取特定成分和性能的金属材料。金属电沉积应用的领域也很广泛，通常包括电冶炼、电精炼、电铸和电镀四个方面，它的这些应用使其受到了越来越多的关注。因此，研究并掌握电沉积过程的基本规律变得尤为重要。

9.1.1 电沉积的基本过程及实质

金属电沉积过程属于金属离子还原成金属的过程，由于固体金属与溶液接触，因此，该反应过程并不是单独在固体表面进行，电极表面上的液体层也会进行反应，实际上，该反应是一种异相化学反应。

金属电沉积的阴极过程，通常由以下几个步骤串联组成：

① 液相传质。金属离子向电极表面的传质步骤，如金属水合离子向电极表面迁移。

② 前置转化。金属离子迁移到电极表面附近，反应粒子发生化学转化反应的步骤，例如金属水合离子水合程度降低和重排，金属络离子配位数降低等。

③ 电荷传递。金属离子在电极表面得电子还原为吸附态金属原子的电化学反应步骤。

④ 电结晶。新生成的吸附态金属原子沿电极表面扩散至合适的生长点，并进入金属晶

格生长，或与其他新生原子聚集而形成晶核并长大，从而形成晶体的步骤。

另外，对于较为复杂的反应产物，在电极表面不但有上述过程，还可能会发生分解、复合、歧化、脱附等后续表面转化步骤。

上述各个单元步骤的速度通常有所差异，其中反应阻力最大、速度最慢的步骤则成为电沉积过程的速度控制步骤（此时电极过程的状态被称为稳态）。不同的工艺，因电沉积条件（如金属的性质、电解液的组成、电解条件等）不同，其速度控制步骤也不同。

电沉积过程实质上包含两个方面，金属离子的阴极还原（析出金属）过程和新金属原子在电极表面的结晶（电结晶）过程。这两个步骤也是金属电沉积步骤中最关键的单元步骤，这两个步骤看似简单，但在实际的阴极还原过程中，金属离子在外加电场的作用下，在电极表面不断析出金属原子，并在表面进行结晶，形成新晶体，表面状态不断变化，使得还原过程的动力学规律较复杂；电结晶过程遵循结晶动力学的基本规律，金属原子会提前析出，但此过程又受到外界阴极界面电场的作用，故两者相互依存、相互影响，导致金属电沉积过程较为复杂，不易控制，有不同于其他电极过程的特点。

电沉积的主要特点包含以下几个方面：

① 与其他的电极过程一样，电沉积的过程需要一定的动力，即阴极过电势。在电沉积过程中，只有阴极极化达到金属析出的过电势时才能发生金属离子的还原过程。阴极过电势是电沉积过程的推动力；在电沉积过程中，一定的极化过电势下，晶核尺寸只有达到一定的临界条件时，才能稳定存在，达不到临界尺寸的晶核，将会重新溶解成离子，进一步进行沉积。阴极过电势越大，晶核生成功越小，形成晶核的临界尺寸才能减小，使生成的晶核既小又多，结晶才能细致；反之表面晶核较大，排列不紧密均匀，表面较粗糙且松散。所以，阴极过电势对还原过程和电结晶过程均有重要影响，最终影响电沉积层的质量和厚度。

② 双电层的结构，特别是粒子在紧密层中的吸附会对电沉积过程有显著影响。反应粒子和非反应粒子相互作用，即使反应量很少，也可以对金属在阴极的析出速度和析出位置产生较大影响，并且也会对后续金属的结晶方式和致密性造成影响。

③ 沉积层的结构和性能均会影响电结晶过程中新晶粒的生成方式和过程，同时也与电极表面的结晶状态有关。在不同的金属结晶面上，电沉积的电化学参数也会产生差异。

电沉积过程还受到各种因素的影响，例如电解液组成（主要包括主盐种类及浓度、络合剂、添加剂和附加盐等）、工艺条件（电流密度、温度、pH 值、搅拌、电流波形等）。此外，电势过大造成的析氢现象也会对电沉积的结构产生一定影响。

9.1.2 电沉积的影响因素

9.1.2.1 电解液组成的影响

（1）主盐

能够在阴极上沉积出金属的盐被称为主盐。根据金属离子存在的不同形式，可以将电解液分为两大类溶液，以简单离子存在的电解液和以络合物形式存在的电解液。一般而言，以简单离子存在的电解液，其阴极极化作用较小（铁、钴、镍单盐溶液除外），电解液分散能力差，沉积出的金属晶体粗。但是其成本低、浓度大，可以在大电流密度下工作，沉积效率高。因此，对于一些形状较为简单的镀件，可采用此电镀液进行电沉积。在温度、电流密度等条件不变的情况下，随着主盐浓度增大，电解液电导率逐渐增高，离子扩散传质的速度加快，浓差极化下降，在允许范围内，电流密度越大，镀层越不容易被烧焦。所以，在条件允许的情况下，尽可能采用高浓度的电解液，从而可提高效率。但主盐浓度并非越高越好，在实际工业生产中，主盐浓度可能会造成金属结晶较粗的问题，可以通过提高电流密度或加入添加剂来提高阴极极化，从而达到高效、质保的目的。

以络合物形式存在的电解液，其阴极极化作用大，电化学极化作为控制步骤，其电解液分散能力强，金属结晶细致均匀、光泽好，因此在工业上被广泛应用。但是，以络合物形式存在的电解液中存在氰化物，氰化物毒性较大，对人体和环境均造成较大威胁。目前，人们已经研究无氰电解液，即具有较好的络合能力且无毒的氰化物代替品。

在合金电沉积过程中，影响合金沉积的重要参数是各金属的比值，在总浓度不变的条件下，增加电极电势较高的金属的含量，则贵金属的含量也将会增加。那么，在各金属之间比例不变的情况下，提高电解液总浓度，合金中贵金属含量也将随之增加，但是其影响程度相比改变金属比例而言会相对较弱。因此，虽然改变电解液中金属的总浓度，但合金的组成变化并不明显。

(2) 络合剂

从络合剂的性质角度划分，可分为有机络合剂和无机络合剂；从作用角度划分，可分为主络合剂和辅助络合剂。无机络合物除了氰化物，还有铵盐、焦磷酸盐、氟硼酸盐、氯化物等。有机络合物主要包括柠檬酸盐、酒石酸盐、有机磷酸盐、三乙酸胺、乙二胺等。一般情况下，采用双络合剂或多络合剂进行电沉积，其效果优于单络合剂，特别是在合金电沉积过程中。例如，用焦磷酸盐电沉积铜时，焦磷酸钾作为主络合剂，柠檬酸铵和酒石酸钾钠、氨乙三酸等作为辅助络合剂；在柠檬酸盐酸性电解液中电沉积时，柠檬酸根作为主络合离子，而酒石酸根是辅助络合离子。在选择络合剂时，既要考虑镀层质量，又要考虑电镀液条件的控制。

络合剂既可以影响阴极过程，又可以影响阳极过程，其主要作用是增加金属离子溶解度、改善阳极溶解、提高阴极极化、增强导电能力、保持电解液稳定、改善镀层质量等。因此，在沉积过程中，必须保证存在一定游离的络合剂以稳定电镀液，起到促进阳极正常溶解、增大阴极极化等作用。

络合剂的结构和浓度对电沉积过程均有影响。对于单金属电沉积，增加电解液中的络合剂浓度，可促进阳极的溶解，保证电沉积过程正常进行。对于合金电沉积（络合物为氰化物）时，氰化物含量不同，会影响镀层中金含量，从而改变镀层颜色。增加络合剂时，络离子更稳定，转变为在电极上直接放电的络合物更困难，增大了阴极极化作用。但如果游离络合剂含量过高，则金属离子放电困难，沉积速度下降，易发生析氢反应，导致镀层易烧焦。因此，游离络合剂的浓度应控制在合理范围。

在合金电沉积过程中，增加络合剂浓度，观察其络合能力，即金属析出电势的大小。在合金电解液中，可以使用单一络合剂，也可以使用混合络合剂。络合剂具有选择性，大致会出现两种情况：a. 在使用单一络合剂时，该络合剂只能与一种金属离子进行络合，或该络合剂可以同时与两种金属离子进行络合。在使用两种以上的混合络合剂时，其中一种络合剂只能与一种金属离子进行络合，或其中一种络合剂可以与两种离子络合，而另一种络合剂只能与一种金属离子进行络合。b.若某种络合剂与金属离子进行络合，同时增加该络合剂浓度，将会使该金属析出电势降低，沉积较为困难。若该络合剂对两种金属离子皆能络合，则两金属析出电势与其不稳定常数有关。对于使用混合络合剂的情况，加入的络合剂能与某种金属离子络合，将使该金属离子析出电势降低，在阴极析出困难。若在合金电沉积过程中，两金属与各自的络合剂进行反应，互不干扰，则他们只影响各自本身金属的析出电势，可根据金属层选择适宜的浓度。金属离子与络合剂的作用将会显著降低溶液中金属离子的浓度和析出电势，从而增加极化作用，形成细致且均匀的镀层。

（3）添加剂

电解液中添加剂的含量较少，它不会改变电解液的整体特性，但是可以提高镀层质量。从性质角度，可将添加剂分为有机添加剂和无机添加剂两类。在电镀生产中大多数使用的是有机添加剂，它对镀层的影响在于对金属电沉积动力学过程的影响，表面活性物质使阴极电势明显变负，当极化增大到一定程度时，电流会急剧上升；如果两种表面活性物质同时作用时，对阴极极化的影响更大。采用有机添加剂来改善沉积层质量的优点是仅需要很少的量即可达到预期效果，并且成本较低，符合工业化生产条件。

使用有机添加剂提高阴极极化作用目前有两种不同的理论，即“封闭效应”和“穿梭效应”。“封闭效应”理论认为有机添加剂会将电极表面覆盖，金属离子放电速度非常低，可忽略不计。添加剂的阻碍作用将有效的电极表面积减小，即对这部分电极表面起到封闭作用。然而，“穿梭效应”则认为金属表面完全被覆盖，如果金属离子想要到达电极表面，就必须穿过吸附层，而吸附层能垒较高，使得金属离子放电更加困难，电极反应速度被吸附层控制，所以出现数值较小的极限电流。

从性质角度来说，添加剂可分为 pH 缓冲剂、阻滞剂、整平剂、光亮剂、防针孔剂等等。下面简单介绍几种典型的添加剂。

a.整平剂。在电镀过程中，镀件表面的微观高峰处比低谷处更易吸附整平剂，从而该处的沉积阻力较大，沉积速度较慢。经过一段时间后，微观低谷处逐渐被镀层填满，使镀层得到整平。例如，在光亮镀镍溶液中添加丁炔二醇或吡啶和喹啉化合物，既可使镀层光亮又有很好的整平作用。

b.防针孔剂。防针孔剂也叫润湿剂。在阴极表面吸附时，疏水基团朝向电极一侧，亲水基团朝向溶液一侧，从而降低了电极与电解液之间的表面张力，使得在阴极表面产生的氢气难以在表面滞留，有效地减少了气泡对镀层表面的影响。

c.光亮剂。在电解液中加入少量的光亮剂，可以获得镜面光亮的镀层，增加装饰性。并且由于用量较少，显著降低了电镀抛光的成本。因此，光亮剂的选择对电镀工业具有重要的意义。

（4）附加盐

电解液中除了含有主盐和络合剂外，还常常加入某些碱金属、碱土金属或铵盐类的附加盐，其作用是提高电解质的导电性、防止主盐分解、维持电解液的性质稳定及改善电解液的分散能力。在总电流一定时，电镀液导电性越好，溶液分散能力越好，电沉积槽电压越低，越节约能源。例如，在铜电解精炼时，通常会向电解液中加入硫酸。

研究发现，附加盐对提高阴极极化有一定的影响，主要是外来离子加入，使得离子浓度增加，减少浓差极化，从而提高阴极极化。附加盐中除了阳离子发挥作用外，阴离子也起一定的作用，例如焦磷酸盐电镀铜锡合金中使用硝酸钾，利用其中的硝酸根来扩大阴极电流密度范围，并促进阳极溶解。

根据不同的工艺，导电盐的加入量并非越多越好，而是存在最佳值。当超过最佳值时，电导率会下降，并且加入附加盐过多时，还会出现其他副作用，例如钾盐镀锌时，若氯化钾过多，盐析现象会降低表面活性剂的溶解度，导致添加剂呈现油状而析出。因此，在进行电镀时要根据实际条件来添加附加盐。

9.1.2.2 工艺条件的影响

除了电解液组成影响镀层质量和性能外，工艺参数（电流密度、温度、pH 值、搅拌、电流波形等）也会对镀层产生巨大的影响。

（1）电流密度

电流密度包括阴极电流密度和阳极电流密度，在实际生产过程中可通过调节阴、阳电极板面积比和根据极化曲线选取合适的电流密度，使得阴阳板各自处于允许的范围之内。电流密度对镀层结晶情况、沉积速度影响较大，如提高电流密度会增加阴极极化，使析氢较为困难，从而利于金属析出。一般情况下，为了提高生产效率，应选择较大的阴极电流密度，但是在实际生产过程中，阴极电流密度会受到电解液性质、主盐浓度、络合比、pH 值及搅拌等因素的影响，因此在选取电流密度时，应综合其他条件进行考量。

一般地，当主盐浓度增加、pH 值降低、温度升高、搅拌强度增加，则允许的电流密度的上限增大；工件形状越简单，电解槽越宽，则允许的电流密度越大；对于光亮性电镀，阴极电流密度越大，越接近极限电流密度，则镀层光亮性越好。所以，在实际应用中，应采用尽可能大的电流密度。

金属在进行电沉积时，任何电解液都有其规定的电流密度范围。其规定范围的最小值为电流密度的下限，最大值则为上限。在电流密度允许的范围内，电流密度越大，效率越高，越能在较短的时间内获得理想的镀层。因此，在实际生产过程中，在电流密度允许的范围内，应尽可能提高电流密度进行生产。当电流密度高于上限时，会产生析氢现象，导致电极附近 pH 值增加，阴极附近放电离子减少，进而电解液整体不均匀，一般在棱角或突出部位放电，出现枝晶或结晶现象。如果继续升高，镀层会被烧焦。当电流密度低于下限值时，沉积速度较慢，甚至无镀层。

在合金电沉积过程中，由于受到阴极电势的控制，提高电流密度会使阴极电势变负，导致沉积电势较低，更利于活泼金属的析出，在合金层中活泼金属含量增加，不利于合金金属的沉积。除了会受到阴极电势的控制，还会受到扩散的控制。因为一般金属较贵金属的沉积更接近使用电流密度的上限，电流密度对沉积速度影响较小，但对活泼金属沉积速度影响较为显著。因此，在沉积层中较为活泼的金属沉积速度加快，其含量也增加。例如，在焦磷酸盐电解液中沉积锡铜合金时，提高电流密度会提高锡的含量，但同时在这种镀件上的凹槽处，会出现红色金属，这是由于这些部位电流密度较低，铜的含量相对于锡较多。

对于不同的金属而言，其阴极极化值不同，可通过提高电流密度，使两种金属的沉积电势趋近一致而进行共沉积，并且可以通过控制电流密度得到所需要的合金镀层。例如，在含氨的溶液中镀镍锌合金，由于在室温下镍电沉积时阴极极化值较大，其析出电势向负方向移动近 300mV，接近锌的沉积电势，从而实现了锌镍共沉积。

（2）温度

电解液温度是指电镀液允许使用的温度范围。电解液温度不仅影响着电镀液组分的溶解度、液相传质的速度和电镀液的黏度，而且也影响表面活性物质在电极表面的吸附以及阴极采用的电流密度范围等。

适当升高电解液温度可以增大电解质的溶解度，改善阳极溶解性能，提高溶液的导电性，降低电解槽槽压，降低反应之间的能垒，减少能源的消耗。但是，提高电镀液温度又会加快金属离子的扩散速度，使放电离子具有更大的活化能，从而降低阴极极化，反应速度加快，促使镀层结晶变粗且不均匀致密。但是，在实际的工业生产中，通常利用提高电解液的温度，增大阴极电流密度的上限，加快电解质溶解、改善电解液分散能力并减少镀层的吸氢量，从而实现加快反应速度的目的。

在合金电镀中，由于不同的金属沉积电势不同，升高温度加快离子迁移速度和扩散速度，从而提高扩散层的离子浓度，促进正性金属先进行沉积，从而使正性金属含量增加。同时，升高温度会使电流效率增加，对不同金属析出电势的影响有所不同。因此，这可能导致它们的沉积电势相近，利于金属的共沉积过程。

对于大多数碱性络合物电解液，在较高的温度下其中的某些成分可能沉淀和变质，导致电解液组分不稳定。所以，在碱性电解液中，温度一般不宜超过 40℃。

（3）pH 值

当电解液 pH<1 时，溶液为强酸性，如酸性镀铜；当电解液 pH>12 时，溶液为强碱性，如碱性镀锌；而电解液 1<pH<12 时，属于工艺允许的 pH 值范围。在只有主盐的电解液中，通常含有与主盐相对应的游离酸，根据酸的含量，可将电解液分为强酸性电解液和弱酸性电解液。例如，在酸性镀铜中会加入大量硫酸，其目的是防止主盐水解，提高溶液的导电性及维持电解液的稳定性，从而提高阴极极化，使得镀层结晶致密且均匀。但是，游离酸的含量也并非越多越好，酸度的提高将会使主盐溶解性下降，从而析出盐晶体，阻碍金属的沉积过程。对于弱酸性的电解液，降低 pH 值可扩大电流密度范围，但会导致添加剂的吸附性能降低，进而导致成本增大。因此，对于此电沉积液应当适当提高 pH 值，提高镀层的平整度，减少光亮剂的使用。

对于单金属碱性条件下的络合物电解液，随着 pH 值的提高，络合能力增强，所以在配比不变的情况下，可以通过调整 pH 值进而控制镀层的质量。对于合金络合物电解液而言，pH 值会影响各金属之间的比例。例如，氰化电镀青铜时，增加氢氧化钠的含量，会较难析出。所以根据不同的工艺，应该适当调节 pH 值。

（4）搅拌

搅拌在电镀过程中比较重要，可以通过物理机械作用减小溶液浓差极化，提高液相对流传质速度，及时补充阴极区消耗的离子，有效降低能量消耗，提高电流密度，加快沉积速度，减少镀层烧焦的可能性。同时，通过搅拌还可以驱除电极表面产生的气泡，减少针孔、麻点及不平整等情况。

在合金电镀过程中，较正性的金属优先在阴极沉积，因此阴极附近该金属离子消耗过快，而搅拌可以提高该离子的浓度，减少浓差极化，降低能垒，使其在镀层中的含量相对于较负性金属更多。例如，电镀镍铁合金时，增大搅拌强度可使金属镀层中铁的含量增加。

常用的搅拌方式有阴极移动搅拌、压缩气体搅拌和高低位循环对流搅拌等。

a. 阴极移动搅拌，一般应用于空气不稳定的电解液，比如氰化物电解液中含有氢氧化钠强碱性物质，氢氧化钠遇到空气中的二氧化碳会形成碳酸钠。

b. 压缩气体搅拌，一般应用于空气较为稳定的电解液，比如光亮镀镍、光亮镀锌铜等。空气搅拌的强度比阴极移动大，电流密度会明显增加。但是需要注意的是，在压缩气体搅拌时，压缩空气应先进行净化处理，再进行循环过滤，以免杂质对镀层进行污染，造成镀层粗糙。

c. 高低位循环对流搅拌，利用循环泵串并联进行过滤，对电解液起到搅拌作用的同时，还会对杂质起到过滤的作用，是保证镀层质量的有效手段。过滤机的标准清水流量应为电解液的 8～12 倍。过滤精度越高，过滤杂质越容易堵塞，流量量程越大。

（5）电流波形

电流波形可分为连续和不连续两种波形。连续波形有平滑直流电、单相全波、三相半波、三相全波及脉冲电流等；不连续波形有单相半波、可控硅相控整流等，如图 9-1 所示。

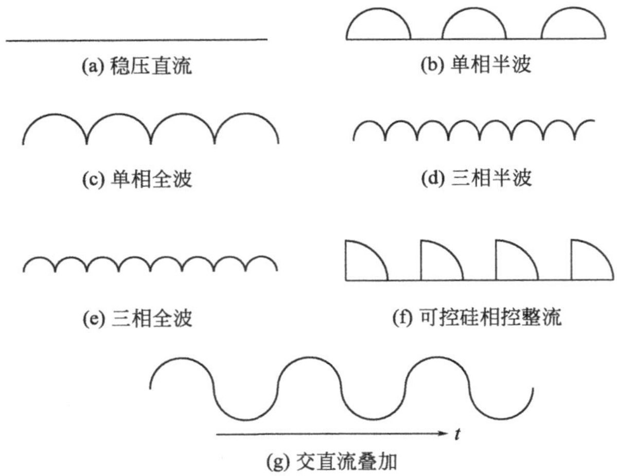

图 9-1　各种整流方式及其输出波形

电流波形对镀层性能影响显著，例如在装饰性电镀铬中，采用三相全波或稳压直流，光亮电流密度范围较宽，镀层光亮度较好；如果采用单相全波，对于时间较长的溶液而言，三价铬含量较多时，高电流密度光亮度降低，即光亮电流密度范围缩小；如果采用脉动系数更大的单相半波，则得不到光亮的镀层。相反地，在焦磷酸盐中电镀铜时，采用单相半波或单相全波时，可以提高镀层的光亮度和允许电流密度的上限。

除了常用的电流外，目前在电镀生产过程中已使用的电流还有：换向电流、脉冲电流和交直流叠加等。

a. 换向电流，是指周期性地改变电流方向的电流。用周期换向电流进行电镀时，镀件极性周期性改变，电流为正向时，镀件为阴极；电流为反向时，镀件为阳极。镀件作为阴极时，金属发生沉积，作为阳极时，表面不致密的金属发生溶解，重新变为金属离子。这样就有效地控制了结晶长大的时间，可以去除镀件凸出位置的不均匀层及表面的劣质镀层，同时减少极化过程，提高允许的电流密度上限，减少阴极析氢现象。

b. 脉冲电流，是指单相电流周期被开路所中断的电流。脉冲电流通常以周期性的方式进行传播，与常用的直流电相比，脉冲电流可以调节的参数较多，例如脉冲波形、脉冲幅值及脉冲频率等。通过调控这些参数，再与合适的电解液进行匹配，将会获得质量较好的镀层。因为脉冲属于暂态性沉积，可在瞬间获得较大的峰值电流，增加阴极极化，而在断电时降低浓差极化，从而获得的镀层较为细致。利用脉冲进行电镀的优点是提高了镀层的致密性及耐磨性，降低了镀层的孔隙率和电阻。

c. 交直流叠加，是直流电与交流电相交使用的电流。在电镀磁性合金时，叠加电流能改善镀层的质量和外观。根据叠加值的大小，一般可将波形定为以下三种：如果叠加的交流值小于直流值，则为脉动电流；如果两电流值相等，则为间隙电流；如果交流值最大值大于直流值，则为不对称电流。

在叠加的过程中，也要注意降低电压，以免发生危险。交流电的频率不能太高，否则物质扩散与频率相匹配，效果不明显。随着频率降低，效果会逐步增大。

9.1.2.3 析氢现象产生的影响

在大多数情况下，阴极析氢对金属电沉积过程均产生较大的影响。例如在金属电解精炼或者湿法电冶金工业中，阴极析氢将会降低电流效率，金属有可能不能析出，并且大量的氢析出容易引起燃烧爆炸等安全隐患。在溶液中，氢析出，氢离子大量减少，导致溶液 pH 值升高，容易使碱土金属离子及一些容易发生沉淀的氢氧化物离子发生沉淀，从而打破溶液离子平衡，破坏电解液组成，轻者在沉积过程有氢氧化物沉淀生成，影响镀层质量，例如在电解锌时，会生成疏松的海绵状锌，重者则会破坏电解过程。金属在电镀过程中产生析氢现象，金属表面会出现麻点和针孔等，甚至会使镀层被烧焦，最终导致镀件报废。析氢过程中由于大量氢离子被消耗，溶液 pH 值升高，进而影响溶液的离子组成，生成氢氧化物沉淀，破坏电镀液平衡，使电沉积过程无法进行。但是，析氢对镀层的破坏也不是绝对的，在个别情况下，例如用铬酸硫酸电镀液镀金属铬时，只有氢析出才能使电镀正常进行。

金属电沉积过程中析氢现象与溶液的 pH 值、离子组成、电极材料、电源电压和电流密度、湿度等因素有关。

下面是五种最为典型的极化曲线，在电解过程中，随着外加电压和电流密度的改变，氢离子和金属离子都有可能在阴极析出。

① 图 9-2 为金属析出电势比氢析出电势正时，两者同时放电的极化曲线。此时金属（M）析出的极化曲线在氢析出曲线的左边，因此电势比析氢电势正，先进行金属沉积。以极限电流密度为基准，在极限电流以下时，只有金属还原过程，此时金属电解的电流密度为 100%。当在极限电流密度时，电流密度并不随电势的改变而改变；当电势继续增加到氢的析出电势时，氢将开始析出，电流密度将随着电势的增大而持续增大，此时金属离子与氢离子将同时放电。随着金属离子的不断消耗，极化曲线将向氢放电曲线靠近。金属析出的极限电流密度即为电解过程需要控制的电流密度上限，阴极电势也不能超过开始析氢时的电势。

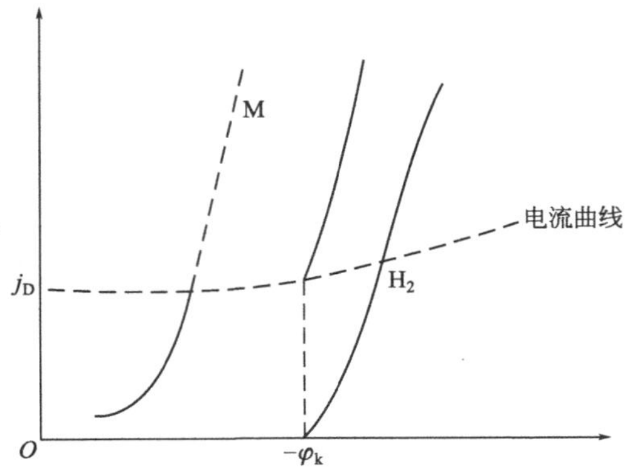

图 9-2　金属析出电势比氢析出电势正时，两者同时放电的极化曲线

② 图 9-3 为金属析出电势比氢析出电势较负时，两者同时放电的极化曲线。在这种情况下增加电势，在开始阶段电势只能允许氢析出，电流随着电势的变化沿着氢析出的极化曲线而改变，当达到析氢的极限电流时，电流将不再随着电势变化而变化。当电势继续增大达到金属离子析出电势时，金属才开始析出，此时电流密度随着阴极电势变负而增大。在水溶液中，只要有水的存在，就必有氢离子参与放电。因此，无论金属是否开始析出，均有氢离子进行放电，该金属电解效率小于 100%。在这种情况下，想要实现金属在阴极的析出，就必须达到一定的阴极电势和极限电流密度以上的电流密度。

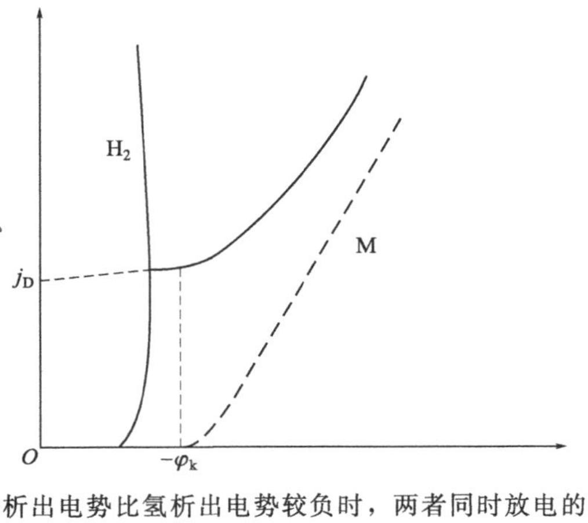

图 9-3　金属析出电势比氢析出电势较负时，两者同时放电的极化曲线

③ 图 9-4 为金属析出电势比氢析出电势稍正时，两者同时放电的极化曲线。这种情况与①相似，都是金属的析出电势比氢的析出电势正，金属先析出，但区别是两者的析出电势相近。随着阴极电势越负，电流密度越大，在没有达到金属析出的极限电流密度时，氢就开始析出。随着阴极电势的进一步增大，两者开始同时析出，直到金属离子消耗到一定程度时，仅变成氢离子进行放电析氢。由此可知，当电流密度上限很低时，在析氢之前金属析出的电流效率为 100%，在析氢开始之后，电流效率急剧降低。

④ 图 9-5 为金属析出电势比氢析出电势稍负时，两者同时放电的极化曲线。此情况与②情况类似，当没有达到金属的沉积电势时，只有氢析出，随着电势的增加，金属开始析出。无论是否有金属析出，均有氢析出，所以金属电解电流密度小于 100%。

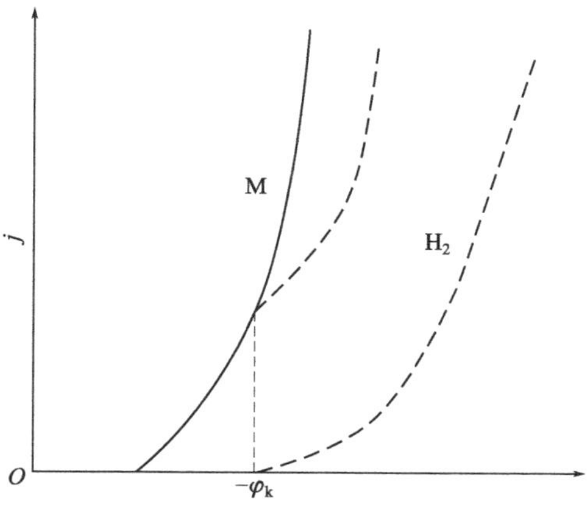

图 9-4 金属析出电势比氢析出电势稍正时，两者同时放电的极化曲线

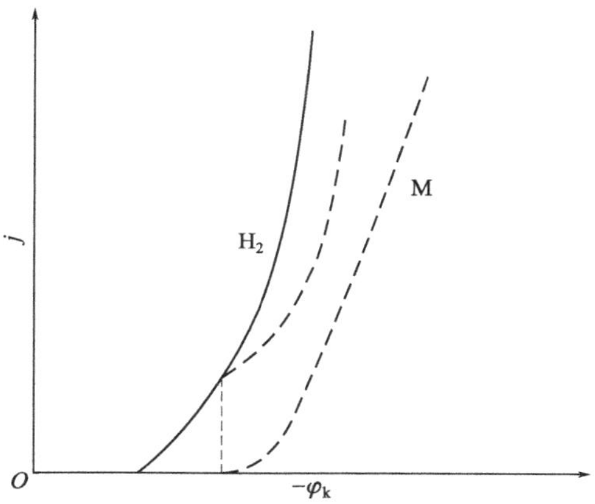

图 9-5 金属析出电势比氢析出电势稍负时，两者同时放电的极化曲线

⑤ 图 9-6 为④的一种变化形式，也是金属析出电势比氢析出电势稍负时的极化曲线。不同之处是两条极化曲线交叉，在交叉点之前的电流密度下，氢离子与金属离子同时析出，但是氢的析出电流效率比金属高；在交叉点之后，氢与金属同时析出，但此时金属析出的电流效率高于氢析出的电流效率，随着金属不断变负，金属电流效率增加，直到金属离子被基本耗尽。在极化曲线的交叉点上，氢与金属析出的电流密度相等，两者等电量析出。

上述五种情况中，②、④、⑤中的析氢电势均比金属析出电势正，在电解过程中无论电势多少，氢都会析出，析氢现象无法避免；只有①、③这两种情况，适当控制电势、电流、电解液 pH 值可抑制或减缓氢的析出。例如，由于氢在不同金属材料表面的过电势不同，选择氢析出过电势值大的金属为电极材料，电解锌时通过加大电解电流密度、提高锌片浓度、控制阴极锌厚度等措施来抑制氢的析出，促进锌的析出。另外，还可以通过添加特定的添加剂来改变极化，抑制氢的析出。

在电解或电镀过程中，常加入其他阴离子代替氢离子发生还原反应，从而减少氢的析出。例如，在电解液中加入硝酸根离子，以硝酸根的还原代替氢离子的还原，从而防止氢的析出，增大电镀和电解时的电流密度上限。

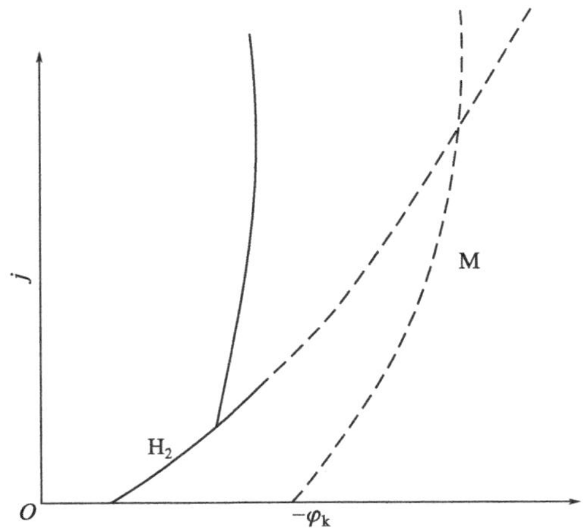

图 9-6　金属析出电势比氢析出电势稍负时，两者同时放电的极化曲线

9.2 金属的阴极还原

9.2.1 金属离子在溶液中的阴极还原

金属离子在阴极发生还原反应而生成金属的过程，需要满足热力学条件和动力学条件。理论上，只要电极电势足够负，任何金属离子都有可能在电极上被还原为金属。但是，溶液还原电势比金属离子还原电势高，如果水溶液中的氢离子在高氢过电势金属表面上，当电势足够负（−2.0～−1.8V）时，会在金属被还原之前发生还原反应，氢气剧烈析出，导致无法实现比此数值更负的沉积过程。因此，需要对金属阴极还原的可行性进行分析。

金属活动顺序能在一定程度上说明金属还原过程的可能性，如表 9-1 所示。

表 9-1　金属离子还原可能性的规律

周期	族																	
	Ⅰ A	Ⅱ A	Ⅲ B	Ⅳ B	Ⅴ B	Ⅵ B	Ⅶ B	Ⅷ			Ⅰ B	Ⅱ B	Ⅲ A	Ⅳ A	Ⅴ A	Ⅵ A	Ⅶ A	Ⅷ A
3	Na	Mg											Al	Si	P	S	Cl	Ar
4	K	Ca	Se	Ti	V	Cr	Mn	Fe	Co	Ni	Cu	Zn	Ga	Ge	As	Se	Br	Kr
5	Rb	Sr	Y	Zr	Nb	Mo	Tc	Ru	Rh	Pd	Ag	Cd	In	Sn	Sb	Te	I	Xe
6	Cs	Ba	稀土	Hf	Ta	W	Re	Os	Ir	Pt	Au	Hg	Tl	Pb	Bi	Po	At	Rn
说明	金属元素					水溶液中有可能沉积出来					氰化物溶液中有可能沉积出来						非金属元素	

在元素周期表中，越靠近左侧的元素，在阴极被还原的可能性越小；反之，越靠近右侧的金属，在阴极则越容易被还原成金属。在水溶液中，大致以铬分族作为分界线。位于铬分

族左上方的 Li、Na、K 等金属较为活泼，无法在阴极沉积析出；铬分族及位于铬右方的金属的简单离子，均能较容易地从水溶液中沉积析出。如果水溶液中的金属离子以络合物的形式存在，由于络离子放电困难，金属析出电势负移，因此，金属析出将更加困难。在铬合物中，原有铬分族的分界线则向右偏移，只有铜族和铜族右下方的金属能沉积析出。

这种划分方法主要是依据实验进行确定的，但并不是绝对的。划分的分界线位置主要考虑到热力学和动力学的影响。在实际生产中，有些不能沉积的金属通过技术辅助，也可以在一定条件下沉积析出。表 9-1 的划分仅作为参考。

金属离子在电解液中的存在形式，还受到电解液的组成影响，单盐水溶液的存在形式为简单离子（水化离子）；而在络合物溶液中的存在形式为络离子。形式不同，沉积的规律也不同。

① 若电解液为单盐水溶液，则在阴极上进行还原的通式为

$$[M(H_2O)_x]^{n+} + ne^- \longrightarrow M_{晶格} + xH_2O \tag{9-1}$$

由式（9-1）可知，简单离子在阴极还原过程中，不但要进行电子的传递，还需要将水化层去掉，形成金属相粒子，这就是电极表面的电子和离子传递过程。该过程分为以下几个阶段：阴极表面的金属离子水合层先进行重排，随后中间活化态离子得电子而被还原，形成依然保留水合层的金属离子，从而继续吸附离子失去剩余水合层而进入金属晶格，形成金属原子。电极表面上的吸附离子示意图如图 9-7 所示。

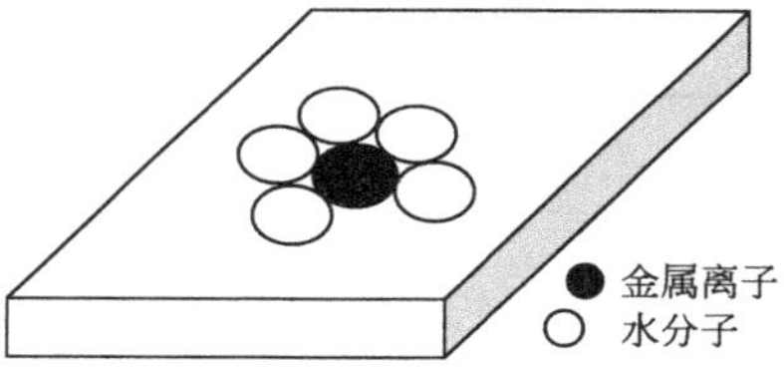

图 9-7 电极表面上的吸附离子示意图

按照该过程，在金属离子还原过程中涉及一种特殊的活化态粒子，即部分失水的金属离子，有一种可能是部分失水的离子直接吸附在电极表面（图 9-7），电子没有受到水合层的影响，可以自由地在电子与离子之间跃迁，其过程可以表示为

$$[M(H_2O)_x]^{z+}_{溶液中} \rightleftharpoons [M(H_2O)_x]^{z+}_{双电层中} \tag{9-2}$$

$$[M(H_2O)_x]^{z+}_{双电层中} \rightleftharpoons [M(H_2O)_{x-n}]^{z+}_{吸附} + nH_2O \tag{9-3}$$

$$[M(H_2O)_{x-n}]^{z+}_{吸附} + ze^- \longrightarrow [M(H_2O)_{x-n}] \tag{9-4}$$

$$[M(H_2O)_{x-n}] \longrightarrow M_{原子} + (x-n)H_2O \tag{9-5}$$

$$M_{原子} \longrightarrow M_{晶核} \tag{9-6}$$

多价离子的还原过程符合多电子电极反应规律，即整个过程是在多步骤下完成的，因此沉积过程较为复杂。

简单电解液可根据金属与其离子所组成的电极交换电流值（i°）分为两类。一类是交换电流很小的电极体系，比如铁族（铁、钴、镍）与其离子之间组成的电极，由于交换电流较小，电极的响应较小，金属离子的还原过程以电化学极化为主，镀层结晶较为细致。另外一类是交换电流大的电极体系，包括铜族及铜族右方的金属元素与相应的金属离子组成的电极，由于这些简单离子具有较高的交换电流，因此化学极化较小，镀层较粗糙。

② 若电解液中离子为金属络离子，则金属的平衡电极电势降低，使得金属还原过程更加困难，需要外界向体系提供更多的能量。金属离子与络合剂之间存在着络合-离解平衡，这时未络合的金属离子和不同的络离子同时存在，人们总结出络离子直接放电理论。在该理

论中，电解液中的金属络离子能在电极表面上直接还原出金属。同时在不同的络离子中，配位数较低的络离子在阴极处放电，并不是配位数较高的络离子进行放电。这是因为高配位数的络离子在电解液中能量低、比较稳定，放电时需要较大的能量；而低配位数的络离子能量较高，在电极上容易放电。电解液中大部分络离子的配位离子带负电，因此配位数越大，带的负离子越多，受到双电层的排斥越大，则越难以在电极表面放电。表 9-2 为几种电极体系下的放电形式。关于络离子的沉积过程，有学者提出了“吸附态离子”直接还原模型，首先放电络离子向阴极移动，在靠近阴极一侧失去配体而离解，向低配位数络离子转化，低配位数的金属络离子则以吸附的水分子为桥梁，再过渡到阴极表面，形成吸附态离子，而其在阴极表面低能量位置进行放电，被还原为金属，再与周围的配位体与水分子进行置换。因此，在络合离子电解液中进行沉积时，出现的电化学极化，不仅与络离子的复杂结构有关，还与多步骤的还原过程有关。

③ 若金属离子的还原产物为合金，则反应产物中金属的活度要比纯金属小，所以利于金属在阴极还原。例如，如果用汞金属作为阴极，则在水溶液中碱金属可以在电极上还原成相应的汞齐。在实验中还会观察到在不同种类金属表面上，可以在比平衡电势更高的电势下还原出单金属层以下厚度的金属层，这种现象叫作“欠电势沉积”。

表 9-2　在阴极上几种电极体系下的放电形式

电极体系	络离子的主要存在形式	直接在电极上放电的络离子
$Zn(Hg)\|Zn^{2+},CN^-,OH^-$	$Zn(CN)_4^{2-}$	$Zn(OH)_2$
$Zn(Hg)\|Zn^{2+},NH_3$	$[Zn(NH_3)_3(OH)]^+$	$Zn(NH_3)_2^{2+}$
$Cd(Hg)\|Cd^{2+},CN^-$	$Cd(CN)_4^{2-}$	$Cd(CN)_2[(CN^-)<0.05mol/L],Cd(CN)_3^-[(CN^-)>0.05mol/L]$
$Ag\|Ag^+,CN^-$	$Ag(CN)_3^{2-}$	$Ag(CN)[(CN^-)<0.1mol/L],Ag(CN)_2^-[(CN^-)>0.2mol/L]$
$Ag\|Ag^+,NH_3$	$Ag(NH_3)_2^+$	$Ag(NH_3)_2^+$

④ 若金属离子在非水溶剂中进行沉积，由于各种溶液性质不同于水溶液，因此金属离子的溶剂能与水相差很多。金属的活泼性顺序也与水溶液不同，往往在水中无法沉积析出的金属可以在适当的有机溶剂中沉积析出。例如，Li、Al、Mg 等活泼金属在正常水溶液中不能沉积出来，但能在离子液体或有机溶剂中沉积出来。表 9-3 给出了部分金属在水和某些有机溶剂中的标准电极电势，表明溶剂对金属电化学性质的影响。

表 9-3　金属在水和某些有机溶剂中 25℃ 时的标准电极电势　　单位：V

电极	H_2O	N_2H_4	C_2H_5OH	CH_3OH	CH_3CN	HCOOH
$Li\|Li^+$	−3.045	−2.20	−3.042	−3.095	−3.23	−3.48
$K\|K^+$	−2.925	−2.02	—	−2.921	−3.16	−3.36
$Ca\|Ca^{2+}$	−2.870	−1.91	—	—	−2.75	−3.20
$Na\|Na^+$	−2.714	−1.83	−2.657	−2.728	−2.87	−3.42
$Zn\|Zn^{2+}$	−0.763	−0.41	—	−0.740	−0.74	−1.05
$Cd\|Cd^{2+}$	−0.402	−0.10	—	−0.430	−0.47	−0.75

续表

电极	H_2O	N_2H_4	C_2H_5OH	CH_3OH	CH_3CN	HCOOH
Pb |Pb^{2+}	−0.129	0.35	—	—	−0.12	−0.72
H |H^+	0	0	0	0	0	0
Ag |AgCl Cl^-	0.222	—	−0.088	−0.010	—	—
Cu |Cu^{2+}	0.337	—	—	—	−0.28	−0.14
Hg |Hg^{2+}	0.789	0.77	—	—	—	0.18
Ag |Ag^+	0.799	—	—	0.764	0.23	0.17

9.2.2 简单金属离子的阴极还原

金属离子在阴极电沉积过程中包含两个步骤：金属离子放电还原和金属原子电结晶过程。由于在液态电极根本不存在电结晶步骤，因此可以通过液态汞齐电极或采用暂态方法消除电结晶过程中的干扰作用，从而实现对金属离子还原过程的专门研究。

单价金属离子在阴极的还原过程在前面已进行阐述，这里不再赘述。

多价态离子的还原过程较为复杂，以二价金属离子为例，主要有以下四种反应历程：

① 一步还原反应过程

$$M^{2+} + 2e^- \longrightarrow M \tag{9-7}$$

② 分步还原反应过程

$$M^{2+} + e^- \longrightarrow M^+ \tag{9-8}$$

$$M^+ + e^- \longrightarrow M \tag{9-9}$$

③ 中间价离子歧化反应过程

$$M^{2+} + e^- \longrightarrow M^+ \tag{9-10}$$

$$2M^+ \longrightarrow M^{2+} + M \tag{9-11}$$

④ 中间价离子还原反应过程

$$M^{2+} + M \longrightarrow 2M^+ \tag{9-12}$$

$$M^+ + e^- \longrightarrow M \tag{9-13}$$

对两电子电极的反应动力学的研究发现，二价金属离子同时得到两个电子（即一步还原）还原为金属的可能性较小。例如，铜离子在沉积时，生成一价铜离子，并且利用高速旋转圆盘电极在硫酸铜溶液中检测到一价铜离子的存在。铜离子各种还原电势如下

$$Cu^{2+} + 2e^- \longrightarrow Cu \qquad \varphi_1^{\ominus} = 0.34V，\Delta G_1^{\ominus} \tag{9-14}$$

$$Cu^+ + e^- \longrightarrow Cu \qquad \varphi_2^{\ominus} = 0.52V，\Delta G_2^{\ominus} \tag{9-15}$$

$$Cu^{2+} + e^- \longrightarrow Cu^+ \qquad \varphi_3^{\ominus} = 0.17V，\Delta G_3^{\ominus} \tag{9-16}$$

$$2Cu^+ \longrightarrow Cu^{2+} + Cu \qquad K_4，\Delta G_4^{\ominus} \tag{9-17}$$

根据热力学公式 $\Delta G_3^{\ominus} = -n\varphi^{\ominus}F = -RT\ln K_n$ 和盖斯定律可知 $\Delta G_4^{\ominus} = 2\times\Delta G_2^{\ominus} - \Delta G_1^{\ominus}$，计算出 $\Delta G_4^{\ominus} = -34.7$kJ/mol，$K_4 = 1.2\times10^6$。可见一价铜离子的歧化反应是自发反应，但是电解液中一价铜离子含量极少，主要以二价铜离子的形式存在。

对于铁离子，方程式 $2Fe^{3+} + Fe = 3Fe^{2+}$ 也可以采用同样的方式求出 $\Delta G^{\ominus} = -2.2\times$

10^2kJ/mol，可知电解液中主要以二价铁形式存在，三价铁含量较少。

对于金离子，$3Au^+ \xlongequal{} Au^{3+} + 2Au$，$\Delta G^\ominus = -55.8$kJ/mol，可知电解液中主要以三价金离子形式存在。

但是，金属离子沉积还原同样与溶液中的阴离子有关，特别是卤素离子对大多数金属电极体系的阴阳极均有活化作用，能够增加金属电极反应的可逆性。例如，在金离子氯化物溶液中

$$AuCl_4^- + 2e^- \longrightarrow AuCl_2^- + 2Cl^- \qquad \varphi_1^\ominus = 0.96V, \Delta G_1^\ominus \tag{9-18}$$

$$AuCl_4^- + 3e^- \longrightarrow Au + 4Cl^- \qquad \varphi_2^\ominus = 0.99V, \Delta G_2^\ominus \tag{9-19}$$

$$3AuCl_2^- \xlongequal{} AuCl_4^- + 2Cl^- + 2Au \qquad \Delta G_3^\ominus \tag{9-20}$$

根据盖斯定律，$\Delta G_3^\ominus = 2 \times \Delta G_2^\ominus - 3 \times \Delta G_1^\ominus = 52.0$kJ/mol，$K_3 = 7.6$，可知此溶液中 $AuCl_2^-$ 与 $AuCl_4^-$ 平衡浓度几乎一致，因此两种离子同时存在于溶液中。在络合物电解液中存在络合-离解平衡，改变了金属离子还原过程。由于这两种金属离子没有确定的定量关系，析出的金属量实际应该在两种离子还原的相应数量之间，比如通 1mol 电子电量，析出的金小于 1mol（全部由 Au^+ 放电还原）而大于 1/3mol（全部由 Au^{3+} 放电还原）。一般情况下，此类金属在还原过程中阴阳两极电流效率不同，这主要是由于阴阳两极电解过程不同，阳极电流效率高于阴极电流效率，从而增加了电解过程的复杂性。

9.2.3 金属络离子的阴极还原

在电解液中加入络合剂，络合剂与金属离子存在一系列的络合-离解过程，使得水合金属离子转变为不同配位数的络合离子，金属在溶液中的存在形式和在电极上放电的粒子都发生了变化，引起了该电极体系电化学性质的变化。因此，该阴极还原过程较为复杂。

根据电解液的配方和络合-离解平衡的不稳定常数值，可以估算出各种络合离子的平衡浓度。例如，对于氰化物电镀铜溶液，溶液中可能含有 $Cu(CN)_2{}^-$、$Cu(CN)_3{}^{2-}$、$Cu(CN)_4{}^{3-}$ 等不同形态。通过计算，认为溶液中铜离子主要以 $Cu(CN)_3{}^{2-}$ 形式存在。在水溶液中 $Cu(CN)_3{}^{2-}$ 的电离平衡为

$$Cu(CN)_3{}^{2-} \xlongequal{} 3CN^- + Cu^+ \tag{9-21}$$

$$K_{不稳} = \frac{[Cu^+][CN^-]^3}{[Cu(CN)_3{}^{2-}]} = 2.6 \times 10^{-29} (18 \sim 30℃时) \tag{9-22}$$

通过动力学计算发现，在通常情况下，络离子并不是先离解为简单离子再在电极表面进行还原的，也不是在电极上被直接还原的。那么，究竟是哪种粒子先在阴极上发生还原反应呢？研究人员从化学式、体积因素及静电排斥力角度考虑，认为最适合在阴极放电的条件是络离子配位数较低、浓度适中、化学势和体积及静电排斥力不太大。这是因为离子浓度较小，它脱去水合膜进行放电所需要的活化能最小，由它放电而产生的电流远不如交换电流值，因此不可能依靠它来进行放电发生还原反应。通常，溶液中主要存在的络离子具有较高的配位数（其浓度较高），同时具有较低的化学势，与其他络离子相比，它放电时需要较高的活化能。同时，由于其具有较高的配位数，体积最大，络离子荷负电荷最多，而阴极也是负电荷，所以这种络离子经受双电层电荷排斥，不易靠近阴极放电。配位数较低的络离子，其阴极还原所需要的活化能较小，因此可以快速地在阴极放电而发生还原反应。

如果溶液中同时存在两种络合剂，但是其中一种络离子比另一种络离子更容易发生放电，则通常在配位体重排、配体数降低的表面转化步骤之前还要经过不同类型的配位体交换。例如，在氰化物镀锌的过程中，电解液中存在 NaCN 和 NaOH 两种配位体，则阴极还原过程如下

$$Zn(CN)_4^{2-}+4OH^- = Zn(OH)_4^{2-}+4CN^- \quad (配位体交换) \tag{9-23}$$

$$Zn(OH)_4^{2-} = Zn(OH)_2+2OH^- \quad (配位数降低) \tag{9-24}$$

$$Zn(OH)_2+2OH^- = Zn(OH)_{4吸附}^{2-} \quad (电子转移) \tag{9-25}$$

$$Zn(OH)_{4吸附}^{2-} = Zn(OH)_{2晶格中}+2OH^- \quad (进入晶格) \tag{9-26}$$

引入络合剂，改变电极体系的热力学性质，使得金属电极的平衡电势变负，但并没有改变电极体系的动力学性质。换言之，络离子不稳定常数越小，电极平衡电势越负，还原反应越难进行，但金属络离子在阴极还原时的过电势却不一定越大。因为热力学性质取决于溶液中主要络离子的性质，而动力学性质取决于直接在电极上放电的粒子在电极上的吸附热和中心离子配位体重排、脱去部分配位体而形成活化络合物时发生的能量变化。比如，$Zn(CN)_4^{2-}$ 和 $Zn(OH)_4^{2-}$ 的不稳定常数很接近，分别为 1.9×10^{-17} 和 7.1×10^{-16}，但是锌酸盐溶液中镀锌时的过电势却比氰化镀锌时小得多。

9.3 电沉积与电镀

9.3.1 电沉积

电沉积是指金属或非金属从其化合物水溶液、非水溶液或熔盐中电化学沉积的过程，是金属电解冶炼、电解精炼、电镀、电铸过程的基础。这些过程在一定的电解质和操作条件下进行，金属电沉积的难易程度以及沉积物的形态与沉积金属的性质有关，也依赖于电解质的组成、pH 值、温度、电流密度等因素。

电沉积可分为直流电沉积、脉冲电沉积、喷射电沉积及超声波电沉积等。

(1) 直流电沉积

在电沉积过程中，最重要的两个步骤是新晶核的生成和晶体生长。但这两个步骤会发生竞争，镀层生成的晶粒大小会受到影响，这是因为吸附表面的扩散速率和电荷传递反应速率不一致，造成了浓差极化。如果阴极表面具有较高的表面扩散速率，电荷传递较慢，吸附原子数量较少，并且过电势较低，则利于晶体生长；反之，较低的表面扩散速率和大量的吸附原子以及较高的过电势，将会加快成核速率。因此，高过电势、高吸附原子数和低表面扩散速率是大量成核和减少晶粒生长的必要条件。

(2) 脉冲电沉积

在脉冲电沉积过程中，当给定一个脉冲电流后，在界面处消耗的离子可在脉冲的间隔内进行补充，因此可以采用较高的峰值电流密度，晶体尺寸会比直流电沉积的小。此外，由于脉冲间隔的存在，晶体增长受阻，外延生长减少，生长趋势改变，不容易形成粗大的晶体。脉冲电沉积与直流电沉积相比，更容易得到纳米晶镀层。脉冲电沉积可通过控制波形、频

率、通断比及平均电流密度等参数，获得具有特殊性能的纳米镀层。

(3) 喷射电沉积

喷射电沉积由于具有高的沉积速率而引起人们的广泛关注。在沉积过程中，一定流量和压力的电解液从阳极喷嘴垂直喷射到阴极表面，使得反应在阴极表面进行，并且是一种局部的电沉积。电解液在喷射过程中，不仅对镀层进行了机械活化，同时还会减少扩散层厚度，改变电沉积过程，使得镀层组织紧密，晶粒细化，性能有所提升。

喷射电沉积可以提高电沉积极限扩散电流密度和沉积速率，可有效提高镀层硬度，并且将脉冲电沉积与其结合，可以得到纳米材料，从而进一步提高其性能。

(4) 超声波电沉积

超声波电沉积是在超声的情况下，局部的高能量加大了单位体积的能量起伏，从而使整体中的亚晶核容易达到所需要的核能，成核概率变大，在瞬时就可以生成大量的晶核。在晶核的生长期，超声空化可以有效抑制晶核生长。超声可以使介质均匀混合，消除电解液的浓差极化，从而抑制晶核生长。在超声振动过程中金属会迅速脱离阴极表面，随溶液分散到溶液中，防止晶核长大。

9.3.2 电镀

电镀是指利用电解原理在某些金属表面上镀上一薄层其他金属或合金的过程。其实，对于这个过程更形象的说法是在金属或者非金属上穿上一层“金属外衣”，这层外衣被称为电镀层。在电镀过程中，通常将工件与待镀件一起悬挂在电镀槽中。通电后有电流通过，金属在工件表面析出。电镀装置如图 9-8 所示。

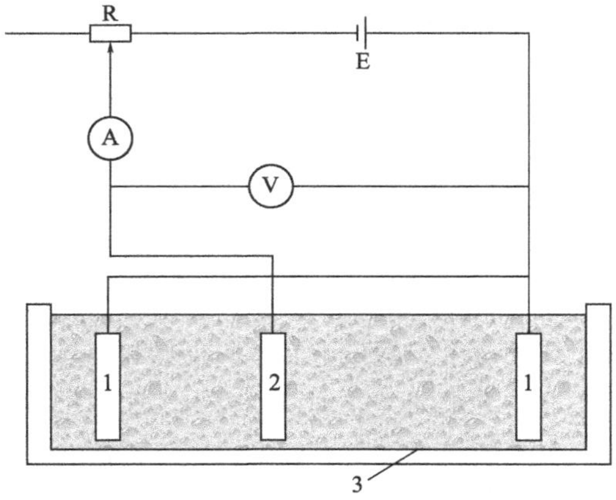

图 9-8 电镀装置示意图

E—直流电源；A—直流电流表；V—直流电压表；R—可变电阻；
1—阳极；2—阴极；3—电镀槽

但是在实际工业中，电镀过程较为复杂，具体表现为以下几方面。

① 电源设备方面。电镀工业早期多数使用蓄电池和直流发电机，随后发展了硒整流器、硅整流器及晶闸管整流器，现在又出现了开关电源等新型直流电源设备。通常采用直流电，但为了提高镀层质量，有时也可采用周期换向电流、交直流叠加和脉冲电流等。

② 电镀形式方面。一般采用挂镀的方式。对于小工件，可采用滚镀或者框镀的方式；对于轻质的小型工件，则可以采用振动镀的方式；对于线材等采用连续电镀的方式。

③ 操作方式方面。以前多数采用手工操作，生产效率低，现在逐步采用机械化和自动化设备。例如，各种各样的电镀机已经在我国各地应用，可减轻劳动强度，提高生产效率。

④ 电镀品种方面。常用的单金属电镀有10余种，合金电镀有20多种，而进行过研究的合金镀层有300多种。这样的品种，使用的电镀液是千差万别的。因此，只有很好地控制电镀液组分及工艺条件，才能得到合格的镀层。

无论金属镀层用于何种用途，对于它的要求是一致的，即镀层结构应该致密，镀层的厚度应该分布均匀，镀层与基体的结合应该牢固。通过电镀可以改变固体材料的表面特性，例如可以改善外观，提高耐蚀性、耐磨性及其他性能。因此电镀在工业上获得了广泛应用。

【例题】

1. 二价态简单金属离子的还原过程是怎样的？能否简述其反应历程？

解：

① 一步还原反应过程

$$M^{2+}+2e^{-}\longrightarrow M$$

② 分步还原反应过程

$$M^{2+}+e^{-}\longrightarrow M^{+}$$

$$M^{+}+e^{-}\longrightarrow M$$

③ 中间价离子歧化反应过程

$$M^{2+}+e^{-}\longrightarrow M^{+}$$

$$2M^{+}\longrightarrow M+M^{2+}$$

④ 中间价离子还原反应过程

$$M^{2+}+M\longrightarrow 2M^{+}$$

$$M^{+}+e^{-}\longrightarrow M$$

2. 在氰化物镀锌电解液中，若仅存在NaCN和NaOH两种配位体，请描述阴极还原过程，并写出过程中所代表的实际意义。

解：

$$Zn(CN)_4^{2-}+4OH^{-}=\!=\!=Zn(OH)_4^{2-}+4CN^{-}$$

$$Zn(OH)_4^{2-}=\!=\!=Zn(OH)_2+2OH^{-}$$

$$Zn(OH)_2+2OH^{-}=\!=\!=Zn(OH)_{4吸附}^{2-}$$

$$Zn(OH)_{4吸附}^{2-}=\!=\!=Zn(OH)_{2晶格中}+2OH^{-}$$

这四个过程分别对应：配位体交换、配位数降低、电子转移和进入晶格。

思考题

1. 金属电沉积包括哪些基本单元步骤？

2. 在电沉积过程中有哪些影响因素？

3. 金属络离子是如何放电的？请举例说明。

4. 分析金属离子在水溶液中沉积的可能性。

5. 电镀与电沉积的区别是什么？

6. 当金属的析出电势比氢析出电势正时，两者是如何放电的？请简要说明并画图。

习题

1. 在不考虑溶液中阴离子的条件下，根据热力学公式与盖斯定律估计金离子与铁离子在电解液中以何种价态存在。

2. 形成电沉积的分类主要有哪几种？请简述它们的工作原理。

3. 当电解液为单盐水溶液时，请通过方程式描述简单金属离子在阴极上还原的反应过程。

第 10 章

传统电池

如果两个空间分离的电极上发生物理或化学反应，那么就会在连接两个电极的外电路中产生电流。利用这种物质的化学变化或物理变化所释放出来的能量直接转变成电能的装置，叫作电源或电池。利用光、热、物理吸附等物理能量进行发电的装置叫作物理电池，比如太阳能电池、超级电容器等。利用生物化学反应发电的装置叫作生物电池，如酶电池、生物太阳电池等。利用物质的化学反应产生电能的这一特点而研制的电池，被称为化学电池或化学电源。在化学电池中，关键在于物质发生氧化还原反应从而释放能量，释放的能量进一步转变为电能并以电流的形式向外部输出。在此过程中，发生氧化还原反应并释放出能量的物质，被称为活性物质。因活性物质使用的位置不同，分为负极活性物质和正极活性物质。

按照工作性质，化学电池可分为原电池、蓄电池、燃料电池和储备电池。原电池是指经过一次放电后不能用简单的充电方法使活性物质复原而继续使用的电池。蓄电池又称二次电池，它的主要特点是一次放电后可继续采用充电的方式使活性物质复原。储备电池是指电池的正负极与电解质在储存期间不发生接触，使用前注入电解液与正负极接触的电池。各类电池的具体性能对比如表 10-1 所示。

表 10-1 各类电池的具体性能

电池性能	铅酸电池	镍镉电池	镍氢电池	铅碳电池	锂电池	动力电容电池
比能量/(W·h/kg)	35～45	50～60	75～85	30～35	110～130	80～90
循环寿命/次	400～600	600～800	800～1200	3000～4000	800～3000	50000
充电温度范围/℃	−10～40	5～45	5～45	−23～60	0～55	−40～70
最大放电倍率	2 倍率	5 倍率	5 倍率	5 倍率	5 倍率	10 倍率
放电温度范围/℃	−15～50	−20～55	−20～55	−23～60	−20～55	−40～70
储存温度范围/℃	−15～35	−20～30	−20～30	0～25	−20～30	−30～35
充电倍率	0.2 倍率	0.1 倍率	0.5 倍率	0.6 倍率	0.2 倍率	2 倍率
安全性	一般	一般	一般	一般	差	好
环保	有污染	有污染	无污染	无污染	无污染	无污染

航空航天飞行器、新能源汽车、笔记本电脑、智能手机、数码相机和录音笔等都使用化学电源作为主要动力来源，机动车辆则装载蓄电池用于启动、点火、照明等。

传统电池，例如碱性锰电池、银-锌电池、铅酸蓄电池、锌锰干电池、镍镉电池、锌-汞电池等，在工业中应用非常广泛。但是，在许多特殊情况下需要具有特殊性能的电池完成具体任务，由此开发出多种新型电池体系。

10.1 电池的基本性能参数

10.1.1 电池的结构与反应

电池由正极、负极、电解质、电池隔板和电池壳体五部分构成。正极材料有金属氧化物（PbO_2、MnO_2 等）、金属氢氧化物［$Fe(OH)_2$、$Ni(OH)_2$ 等］、空气（锂-空气电池）、硫（锂硫电池、钠硫电池）、磷酸铁锂、镍钴铝酸锂等，负极材料一般为锂、钠、铅和锌等金属单质。电解质常用碱性水溶液、酸性水溶液或各种盐类的中性水溶液，也有部分非水溶液，如熔融盐或者固体电解质。活性物质一般储存在电池内部，也有例外，如燃料电池的正负极本身不包含活性物质，只是个催化转换元件。电池放电时，正极的活性物质发生还原反应，负极的活性物质发生氧化反应，化学能转变为电能从而输出电流。

放电过程中，正极活性物质 P_1 获得电子变成 P_2，负极活性物质 N_1 失去电子变成 N_2。电池反应的通式为

正极：
$$P_1 + ne^- \longrightarrow P_2 \tag{10-1a}$$
负极：
$$N_1 \longrightarrow N_2 + ne^- \tag{10-1b}$$
总反应：
$$P_1 + N_1 \longrightarrow N_2 + P_2 \tag{10-1c}$$

若施加与电池相反极性的电压时电化学反应可逆，则电池可以充电，这类电池被称为二次电池。若施加与电池相反极性的电压时，其中一个电极或两个电极反应均不可逆，这类电池被称为一次电池。不间断地向电池内部提供燃料和氧化剂并同时排出反应产物，这类电池则被称为燃料电池。

理论上，可以有无限个电极组合在一起构成电池。但在实际应用中，电池体系还应满足一系列重要的要求，例如高的功率密度和能量密度，电极活性物质进行氧化还原反应的速率必须很快，电池各部件组分应常见且成本较低，电池内部无自放电现象，等。

当开路电压＞1V 时，相应的 $\Delta G \approx -100\text{kJ/mol}$，当工作电压≥0.5V 时，根据经验近似，这样的条件会使两个电极反应过程的平衡电势相差很大，从而达到可实际应用的开路电压。

10.1.2 电池电动势

根据电化学热力学可知，正极和负极的电极电势分别为

$$\varphi_+ = \varphi_+^0 + \frac{RT}{nF}\ln\frac{a_{P_1}}{a_{P_2}} \tag{10-2a}$$

$$\varphi_- = \varphi_-^0 + \frac{RT}{nF}\ln\frac{a_{N_1}}{a_{N_2}} \tag{10-2b}$$

式中，φ_+^0、φ_-^0 分别为正极、负极的标准电极电势；a_{P_1}、a_{P_2}、a_{N_1} 和 a_{N_2} 分别为 P_1、

P_2、N_1 和 N_2 物质的活度。

电池电动势为

$$E=\varphi_+-\varphi_-=\varphi_+^0-\varphi_-^0+\frac{RT}{nF}\ln\frac{a_{P_1}a_{N_1}}{a_{P_2}a_{N_2}} \tag{10-3}$$

根据电化学热力学可知

$$E=-\frac{\Delta G}{nF}=E^0+\frac{RT}{nF}\ln\frac{a_{P_1}a_{N_1}}{a_{P_2}a_{N_2}} \tag{10-4}$$

式中，ΔG 为总反应式（10-1c）中自由能的变化；E^0 为标准电池电动势。表 10-2 列出 25℃的水溶液中某些电极的标准电极电势。

电动势，即电子运动所形成的趋势，能够克服导体中电阻对电流的阻力，并驱动导体闭合回路中的电荷产生流动的一种作用。电动势是描述电源把各种形式的能转换成电能的能力的物理量。在电路中，电动势一般用 E 来表示，单位是伏（V）。在电源内部，非静电力通过对电荷做功将正电荷从负极移到正极，产生电源电动势的本质就是该做功的物理过程。非静电力所做的功，反映了各种形式的能量有多少转化成了电能。所以在电源内部，非静电力做功的过程即是能量相互转化的过程。

电池电动势，即电池内各相界面上电势差的代数和，可理解为当通过电池的电流接近零时，两电极之间电势差的极限值。每种电池的电动势各不相同，同种电池中每个电池的电动势一般相同。在确定某种电池的电动势（开路电压）时，常常取其最有代表性的数值作为额定电压值。例如，锌锰干电池实际的电压在 1.5～1.6V，而其额定电压为 1.5V。

电池符号的两边写成相同的金属，表示金属导线（一般为铜线）与电极间存在接触电势差。$\varepsilon_{接触}$ 为接触电势差，$\varepsilon_{液接}$ 为液体接界电势，ε^+ 和 ε^- 为电极与溶液界面间的电势差。则电池电动势 $E=\varepsilon^++\varepsilon^-+\varepsilon_{接触}+\varepsilon_{液接}$。a. 电极与溶液界面电势差：金属浸入水中，由于极性很大的水分子与金属表面上的离子相互吸引发生水合作用，加上运动着的水分子不断碰撞，减弱了电极表面一部分金属离子与电极上其他金属离子之间的键力，使极少数金属离子离开电极表面进入附近的水层中。这会导致金属电极相荷负电，溶液相荷正电。由于静电引力，进入溶液的金属离子大部分聚集在金属电极表面附近，阻碍了金属离子继续由电极向溶液转移，而进入溶液的金属离子仍可沉积在电极表面。这种金属离子的相间转移很快就会达到平衡状态。由于离子的热运动，集中在电极附近的金属离子又会向远离电极的方向扩散。静电引力和热运动两种因素综合作用，在两相界面上形成一个双电层。在溶液中的一层可分为紧密层和分散层两部分。紧密层的厚度约为 10^{-6}cm，扩散层的厚度稍大。由紧密层和分散层形成的电极电势，通常叫作绝对电极电势。若液体不是纯水，而是组成电极的金属盐溶液，金属电极及其盐溶液之间也会产生双电层，由于金属离子从溶液沉积到电极表面的速度加快，这时双电层的电势与在纯水中的电势不同。若金属离子较容易进入溶液，则金属电极荷负电，只是电势数值要比在纯水中大；若金属离子不易进入溶液，则溶液中的金属离子向电极表面的沉积速度较大而使电极金属荷正电。总之，电极与溶液界面电势差的符号和大小，取决于电极的金属种类及溶液中金属离子的浓度。b. 接触电势差：不同金属的电子脱出功不同，因此，不同的金属接触时相互渗入的电子数目不等，使两金属界面上也形成双电层结构，产生的电势差称为接触电势差，其数值大小取决于金属的本性。

通常提高电池电动势的方法是，正极活性物质使用容易发生还原反应且电子亲和力大的物质，负极活性物质使用容易发生氧化反应且电子亲和力小的物质。从表 10-2 中可知，以 Li 作为负极活性物质时，电极电势最低，当以该物质作为电池的负极时，可以得到具有较高电动势的电池。

表 10-2　25℃的水溶液中某些电极的标准电极电势

电极反应	标准电极电势/V	电极反应	标准电极电势/V
$Li^{+}+e^{-}=Li$	−3.045	$Fe^{2+}+2e^{-}=Fe$	−0.441
$Na^{+}+e^{-}=Na$	−2.714	$Cr^{3+}+e^{-}=Cr^{2+}$	−0.41
$Mg^{2+}+2e^{-}=Mg$	−2.37	$Co^{2+}+2e^{-}=Co$	−0.277
$Ti^{2+}+2e^{-}=Ti$	−1.63	$Ni^{2+}+2e^{-}=Ni$	−0.250
$Mn^{2+}+2e^{-}=Mn$	−1.18	$Sn^{2+}+2e^{-}=Sn$	−0.136
$TiO_2+4H^{+}+4e^{-}=Ti+2H_2O$	−0.95	$Pb^{2+}+2e^{-}=Pb$	−0.126
$Se+2e^{-}=Se^{2-}$	−0.78	$Fe^{3+}+3e^{-}=Fe$	−0.036
$Cr^{3+}+3e^{-}=Cr$	−0.74	$2H^{+}+2e^{-}=H_2$（气）	0
$S+2e^{-}=S^{2-}$	−0.508	$Cu^{2+}+e^{-}=Cu^{+}$	0.153
$HgO+H_2O+2e^{-}=Hg+2OH^{-}$	0.165	$Ag^{+}+e^{-}=Ag$	0.799
$Cu^{2+}+2e^{-}=Cu$	0.337	$Pt^{2+}+2e^{-}=Pt$	1.19
$Cu^{+}+e^{-}=Cu$	0.521	$Cr_2O_7^{2-}+14H^{+}+6e^{-}=2Cr^{3+}+7H_2O$	1.36
$MnO_4{}^{-}+2H_2O+3e^{-}=MnO_2+4OH^{-}$	0.57	$Au^{3+}+3e^{-}=Au$	1.50
$ClO_3{}^{-}+3H_2O+6e^{-}=Cl^{-}+6OH^{-}$	0.62	$Au^{+}+e^{-}=Au$	1.68
$Fe^{3+}+e^{-}=Fe^{2+}$	0.771	$S_2O_8{}^{2-}+2e^{-}=2SO_4{}^{2-}$	2.05

如果用导线连接原电池的两个电极，检流计指针会发生偏转，这表明在两个电极之间存在电势差，即两个电极的电势不同。电极电势的绝对值无法测量，需与标准氢电极构成电池，通常规定标准氢电极的电极电势为 0V，通过测量电池的电动势，进而获得该电极的电极电势。

在电池维护过程中，通常采用水溶液作为电池电解液。但是如果采用强氧化剂 F 和强还原剂 Li、Na 等作为电极活性物质，则不能用水溶液作电解液，因为它们会与水发生剧烈的氧化还原反应。对于这种情况，必须采用非水溶液、固体电解质或熔融盐作电解质。

10.1.3 电极极化现象

对于不可逆电池而言，当有电流通过电极时，发生的是不可逆的电极反应，此时的电极电势与可逆电极电势有所不同。电极在有电流通过时所表现的电极电势与可逆电极电势产生偏差的现象，被称为电极极化。电极极化的特征是阴极电势比平衡电势更负（阴极极化），阳极电势比平衡电势更正（阳极极化）。

对于可逆电池而言，整个电池处于电化学平衡状态，两个电极均处于平衡状态，电极电势由 Nernst 方程决定，是平衡时的电极电势。此时，通过电极的电流为零，即电极反应速率为零。当有电流通过电极时，电极电势则会偏离平衡电极电势，这个现象被称为电极的极化。

根据产生的原因，极化可以分成三种：电化学极化、浓差极化和欧姆极化。a. 电化学极化也称活化极化，是由于正负极活性物质的电化学反应速率小于电子运动速率而引起的极化，响应时间为微秒级。b. 浓差极化是由于反应物消耗而引起电极表面无法获得及时补充（或者某种产物在电极表面积累无法及时疏散）而产生的极化，响应时间为秒级。c. 欧姆极化是由电解液、电极材料、隔膜电阻以及各种组成零件之间存在的接触电阻所引起的极化，响应可瞬时发生。以上三种极化是电化学反应的阻力，电池的内阻为欧姆内阻、电化学极化内阻与浓度极化内阻之和。

电池放电时，电池的端电压下降，电池充电时，电池的端电压上升，不受电池电动势高低的影响。这种电压的升高或降低主要是由电池内的欧姆电阻和电极极化引起的，在电池的放电过程中，电池的端电压可由下式表示

$$U=E-\eta_c-\eta_a-IR_I \tag{10-5}$$

若正负极上的极化由电化学极化和浓差极化混合控制，则

$$U=E-\eta_{c,电}-\eta_{a,电}-\eta_{a,浓}-IR_I \tag{10-6}$$

式中，U 为电池端电压；E 为电池电动势；$\eta_{c,电}$ 和 $\eta_{a,电}$ 分别是阴极和阳极的电化学极化电势；$\eta_{c,浓}$ 和 $\eta_{a,浓}$ 分别为阴极和阳极的浓差极化过电势；I 为电池中的电流；R_I 为电池的欧姆内阻。

已知电化学极化过电势和浓差极化过电势可分别表示为

$$\eta_电=-\frac{RT}{\alpha F}\ln j^0+\frac{RT}{\alpha F}\ln\frac{I}{A} \tag{10-7a}$$

$$\eta_电=-\frac{RT}{nF}\ln\left(1-\frac{I}{Aj_D}\right) \tag{10-7b}$$

式中，α 为传递系数；j^0 为交换电流密度；A 为电极的面积；j_D 为极限扩散电流密度。将式（10-7）代入式（10-6）并求导，可得出电池的极化电阻，即

$$\frac{dU}{dI}=-\frac{RT}{\alpha_c FI}-\frac{RT}{\alpha_a FI}-\frac{RT}{nF(Aj_{D,c}-I)}-\frac{RT}{nF(Aj_{D,a}-I)}-R_I \tag{10-8}$$

由式（10-8）可见，在低电流密度下，电池的极化电阻主要由电化学反应电阻构成，随着电流增加，电池的端电压急剧下降，随着电流进一步增加，式（10-8）右边的第一、二项减小，电池的极化电阻主要由欧姆内阻 R_I 构成，端电压随着电流增加呈线性下降趋势。当电池中电流增加到电极的极限电流时，电池的微分电阻受传质速度的极限控制，使电池端电压快速下降至零。在理想情况下，如果所有极化都为零，电压与电流的关系可表示为一条平行于横轴的水平线。

电池的内阻是指电池在工作时，电流流过电池内部所受到的阻力，它包括欧姆内阻和极化内阻，极化内阻又包括电化学极化内阻和浓差极化内阻。欧姆内阻主要由电极材料、电解液、隔膜电阻及各部分零件的接触电阻组成，与电池的尺寸、结构、装配等有关。极化内阻是指电池的正极与负极在进行电化学反应时极化所引起的内阻。电池的内阻不是常数，在充放电过程中随时间不断变化，这是因为活性物质的组成、电解液的浓度和温度都在不断改

变。欧姆内阻遵守欧姆定律，极化内阻随电流密度增加而增大，但不是线性关系，而是常随着电流密度的对数增大而线性增加。不同类型的电池内阻不同，相同类型的电池，由于内部化学特性的不一致，内阻也不一样。电池的内阻很小，单位一般为毫欧。内阻是衡量电池性能的一个重要技术指标。在正常情况下，内阻小的电池在大电流条件下放电能力强，内阻大的电池则相反。电池的内阻很小，单位一般为微欧或者毫欧。在一般情况下，要求电池的内阻测量精度误差必须控制在正负5%以内。

对锂离子电池而言，实际内阻是指电池在工作时，电流流过电池内部所受到的阻力。如果电池内阻大，则在电池正常使用过程中会产生大量焦耳热，导致电池温度升高，而电池放电工作电压降低，放电时间缩短，对电池性能、寿命等造成严重影响。根据经验，锂离子电池的体积越大，内阻越小；反之亦然。针对这一问题，通常用功能涂层对电池导电基材进行表面处理，覆碳铝箔/铜箔就是将分散好的纳米导电石墨和碳包覆粒，均匀、细腻地涂覆在铝箔/铜箔上。它能提供极佳的静态导电性能，收集活性物质的微电流，进而大幅度降低正/负极材料和集流之间的接触电阻，还能提高两者之间的附着力，可减少黏结剂的使用量，达到电池整体性能显著提升的目的。然而，在传统电池中，如干电池中的二氧化锰与碳棒之间的电阻、金属铅与二氧化铅之间的电阻，都是惰性电极与活性物质接触形成的接触欧姆电阻。在20世纪70年代，大多数电池技术的改进均针对这一问题展开。固体活性物质一般为金属或半导体。在电池充放电过程中，活性物质表面会逐渐形成一层钝化薄膜，而这种薄膜通常会导致活性物质的欧姆电阻增加。因此，在充放电反应过程中产物与反应物也会导致电阻产生，并且电阻一直在变化。基于该问题，为了使活性物质在充放电过程中不发生钝化，一般根据半导体的种类添加对应的有效元素，或直接在活性物质中加入其他种类的物质，避免活性物质结晶，例如将硫酸钡添加到海绵铅电极中阻止铅的结晶。电解液的内阻由电解质和溶剂的性质决定，在水溶液中，OH^-和H^+的导电性最好，拥有最大的离子迁移率，所以一般采用酸碱作电池的电解质。

实验表明，在电解过程中，除了Fe、Co、Ni等一些过渡元素的离子之外，一般金属离子在阴极上还原成金属时，活化过电势的数值都比较小。但当有气体析出时，例如在阴极析出H_2、阳极上析出O_2或Cl_2时，活化过电势的数值很大。由于气体活化过电势相当大，且在电化学工业中又经常遇到与气体活化过电势有关的实际问题，因此对其研究比较多。

影响电极极化的因素总结为以下几点：a.电极本身的影响。不同电极在相同的条件下发生电化学反应，其极化程度不同。b.电流密度的影响。当通过电极的电流增加，电化学极化增强，反之，则极化减弱。在实际生产中，经常采用增加电极面积的方法或采用多孔电极的办法减弱极化。c.温度的影响。在其他条件固定的情况下，当升高温度时，电化学极化减弱，反之，则电化学极化增强。这是因为温度升高，参加电化学反应的离子的能量增加，有助于克服反应的活化能垒，使反应速度加快。d.其他因素的影响，例如电解液的组成、pH值的大小以及电解液中微量杂质等都会对电化学极化造成影响。

10.1.4 电池容量

电池容量是指在给定的放电条件下，电池放电至终止电压时所放出的电量。电池容量是衡量电池性能的重要性能指标之一，它表示在一定条件下（放电率、温度、终止电压等）电池放出的电量（即电池容量），通常以安培•小时为单位(以 A•h 表示，1Ah＝3600C)。电池容量按照不同条件可分为实际容量、理论容量与额定容量，电池容量 C 是指从 t_0 到 t_1 时间内对电流 I 的积分，电池分正极和负极。电池容量是指电池存储电量的大小。若电池的额定容量是 1300mA•h，即电池以 130m•A 的电流进行放电，那么该电池可以持续工作 10h (1300mA•h/130mA＝10h)；如果放电电流为 1300mA，则供电时间只有 1h。这是基于理想状态下的分析，数码设备实际工作时的电流不可能始终恒定在某一数值（以数码相机为例，工作电流会因为 LCD 显示屏、闪光灯等部件的开启或关闭而发生较大的变化）。因此，电池对某个设备的供电时间只能是大约值，而这个值也只有通过实际操作经验进行估计。

干电池的容量通常由恒定负载的电阻放电到规定终止电压时的放电时间表示。一般用比容量表示电池的容量性能。比容量分为两种，一种是质量比容量，即单位质量的电池或活性物质所能放出的电量；另一种是体积比容量，即单位体积的电池或活性物质所能放出的电量。为了提高电池的比容量，电池中活性物质的相应量要小。在放电过程中，电极活性物质往往只有部分能发生放电反应，这是因为反应生成物会对活性物质进一步放电产生影响。活性物质的利用率一般在 30%～50%，所以提升活性物质的利用率是提升电池比容量的关键途径。

10.1.5 电池的效率

电池中化学反应放出的总能量与转变为电功的能量之比就是电池的总效率。电池的总效率由下式表示

$$\varepsilon_0=\varepsilon_i\varepsilon_v\varepsilon_f \tag{10-9}$$

式中，ε_i 为最大热效率，其不能大于卡诺循环中所代表的效率；ε_v 为电压效率；ε_f 为法拉第电流效率。这些效率可分别表示为

$$\varepsilon_i=\frac{\Delta G}{\Delta H}\times 100\% \tag{10-10a}$$

$$\varepsilon_v=\frac{U}{E}\times 100\% \tag{10-10b}$$

$$\varepsilon_f=\frac{I}{I_m}\times 100\% \tag{10-10c}$$

式中，ΔH 为电池反应的焓变；U 是电流为 I 时的电池电压；I_m 是电池反应完全转化为产物的电流值；E 为电池的电动势。电压效率与法拉第电流效率一般是 1。

10.1.6 自放电现象

电池没有向外输出电流时依然消耗活性物质的现象称为自放电。根据自放电对电池的影响，可将自放电分为损失容量能够可逆得到补偿的自放电，以及损失容量无法可逆得到补偿的自放电。由此，可以推测出自放电的原因。

① 造成可逆容量损失的原因：当电池发生可逆放电反应，会导致可逆容量损失，与电池正常放电不同，正常放电的电子传输路径是外电路，反应速度快，而自放电的电子传输路径是电解液，反应速度很慢。

② 造成不可逆容量损失的原因：当电池发生不可逆反应时，造成的容量损失即不可逆

容量损失。不可逆反应主要有：a. 电解液与正极材料发生不可逆反应（主要存在于容易产生结构缺陷的材料，如锰酸锂作为正极与电解液中的锂离子发生反应：$Li_yMn_2O_4 + xLi^+ + xe^- \longrightarrow Li_{y+x}Mn_2O_4$）；b. 电解液与负极材料发生不可逆反应（形成固体电解质相界面膜就是为了避免负极被电解液腐蚀，电解液与负极可能发生的反应：$Li_yC_6 \longrightarrow Li_{y-x}C_6 + xLi^+ + xe^-$ 等）；c. 电解液中的杂质所导致的不可逆反应（例如，溶剂中的 CO_2 可能会发生反应：$2CO_2 + 2e^- + 2Li^+ \longrightarrow Li_2CO_3 + CO$；溶剂中的 O_2 发生反应：$1/2O_2 + 2e^- + 2Li^+ \longrightarrow Li_2O$）；d. 制作电池时引入杂质造成的微短路所引起的不可逆反应（例如空气中的粉尘、极片和隔膜沾上的金属粉末都可能会造成电池内部的微短路）。

常见的铅酸蓄电池会发生自放电现象，负极的自放电是因为在硫酸溶液中，活泼的金属粉末铅电极的电极电势比氢负，可以发生置换氢气的反应。反应式为

$$Pb + H_2SO_4 \longrightarrow PbSO_4 + H_2 \tag{10-11}$$

硫酸中溶解的 O_2 也能促进铅的自放电反应，即

$$Pb + 1/2O_2 + H_2SO_4 \longrightarrow PbSO_4 + H_2O \tag{10-12}$$

但由于空气被电池外壳阻隔，并且氧在硫酸中的溶解度很小，所以自放电反应主要以式（10-11）为主，式（10-11）是由下列两个共轭反应组成，即

$$Pb + HSO_4^- \rightleftharpoons PbSO_4 + H^+ + 2e^- \tag{10-13a}$$

$$2H^+ + 2e^- \rightleftharpoons H_2\uparrow \tag{10-13b}$$

显而易见，电池并没有向外输出电流，但负极的活性物质却被消耗了。这一现象可以通过使用高纯度的铅钙合金改善，铅钙合金拥有高的表面析氢过电势，导致式（10-13b）无法发生。

电池自放电速率用单位时间内容量降低的百分数表示

$$x = \frac{C_{前} - C_{后}}{C_{前}\ t} \times 100\% \tag{10-14}$$

式中，$C_{前}$、$C_{后}$ 为电池储存前后的容量；t 为储存时间，常用年、月、天表示。

搁置寿命是电池搁置到某一规定值时的天数。搁置寿命可以用来衡量自放电的大小。搁置寿命分为干搁寿命和湿搁寿命。干搁寿命是指电池在使用前不加入电解液的搁置寿命。湿搁寿命是指电池带电解液储存时的搁置寿命，一般湿搁寿命比干搁寿命要短很多。例如，锌银电池的干搁寿命在 5～8 年，而湿搁寿命仅为几个月。

在电池中，一般正极的自放电没有负极严重。原因主要是负极活性物质大多为活泼金属，其在水溶液中的标准电极电势比氢电极更负，导致氢气的析出和负极金属的溶解。当有正电性的金属杂质时，负极活性物质还会和这些杂质形成腐蚀微电池，导致自放电现象加剧。若电解液中含有杂质，这些杂质会被负极金属置换出来并沉积在负极表面，如果氢气在杂质表面的过电势又很低，则会加速负极腐蚀。正极则一般会发生各种副反应（如杂质的氧化、逆歧化反应、正极活性物质的溶解等），正极活性物质被消耗，而使电池的容量下降。

防止电池自放电的措施有：a. 采用高纯度的原材料或者直接对原材料进行预先处理，除去杂质；b. 在负极材料中加入具有较高氢过电势的金属（汞、铅、镉等）；c. 在电解液或电极中加入缓蚀剂，抑制氢析出。汞和镉对环境污染较大，现在电池中的汞、镉、铅已经逐渐被其他缓蚀剂代替。

10.2 传统一次电池

一次电池是一种将化学能转化为电能，却不能再将电能转变为化学能的电池，其化学反应是不可逆的。根据电解液供给和保存方法一次电池可分为注液电池、湿电池和干电池。干一次电池一般是指干电池。干电池电解质是一种不能流动的糊状物。干电池又可根据电解液种类以及保存状态的不同分为糊状干电池、碱性干电池和纸板干电池。日常生活中，我们经常用到干电池，比如 5 号电池、7 号电池等。干电池都有自放电问题。自放电除了与电池内在因素有关，还与环境温度、湿度等因素有关；当超过一定的储存期后，由于自放电现象，会导致电池性能降低。随着科学技术的发展，干电池已经发展成一个大家族，截至目前已经有 100 余种。常见的有普通锌-锰干电池、碱性锌-锰干电池、镁-锰干电池、锌-空气电池、锌-氧化汞电池、锌-氧化银电池、锂-锰电池等。锌锰干电池是目前使用量最大的一次电池，其优点是可靠性高且价格低廉，缺点是电池性能不理想，放电时的电压稳定性欠佳，在低温下工作性能会严重恶化。

10.2.1 锌锰干电池

锌锰干电池以二氧化锰（MnO_2）作为正极活性物质，以锌作为负极材料，以氯化铵的水溶液作为主电解液。在电池放电过程中，位于电池阴极的二氧化锰发生还原反应，生成低价的锰基化合物。二氧化锰的阴极还原过程较为复杂，目前被广泛认可的是质子-电子机理，即二氧化锰首先在电极表面发生还原反应，此时溶液中的质子进入 MnO_2 晶格中参与反应，同时从外电路得到电子，MnO_2 被还原为三价的锰化合物——水锰石（MnOOH），即为 MnO_2 还原的初级过程。水锰石作为反应产物在电极表面积累，减少了 MnO_2 与电解液之间的固/液相界面，阻碍了反应进行。如果使反应继续进行，则水锰石需从电极表面转移走，此过程即为 MnO_2 还原的次级过程。

二氧化锰电极的放电机理随着电解液酸碱性的改变而发生变化。但不论在酸性、碱性还是中性介质中，其放电初级过程相同。即

$$MnO_2 + H^+ + e^- \longrightarrow MnOOH \qquad (10\text{-}15)$$

二氧化锰（MnO_2）晶体是离子晶体，其晶格中充满了 Mn^{4+} 和 O^{2-}。当质子进入 MnO_2 晶格的表层，同时外电路的电子也进入这一位置时，Mn^{4+} 被还原为 Mn^{3+}，O^{2-} 与质子结合形成 OH^-，此时 MnO_2 和 MnOOH 处于同一固相。虽然 MnOOH 的生成在固相中完成，但因为 H^+ 来源于电解液，所以反应是在固/液相界面上进行。换言之，电极反应速度与固/液相界面的面积密切相关，面积越大则反应速度越快。

二氧化锰还原的初级过程得到的水锰石通过歧化反应和固相中的质子扩散进行转移。在 pH 值较低的情况下，水锰石反应为

$$2MnOOH + 2H^+ \longrightarrow MnO_2 + Mn^{2+} + 2H_2O \qquad (10\text{-}16)$$

该反应是歧化反应，是水锰石分子自发进行的氧化还原反应。由式（10-16）可知，随着 pH 值下降，歧化反应更容易进行。实验证明，在 $pH<2$ 的情况下，歧化反应可以顺利

进行；若溶液中 H^+ 的浓度太小，则反应很难进行。

水锰石最初出现在 MnO_2 颗粒表面，表面质子浓度相对于颗粒内部质子浓度较高，存在 H^+ 的浓度梯度。由于 H^+ 浓度梯度的存在，H^+ 可以在晶格内部向内扩散，即固相中的 H^+ 扩散。H^+ 由表面出发，向内部转移，形成 OH^-。在电场作用下，电极表面 OH^- 邻近的 Mn^{3+} 上的束缚电子同样转移到电极内部 OH^- 邻近的 Mn^{4+}，并将其还原为 Mn^{3+}。实际上，就是表面的 MnOOH 向内部的转移过程，利于电极表面电化学反应的持续进行。水锰石的两种转移方式均存在。在酸性溶液中，高浓度的 H^+ 利于歧化反应进行。碱性溶液中，歧化反应困难，所以主要以固相中 H^+ 的扩散为主。在中性溶液中，两种方式均存在。

对于锌电极而言，当电池放电时，锌电极发生的是阳极氧化反应。因为电解质不同，其反应产物也有所不同。

以 NH_4Cl 为主的电解质中，发生如下反应

$$Zn+2NH_4Cl-2e^- \longrightarrow Zn(NH_3)_2Cl_2\downarrow +2H^+ \quad (10\text{-}17)$$

以 $ZnCl_2$ 为主的电解质中，发生如下反应

$$4Zn-8e^- +9H_2O+ZnCl_2 \longrightarrow ZnCl_2 \cdot 4ZnO \cdot 5H_2O+8H^+ \quad (10\text{-}18)$$

以 KOH 为主的电解质中，发生如下反应

$$Zn-2e^- +4OH^- \longrightarrow Zn(OH)_4^{2-} \rightleftharpoons ZnO+H_2O+2OH^- \quad (10\text{-}19)$$

在中小电流放电的情况下，正极 MnO_2 的极化程度比锌电极的极化程度小得多。因为锌电极的电化学反应速度比较快，交换电流密度较大，电化学极化较小，所以放电时锌电极的阳极钝化主要来源于浓差极化。

锌锰干电池已经经历百余年的发展，目前糊状、碱性、纸板这三种已经发展成熟，近年来电池结构不再改变，生产工艺有所进步，由于电池材料发展迅猛，使得电池整体性能和电池工业不断进步，常用的圆柱形碱性锌锰干电池结构如图 10-1 所示。

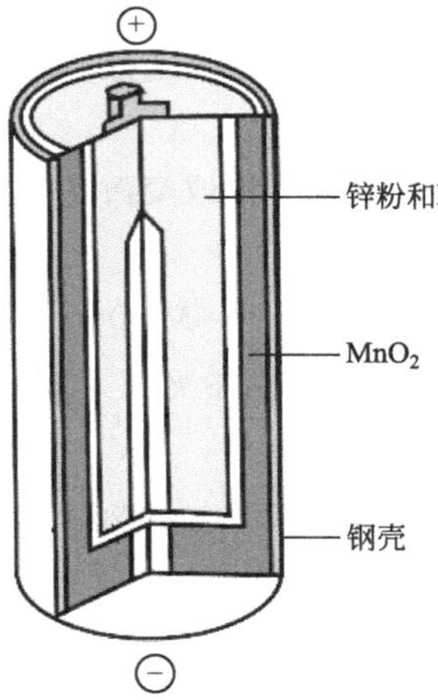

图 10-1　圆柱形碱性锌锰干电池结构

锌锰干电池采用的二氧化锰有天然 MnO_2（NMD）、化学 MnO_2（CMD）、电解 MnO_2（EMD）三种。天然 MnO_2 主要来自软锰矿。化学 MnO_2 可以细分为活性 MnO_2、化学锰和活化 MnO_2，它们都是通过化学方法制得，比天然锰活性高。电解锰则是以 $MnSO_4$ 为原料，

经过电解使阳极氧化而得到的 MnO_2。

锌电极有锌合金粉、锌合金筒和锌片等。锌筒用于中性锌锰干电池，锌片用于叠层锌锰电池，而锌合金粉则用于碱性锌锰干电池。锌粉的形貌对于无汞碱锰干电池非常重要，影响锌粉的接触性能和活性。球形锌粉比表面积和析气量小，但这类锌粉相互接触面积小、无粘接，导致锌膏电阻率高、抗振动性能差。如今市场上主要是无规则形状锌粉，有枝状、泪滴状等。这类锌粉具有较大的比表面积，可以增大电池容量。电池规格不同，用途不同，对于无汞锌粉的粒度要求也不尽相同。

在电解质方面，例如中性锌锰干电池的电解质主要成分是 NH_4Cl 和 $ZnCl_2$。NH_4Cl 的作用是提供 H^+，降低 MnO_2 放电过电势，提高导电能力，NH_4Cl 的缺点是冰点高，影响电池的低温性能，并且 NH_4Cl 溶液沿锌筒上爬，导致电池漏液。$ZnCl_2$ 的作用是间接参加正极反应，与正极反应生成的 NH_3 形成配合物 $Zn(NH_3)Cl_2$。同时，$ZnCl_2$ 可降低冰点，具有良好的吸湿性，保持电解液水分，还可加速淀粉糊化，防止 NH_4Cl 沿锌筒上爬。

糊式锌锰干电池的隔膜是电糊，锌型、铵型纸板电池隔膜是浆层纸，碱性锌锰干电池的隔膜是复合膜。复合膜由主隔膜和辅助隔膜组成。主隔膜起到隔离和防氧化的作用，一般采用聚乙烯辐射接枝丙烯酸膜、聚乙烯辐射接枝甲基丙烯酸膜、聚四氟乙烯辐射接枝丙烯酸膜等。辅助隔膜起吸收电解液和保液的作用，一般采用尼龙毡、维尼纶无纺布、过氯乙烯无纺布等。使用复合膜时，主隔膜面向 MnO_2，辅助隔膜面向锌负极。

此外，导电材料也很关键，常用的导电材料有石墨粉和乙炔黑，其主要作用是增加正极活性物质的导电性，且乙炔黑吸附能力强，能使电解液与二氧化锰保持良好接触，提高二氧化锰的利用率，还能吸收电池放电过程中产生的氨气，主要用于中性锌锰干电池。但是乙炔黑密度低、导电性较差，因此碱性锌干电池正极中一般不加乙炔黑，而只采用石墨作导电材料。石墨粒度及在混粉中的分布、石墨与 EMD 两种粒子接触的程度等因素对电池性能的影响也至关重要，因为这间接影响正极导电的均匀性。传统碱锰干电池中使用的石墨粉是胶体石墨。近年来通过控制石墨的切割方向和切割方法，在不影响材料电导率的前提下可以极大地提高石墨粉的比表面积，通常可达 $25m^2/g$，这种石墨粉被称为膨胀石墨。由于膨胀石墨比表面积大，可以降低在正极粉料中的含量，且不影响正极的欧姆内阻。同时，还可以增大粉料中 EMD 的含量，这使碱锰干电池容量得到了大幅提高。目前膨胀石墨已获得了广泛的应用。

影响锌锰干电池容量的两个因素分别为活性物质的填充量和活性物质的利用率。活性物质越多，电池放电容量越高；利用率越高，容量也越高。若想提高容量，则需要从以下两方面入手：针对正极而言，可以将镀镍钢壳厚度从 0.30mm 降到 0.25mm，增加正极环的体积，以此增加正极活性物质填充量；针对负极而言，可以采用提高锌膏中锌的比例、增加锌膏注入量、改变凝胶剂配比、使用添加剂等措施，以提高负极活性物质的填充量和利用率。

锌锰干电池的放电容量与其放电制度（工作方式）相关，一般锌锰干电池通过恒阻方式进行放电测试，恒阻放电曲线积分为放电容量。

10.2.2 碱锰干电池

碱锰干电池即碱性锌锰干电池，其表达式为

$$(-)Zn|KOH|MnO_2(+) \tag{10-20}$$

碱锰干电池在放电时的反应方程式为

负极反应： $Zn-2e^-+4OH^- \longrightarrow Zn(OH)_4^{2-} \rightleftharpoons ZnO+H_2O+2OH^-$ (10-21a)

正极反应： $2MnO_2+2H_2O+2e^- \longrightarrow 2MnOOH+2OH^-$ (10-21b)

电池反应： $Zn+2MnO_2+H_2O \longrightarrow 2MnOOH+ZnO$ (10-21c)

放电时，负极会产生锌酸盐［$Zn(OH)_4^{2-}$］，其浓度达到饱和时会产生 ZnO。最终放电产物 ZnO 是两性物质，ZnO 与 KOH 溶液中的锌酸盐［$Zn(OH)_4^{2-}$］之间存在溶解平衡。因为负极放电反应遵循溶解-沉积机理，反应物 Zn 和产物 ZnO 分别属于两相，所以 Zn 电极的放电曲线平坦，出现明显的放电平台，直至负极放电结束时 Zn 电极电势发生突跃，迅速正移。

正极的放电产物水锰石（MnOOH），通过固相中的质子扩散向电极内部转移，这个步骤是正极放电反应的速度控制步骤，电极反应的速度取决于固相中质子的扩散速度。反应物 MnO_2 的晶格中通过质子-电子机理产生水锰石，MnOOH 和 MnO_2 存在于同一固相中，反应具有均相性质，根据 Nernst 方程，随着 MnOOH 和 MnO_2 的固相浓度比值增大，反应平衡不断负移，导致 MnO_2 放电时电极电势持续下降，电极的放电曲线上没有明显的放电平台。

碱锰干电池的正极只使用石墨作为导电材料，不使用乙炔黑，将其压制成致密的锰环后，碱锰干电池在相同的电池空间中比中性干电池具有更多的正负极活性物质。同时，碱锰干电池负极采用了多孔锌粉结构，正负极的极化均比中性干电池更小，活性物质利用率更高。此外，碱锰干电池的重负荷放电能力也超过中性干电池，可进行较大电流放电。

碱锰干电池具有圆柱形、方形和扣式几种结构，其中以圆柱形结构最为常见。圆柱形结构电池采用了锰环-锌膏式结构，外壳是用作正极集流体的钢壳，这种结构一般被称为反极式结构。

圆柱形碱性锌锰干电池加工工艺主要环节示意图如图 10-2 所示。电解液的配制、正极制造、负极制造、隔膜筒制造、负极组件制造、电池装配等是碱性锌锰干电池制造的几个关键部分。

正极的制造一般通过干混、湿混、压片、造粒、筛分、压制正极环等几个工序来完成。正极粉料经过干混必须加调粉液来进行湿混。调粉液一般为 KOH 水溶液或蒸馏水。使用蒸馏水时应注意以下两点：一是正极装入电池前要先烘干，以利于电解液后续加入后吸液快、吸液多，保证正极电解液均匀一致；二是电解液注入后停 15～30min，再对电池进行密封，目的是使电池内部气体尽量逸出，减轻电池的气胀和爬碱。湿混后对正极材料进行压片、造粒，让湿粉料能够充分接触，提高密度，从而达到减小接触电阻和提高装填量的目的。

负极制造一般是制作成锌膏。锌膏的制备过程分为干拌和湿拌。搅拌过程中所使用的器具需要满足使用材料的相关工艺要求。例如，干拌桶内壁需涂抹耐磨的非金属材料，接触锌膏的机械和容器全部采用工程塑料，避免锌膏中掺入金属杂质。

电池外壳采用镀镍钢壳，钢壳也是正极的集流体。钢壳内壁上一般喷上一层石墨的导电胶，这可以增大正极锰环和钢壳之间的接触面积，防止钢壳镀镍层氧化。

负极组件由集流铜钉、负极盖和密封圈组成。在钢壳口部涂上封口胶，经过封口、拔直等工序将钢壳和密封圈组装到一起。

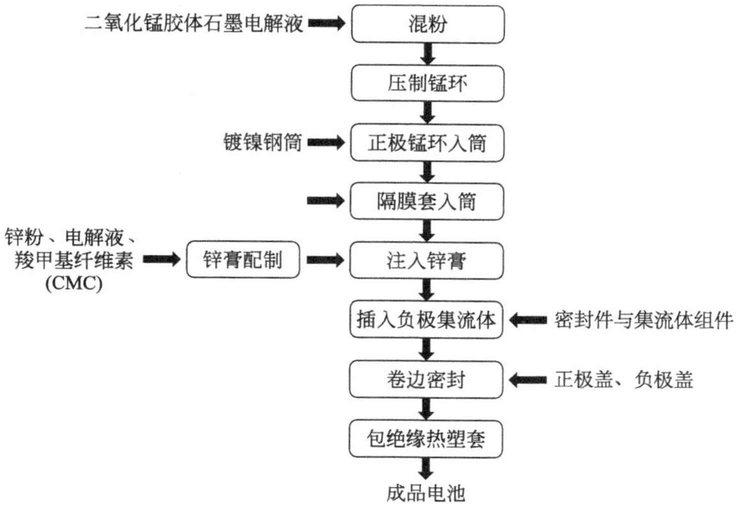

图 10-2 圆柱形碱性锌锰干电池加工工艺主要环节示意图

10.3 传统二次电池

10.3.1 铅酸蓄电池

铅酸蓄电池距今已有 160 多年的发展历史。1860 年，普朗特报道了浸在硫酸溶液中并充电的一对铅板可进行有效放电，随后富尔提出了涂膏极板的概念。此后的百余年来，电池的主要组件并没有发生变化。但是，随着各国科学家与工程技术人员的不断努力，依然让铅酸蓄电池得到了一系列的技术进步，如胶体电解液、管状电极、超细玻璃纤维隔板、阀控密封铅酸蓄电池技术等。

铅酸蓄电池正极的活性物质是二氧化铅，负极的活性物质为海绵状金属铅，电解液为稀硫酸水溶液。该电化学体系可表示为

$$(-)Pb|H_2SO_4|PbO_2(+) \tag{10-22}$$

在电池放电时，化学能转化为电能。负极金属铅和正极二氧化铅分别发生氧化反应和还原反应。正负极和电解液是构建铅酸蓄电池的主要部件，除此之外还有隔板、电池槽和其他零部件，铅酸蓄电池示意图如图 10-3 所示。正负极一般固定在各自的板栅上，板栅加活性物质则组成负极和正极。

20 世纪下半叶，铅酸电池结构发生较大变化。在此之前，一般是将铅酸电池的隔板浸泡在硫酸中，当电池过充时，氧气和氢气可被无限制释放出来，这会导致电解液失水，电池需要定期维护。长期以来，科学家一直尝试研制“密封式”的铅酸蓄电池，由此产生了阀控密封铅酸（valve-regulated lead-acid，VRLA）蓄电池。首批商业化的 VRLA 电池是由 20 世纪 60 年代德国的阳光公司和 70 年代的盖茨能源产品公司设计的。两家公司采用的工艺分别是“胶体”和“超细玻璃纤维隔板（AGM）”。

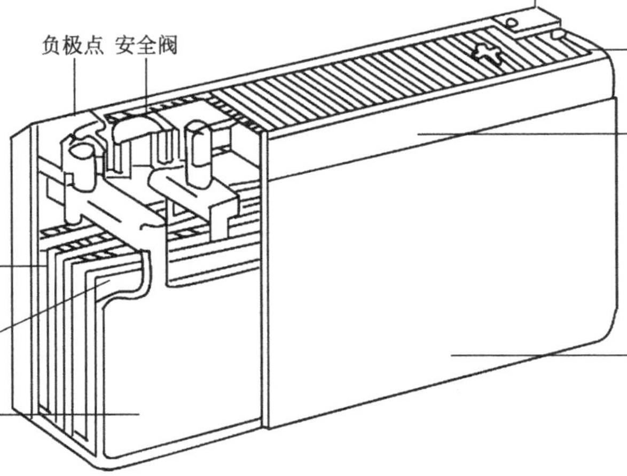

图 10-3 铅酸蓄电池的结构示意图

正极板在过充电或充电后期的析氧反应为

$$H_2O \longrightarrow 2H^+ + 1/2O_2\uparrow + 2e^- \quad (10\text{-}23)$$

析出的氧气通过特殊的气体空隙转移到负极板，在负极上再化合成水，其反应为

$$Pb + 1/2O_2 + H_2SO_4 \longrightarrow PbSO_4 + H_2O + 热量 \quad (10\text{-}24)$$

在 VRLA 蓄电池充电期间，还存在 2 个反应，即负极析氢反应和正极板栅腐蚀

$$2H^+ + 2e^- \longrightarrow H_2\uparrow \quad (10\text{-}25a)$$

$$Pb + 2H_2O \longrightarrow PbO_2 + 4H^+ + 4e^- \quad (10\text{-}25b)$$

其中，式（10-23）和式（10-24）的反应组成的氧循环使负极的电势负移较少，而式（10-25a）的析出速度被降到很低的水平。

在普朗特发明了形成式的铅酸蓄电池之后，又出现了涂膏式富液电池、胶体电池、阀控密封铅酸电池和卷绕 VRLA 电池等多个结构。现在铅酸电池的极板主要是涂膏式和管式两种。涂膏式极板是指将铅膏涂在铅合金板栅上所形成的极板。管式正极板是指用纤维管套铅合金骨架，在管中挤入正极铅膏而形成的极板，胶体 VRLA 电池中一般采用管式正极。

铅酸蓄电池有以下几方面用途。

① 起动用铅酸蓄电池。可以供内燃机点火，还可以通过驱动起动电机来驱动内燃机。启动电流一般为 150～500A，并且可以在低温时使用。用于各种汽车、火车、拖拉机及船用内燃机配套。

② 电动车辆用电池。用于各种叉车、矿用电机车、铲车、码头起重车、电动车和电动自行车。

③ 固定型铅酸蓄电池。主要应用于发电厂、变电所、医院、公共场所及实验室等，可以作为自动控制、开关操作、公共建筑物的事故照明等备用电源及发电厂储能装置等。

④ 便携设备和其他设备用铅酸蓄电池。常用于照明灯、便携仪器设备电源。

铅酸蓄电池优点：a. 高倍率放电性能良好；b. 原料易得，价格低廉；c. 适合浮充使用，使用寿命长无记忆效应；d. 高低温性能良好，可能在－40～60℃环境下工作；e. 废旧电池容易回收，发达国家铅的回收率高达96%。

铅酸蓄电池缺点：a. 比能量低，仅为30～40W·h/kg；b. 制造过程容易产生污染；c. 使用寿命没有镉镍电池和锂离子电池长。

10.3.2 镍基电池

镉镍电池负极采用金属镉，正极采用镍的氧化物，电解质采用KOH水溶液，电池表达式如下

$$(-)Cd|KOH(或 NaOH)|NiOOH(+) \quad (10\text{-}26)$$

镉镍电池最突出的优点是使用寿命长，循环次数可达几千甚至上万次，例如人造卫星上的镉镍电池在浅充放电条件下可循环10万次以上，密封镉镍电池循环寿命可达500次以上；可以在较宽的温度范围（−40～40℃）工作；同时自放电小、放电电压平稳、力学性能好、耐过充过放等。但是，仍存在活性物质成本较高和电池长期充放电循环时有记忆效应等缺点。

可以根据结构及制造工艺的区别将镉镍电池分为两大类，如有极板盒式与无极板盒式，无极板盒式可以使用涂膏式、压成式、烧结式电极等，有极板盒式镉镍电池结构如图10-4所示。根据密封方式分类，可以分为开口型、密封型、全密封型。根据输出功率可以把电池分为低倍率型、中倍率型、高倍率型、超高倍率型。镉镍电池可以作为飞机、铁路列车、船舶的启动和照明电源以及电力、电信等系统的储备及应急电源等。

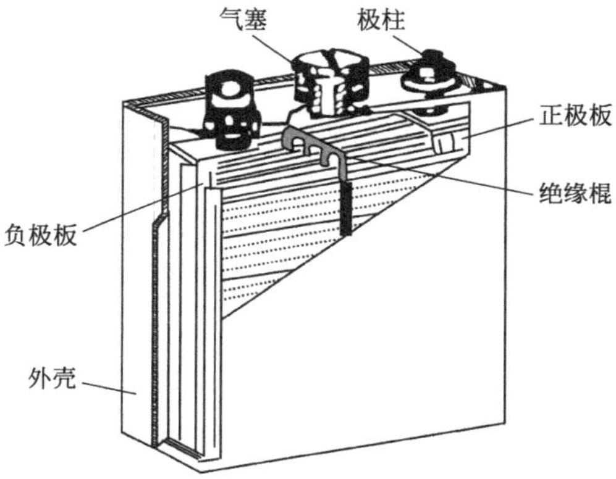

图10-4 有极板盒式镉镍电池结构

镉镍电池在充放电循环过程中，正负极分别进行如下反应

正极：$$2NiOOH+2e^-+2H_2O \rightleftharpoons 2Ni(OH)_2+2OH^- \quad (10\text{-}27a)$$

负极：$$Cd+2OH^- \rightleftharpoons Cd(OH)_2+2e^- \quad (10\text{-}27b)$$

电池反应：$$Cd+2NiOOH+2H_2O \rightleftharpoons 2Ni(OH)_2+Cd(OH)_2 \quad (10\text{-}27c)$$

由总反应式可知，电解质KOH并不参与反应。由于反应需要水的参与，所以需要足够量的电解液。

氧化镍电极为p型氧化物半导体，其晶格中的部分O^{2-}代替了OH^-，还有部分的Ni^{3+}代替了Ni^{2+}。O^{2-}相对于OH^-而言少了一个质子，被称为质子缺陷。Ni^{3+}相对于Ni^{2+}少了一个电子，被称为电子缺陷。氧化镍电极双电层的形成和电化学过程与晶格中的质子缺陷和电子缺陷息息相关。

在充电过程中，Ni^{2+}失去电子变为Ni^{3+}，电子通过导电骨架向外电路转移，电极表面晶格OH^-中的H^+通过界面双电层进入溶液，与溶液中的OH^-结合形成H_2O，其反应式可表示为

$$H^+(固)+OH^-(液)+Ni^{2+} \longrightarrow H_2O(液)+Ni^{3+}+e^- \quad (10\text{-}28)$$

在充电过程中，镍电极上会有 O^{2-} 析出，此时电极内部仍有 $Ni(OH)_2$ 存在。在充电不久后，镍电极会开始析出氧气，这是镍电极的特点。在极限情况下，电极表面生成的 NiO_2 并非以单独的结构存在，而是掺杂在 NiOOH 晶格中。NiO_2 不太稳定，会发生分解，析出 O_2。

$$2NiO_2 + H_2O \longrightarrow 2NiOOH + \frac{1}{2}O_2\uparrow \tag{10-29}$$

在放电过程中，阴极极化时会发生与充电过程相反的反应。溶液中的质子越过界面双电层电场进入到固相，在表面层中占据质子缺陷并与 O^{2-} 结合形成 OH^-。固相中的 Ni^{3+} 则与来自外电路的电子结合成为 Ni^{2+}。因此，液相提供了一个 H^+ 而生成一个 OH^-，固相少了一个质子缺陷及一个电子缺陷而多了一个 H^+，反应可表示为

$$H_2O(液) \longrightarrow H^+(固) + OH^-(液) \tag{10-30}$$

随着反应进行，H^+ 进入了固相表面层，占据了质子缺陷，使得表面层的 H^+ 增多，而 O^{2-} 浓度降低，导致质子向电极深处扩散。因为固相中质子扩散缓慢，所以在电极深处的 NiOOH 还没有被完全还原为 $Ni(OH)_2$ 之前，放电电压就会降到终止电压，导致氧化镍电极的利用率降低。因而，放电电流会严重影响氧化镍电极中活性物质的利用率，并且还与质子在固相中的扩散速率密切相关。

镉镍电池具有记忆效应。镉镍电池在长期浅充放循环之后，再进行深放电，会表现出很明显的容量损失和放电电压下降，需要经过数次全充放电循环才能恢复电性能，这种现象被叫作记忆效应。扫描电镜结果显示，发生记忆效应的镉电极比正常的镉电极含有的大颗粒 $Cd(OH)_2$ 多，但有极板盒式电池却很少发生记忆效应。一般采用再调节法来消除记忆效应。例如，电池充放电后，可以先用较大电流放电至电池电压为 1.0V，再用小电流使电池完全充放电，然后进行全充放电，电池的放电容量和放电电压可以提高。

镉镍电池的循环寿命在各类电池中是最长的（可达 3000～4000 个周期），总使用寿命可以达到 8～25 年。

镉镍电池充电后，在储存初期自放电现象非常严重，原因是 NiO_2 不稳定。但放置一段时间后（2～3 天），镉镍电池自放电停止，这是因为镉电极在碱溶液中的平衡电极电势比氢的平衡电极电势正，而且氢在镉上的析出过电势很大，所以负极不会发生镉的溶解而产生析氢反应。

10.3.3 锂离子电池

20 世纪 90 年代，锂离子电池研发成功，它是一种新型高比能电池。1980 年，M. Armand 提出利用嵌锂化合物代替金属锂二次电池中的金属锂负极，并提出“摇椅式电池”概念，采用 $Li_yM_nY_m$ 层间化合物代替金属负极，并配以高嵌锂电势化合物 A_zB_w 作正极，组成了无金属锂的二次锂电池。1990 年，日本 SONY 公司研究以碳材料为负极的锂电池，正极使用 $Li_{1-x}CoO_2$（或 $Li_{1-x}YO_2$），Y 为过渡金属元素（Ni、Mn），首次提出“锂离子电池”的概念。

锂离子电池可分为固态锂离子电池和液态锂离子电池，输出电压约为 3.6V。与金属锂电池相比，区别在于采用了能使锂离子嵌入和脱嵌的碳材料替代金属锂作负极。如表 10-3，

列出锂离子电池中负极常用的碳材料种类。正负极电极中锂离子的嵌入和脱嵌反应取代了锂电极上的沉积和溶解反应，避免了负极锂枝晶和钝化的问题，显著提高了电池循环寿命和安全性。

表 10-3 锂离子电池负极用碳材料分类

<table>
<tr><td rowspan="13">用于锂离子电池负极的碳材料</td><td rowspan="4">高规则化碳</td><td colspan="3">天然石墨</td></tr>
<tr><td rowspan="3">人造石墨</td><td colspan="2">中间相碳微球</td></tr>
<tr><td colspan="2">石墨化针状碳</td></tr>
<tr><td colspan="2">气相生长石墨纤维</td></tr>
<tr><td rowspan="9">低规则化碳</td><td rowspan="2">软碳</td><td colspan="2">焦炭</td></tr>
<tr><td colspan="2">部分中间相碳微球</td></tr>
<tr><td rowspan="3">硬碳</td><td rowspan="3">树脂碳</td><td>PFA-C</td></tr>
<tr><td>PPP</td></tr>
<tr><td>PAS</td></tr>
<tr><td rowspan="3">复合碳</td><td rowspan="2">碳-碳复合</td><td>软碳-石墨复合</td></tr>
<tr><td>硬碳-石墨复合</td></tr>
<tr><td colspan="2">碳-非碳复合</td></tr>
<tr><td colspan="3">碳纳米材料（石墨烯、碳纳米管）</td></tr>
</table>

锂离子电池本质上是一种浓差电池，正负极的活性物质发生锂离子嵌入-脱嵌反应。锂离子电池在充电过程中，正极活性物质中脱出锂离子，外电压驱使锂离子从电解液向负极迁移。与此同时，锂离子嵌入到负极活性物质中，等量的电子在外电路从正极流向负极。充电结果导致负极处于富锂态，而正极处于贫锂态。在放电过程中，Li^+ 由负极脱嵌并沿电解液迁移至正极，同时正极 Li^+ 嵌入活性物质晶格中，外电路电子流动形成电流，化学能转化为电能。在正常的放电情况下，锂离子在层状碳材料的嵌入和脱出不会破坏晶体结构。因此，锂离子电池的充放电反应是一种理想的可逆反应。

锂离子电池的正极充放电反应如下

负极反应：
$$6C + xLi^+ + xe^- \rightleftharpoons Li_xC_6 \tag{10-31a}$$

正极反应：
$$LiMO_2 \rightleftharpoons xLi^+ + Li_{1-x}MO_2 + xe^- \tag{10-31b}$$

电池反应：
$$LiMO_2 + 6C \rightleftharpoons Li_{1-x}MO_2 + Li_xC_6 \tag{10-31c}$$

锂离子电池正极材料是锂离子电池的重要组成部分。近年来，研究的正极材料有 $LiCoO_2$、$LiNiO_2$、$LiMn_2O_4$、$LiCo_xNi_{1-x}O_2$、$LiCo_{1/3}Ni_{1/3}Mn_{1/3}O_2$、$LiMnO_2$、$V_2O_5$、$LiFePO_4$ 和 $Li_3V_2(PO_4)_3$ 等。如表 10-4 所示，列出常用的锂离子电池正极材料以及对应的性能。一般而言，锂离子电池应满足以下六点要求：a. 嵌入化合物中的锂离子应具有较高的氧化还原电势，保证电池具有高而稳定的输出电压；b. 具有较高的离子电导率和电子电导率，减少极化和提高充放电电流；c. 在充放电电压范围内，化学稳定性好；d. 具有足够多的空间容纳锂离子，使电极拥有足够的容量；e. 具有多的离子转移通道，让锂离子快速地嵌入和脱嵌；f. 正极材料的结构不受锂离子嵌入和脱嵌的影响。

表 10-4　几种锂离子电池正极材料的主要性能比较

正极材料	电势(相对锂)/V	扩散系数/(cm^2/s)	比容量/[(mA·h)/g]	密度//(g/cm^3)	安全性	循环性
$LiMn_2O_4$	3.8	10^{-9}	110～120	4.28	好	良
$LiCoO_2$	3.7	2.6×10^{-8}	140～160	5.01	较差	好
$LiNi_{1/3}Co_{1/3}Mn_{1/3}O_2$	3.6～3.9	10^{-12}	150～220	4.69	较好	较好
$LiFePO_4$	3.5	1.8×10^{-14}	160～170	3.60	好	好
$LiNi_{0.8}Co_{0.2}Al_{0.05}O_2$	3.6	10^{-12}～10^{-11}	170～200	4.96	较差	好

早期锂电池使用金属锂作为负极，但由于在充电过程中会产生枝晶，刺穿隔膜导致电池短路。所以，人们开发了以石墨为主的插层化合物作为锂离子电池负极材料，虽然牺牲了一些容量，但解决了锂二次电池的安全问题。虽然石墨负极材料已成功商业化，但仍存在一些难以解决的问题：a. 金属锂电势与碳电极电势相近，电池过充电时会使碳电极表面容易析出锂，形成枝晶导致短路；b. 制备工艺对碳负极性能影响很大；c. 电池在高温下充放电时，碳负极上的 SEI（固体电解质相界面）膜会分解导致电池着火。

目前，锂离子电池负极材料的研究越来越多元化。从传统石墨材料的改性处理，到金属锂、锂合金、Sn 基合金以及过渡金属氮化物等，特别是石墨材料的改性处理，能改善充放电性能，达到进一步提高比容量的目的。

10.4 燃料电池

将氧化剂和燃料中的化学能等温地转化为电能的一种电化学发电装置称为燃料电池。1839 年，威廉·格罗夫(W. Grove) 发表了世界上第一篇关于燃料电池的报告，报告中指出电解产生的 O_2 和 H_2 在硫酸溶液中可以分别在两个镀铂电极上放电。1889 年，莱格(C. Langer) 和蒙德 (L. Mond) 将多孔材料浸润电解液后作为隔膜，以铂黑为催化剂、以铂或金片作为集流体，组成了一个燃料电池体系，首次提出“燃料电池”的概念。后来奥斯瓦尔德 (W. Ostwald) 对燃料电池各部分作用原理进行详细阐述，奠定了燃料电池的理论基础。

20 世纪 70 年代，由于燃料电池在航天飞行过程中的成功应用以及中东战争后石油危机的影响，人们越来越关注燃料电池的研发。美国与日本相继制定了一系列关于燃料电池发展的规划。这个阶段，各国研究和发展的重点是以磷酸作为电解质的磷酸燃料电池。20 世纪 80 年代，熔融碳酸盐电解质兴起。到 90 年代，固体氧化物燃料电池也受到了广泛关注。进入 90 年代至今，研究开始转向聚合物膜的改进，质子交换膜燃料电池的发展出现了重大突破，并在电动交通工具、便携式能源等方面表现出巨大潜力。

10.4.1 燃料电池基础

燃料电池本质上是一种将化学能转化为电能的装置，结构与通常电源类似。燃料电池工作原理是通过阴阳两极的电化学反应把氧化剂和燃料中储存的化学能转化为电能。燃料电池充放电时，燃料在负极发生氧化反应，氧化剂在负极发生还原反应，总反应就是氧化剂和燃料间发生的氧化还原反应。现以简单的酸性氢氧燃料电池为例，简述燃料电池工作原理。燃料电池工作期间，要向正负极不断注入 H_2 和 O_2。通过电催化剂的作用，阳极的 H_2 发生氧化产生氢离子和电子，在电场的作用下氢离子将通过电解质迁移到阴极，而电子通过外电路定向移动产生电流。阴极的 O_2 与由阳极传递来的电子和氢离子发生还原反应被还原成水。

阳极：
$$H_2 \longrightarrow 2H^+ + 2e^- \tag{10-32a}$$

阴极：
$$\frac{1}{2}O_2 + 2H^+ + 2e^- \longrightarrow H_2O \tag{10-32b}$$

总反应：
$$H_2 + \frac{1}{2}O_2 \longrightarrow H_2O \tag{10-32c}$$

碱性氢氧燃料电池工作原理如图 10-5 所示。一般地，氢氧燃料电池的反应过程就是水电解反应的逆过程。燃料电池与传统电池区别在于，传统电池的活性物质是作为电极材料即电池本身的组成部分存在的，而燃料电池的活性物质则是储存在电池外部，即燃料和氧化剂，燃料电池本质上是一种能量转换装置，只要不间断地向电池内部加入燃料和氧化剂并同时排除反应产物，燃料电池就可以不断地产生电能。燃料电池的电极在工作过程中并不发生变化，所以其性能非常稳定，理论寿命是无限的。燃料电池与其他能量转换装置相比，具有很多显著的优点：a. 不受卡诺循环限制，理论上能量转换效率可达 85%～90%。b. 污染小，环境友好。c. 工作时很安静，噪声很低。d. 具有很快的负载响应速度。e. 有良好的建设和维护特性。

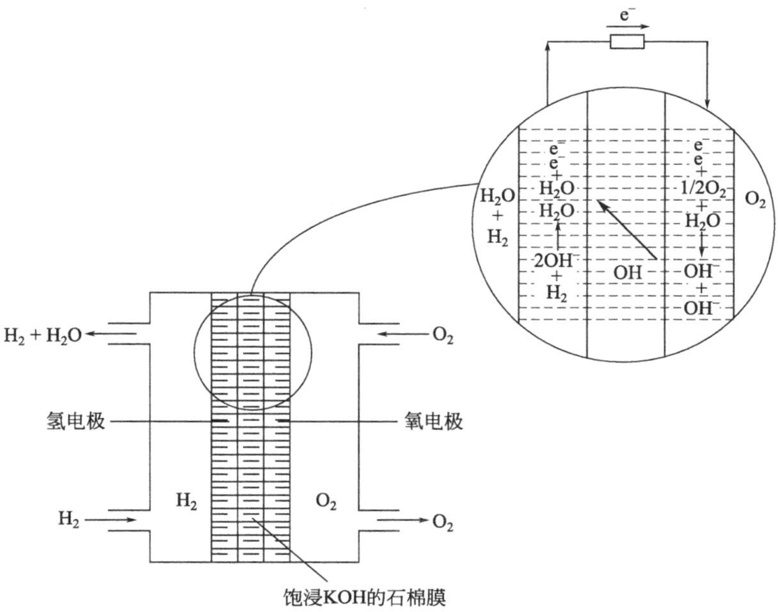

图 10-5　碱性氢氧燃料电池工作原理图

10.4.2 燃料电池的效率

10.4.2.1 燃料电池的理论效率

燃料电池工作时，保持电压为电动势 E，以无限小电流做功的理想值是其所能获得的最大电功，即可逆条件下的电功，其值等于燃料电池反应所释放出的自由能，即燃料电池反应的吉布斯自由能减少值 ΔG。燃料电池反应所能提供的热能 Q 为电化学反应的焓变减少值 $-\Delta H$，因此燃料电池的热力学效率 ε_T 为

$$\varepsilon_T=\frac{-\Delta G}{-\Delta H} \tag{10-33}$$

由热力学可得，在恒温条件下燃料电池反应的 ΔG 与 ΔH 的关系为

$$\Delta G=\Delta H-T\Delta S \tag{10-34}$$

所以

$$\varepsilon_T=1-\frac{T\Delta S}{\Delta H} \tag{10-35}$$

反应过程的熵变决定了燃料电池的热力学效率是高于还是低于 100%。燃料电池反应的不同，ΔS 也不同，它既可以是正值也可以是负值。若熵变为正值，则燃料电池的热力学效率大于 100%；若熵变为零，则燃料电池的热力学效率接近 100%；若熵变为负值，则燃料电池的热力学效率小于 100%。值得注意的是，燃料电池的理论效率一般都在 80%以上，因为燃料电池的熵变虽然可正可负，但是对应的 ΔS 与 ΔH 相比数值很小，通常情况下 $\left|\frac{T\Delta S}{\Delta H}\right|$ 都小于 20%。

10.4.2.2 燃料电池的实际效率

虽然燃料电池具有非常高的热力学效率，但是在实际工作过程中，由于存在各种极化和副反应，实际效率却要明显低于其热力学理论效率。燃料电池的实际能量转换效率 ε 可以用式（10-36）计算。

$$\varepsilon=\varepsilon_L\varepsilon_V\varepsilon_C \tag{10-36}$$

式中，ε_L 为燃料电池的热力学理论效率；ε_V 为燃料电池的电压效率；ε_C 为燃料电池的库仑效率。

氢氧燃料电池在实际工作时，如果工作温度为 25℃，电池反应产物为液态水，燃料电池的实际效率约为 50%，明显低于它的热力学理论效率。当燃料电池在一定电流密度下工作时，由于各种极化的存在，它将偏离热力学平衡状态，工作电压 U 将低于燃料电池的电动势 E，所以燃料电池的电压效率 ε_V 可以表示为

$$\varepsilon_V=\frac{V}{E} \tag{10-37}$$

此外，当燃料电池工作时，作为燃料电池反应物的燃料很难全部得到利用，燃料电池的燃料利用率也被称为电流效率或库仑效率 ε_C

$$\varepsilon_C = \frac{I}{I_M} \tag{10-38}$$

式中，I 为实际通过燃料电池的电流；I_M 为理论上反应物全部按燃料电池反应转变为产物时从燃料电池输出的最大电流。

【例题】

1. 简述锌猛干电池二氧化锰电极的放电初级过程。

解：

二氧化锰电极的放电机理随着电解液酸碱性的改变而发生变化，但不论在酸性、碱性还是中性介质中，其放电初级过程相同。即：

$$MnO_2 + H^+ + e^- \longrightarrow MnOOH$$

二氧化锰 MnO_2 晶体是离子晶体，其晶格中充满了 Mn^{4+} 和 O^{2-}。当质子进入 MnO_2 晶格的表层，同时外电路的电子也进入这一位置时，Mn^{4+} 被还原为 Mn^{3+}，O^{2-} 与质子结合形成 OH^-，此时 MnO_2 和 MnOOH 处于同一固相。虽然 MnOOH 的生成在固相中完成，但因为 H^+ 来源于电解液，所以反应是在固/液相界面上进行。换言之，电极反应速度与固/液相界面的面积密切相关，面积越大则反应速度越快。

2. 请写出镉镍电池在充放电循环过程中的正负极反应。

解：

正极反应：$2NiOOH + 2e^- + 2H_2O \rightleftharpoons 2Ni(OH)_2 + 2OH^-$

负极反应：$Cd + 2OH^- \rightleftharpoons Cd(OH)_2 + 2e^-$

电池反应：$Cd + 2NiOOH + 2H_2O \rightleftharpoons 2Ni(OH)_2 + Cd(OH)_2$

3. 请写出锂离子电池在充放电循环过程中的电化学反应。

解：

正极反应：$LiMO_2 \rightleftharpoons xLi^+ + Li_{1-x}MO_2 + xe^-$

负极反应：$6C + xLi^+ + xe^- \rightleftharpoons Li_xC_6$

电池反应：$LiMO_2 + 6C \rightleftharpoons Li_{1-x}MO_2 + Li_xC_6$

思考题

1. 从实际应用上讲，电池体系应至少满足哪些重要的要求？
2. 请解释电极电势和电池电动势。
3. 可以通过哪些方法来提高电池电动势。
4. 请简要描述一下电极极化现象。
5. 电极极化可以分为哪几种？
6. 影响电极极化的因素有哪些？
7. 简述电池容量的定义以及比容量的分类。
8. 解释电池自放电现象并给出电池自放电现象的主要原因。
9. 防止电池自放电的措施有哪些？

10. 简述锌锰干电池的结构和反应过程机理。

11. 影响锌锰干电池容量的因素有哪些？

12. 简述碱锰干电池与锌锰干电池之间的不同与联系。

13. 简述铅酸蓄电池的优点以及应用领域。

14. 简述镍基电池的优点以及应用领域。

15. 概述镍基电池充放电时正极和负极的反应过程。

16. 概述锂离子电池充放电反应过程并讨论锂离子电池正极材料需要满足的各项要求。

17. 锂离子电池还有哪些关键问题需要解决？

18. 什么是燃料电池？以简单的酸性氢氧燃料电池为例，简述燃料电池工作原理。

19. 燃料电池有哪些优点？

20. 简述燃料电池的理论效率和实际效率。

习题

1. 简述锌锰干电池的结构和反应过程机理。

2. 简述燃料电池的理论效率和实际效率的公式。

3. 简述燃料电池中熵变与热力学效率的关系。

第11章
新型能量转化及储能器件

随着“碳达峰”与“碳中和”目标的提出，发展高效绿色的新型能量转化及储能器件已是大势所趋。加快对新能源的深度开发与利用，降低碳排放，减少化石燃料的依赖性是目前能源背景下急需解决的关键问题。一般来说，风能、潮汐能、太阳能等可再生自然能源虽具有绿色环保、来源广泛等优势，但能量大、随机性、输出不可控等问题也很明显，若将其产生的能量直接连入电网，则会对电网体系造成损害，影响其正常运行。因此，发展可控且稳定高效的电化学储能尤为重要。随着电池技术手段的更迭与科技的发展，二次电池不仅在国防、电站等领域得到快速发展，也在智能电子设备、电动汽车等领域得到了大规模应用。但在二次电池迅速发展的同时，也同样面临巨大的挑战。

现有的二次电池主要包括铅酸蓄电池、镍基电池和锂离子电池。铅酸蓄电池由于污染巨大，已逐渐被淘汰。而镍基电池的比能量大部分都相对较低，已不适合现阶段对于电化学储能的要求。锂离子电池具有工作电压高，循环寿命长，倍率性能好等优势，在传统二次电池领域中得到了广泛关注，成为电化学能源研究中的热点方向。经过多年发展，锂离子电池的整体工艺已基本成熟，现已推广应用于智能便携设备、电动汽车等领域。但是，锂离子电池的比能量已基本达到了现有工艺水平下的理论容量。因此，进一步探究新的电化学反应机理，构筑新型能量转化及储能器件，是推动未来电化学能源发展的有效途径。

因此，除锂离子电池外，科研人员对超级电容器、固态电池、钠离子二次电池以及锂硫二次电池等新型电化学能源器件开展了广泛而深入的研究。基于所学电化学知识，充分了解这些新型电化学能源器件，深入探究各类新型能量转化及储能器件的反应机理，对于理解电化学原理，开发高性能电化学能源器件至关重要。

11.1 超级电容器

随着人类社会的不断发展，现阶段各领域对新型能源器件性能的要求日益增多。新型能源器件不仅要有更高的比能量，同时还需要有高的比功率。传统电容器虽有较大的比功率，但其比能量很低，完全无法满足现阶段需求。同时，随着新型储能器件在新能源汽车领域中应用规模的扩大，以及人们对新能源汽车性能要求的不断提高，其对输出功率的要求也与日俱增，单纯依靠传统二次电池的充放电性能往往很难达到其实际需求。超级电容器一般指介于传统电容器和二次电池之间的一种新型能量转化装置，它既具有电容器迅速充放电的特性，又兼有电池的储能特性。因此，开发基于超级电容器的能量转化和储能器件势在必行。

相较于传统电池来说，超级电容器有着更高的功率密度（300～5000W/kg，为传统电池的5～10倍）；更快的充放电速度（充电数秒～数分钟即可达到其额定容量的95%以上）；更稳定的循环性能（通常能够循环数千次）和更高的充放电效率（充放电效率超过90%）。因此，超级电容器已成为一类重要的新型能源器件。目前，超级电容器主要应用于需要瞬时大功率输出和短时间能量存储的场景中。其中在部分电动汽车的启停系统（启动和刹车时需要较大功率控制）、超电公交车（通常与电池联用）以及特种车辆等领域均已开展商业化应用。

本节内容从超级电容器的发展历程入手，概述了超级电容器的基本概念、分类以及工作机理，并简要介绍了超级电容器中的关键材料。同时结合编者的相关研究工作介绍了高性能超级电容器的部分开发实例，为后续新型超级电容器的研发提供了理论依据和实践思路的参考。

11.1.1 超级电容器概述

11.1.1.1 电容器的发展历程

电容器在电化学能源存储与转化领域中的应用实际上比电池还要更早一些。1800年，亚历山德罗•伏特(Ales-sandro Volta) 首次发明了电池。他通过将两片不同的材料（如锌和铜）薄片夹在一起，并采用被盐水或醋浸湿的纸片将二者隔开，以此组装为叠层的电堆，又称伏打电堆。这一发明为后续电化学能源的研究与发现奠定了基础。然而在此之前，18世纪中叶就有研究工作者（荷兰莱顿市的Dean Kleist和波罗的海南岸波美拉尼亚地区的Musschenbroek等人）通过使用一个内外都贴有银箔的玻璃瓶作为早期的电容器来进行实验研究。当瓶外的银箔接地时，采用电源或静电发生器对瓶内的银箔进行充电，这一简单的器件就会产生强烈的放电现象。早期的科学研究和实际应用中，此类器件在英文中常被写作“condenser”，并在随后的研究中逐步发展和演化，被正式命名为“capacitor”。在广义上来说，电容器在额定电势差下自由电荷的储藏量被称作“电容”(capacitance)，用符号C来表示，并采用法拉（F）为单位。需要明确的是，“容量”（capacity）一词常用于电池领域中，用来表示法拉第电荷存储的程度，单位为库仑或瓦时，不应将其与电容（capacitance）相混淆。

自18世纪莱顿瓶出现后，科学家们对“电的本质”的理解逐渐深入。从法拉第发现电荷的化学等价性到J. J. 汤姆逊发现低压气体在电离时产生负电，都揭示了电荷的存在。直到1881年，Johnstone Stoney通过希腊语“琥珀”创造了新的名词，这些负电荷离子才被统一命名为“electron”。随着人们对“电”产生更先进、更科学的认识，关于电容器的探究也随之深入。德国科学家亥姆霍茨（Helmholtz）于1879年首次发现了双电层电容并以此为基础建立了双电层模型。虽然此模型随着科学的发展被不断地修正和改进，但不可否认的是，这一经典理论为超级电容器的发展奠定了坚实的理论基础。1957年，美国通用公司的Becker采用多孔活性炭作为电极申请了第一篇关于电化学电容器的专利，使电容器实现了真正意义上的产品化。此后，美孚石油公司与SOHIO公司等在原有基础上不断改进，设计出了目前常见的电化学电容器结构。SOHIO公司也在1969年首次实现了碳材料在电化学电容器领域的商业化生产。随着科技的迅猛发展，电化学电容器的容量得到了显著的提升，在20世纪70年代，容量已经能够达到法拉级，从而被称为“超级电容器”（supercapacitor）。日本的NEC公司也在1979年到1983年四年时间内，实现了超级电容器的商业化生产。20世纪90年代中后期，Conway提出了基于赝电容理论的全新储能方式，并采用金属氧化物作为超级电容器的活性电极材料，大大提高了超级电容器的能量密度。在这一时期，Econd和Elit两家公司也推出了能够在大功率输出领域应用的超级电容器。

直到目前为止，Panasonic、NEC、Maxwell等公司在超级电容器研发上的投入呈现出逐年增加的趋势。随着研究的不断深入，其实际应用的领域也不断扩大。关于超级电容器的应用也早已步入民用化道路。例如在波音公司的部分飞机中，超级电容器已经作为应急电源来使用；部分电动汽车的电源系统也采用了二次电池与超级电容器的混合装置。除此之外，美国、日本等还将超级电容器应用于导弹制导、军用电源、大型飞机等国防领域。

11.1.1.2 电容器的基本概念

电容器是一种由两个真空或电介质隔开的平行电极组成，能够在单独静电场储能而不是化学形式储能的无源元件。电容器的充电是通过在两电极之间施加一个电势差实现的，这个电势差能够使正、负电荷向相反极性的电极表面转移，在这一过程中，正、负极板将分别带有相同数量的正、负电荷，这意味着电容器中的净电荷量为零。由于电荷能够均匀分布在电极板表面形成电势差，因此在充电时连接在电路中的电容器可以在短时间内近似为一个电压源。此时电容器的电容 C，是电荷 $Q(Q=|Q^+|+|Q^-|)$ 与两电极间的电势差 V 的比值，即

$$C=\frac{Q}{V} \tag{11-1}$$

对于传统平板型电容器，电容取决于介电材料的介电常数 ε、电极表面积 A 和两个平面电极之间的距离 d，即

$$C=\frac{Q}{V}=\frac{\varepsilon_0\varepsilon_r A}{d} \tag{11-2}$$

式中，ε_0 代表真空中的介电常数；ε_r 代表两极板间材料的相对介电常数；A 代表电极的表面积；d 代表两个电极极板之间的直线距离。同时，由式（11-2）可知，C与电极面积和介电常数成正比，与两极板之间的距离成反比。

超级电容器的两个主要性能参数为能量密度与功率密度，通常采用单位质量或者单位体积的能量（比能量）与功率来进行表示。储存在超级电容器内的能量 E 与每个界面电荷 Q 以及电势差 V 有关，因此，存储在电容器中的能量可以通过界面电荷与电势差进行计算，即

$$E=\frac{1}{2}CV^2 \tag{11-3}$$

由式（11-3）可知，超级电容器的能量与其电容和电压均成正比。当电压达到最大值时，能量也达到最大值，此最大值通常与电介质的击穿强度有关。在理想情况下，存储在超

级电容器内部的能量与其存储的电容电荷不会消散，且会无限期保留，直到完成放电工作。然而在实际应用中，超级电容器的自放电率往往比电池更高，这是由介电材料本身的固有缺陷导致的。

功率 P 代表单位时间内能量传输的速率。确定某个超级电容器的功率大小时，通常需要考虑超级电容器内部组件（例如电极材料、集流体、电解质和隔膜）的电阻。这些内部组件的电阻值一般看作一个整体来进行测试，被统称为等效串联电阻（ESR）。ESR 决定了超级电容器在放电过程中所产生的最大电压，从而限制了超级电容器的最大能量与功率。通常来说，超级电容器的功率测试是在负载的电阻值假定等于电容器的 ESR 的情况下进行的，其相应的最大功率 P_{max} 表示如下

$$P_{max}=\frac{V^2}{4ESR} \tag{11-4}$$

性能优异的超级电容器阻抗一般要比其所连接的组件的阻抗低很多。然而在实际功率释放过程中，峰值功率仍小于最大功率 P_{max}，这与诸多因素相关，在这里不做过多讨论。

能量密度与功率密度是决定超级电容器性能的最重要因素。二者越高，通常说明电容器的性能越好。然而，对于包括超级电容器在内的所有常用电化学装置来说，较高的能量密度并不一定意味着同时具有高的功率密度。因此，找到一种更为科学合理的评估和比较电化学储能装置性能的手段是十分必要的。绘制 Ragone 图是一种广泛用于描述电化学存储系统中能量密度和功率密度之间关系的方法。其以能量密度对功率密度作图，得出用以直观量化能量密度和功率密度关系的图像（图 11-1）。如图所示，相比于其他类型的电化学储能装置，超级电容器具有相对较高的功率密度和较低的能量密度，介于电容器与电池之间。因此，如何在保留其高功率密度的优点的同时克服其低能量密度所带来的局限，是目前超级电容器研究领域的热点之一。

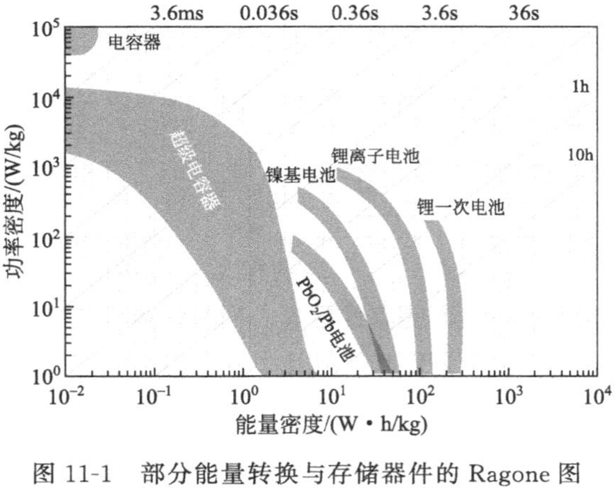

图 11-1　部分能量转换与存储器件的 Ragone 图

在超级电容器的实际应用中，由于电极材料、电解质和所选溶剂不同，电容器的电压窗口往往也不同。在某一电势范围内，电容器可以稳定的进行充放电过程而不发生无关的电化学反应，这一电势范围被称为电压窗口。在电化学反应中，当电极在相当宽的电势范围内不发生电极反应时，该电极被称为理想的可极化电极（又称完全可极化电极或全极化电极）。因此，在此电势范围内的电极行为类似于电容，在某一明确的电势范围内，只存在电容性的

电流流动，与此相反即为非极化电极。理想的非极化电极是不可极化的。即使施加大电流时，理想的非极化电极的电势也不会从其平衡电势发生改变。对于电极-电解质界面来说，大部分都处于理想的可极化和不可极化电极之间。

对于超级电容器来说，电极通常采用碳基材料，其在电解液中具有几乎理想化的可极化电压窗口。而对于电解质溶剂来说，由于电化学属性不同，往往需要经过筛选和匹配后使用。例如，水在室温下的电化学分解窗口为1.23V，若采用水作为电解液，则其理论最大电压约为1.23V。非水系电解质往往具有更高的电压窗口，不同溶剂的电压窗口一般均不相同，表11-1列出了几种常见溶剂及其在超级电容器中的潜在电压窗口。

表 11-1 部分超级电容器电解质溶剂及其潜在窗口

溶剂	电解质	温度/℃	电压窗口/V
水	KOH，4mol/L	25	1
	H_2SO_4，2mol/L	25	1
	KCl，2mol/L	25	1
碳酸丙烯酯	Et_4NBF_4，1mol/L	25	2.7
乙腈	Et_4NBF_4，1mol/L	25	2.7
离子液体	$[EtMeIm]^+$ $[BF_4]^-$	25	4
	$[EtMeIm]^+$ $[BF_4]^-$	100	3.25

11.1.2 超级电容器的分类

超级电容器依据工作原理不同，可以分为双电层电容器、赝电容电容器和混合型电容器。

11.1.2.1 双电层电容器

双电层电容器（electrical double-layer capacitor，EDLC）又称为电化学电容器，其电荷主要通过静电作用来进行储存。双电层电容器电极一般采用高比表面积的碳材料，以便于电解液中离子的可逆吸附。在双电层电容器中，电荷的分离发生在电极/电解液界面处，因此其电容的计算式与传统电容器计算式相类似，即

$$C_H = \frac{\varepsilon_r \varepsilon_0 A}{d} \tag{11-5}$$

式中，ε_r 为电解液的相对介电常数；ε_0 为真空介电常数；d 为双电层的有效厚度；A 为界面的表面积。

从19世纪Helmholtz首次提出了双电层概念并对其进行建模后，双电层的概念就一直得到科学家们的广泛关注与探究。Helmholtz双电层模型认为在电极-电解液界面会形成相互间距约为一个原子尺寸的两种带相反电性的电荷层。这一模型在19世纪末20世纪初又被拓展到金属电极的表面。随后，Stern将Helmholtz模型与更加完善的Gouy-Chapman模型相结合，提出在电极-电解液界面处存在两个离子分布区域：内部区域的紧密层（Stern层）和靠外部的扩散层。在紧密层中，离子（溶剂化质子）强烈吸附在电极上。在扩散层中，由于

热运动的存在，电解质离子（阳离子和阴离子）在溶液中形成连续分布（见图 11-2）。因此，紧密层电容（C_H）和扩散层电容（C_{diff}）可近似认为组成了电极-电解质界面双电层的电容（C_{dl}）。

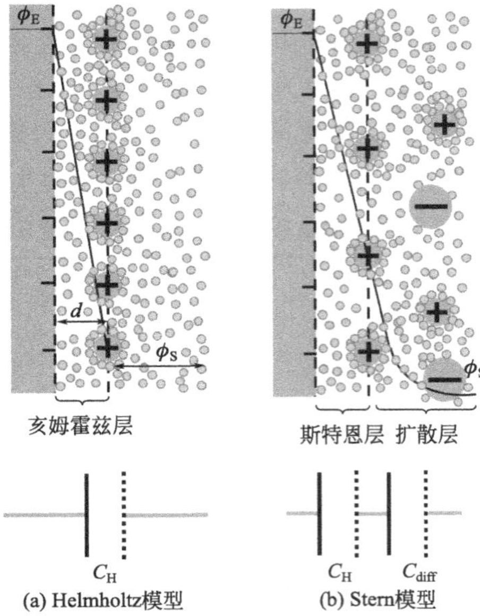

图 11-2　平面的双电层模型

对于单个电子元件来说，C_H 和 C_{diff} 作为整个双电层电容 C_{dl} 的共轭元件，其关系为

$$\frac{1}{C_{dl}}=\frac{1}{C_H}+\frac{1}{C_{diff}} \tag{11-6}$$

当电解液达到一定浓度时，扩散层的电容相较于致密层来说要大得多，因此扩散层对电容的贡献可以忽略不计，整个双电层的电容主要由致密层的电容决定。因此，高浓度电解质能够显著减小扩散层的有效厚度，使电解质一侧的双层结构简化为 Helmholtz 层。

然而，图 11-2（b）中的 Stern 模型也存在一定的局限性，其无法用于解释某些半导体电容器的储能过程。这是因为除了上述提到的紧密层和扩散层，电极一侧的空间电荷层还能够延伸至电极的体相内部。即对于半导体材料，电极侧空间电荷层的存在导致电容器实际由三个串联的电容器组成：致密层（C_H）、扩散层（C_{diff}）和空间电荷层（C_{SC}）。因此电容（C_{dl}）可以表示为

$$\frac{1}{C_{dl}}=\frac{1}{C_H}+\frac{1}{C_{diff}}+\frac{1}{C_{SC}} \tag{11-7}$$

但对于碳基材料来说，由于导电性良好，因此基本不需考虑空间电荷层的问题。高电荷载流子浓度的作用效果与高电解液浓度的效果类似，其结果是 C_{SC} 值很大，对总电容值的贡献几乎可以忽略不计。然而对于石墨基面的碳基电容器则必须要考虑空间电荷层的影响，因为石墨基的电容器电容-电势曲线呈现出对称的 V 形形状，基面两侧的电容都随电压的增大而线性增加，这可以通过石墨中垂直于基面方向的空间电荷层来解释。

同时，双电层电容器的电极材料一般需具有较高的孔隙度，而在多孔表面的双电层行为

十分复杂。在很细小的孔中，双电层的尺寸与有效孔的直径存在一定的可比性，因此在微小的孔隙中，扩散层的扩展能够导致与相反表面的扩散层的重叠，从而使得扩散层中离子的重新排列。这种在表面上离子浓度再分布的情况在体系的离子含量较低时显得尤为突出，能力会加强。而且观察到含有极小孔径（<1nm）多孔碳时，能够有效提高双电层的电容。因此，近些年来随着密度泛函理论计算等手段的应用，双电层的模型也在不断地被完善。

11.1.2.2 赝电容电容器

赝电容电容器又被称为法拉第电容器，其储能机理是在电极材料表面或体相中的二维或准二维空间上，电化学活性物质进行欠电势沉积，发生高度可逆的化学吸脱附、电化学氧化还原反应、电化学掺杂和脱掺杂等一系列化学反应而产生电容。赝电容不仅出现在电极表面，而且可在整个电极内部产生，因而可获得比双电层电容更高的电容量和能量密度。在相同电极面积下，赝电容可以是双电层电容量的十几甚至数十倍。

当给赝电容电容器施加一个固定电压时，电极的表界面会产生与充电电势 u 相关的电容，存储的电荷量 q 与充电电势和电容的关系如式（11-8）所示

$$C=\frac{\mathrm{d}q}{\mathrm{d}u} \tag{11-8}$$

赝电容电容器表现出的储能机理与双电层电容器完全不同。对于使用纯碳材料的双电层电容器来说，其可达到的极限容量大约在 100～200F/g，具体大小取决于电容器的电解质。而赝电容电容器的比容量要远高于双电层电容器，因此其可以有效地提高超级电容器的能量密度。对于赝电容电容器来说，其容量贡献主要来自于电极表面的氧化还原反应，因此一般不考虑双电层的贡献，但是在实际情况中，电极材料/电解液界面处仍然存在部分双电层电容，这些双电层电容会对整体贡献 5%～10%的容量。赝电容电容器的储能机理主要包括离子掺杂、氧化还原、离子插层等。总的来讲，赝电容材料主要包括但不限于导电聚合物、过渡金属氧化物、富含杂原子（N、O）的碳材料和静电吸附氢的纳米多孔碳。除此之外，赝电容现象也可以产生于化学吸附或者电解液中的氧化还原反应中。

11.1.2.3 混合型超级电容器

由于双电层电容器的能量密度普遍偏低，其在实际应用中存在诸多限制，无法完全满足诸多特殊场景中的需求，因此提高双电层电容器的能量密度是现阶段主要研究目标之一。由于结合了双电层电容器和赝电容电容器的优点，混合型电容器近年来得以不断发展。这类电容器的正负极分别采用不同的电极材料，同时储能机理也不甚相同。负极主要是通过双电层机理来储存能量，而正极则利用赝电容电容器的反应机理储能。两种电化学性质不同的电极间的组合，能够使超级电容器获得更宽的电压窗口，进而提高器件的能量密度与功率密度。因此，混合型电容器兼具双电层电容器与赝电容电容器的优势，能够体现出更佳的性能。

混合型电容器通常可以分为水系混合型电容器、离子液体基混合型电容器、锂离子混合电容器和钠离子混合电容器等。而对于混合型电容器的电极材料来说，双电层电极材料的电荷吸附/脱附过程在各种电解液中均能够有效发生，但赝电容电极材料则对电解液有诸多要

求。因此，正负极材料的合理筛选与匹配问题是混合型电容器能否获得良好性能的关键。具体地说，使用法拉第电极和电容性电极配对的混合型非对称器件相较于其他对称器件来说，其主要目标在于扩大器件内的最大工作电压。例如，在水系电解液体系中，电容器的最大工作电压为1.23V，但碳基电化学电容器由于副反应的发生（气体生成）与碳材料的氧化，实际表现出相当有限的工作电压（约在1V以内）。因此，每个碳电极不得不在一个大约只有0.5V的有限电化学窗口内工作，同时这也意味着碳基对称电容器的电容仅是三电极测试电极电容的1/4。通过使用法拉第正极，电容器能够在一个互补的电压窗口内工作，电容器的电压将会提高到1V以上，从而使得碳电极能够在更宽的电压范围内稳定运行，进而提高此类超级电容器的电容。

以最早的活性炭（AC)/PbO_2电容器为实例，概述混合型电容器的主要工作原理。其基本构造为基于法拉第反应的Pb/PbO_2电极和非法拉第反应的碳基电极所组成的混合型电容器。在以硫酸为电解液的非对称AC/PbO_2电容器中，正极/电解液与传统铅酸电池的反应机理一致，为

$$PbO_2+3H^+ + HSO_4^- + 2e^- \longrightarrow PbSO_4 + 2H_2O$$

负极双电层碳基电极的反应机理为

$$nC_6^{x-}(H^+)_x \rightleftharpoons nC_6^{(x-2)-}(H^+)_{x-2} + 2H^+ + 2e^-$$

混合型电容器的整体净容量密度由两电极电容较小的一极决定，电容C_T表达式为

$$\frac{1}{C_T}=\frac{1}{C_P}+\frac{1}{C_n} \tag{11-9}$$

式中，C_P和C_n分别代表正极与负极的容量。虽然正极有着更大的电容值，但其对整体电容来说贡献较小，这意味着C_T的值将与碳材料的电容值近似，且负极的全部容量得到了充分的利用。此外，两电极之间的质量问题也需要得到合理的解决，因此材料本身的比容量则显得尤为重要。比容量主要由材料的质量与电容值所决定。因此，调整两电极的质量以使其在混合型电容器中实现电荷平衡显得尤为重要。

目前，对混合型电容器的正负极材料要求主要集中在：

① 正负极材料的电化学工作窗口要互补。为了获得更高的能量密度，电池的工作电压必须比对称型电容器的工作电压提高30%以上。

② 正负极都应具有优异的长循环性能，以保证其组成的混合型电容器能够拥有良好的循环稳定性。

③ 为了保证电极质量比的平衡，正负极的电容值应尽量保持一致。若某一电极的电容值不成比例，将会影响长循环过程中电化学窗口的稳定性。

④ 混合型电容器的容量一般受到碳基电极电容的限制，因此另一侧的电池型电极可以在合理的充电状态（SOC）下工作。一般情况下，SOC不能超过10%～50%，这是因为如果电极长时间进行深度充电，将会使电极的容量衰退，进而影响其循环稳定性。一般可以通过限制充电深度从而提高电极材料的循环稳定性，在此条件下，只有部分电极材料受到电化学循环的影响，从而限制了其微结构的变化。

⑤ 充放电倍率要与法拉第电极相适应，因此对于混合型电容器来说，其充放电时间一般要比对称型电容器多出1～2个数量级，约为100～1000s。这也侧面说明了混合型电容器

的功率密度要略低于双电层电容器。

除了水系的混合型电容器外，在非水系的高能量密度混合型电容器中，锂离子电容器（LIC）也受到了广泛关注。LIC的正极为活性炭，负极为石墨电极，在充放电过程中，正负极分别为活性炭电极上的阴离子（如 BF_4^-）的吸附-脱附储能和石墨电极中发生嵌入-脱嵌储能，其整个过程与锂离子电池的摇椅式反应并不相同。由于石墨负极在高于0V的电压下可发生电化学反应，因此LIC的工作电压可达到3.8～4.0V。高工作电压在保证LIC功率密度的前提下提供了较高的能量密度。与此同时，由于钠与锂的物化性质相似，且钠相较于锂来说更加丰富、价廉，因此钠离子混合电容器（NIC）作为锂离子储能体系的下一代产品，同样得到了人们的广泛关注。

11.1.3 超级电容器关键材料及实例分析

11.1.3.1 电极材料

电极材料作为超级电容器的核心组成部分，其主要用于电荷的积累。因此，理想中的电极材料应具有较大的比表面积、高的电化学稳定性和优异的导电性等优点。针对于此目标，目前应用较多的电极材料主要分为三类：碳材料、过渡金属氧化物与导电聚合物。但随着研究的进一步深入，人们发现单一的电极材料性能可能无法满足现有要求，严重限制了超级电容器性能的提升。鉴于此，研究人员目前更倾向于探究双电层与赝电容混合的复合材料在超级电容器中应用的可能性，通过合理配置将复合材料的不同优势加以结合，从而获得综合性能更加优异的电极材料。

在目前现有的超级电容器电极材料中，碳材料作为研究最早、应用最广、技术最为成熟的电极材料，占据了市场中的很大份额。这是因为碳材料来源广泛，价格基本相对低廉，同时碳原子存在多种杂化方式和成键方式，使得碳材料的性能各异，在诸多领域内能够得到应用。例如，碳的同素异形体就包括但不限于零维的 C_{60}、一维的碳纳米管（CNT）、二维石墨烯、三维金刚石等。得益于价格低廉、化学稳定性好、比表面积大、孔隙率高、纯度高和导电性优异等特点，碳材料成为超级电容器电极的首选材料。目前应用于超级电容器电极的炭材料包括但不限于活性炭、石墨烯、碳纳米管、碳气凝胶等，这些材料在超级电容器中都发挥了优异的性能。

除了碳材料外，过渡金属氧化物由于在储能过程中表面能够发生快速响应的可逆氧化还原反应，可以展现出较为明显的赝电容行为，因此能够产生较高的比电容和能量密度，被认为是前景广阔的超级电容器电极材料。通常，由于赝电容特性原因，过渡金属氧化物的比电容能达到传统碳材料的十几甚至数十倍。但并非所有过渡金属氧化物均能应用于超级电容器电极材料中，其一般需满足以下几个条件：a.具有较高的电子电导率，材料的导电性影响着器件整体的各项指标；b.金属元素应具有大于等于两个的能共存的氧化态，且在发生氧化还原反应时，其整体结构稳定不发生相变；c.质子能够在晶格内实现自由的嵌入和脱出。包括 RuO_2、MnO_2、Co_3O_4、NiO、Fe_3O_4 等在内的过渡金属氧化物已实现在超级电容器电极中的应用。

导电聚合物又称导电高分子，是本身或经过化学、电化学手段处理后达到导电态的一类高分子材料。本征态导电聚合物的电导率一般处于绝缘体到半导体之间（10^{-10}～10^{-4}S/cm），但在进一步处理后其电导率甚至能与金属相媲美，所以此类材料的电导率上下浮动很大，能够在 10^{-10}～10^{5}S/cm 的范围内灵活变化。除此之外，导电聚合物还具有价格低廉、制备简便、可塑性强等诸多优点，因此其在超级电容器电极材料的设计与研究中得到了广泛的应用。

11.1.3.2 超级电容器实例分析

碳材料因具有多种优异性能而被认为是理想的超级电容器电极材料，但由于材料本身的固有缺陷导致的容量低、倍率性能差等问题还有待解决。研究表明，通过将杂原子掺杂到碳材料骨架中能够引发赝电容效应进而提高材料的电化学性能。此外，在多种杂原子共掺杂的情况下，杂原子之间的协同效应使得超级电容器的性能得到更好的提升。然而，目前改性方式大多都是对碳化后的材料进行后续加工处理从而达到杂原子掺杂的目的，但此方法制备出的碳材料存在杂原子位置、种类和含量无法调控等明显问题。有鉴于此，Hu 等从分子设计的角度出发，选取含有不同元素的单体制备出多种杂原子均匀分布的有机网络材料，实现了杂原子的本征掺杂，有效地解决了上述问题［如图 11-3（a）］。制备出的有机网络材料含有丰富的杂原子，且杂原子分布均匀，因此将其作为超级电容器电极材料时，器件在保证高功率密度的前提下，能量密度可达 65W•h/kg，性能明显优于传统碳材料。在前期工作基础上，Hu 等再次设计合成了系列新型含芳杂环结构的单体，并以其为基础制备了一系列孔径大小可控的共价有机网络材料作为超级电容器电极材料。该类材料具有突出的特点及优势：在充放电过程中电解液可实现在内部介孔孔道中的快速传输；在高充放电速率下，电容器都表现出良好的倍率性能与循环稳定性，在酸性水系电解液中、10A/g 电流密度下，经过 80000 次循环充放电的实测考核，容量保持率仍高达 123%。除此之外，该课题组还系统地探究了此类材料在高温离子热条件下的结构转变，及其结构与超级电容器电容性能之间的定量关系，得出了吡咯氮、吡啶氮及羰基氧是赝电容的主要贡献源的结论［如图 11-3（b）］。

除去对于聚合物碳材料的加工改性外，将超级电容器和钠/锂离子电池进行“内部交叉”，使得两者的优点有机结合于一体，构筑的钠/锂离子混合电容器已引起广泛的研究和开发。Liu 等首次设计了新型含芳杂环结构的网络聚合物用作钠离子电容器阴极材料（MHCPs-A），用以对 ClO_4^- 进行吸附/脱附。由于二氮杂萘酮基单体的独特结构优势，MHCPs-A 表现出多级层次孔网络结构，并富含多种本征掺杂的杂原子，因此其具有优异的赝电容特性，其比电容为 126F/g（相较于商业活性炭 YP80F 提高 50%）；在 1.5～4.2V 的高电压、10A/g 的电流密度下，10000 次循环后的电容保持率为 86%，库仑效率可达 100%。优异的电性能证实 MHCPs-A 作为混合型钠离子电容器阴极材料切实可行。同时，将其与优化的生物质松子壳衍生碳阳极材料以一定的质量比进行优化组装，获得了性能优异的钠离子电容器，其具备高能量密度（111W•h/kg），高功率密度（14200W/kg）和超稳定循环寿命（循环 10000 次后电容保持率约为 90.7%）［如图 11-4（a）］。除导电聚合物外，对新型碳材料进行改性以提高 Na^+ 存储性能也是发展钠离子混合电容器的研究热点之一。MXene 作为一种新型的碳材料，具有良好的金属导电性，其独特的二维层状结构能够很好地储存 Na^+，因此是一种有着良好应用前景的储钠电极材料。Liu 等为了进一步提高

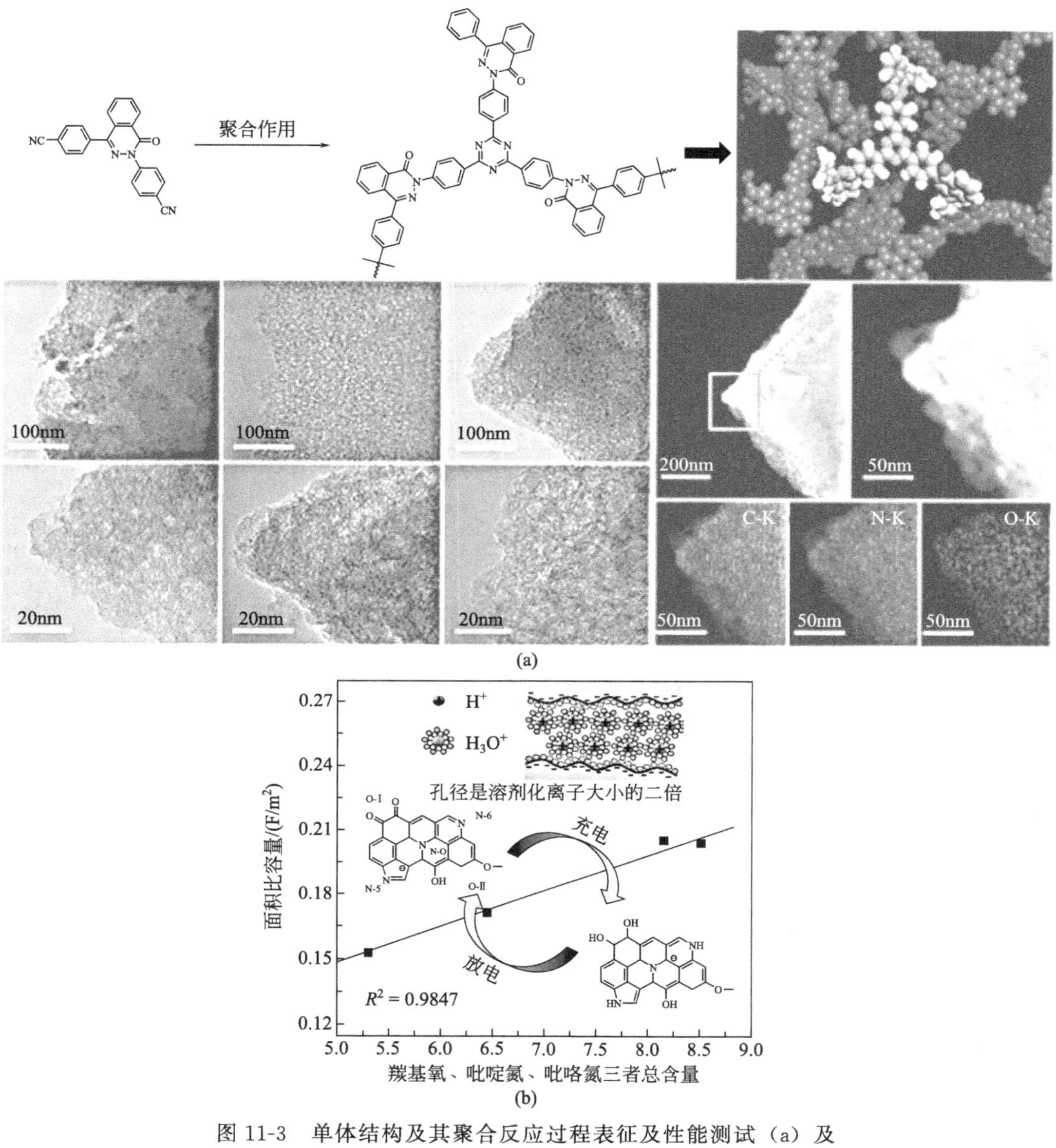

图 11-3 单体结构及其聚合反应过程表征及性能测试（a）及吡啶氮、吡咯氮和羰基氧含量与比容量的关系图（b）

$Ti_3C_2T_x$的储钠性能，以高分子的角度提出了一种在 MX*ene* 层间实现氰基原位三聚的新策略，制备出高性能钠离子电容器用阳极材料，其扩大的层间距和活性表面积为 Na^+ 的存储提供了充足空间，有利于提高材料的结构稳定性；另一方面，原位三聚产物替代—F 基位点而有效地与 Ti 通过化学键合，实现高含量的稳定氮掺杂，提升了电化学反应动力学。结果显示，$Ti_3C_2T_x/Na_3TCM$ 材料具有非常优异的电化学性能，在 100mA/g 的电流密度下，经过 1000 次循环，可逆容量高达 182.2mA·h/g。将制备的新型 $Ti_3C_2T_x$ MXene 材料与商业活性炭 YP80F 按照优化的质量比装配为钠离子电容器，具有较大的能量密度（97.6W·h/kg）和功率密度（16.5kW/kg）以及良好的长循环特性（循环 8000 次后电容保持率约为 82.6%）［如图 11-4（b）］。

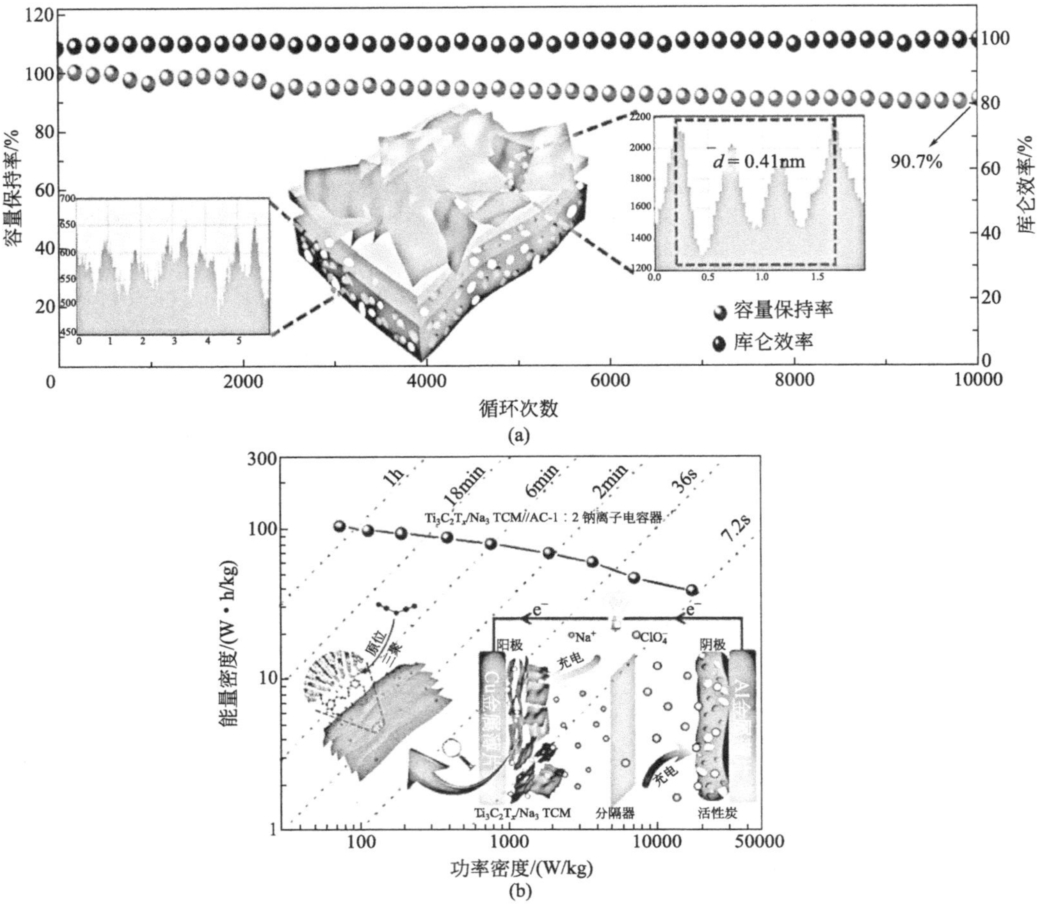

图 11-4　基于聚合物衍生碳阴极和生物质衍生碳阳极的钠离子电容器及其循环稳定性（a）及基于活性炭阴极和新型 MXene 阳极的钠离子电容器及其能量-功率密度（b）

对于超级电容器的精细加工设计以提高其各项性能是目前能源领域的一大研究热点。未来关于超级电容器的探究也将会不断深入，多学科交叉，结合多种手段制备高性能超级电容器，将会推动下一代超级电容器的不断发展，也会为电化学领域带来革新性变化。

11.2 锂硫电池

自 1980 年美国科学家 Goodenough 提出采用层状 $LiCoO_2$ 作为电极材料后，锂离子二次电池的探究就一直从未停止。到目前为止，锂离子电池在商业上已经成熟，智能手机、电动汽车等产品均采用锂离子电池供电。但随着科技的发展，人们意识到锂离子电池的实际比能量已经无限接近其理论值。为了获得更好的性能，构建新的反应体系来提高电池的化学性能是十分有必要的。锂硫电池是一种以硫单质为正极、锂金属为负极的新型二次电池。在此电池体系中，作为活性物质的单质硫分子量较小（分子量 32，原子序数 16，属轻元素），且其发生化学还原反应时伴随着多步电子转移，因此锂硫电池的理论比容量高达 1675mA·h/g，电池体系的理论质量比能量高达 2600W·h/kg，远高于传统锂离子二次电池的理论值。除此之外，锂硫电池还具有工作电压低、硫原料价格低廉、环境友好等显著优势，在电化学储能领域具有重要的研究地位与商业价值。因此，关于锂硫电池及其关键材料的探究工作正受到广泛关注。

本节从锂硫电池的发展历史入手，概述了锂硫电池的工作原理与现存问题。在此基础上，简要介绍了锂硫电池的组成部分；其中，着重对锂硫电池正极材料的种类、优缺点及改进措施进行了介绍。最后，结合编者的相关研究工作介绍了开发高性能锂硫电池电极材料的部分实例，为后续锂硫电池的研发提供了部分思路。

11.2.1 锂硫电池概述

11.2.1.1 锂硫电池发展历程

关于锂硫电池的研究最早可追溯到 1962 年。Herbet 与 Ulam 在专利中首次涉及了采用硫单质作为电池正极材料的这一想法。在此之后，锂硫电池便走入了人们的视野，并且随着研究的深入，锂硫电池被认为是最具应用前景的新型二次电池之一。1967 年，美国阿贡国家实验室报道了一种采用熔融 Li 和 S 作为电极，熔融盐为电解质的高温锂硫体系。1983 年，Peled 报道了采用四氢呋喃/甲苯混合溶剂体系作为电解液的锂硫电池，获得了极高的活性材料利用率。在此之后，综合性能更加优异的 1，3-二氧环戊烷（DOL）、1，3-二氧环戊烷（DOL）/乙二醇二甲醚（DME）等电解液体系也相继被提出。2004 年，Mikhaylik 等人提出 N—O 基团能够改善锂硫电池的电化学性能。同时为了进一步改善硫正极性能，聚苯胺（PANI）、聚吡咯（PPy）和聚噻吩（PTh）等导电聚合物材料也被引入锂硫电池中。但是，锂硫电池在当时并未取得较大的研究进展。一方面是由于上述所介绍的各项工作均存在一定的缺陷且在当时的条件下难以解决；另一方面是因为同一时期的锂离子电池发展火热，更多科研人员的目光主要集中在锂离子电池领域，特别是索尼公司于 1991 年推出了商业化锂离子电池后，锂硫电池的研究工作就基本被搁置了。直到 2009 年，Linda F. Nazar 课题组设计了聚乙二醇修饰的有序介孔碳（CMK-3）并将其作为宿主与硫进行复合，组装成的锂硫电池在 0.1C 条件下的放电容量为 1320mA·h/g，同时在循环数十次后，容量仍能达到 1000mA·h/g 以上。此工作使得锂硫电池在放电容量和循环稳定性上取得突破性发展。自此，锂硫电池领域的科研探究不断深入。

由于锂硫电池存在多种无可比拟的优势，除科学界对其广泛关注外，工业界也对锂硫电池表现出极高的兴趣。国际众多能源类知名公司，如韩国的 SAMSUNG 与 LG Chem 公司、英国的 Oxis 公司和美国的 Sion Power 公司都对锂硫电池表现出浓厚的兴趣，并加大对锂硫电池工业化的投入。2014 年，英国 Oxis 公司制备出了能量密度为 300W·h/kg 的锂硫软包电池；随后，美国 Sion Power 公司也成功制备出了能量密度为 400W·h/kg 的锂硫电池。不断增长的能量密度意味着锂硫电池有着广阔的应用前景和极高的科研价值。但由于锂硫电池现存的各种问题，如何让锂硫电池实现成熟商业化还需进一步的研究。

11.2.1.2 锂硫电池工作原理与现存问题

如图 11-5（a）所示，典型的锂硫电池是由锂金属作为负极，活性物质硫与导电材料复合作为正极，商用PP（聚丙烯）材料作为隔膜，锂盐与有机液体电解液作为电解质所组成的。在自然界中，硫主要以八元环的 S_8 形式稳定存在。在锂硫电池的工作过程中，硫正极发生的电化学反应是通过 S_8 环中S—S键的断裂与键合来实现的。在放电过程中，活性物质硫正极发生还原反应，当硫和锂完全反应时，其电化学方程式为

$$S_8(s)+16Li^++16e^- \rightleftharpoons 8Li_2S(l) \tag{11-10}$$

实际上，硫的还原反应在电池内是分多步进行的，在放电过程中，S—S键的断裂会生成多种多硫化锂中间产物，如下列方程式所示

$$S_8(s)+2Li^++2e^- \rightleftharpoons Li_2S_8(l) \tag{11-11}$$

$$3Li_2S_8(l)+2Li^++2e^- \rightleftharpoons 4Li_2S_6(l) \tag{11-12}$$

$$2Li_2S_6(l)+2Li^++2e^- \rightleftharpoons 3Li_2S_4(l) \tag{11-13}$$

$$Li_2S_4(l)+2Li^++2e^- \rightleftharpoons 2Li_2S_2(s) \tag{11-14}$$

$$Li_2S_2(s)+2Li^++2e^- \rightleftharpoons 2Li_2S(s) \tag{11-15}$$

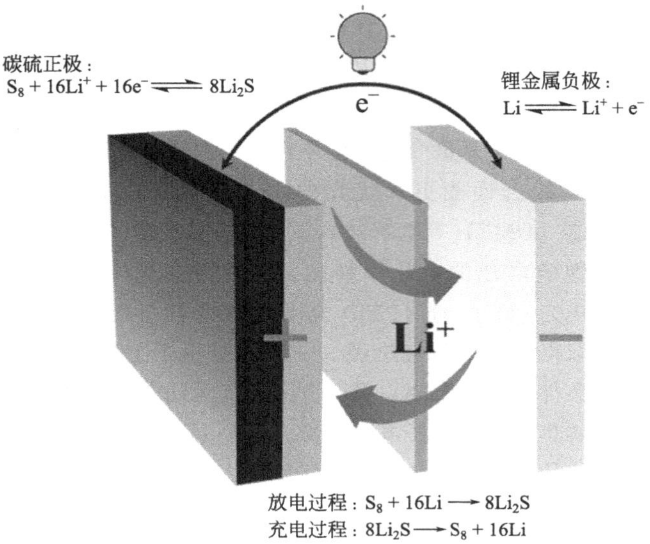

(a)

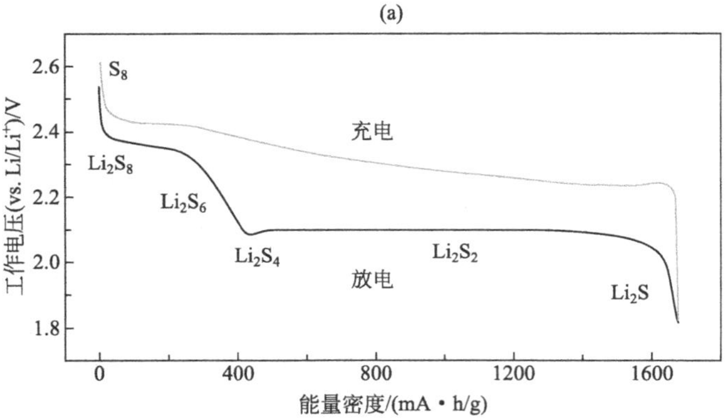

(b)

图 11-5 锂硫电池工作模拟图（a）及锂硫电池充放电曲线（b）

虽然硫正极反应的步骤繁杂，但一般认为其在整个放电过程中分为两个相变过程，即从固态到液态，再从液态到固态的过程，这与锂硫电池的放电曲线相一致。常温下典型的锂硫电池充放电曲线如图 11-5（b）所示，完整的放电过程将 S_8 环完全转化为 Li_2S，电子转移数为 16，并产生 1675mA·h/g 的容量，图中可以明显看出放电曲线存在两个平台区，第一个平台在 2.4V 左右，对应于化学式（11-11）、化学式（11-12）和化学式（11-13）中的固态 S_8 环生成一系列液态长链多硫化锂的过程，此过程中理论电荷转移数为 4，对应于 418mA·h/g 的能量密度；第二个平台在 2.1V 左右，对应于化学式（11-14）和化学式（11-15）中的液态长链多硫化锂转变为短链多硫化锂，此过程中理论电荷转移数为 12，对应于 1257mA·h/g 的能量密度。

正因为锂硫电池的反应过程步骤繁杂，因此其目前距离大规模商业化仍有一定差距。主要是难以同时解决循环稳定性差、硫负载量低、负极锂过量严重和电解液等非活性部分比例过高等问题。这些问题大多都是由电池材料与内部反应机理所引起的。下面将详细介绍锂硫电池主要存在的问题。

① 电池内材料的电子电导率偏低。单质硫的电子导电性和离子导电性差，硫材料在室温下的电导率极低（5.0×10^{-30}S/cm），反应的最终产物 Li_2S_2 和 Li_2S 也是电子绝缘体且不溶于电解液，反应过程中会沉积在导电骨架的表面。部分硫化锂脱离导电骨架，无法通过可逆的充电过程反应变成硫或者是高阶的多硫化物，造成容量的极大衰减。同时，这种整体的低电导率会导致电池内阻增大，降低正极反应物与锂离子的电化学反应速率，导致整个电池在充放电过程中，只有有限的活性物质能参与反应，降低了正极活性物质的利用率，使得锂硫电池的初始比容量降低。

② 硫正极在充放电过程中的体积变化。硫和硫化锂的密度相差较多，分别为 2.07g/cm^3 和 1.66g/cm^3，因此在充放电过程中存在高达 79%的体积膨胀/收缩。这种膨胀会导致正极形貌和结构的改变，使硫与导电骨架脱离，从而造成容量的衰减。此外，这样的体积变化将会导致电极在充放电过程中发生活性物质粉化及脱落，导致锂硫电池在循环过程中损失活性物质，从而降低锂硫电池的循环稳定性及使用寿命。虽然这种体积效应在扣式电池测试条件下并不十分显著，但在大型软包电池中体积效应会成倍放大，这将会产生显著的容量衰减，有可能导致电极结构的破坏乃至电池的损坏。

③ 穿梭效应（shuttle effect）产生的一系列问题。穿梭效应指的是在充放电过程中，正极产生的多硫化物（Li_2S_x）中间体溶解到电解液中，并穿过隔膜，向负极扩散，与负极的金属锂直接发生副反应，最终造成电池内部有效物质的不可逆损失、电池寿命的衰减、低的库仑效率［图 11-6（a）］。同时，锂硫电池的中间放电产物溶解到有机电解液中将会增加电解液的黏度，降低电解质的离子电导率。多硫离子在正负极之间迁移，导致活性物质损失和电能的浪费。溶解的多硫化物会穿过隔膜扩散到电池负极，与金属锂负极反应，破坏负极的固体电解质界面膜（SEI 膜）。正因如此，穿梭效应被认为是锂硫电池中最大的缺陷之一。

④ 锂枝晶现象产生的一系列问题。锂硫电池是以锂金属为负极的金属硫基电池，因此他与其他锂金属电池一样均存在锂枝晶问题。锂枝晶就是指充电时部分锂失去电子变成离子通过电解质与正极反应，放电时锂离子再迁移回到负极并沉积在金属锂的表面，理想状态下的沉积应该是均匀平行的，但电池内部是一个大的表面，如果电场十分均匀，沉积自然很

均匀，一旦电场不均匀，或热量分布不均，则可能会造成某些部分凹凸不平。一旦发生凸起，越向外凸的部分电场就越不均匀，越容易发生沉积，这样逐渐循环，生长出来的枝状晶体就被称为枝晶［如图 11-6（b）］。

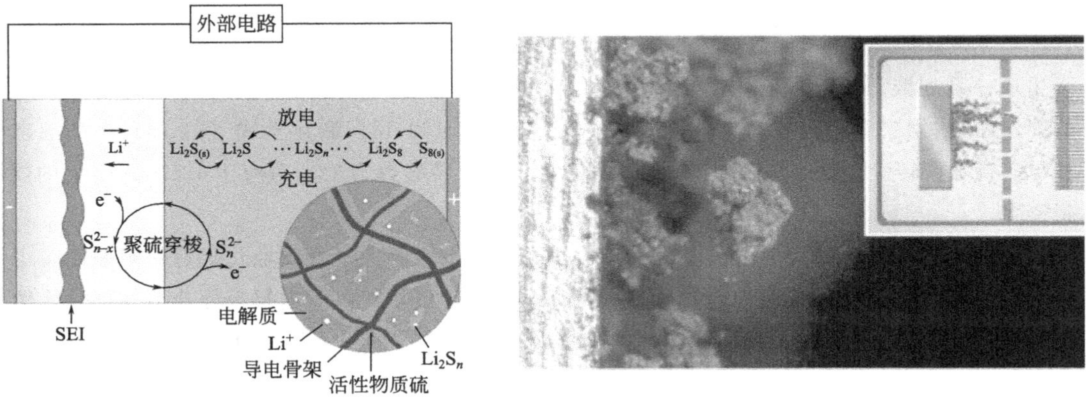

(a) (b)

图 11-6　锂硫电池中的穿梭效应示意图（a）及锂枝晶现象（b）

正因为突出的性能与明显的缺陷并存，锂硫电池成为电化学能源领域中的研究热点之一。关于正负极材料设计、隔膜改性和各种新型电解质的研究成果层出不穷，锂硫电池中的各个关键组分的协同效果使得电池的性能不断提高，但距离其真正实现技术成熟还有很长的路要走。接下来将针对锂硫电池中的部分关键材料进行简要介绍，并结合编者相关实际工作进行分析。

11.2.2 锂硫电池关键材料及实例分析

11.2.2.1 锂硫电池活性物质

锂硫电池正极中的活性物质指的是在充放电过程中发生电化学反应的物质。一般来说，锂硫电池中绝大部分活性物质都采用硫单质，但为了更好地激发锂硫电池的潜在能力，研究人员对硫化锂（Li_2S）、小分子硫和液态硫等特殊的活性物质也进行了深入探究。接下来将针对各类活性物质的优缺点进行简要概述。

当硫化锂（Li_2S）作为锂硫电池活性物质时，其最明显的优势就是能够采用无锂化的负极从根本上解决锂枝晶问题，且硫化锂体积在充放电过程中处于最大，因此其能够缓解体积膨胀所带来的一系列问题。与传统硫单质作活性物质的锂硫电池稍有不同，采用硫化锂作为活性物质所组装的锂硫电池在工作时需要先充电将其完全活化，再进行稳定的充放电循环。但硫化锂本身也存在其他缺陷，例如化学性质极为活泼，在空气环境中容易发生化学反应变质，且制备条件较为苛刻，无法实现规模化制备。

小分子硫主要指 $S_{2\sim4}$ 的短链硫。当采用 S_2、S_3 和 S_4 作为活性物质时，短链硫空间结构较小，能够容纳在 S_8 不能进入的极微孔当中。与典型的锂硫电池不同，采用短链硫作为活性物质的锂硫电池在理论上只发生从短链硫到 Li_2S 的固-固转变，从理论角度能够消除多硫化物的产生，进而抑制穿梭效应的出现。同时，短链硫作为活性物质的锂硫电池的库仑效率和容量保持率也能达到较高水平。然而，采用短链硫的正极材料一般含硫量均小于50%（质量分数），且短链硫的平均电压也要小于单质硫，这些缺点都限制了锂硫电池能量密度的提升。

液态硫主要指Li_2S_8、Li_2S_6等长链多硫化锂，其成本低、能量密度高，同时由于液态原因，界面接触性良好。采用液态硫为活性物质时，电池在第一个循环过程中首先放电生成Li_2S，再在充电时形成多硫化物，最终生成S_8，这一过程是液-固-液-固的相转化，因此活性物质能够分布更加均匀，进而提高活性物质利用率。因此，采用液态硫时，只有在第一个循环过程中相变过程稍显不同，其他循环过程基本一致。但采用液态硫作为活性物质时，电解液与多硫化物之间的相互作用使得此类电池需加入更多电解液以满足其正常工作，这就显著降低了电池整体的能量密度。

无论是以单质硫为活性物质，还是采用硫化锂（Li_2S）、小分子硫和液态硫等新型活性物质，锂硫电池现存的问题都无法被完全解决。因此，合理选择活性物质与设计与其相匹配的导电材料是锂硫电池目前一大热点问题，也是实现锂硫电池产业化应用的关键科学问题之一。

11.2.2.2 锂硫电池正极导电材料

正如前文中所提到的，锂硫电池中单独的活性物质硫单质及其衍生物既不是良好的电子导体，也不是良好的离子导体，不能够直接用于锂硫电池的正极材料。因此，目前的研究大多都采用能够导电的骨架材料与硫单质进行复合以达到容纳并存储硫的目的。对于此类材料来说，其一般需要具有以下几种优势：a.材料本身具有良好的导电性，用以弥补硫单质较差的导电性，提高硫正极整体的导电性。b.具有一定的能够捕获并储存多硫化物的能力，能够从一定程度上抑制穿梭效应。大部分材料能够通过物理阻隔的方式限制穿梭效应，部分极性材料还可以通过化学吸附的方式抑制多硫化物的穿梭。c.能够适应较大的体积变化，以保证在电化学反应过程中的稳定性。骨架材料的种类很多，常用的有碳材料、金属材料和导电聚合物等。

碳材料作为最为常见的骨架材料，具有纳米尺度结构丰富、化学与电化学稳定性好、价格低廉与易于规模化制备等优势，应用在锂硫电池正极材料中能够缓解许多问题。到目前为止，各式各样不同维度的碳材料（例如中空碳球、碳纳米管、石墨烯等）已在锂硫电池复合材料中得到了广泛的应用。如图［11-7（a）］所示，陆安慧教授采用中空碳球作为硫的骨架材料，成功制备出了核壳结构的正极材料，在提高导电性的同时还能够增加活性物质的载量。经过测试，含硫量为70%的复合材料能够在循环充放电200次后保持较高的容量。但这种设计中碳硫之间接触紧密，在充放电过程中体积变化可能会使结构崩塌。因此，Zhou等设计了新型蛋黄结构的中空结构［图11-7（b）］，由于壳中内部空隙空间的存在能够适应锂化过程中硫的体积膨胀，因此相较于传统中空碳球，蛋黄纳米结构提供了更好的循环性，使得其在0.2C条件下循环200次后表现出765mA·h/g的稳定容量。除碳球结构外，碳纳米管、石墨烯及其各类衍生材料均在锂硫电池中得到了广泛应用。正如前文中所提到的，2009年Linda F. Nazar团队首次在顶级期刊*Nature Materials*上发表理论容量高达1320mA·h/g的锂硫电池［图11-7（c）］。该团队通过采用SBA-15二氧化硅模板制备出了具有均匀纳米孔径的碳矩阵CMK-3，并通过热熔法将硫引入碳矩阵的空间中，且留出了足够空间用以缓冲正极材料的体积膨胀，最终获得了1320mA·h/g的高比容量。该研究虽然采用聚合物PEG

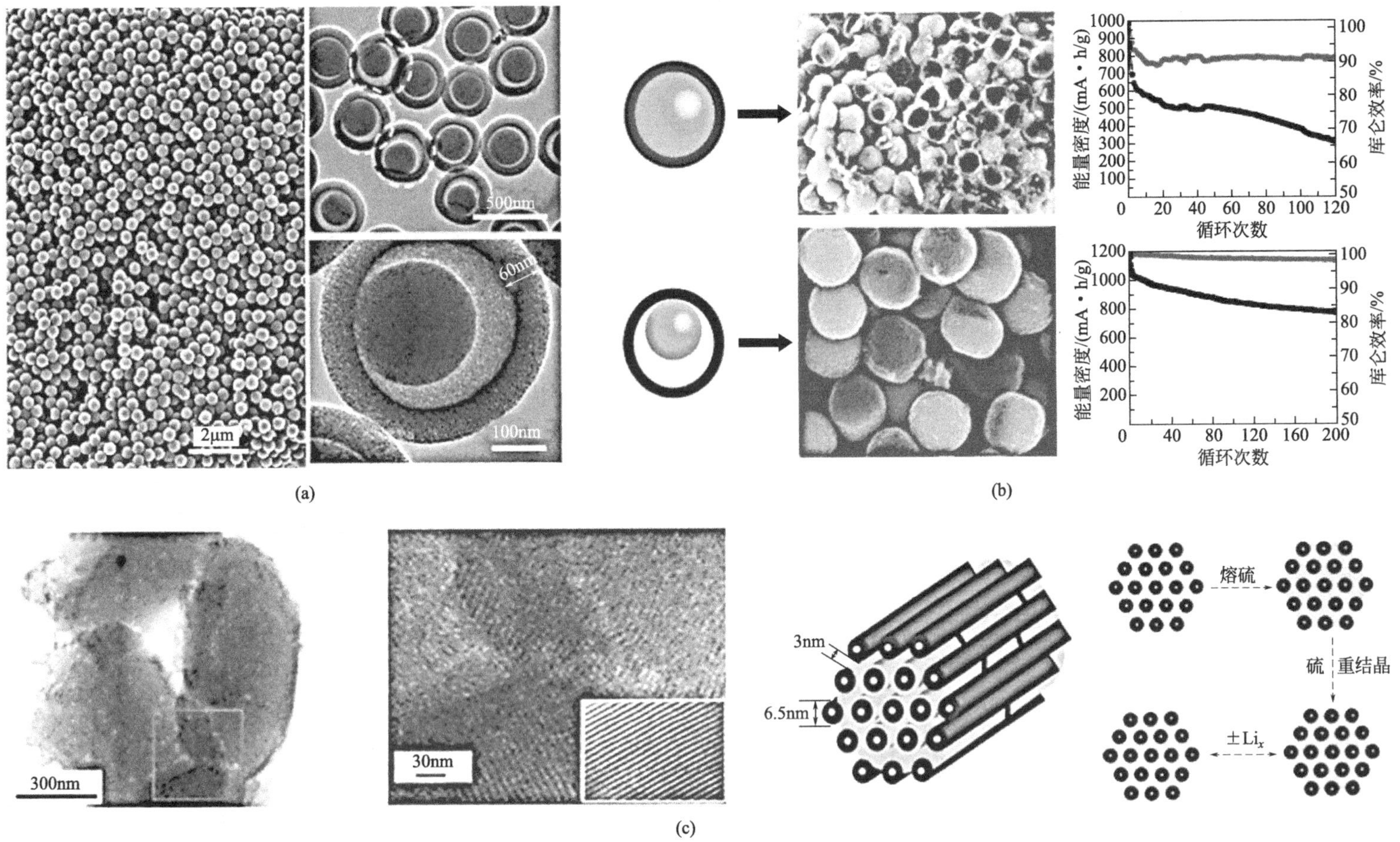

图 11-7 锂硫电池中空心碳球的形貌结构（a）与蛋黄结构的中空材料（b）及CMK-3/S复合材料的结构表征及合成示意图（c）

（聚乙二醇）对复合材料进行了表面包覆，但碳矩阵的结构依旧不够坚固，容量衰减依然严重，仅提供了电池循环 20 次的数据。但瑕不掩瑜，锂硫电池首次在 Nature 系列期刊中被报道，因此这一研究具有开创性的重大意义。除去纯碳材料外，在碳材料制备中引入氮、氧、硫等含有孤电子对的杂原子能够有效地提高碳材料的电化学性能。厦门大学董全峰课题组报道了一种石墨烯负载的 BN 纳米片复合材料，其中 BN 和石墨烯之间的协同效应大大增强了对多硫化物的吸附，从而在宽温度范围内产生优异的性能。当用作硫的主体材料时，它可以使 Li-S 电池适用于−40 至 70℃的宽温度范围，提供高硫利用率、优异的倍率性能和出色的循环寿命。电流密度为 2C 时，300 次循环后，稳定在 888mA·h/g，在 70℃下每个循环的容量衰减＜0.04％，并且电池在−40℃下可以提供高于 650mA·h/g 的比容量。总之，碳材料丰富的结构使得其在硫正极中的应用被不断拓展，不同形貌与维度的碳材料根据其不同的优势正在推动着锂硫电池的高速发展。

除碳材料外，以金属氧化物、金属硫化物和金属碳化物为主的金属化合物也被广泛地应用于锂硫电池正极材料中。金属化合物由于种类不同，往往具有不同的性质，例如金属硫化物对硫有着较好的亲和性和较低的锂化电压，能够在锂硫电池的工作窗口中避免重叠，而金属氧化物的高极性则能够更好地吸附多硫化物。Nazar 课题组制备出了类似石墨烯结构的 Co_9S_8 材料并应用于锂硫电池正极材料中，在提高硫正极导电性的同时较为有效地抑制了穿梭效应；崔屹课题组仿照碳材料结构设计构建了 TiO_2 蛋黄式空心球结构，内部孔隙空间用以容纳硫的体积膨胀，将多硫化物的溶解度降到最低。在 0.5C 放电倍率下，所设计的锂硫电池初次放电比容量可达到 1030mA·h/g，循环 1000 圈后，衰减率小于 0.033％，使锂硫电池的循环性能大大改善。

聚苯胺（PANI）、聚丙烯腈（PAN）、聚吡咯（PPy）和聚噻吩（PT）等聚合物在锂硫电池正极材料中也被广泛应用。一方面来说，聚合物中结构可控，通过引入多种不同的官能团，能够与多硫化锂发生相互作用，限制穿梭效应等副反应的发生；另一方面，大部分聚合物都具有较好的力学性能和柔韧性，因此能够承受较大的体积变化。王久林课题组首先提出硫化聚丙烯腈概念，将硫以分子水平嵌入到导电聚合物主体中，从而得到具有出色电化学性能的正极材料。高学平课题组通过球磨和热处理的简便方法制备出了不同硫含量的聚苯胺包覆硫/导电炭黑（PANI@S/C）复合材料，然后进行原位处理。在碳硫复合材料和过硫酸铵的存在下，苯胺单体发生化学氧化聚合。由于基体中的导电炭黑和表面 PANI 对高导电性的协同作用，PANI @S/C 复合材料的高倍率充电/放电能力非常出色。即使在超高倍率（10C）下，活化后 PANI@S/C 复合材料仍能够保持 635.5mA·h/g 的放电容量，200 次循环后放电容量保持率超过 60％。

除前文所述的三类最常用材料外，将不同种类的材料结合在一起制备出兼具多种优点的高性能复合材料也是目前锂硫电池正极材料的一大研究方向，碳材料、金属化合物和聚合物之间的相互作用有助于提升器件的整体性能。余桂华课题组以 MnO_2 纳米线为模板和氧化引发剂使得吡咯发生原位聚合，制备出了 PPy-MnO_2 同轴纳米管，并以此材料来对硫单质进行封装（图 11-8）。其中 MnO_2 通过化学吸附极大地抑制了多硫化物的穿梭效应，而聚吡咯则作为导电框架弥补了 MnO_2 导电性较差的缺点。MnO_2 对多硫化物的优异捕获能力和聚吡咯管状结构良好的柔韧性和导电性，能显著提高循环稳定性和倍率性能。

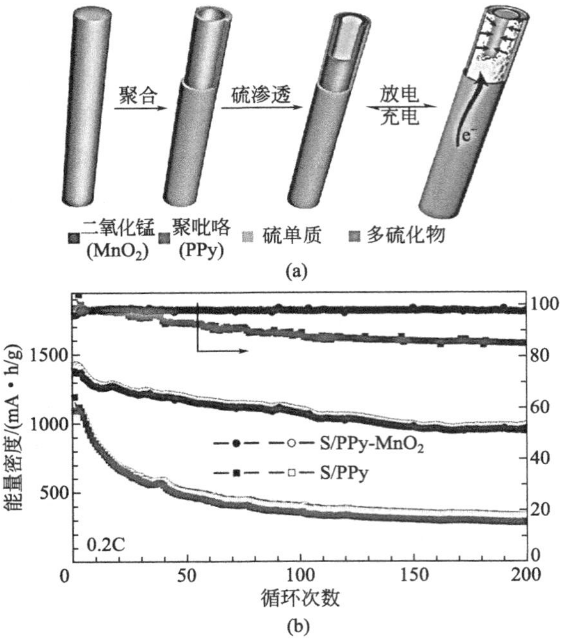

图 11-8 PPy-MnO_2 同轴纳米管的制备（a）及性能表征（b）

锂硫电池正极中的导电材料作为电池中的核心组成部分，其重要性不言而喻。但目前现有材料均无法同时解决锂硫电池所面临的问题，因此，合理的开发与利用各类相关导电材料，深入探究电池内部反应机理，对发展锂硫电池有着至关重要的意义。

11.2.2.3 锂硫电池实例分析

如上文中所述，纯碳材料虽然具有一定的优势，但在单独使用时，往往不能发挥出最佳性能，因此引入杂原子改善碳材料的结构进而提高锂硫电池整体性能是十分有必要的。但在杂原子引入过程中，存在杂原子含量与位置无法调控等问题，同时，很少有人关注高分子材料在构建单元时的分子结构设计在锂硫电池中的应用。合理设计不同类型、官能团含量和分子长度的高分子结构能够提高锂硫电池中硫负载的含量和电化学性能。因此编者课题组从分子设计出发采用离子热法，设计合成富含杂原子［N 为 6.56%，O 为 7.77%（质量分数）］的高分子基共价三嗪骨架碳材料（PBCT@600）作为锂硫电池正极材料（图 11-9）。一方面，PBCT@600 具有大的比表面积（1099m^2/g）和优异的孔结构，为硫单质提供电子的同时还可以为其充放电过程中的体积变化提供空间；另一方面，PBCT@600 的表面能和均匀存在的强电负性杂原子对多硫化物的吸附作用能够抑制多硫化物的穿梭效应。

因此，利用上述方法制备的 PBCT@600/S 复合正极材料硫负载量达到 70%的同时电化学性能优异，在 0.1C 放电倍率下首次比容量可达 1148mA·h/g，在 0.5C 放电倍率下首次比容量为 804mA·h/g，在循环 200 次后容量保持率高达 90%。除此之外，利用碳纳米管作为 PBCT@600 集流体可制备出柔性电极材料，封装成纽扣电池后在不同面积载硫量下均可保持良好的循环稳定性（图 11-10）。由于柔性电极材料减少了导电剂、黏结剂和金属集流体等非活性物质部分在电池中的质量占比，因此自支撑柔性电极可以作为提升锂硫电池能量密度的有效手段之一。

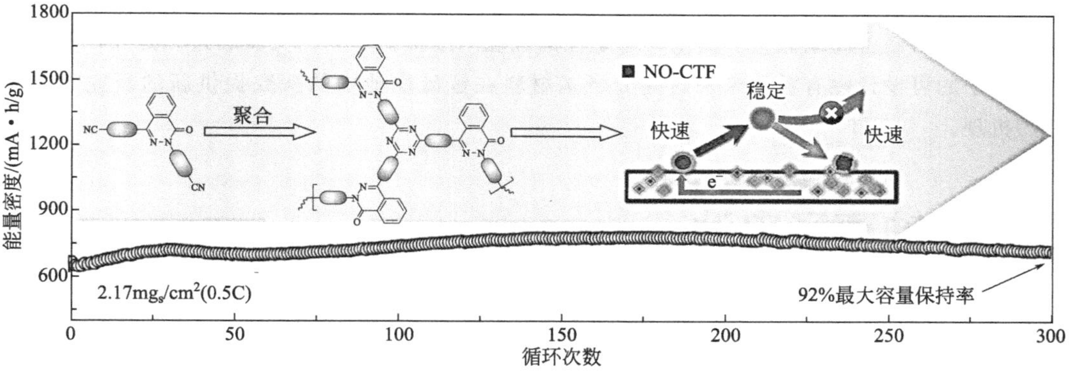

图 11-9 高分子基共价三嗪骨架碳材料的合成及应用

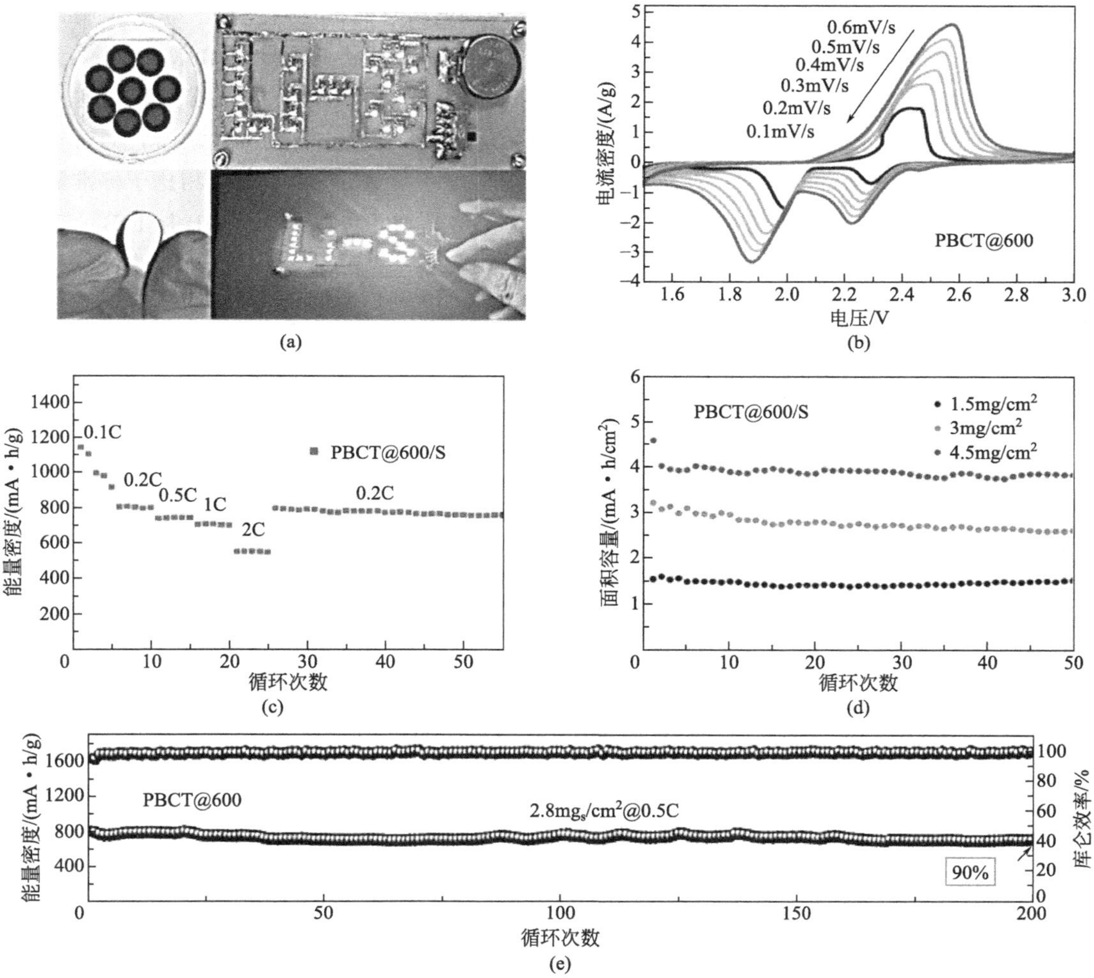

图 11-10 PBCT@600/S 的性能

(a) 3D 集流体正极及电池实物图；(b) PBCT@600/S 的 CV 测试曲线；

(c) PBCT@600/S 的倍率性能测试曲线；(d) PBCT@600/S 的不同载硫量循环稳定性测试；

(e) PBCT@600/S 的 0.5C 循环稳定性测试曲线

高分子基共价三嗪骨架碳材料作为锂硫电池的正极材料，在一定程度上缓解了穿梭效应的问题，为制备高载硫量、高循环稳定性的锂硫电池提供了新的实验思路。另外，孔结构和杂原子的可设计性有益于未来对高分子基材料在锂硫电池中的探究提供新的研究方向与新的机理。

11.3 钠离子电池

11.3.1 钠离子电池发展历程与基本概念

钠与锂同为第一主族的金属元素，其天生就适合应用于电化学储能材料。我们通常说的钠离子电池（sodium-ion battery，SIB），是指一种主要依靠钠离子在正极和负极之间移动来工作的二次电池（充电电池），其结构、组件、系统和电荷存储机制与锂离子电池（lithium-ion battery，LIB）相似。目前，锂离子电池面临着锂资源储量不足导致的原料价格上涨、废弃物处置不当所造成的生态危害等一系列问题，因此强烈激发了人们寻求替代锂离子电池技术的热情。如图 11-11 所示，与锂相比，钠是地壳中含量最丰富的元素之一，同时在海洋中也有着丰富的钠资源。另一方面，钠具有较低的电化学势（−2.71V，相比于标准氢电极），仅比锂高 330mV。依据原料丰度和标准电极电势情况，可以认为，SIB 是 LIB 的理想替代品，基于钠的可充电电池有望满足大规模储电的需求。

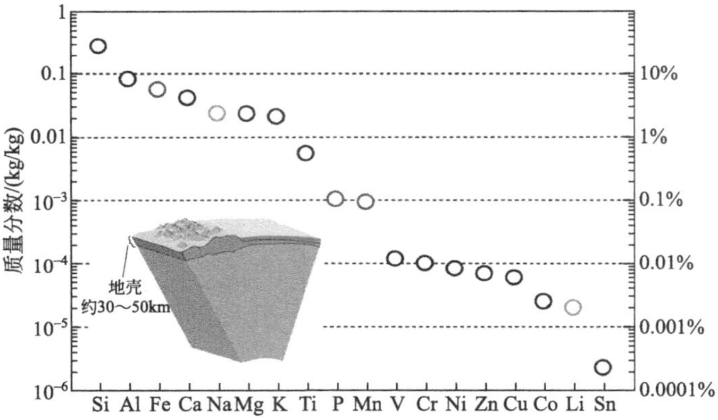

图 11-11　地壳中锂、钠元素丰度对比

在 20 世纪 80 年代末，伴随着 LIB 的兴起，SIB 也曾得到广泛的关注，在 LIB 研究过程中发现无定形碳、石墨等可作为廉价、高电化学活性和高可逆容量的负极材料，然而由于钠插入石墨的失败，难以找到适用于 SIB 的高能量密度负极材料导致了 SIB 研究的几近停滞。

2000 年，Stevens 和 Dahn 报道了钠在硬碳中的成功嵌入，其比容量接近石墨中的锂（约 372mA·h/g），虽然其循环性不足以满足电池应用的需求，但这一发现仍旧成为科研人员重拾 SIB 研究兴趣的重大转折点。Okada 等于 2006 年发现了 Fe^{3+}/Fe^{4+} 氧化还原电对在 $NaFeO_2$ 中的可逆转变，证实其在钠离子电池中具有电化学活性，其重要性可与 1980 年发现且至今仍被用作 LIB 最重要电极材料的 $LiCoO_2$ 的发现相提并论。Fe^{3+}/Fe^{4+} 氧化还原化学过程具有仅发生于钠体系的独一性，研究人员从未发现过 $LiFeO_2$ 在锂系统中具有活性。Fe^{3+}/Fe^{4+} 氧化还原化学过程的利用是未来实现高能量、低成本 SIB 研发的重要课题。基于这一重大发现，在正负极材料进一步研发的推动下，SIB 引起了越来越广泛的关注。应用于钠离子电池的新材料研发得以飞速发展在很大程度上可归因于 SIB 和 LIB 之间的相似性，从根本上说，SIB 和 LIB 的电压范围和工作原理是相似的，这种相似性使得多年来对 LIB 的概念理解和发展可直接嫁接于 SIB 研发中，从而使 SIB 技术快速发展。

除了借鉴材料合成路线外，用于制造 LIB 的生产线也同样可用于制造 SIB。Faradion（英国）和住友（日本）等几家公司因此宣布了将 SIB 商业化的计划，后者披露计划最早于 2016 年开始大规模生产钠离子电池。截至 2020 年，全球现有二十多家企业致力于可商业化、产业化的 SIB 及其生产技术的研发。尽管目前 SIB 可能无法在能量密度方面与 LIB 竞争，但其丰富的资源可提高 SIB 的价格竞争力，从而在固定应用和大规模储电领域中成为 LIB 的廉价替代品。随着锂基电池进入电动汽车大众市场，预计这将进一步稳定锂基电池的成本，从而降低锂、钴和铜的资源限制所造成的影响。SIB 未来的发展将取决于是否有更多工业集团选择这种前景广阔的新技术并投资建设，因此，快速弥合两种电池技术生产链之间的鸿沟至关重要。

11.3.2 钠离子电池关键材料

钠离子电池的正极和负极由两种电子分离的钠插层宿主材料组成，其电解质一般是纯离子导体，由溶解于非质子极性溶剂的电解质盐（钠盐）组成。在充放电过程中，正负极之间由隔膜隔开以防发生内部短路，电解液浸润正负极，以确保 Na^+ 在两个电极之间发生可逆的往返嵌入和脱出，充电时，Na^+ 从正极脱出，经过可传导离子的电解质，穿过隔膜后嵌入负极，使正极处于高电势；放电时则正好相反。为保持电荷平衡，充放电过程中，外电路传输了与在正负极之间发生迁移的 Na^+ 相同数量的电子，电池的正负极分别发生氧化和还原反应，如图 11-12 所示。

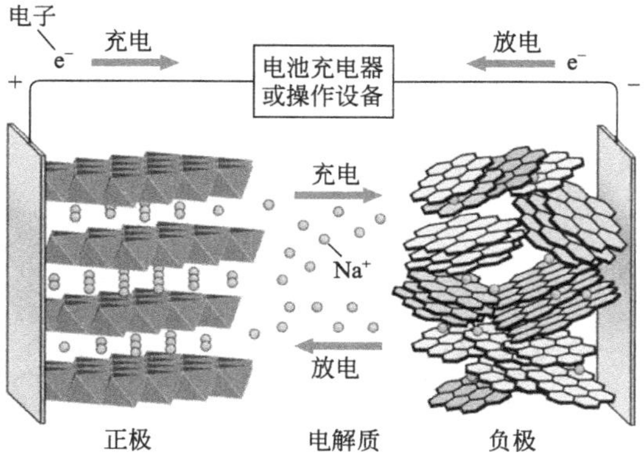

图 11-12　钠离子电池示意图

与锂离子电池相同，钠离子电池的构成主要包括正极、负极、隔膜、电解液和集流体，电池性能取决于所选的电池组件，基于相同的充放电原理，采用不同的电极材料和电解质，也可组装出应用于不同领域的、具有性能多样化的钠离子电池。钠离子电池的工作电压与构成电极的钠离子嵌入化合物的种类以及电极材料的钠含量均具有很强的相关性。在理想情况下，电池电动势与电池反应的吉布斯自由能变 ΔG（正负极表面化学势的差值）成正相关，基于此可认为，若要获得高电势，需选择并匹配合适的正负极钠离子嵌入化合物种类和嵌入基体，以达到提高正负极间电势的目的。一般情况下，正极材料应选用嵌钠电势较高且钠含量较高的化合物，该化合物须满足充放电反应过程中，在电解质中充足、可自由嵌入脱出的供给 Na^+，又要为负极表面形成固体电解质中间相提供所需的 Na；负极材料应具备尽可能接近标准 Na^+/Na 电极的电势（-2.71V，相比于标准氢电极）以及能够嵌入充足钠的特殊结构，即理论上的最低电势和最高比容量。接下来，本节将详细介绍对钠离子电池性能影响重大、种类繁多的钠离子电池正极与负极材料。

11.3.2.1 钠离子电池正极材料

以层状氧化物正极材料作为钠嵌入的基体，是钠离子电池研究领域中被研究得最为广泛、深入的课题之一。$LiMeO_2$（Me 为 3d 过渡金属）通常是不活泼的，或多数情况下存在由于锂脱出而发生不利、不可逆相变的趋势。然而，从 Ti 到 Ni 的 3d 过渡金属中，所有具有层状结构的元素作为钠插入主体都具有高活性。含钠层状氧化物（通式为 Na_xMeO_2）最常见的层状结构由一片共享边缘的 MeO_6 八面体构成。当共享边缘的 MeO_6 八面体片层沿 c 轴方向以不同方向堆叠时，就会出现多种形态。使用 Delmas 等人提出的分类方法，钠基层状材料可分为 O_3 型或 P_2 型两大类，其中钠离子分别位于八面体和棱柱形位点，如图 11-13 所示。

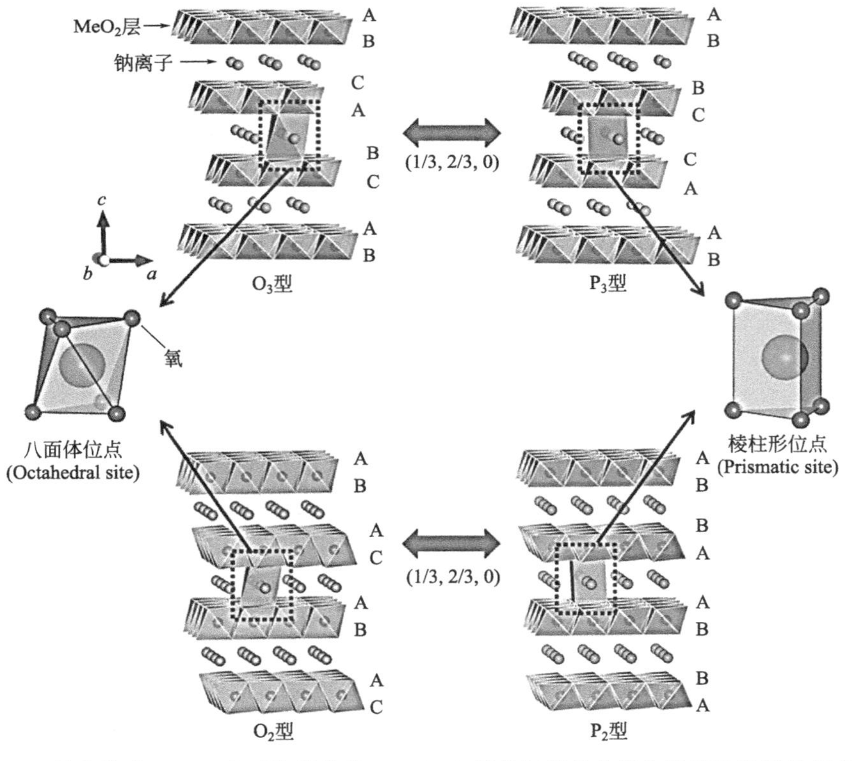

图 11-13 具有共边 MeO_6 八面体薄片的 Na-Me-O 层状材料的分类和钠萃取诱导的相变过程

11.3.2.2 钠离子电池负极材料

通常，电池负极一般选择具有最低电势和最高比容量的材料以增加电池的能量密度。在溶剂化 Na^+ 作为主要电荷载流子的钠离子电池中，热力学最低电极电势由钠的还原电势给出 [−2.71V(vs. SHE)]。因此，从热力学的观点出发，最合适钠离子电池的负极材料为金属钠，其电池电势最低，理论容量为 1165mA·h/g。但出于安全因素考虑，钠金属电极在钠离子电池中还未实现直接应用。发展钠离子电池的技术关键在于寻找合适的负极储钠材料，目前钠离子电池负极材料的研究主要集中在四个方向，它们与锂离子电池的负极材料基本相同：a. 碳材料；b. 以钠为拓扑插入材料的氧化物与聚阴离子化合物（例如磷酸盐等）；c. 能够表现出可逆的钠化/脱钠的物质，包括但不限于金属、合金、磷/磷化物；d. 具有转化反应的氧化物与硫化物。以上四类电极材料基体中的电荷插入机制与锂离子电池类似，可分为插层机制、合金化机制和转化机制。目前研究最为广泛的主要还是钠在碳材料中存储，因此本节主要针对碳材料在钠离子电池负极中的应用展开介绍。

关于碳基材料的研究主要集中在石墨、无定形碳与纳米碳等。与其他碳材料相比，石墨作为锂离子电池的负极材料具有很高的重量和体积容量，因此被广泛应用于锂离子电池的负极材料中。石墨电极的可逆容量超过 360mA·h/g，与 372mA·h/g 的理论容量相当。通过电化学还原过程，Li^+ 插入石墨层间，通过阶段性转变形成 Li-石墨层间化合物。然而，石墨在钠离子电池中的电化学活性较低，这是因为与锂离子电池相比，较大尺寸的 Na^+ 预计会对主体的体积和结构施加更大的压力。虽然 Na 金属能够在惰性气体或真空加热的条件下，通过电化学还原的方式使少量 Na 原子插入石墨层中，但 Na 插入石墨中的量远小于 Li 和 K 插入石墨的量。尽管 Na^+ 能够与二甘醇共嵌入石墨，且制备出的 Na/石墨电池的可逆容量能够达到 100mA·h/g，并且具有良好的容量保持率，但其可逆容量仍小于 Li/石墨电池，这限制了钠离子电池的应用。

除石墨外，钠离子电池的负极材料还可采用石墨烯、碳纳米管等纳米碳材料。虽然此类材料能够对钠离子进行存储，但均存在难以解决的实际问题。以石墨烯作为负极材料为例，石墨烯的平面结构使其具有较大的比表面积，从而为钠离子提供了较为丰富的存储位点。但石墨烯本身制备条件苛刻、价格昂贵，且采用石墨烯等纳米碳材料为负极的钠离子电池普遍存在首次库仑效率偏低的问题。因此，纳米碳材料也并不是钠离子电池负极材料的良好选择。

由于石墨与纳米碳均存在一定的问题，因此科学家们将目光集中在了石墨化程度较低的无定形碳材料上。无定形碳可根据石墨化难易程度被分为软碳与硬碳两种材料，二者的区别主要在于碳层的排列方式（如图 11-14）。相对于更容易石墨化的软碳来说，硬碳由于难以石墨化成为钠离子电池的良好选择。早在 2000 年，硬碳材料用于钠离子电池体系的研究兴趣。就有报道，其插层行为类似于锂离子电池。研究发现，当钠离子电池负极材料的尺度减少到微米甚至纳米级别时，材料拥有更大的比表面积，材料表面的孔结构和缺陷能够成为额外容纳钠离子的活性位点，因此碳纳米纤维网络、空心碳纳米管、碳纳米片、空心碳纳米球、碳量子点堆积的三维网络结构等等，都极大地引起了科研人员的研究兴趣。

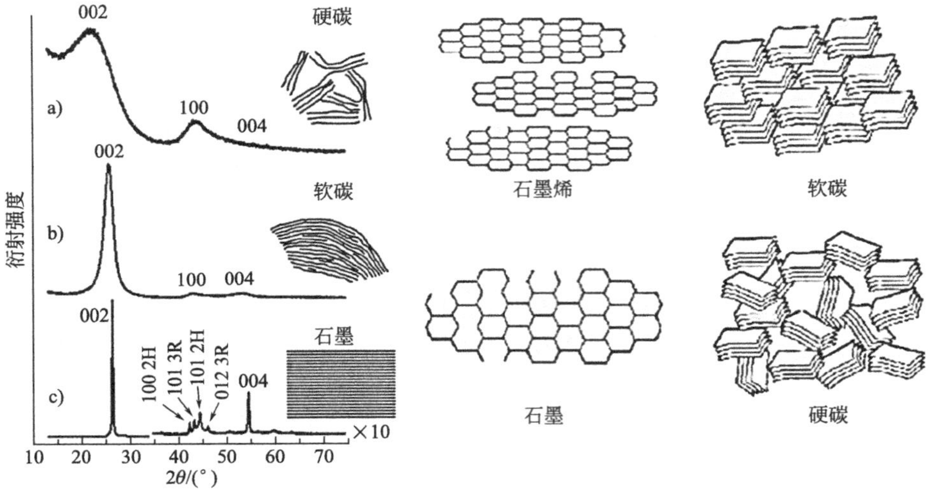

图 11-14　硬碳、软碳与石墨的 XRD 与微观结构示意图

11.3.3 实例分析

如前所述，在多种负极材料当中，具有无定形结构和较大层间距的硬碳材料被认为是最具有发展潜力的一类负极材料。目前，硬碳材料主要通过热解碳水化合物、生物质废料和聚合物来制备。制备的硬碳材料储钠容量在 150～350mA·h/g 之间。典型硬碳材料的充放电曲线包含在 0.1～1V 的高电压斜坡区和 0.1V 以下的低电压平台区，并且大部分材料的容量均来自平台区。虽然通过平台区储钠的材料可以表现出接近 300mA·h/g 的比容量，但是仍然存在两个突出问题。首先，平台区内 Na^+ 在硬碳材料中的扩散动力学过程缓慢，电池容量受极化作用影响明显，导致电池倍率性能较差。其次，低电势下容易发生钠金属的沉积，特别是在高倍率或者低温条件下，钠金属沉积更为明显，存在一定的安全隐患。因而如何发展高容量的负极材料，使其容量主要由斜坡区提供，保证材料的倍率性能，同时保证材料具有高的首次库仑效率，是硬碳基负极材料发展面临的关键科学问题。

基于上述问题，研究者们通常采用不同的合成方法，制备具有不同结构的多孔材料。或者采用不同的碳源或后处理方式，制备具有不同元素掺杂的硬碳材料以促进材料的储钠动力学过程，提升其容量和倍率性能。但诸如此类的方法均需要多步的后处理过程，且对材料活化的过程中不可避免地会造成杂原子的损失。而通过后处理掺杂杂原子的方式也存在掺杂不均匀，容易导致材料孔结构坍塌等问题。

Hu 等提出了“定向制备三嗪基多孔网络材料”的策略，获得结构和组成可控的多级孔网络材料，提升了材料的储钠性能。该团队从分子结构设计出发，设计合成了一系列含芳杂环（含 N、O、S 等杂原子）结构的二腈单体，并通过离子热化学反应制得一系列新型含多种杂原子（如 N、O、S 等杂原子）的层次孔网状材料（如图 11-15）。由于在二腈单体中引入的二氮杂萘酮环与其他芳杂环不在同一个平面上，相互扭曲一个角度，合成的二腈单体在聚合的过程中更倾向于形成三维交联的网状结构。同时，调控单体中其他芳杂环的种类和数量可以有效地调控多孔网状材料的孔和杂原子的种类与数量，实现了杂原子和孔结构的定向调控，解决了传统方法不能同时调控多孔材料的孔结构和元素组成的技术难题。通过定向设计适合钠离子存储的多种杂原子掺杂多孔网络材料，利用多孔网络材料的多级结构促进电解液和钠离子的传输，掺杂的N、O、S等多种杂原子对钠离子进行吸附，同时提供电化学反应活性位点，有效地增大了表面控制储能过程的比例，促进了钠离子存储的动力学过程，使材料的比容量和倍率性能得到明显的提升。该种制备杂原子本征掺杂多孔网络材料的设计思想促进了材料的储钠动力学过程，同时解决了传统多孔材料不能同时调控其孔结构和元素组成的技术难题，能够进一步应用于其他类型杂原子掺杂碳材料的制备，为材料的定向设计提供了思路。

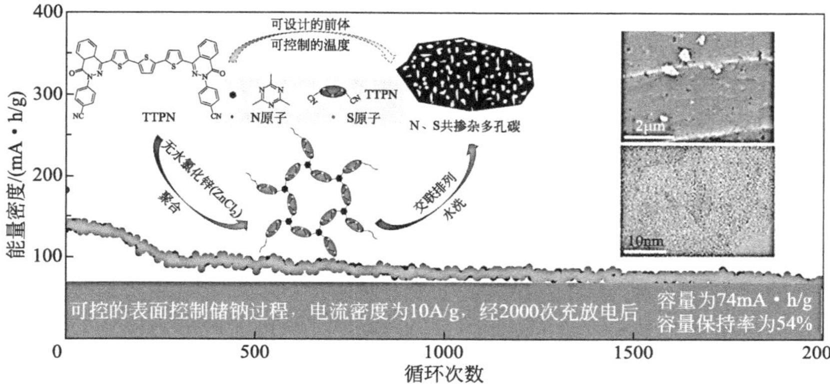

图 11-15 多级孔网络材料的设计合成路线及大电流下的循环稳定性测试

同时，为了提升钠离子电池在大电流下的循环稳定性，邵文龙提出了“结构单元自堆叠”制备多孔材料的策略，利用颗粒自堆叠形成的介孔结构来促进钠离子的传输，以葡萄糖为前驱体材料，以聚对苯乙烯磺酸钠为表面活性剂成功制备了粒径在50～60nm的水热碳微球PG700-3（如图11-16）。

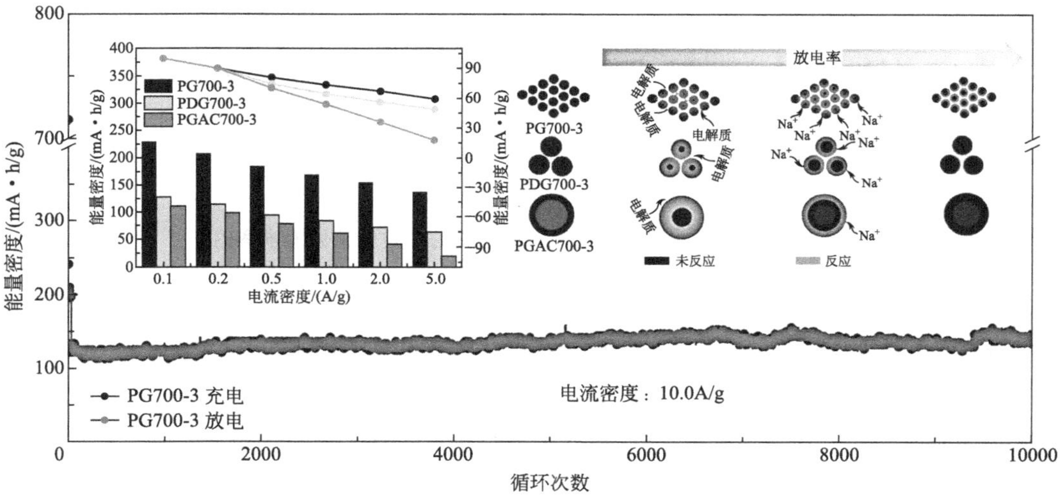

图 11-16 自堆叠碳微球的倍率性能、长循环稳定性及储钠原理示意图

通过减小碳微球的粒径，能够更充分地利用碳材料的有效比表面积，从而提升电化学性能。此外，较小的粒径能更好地适应充放电过程中材料的体积变化，有利于材料倍率性能的提升。对制备的不同粒径碳球的结构和性能测试发现，随着碳球粒径的增加，材料比表面积减小，其中粒径在 50～60nm 的碳球通过自堆叠表现出明显的介孔结构，随着碳球粒径的增大，介孔结构逐渐消失。电性能测试发现小粒径碳球的比容量最高，且随着粒径的增大，容量呈下降趋势。优化后的材料在 10A/g 的大电流密度下循环 10000 圈后，容量仍能保持为 144mA·h/g。因此，合理利用碳球自堆叠形成的孔道结构可以有效提升钠离子电池负极材料的有效比表面积，这为高容量、高倍率钠离子电池负极材料的设计提供思路。

为了进一步提升钠离子电池容量，Hu 等通过水热法以含多级结构的碳球为前驱体，制备了富含均一极微孔、含氧官能团的多孔材料，并据此提出了“定量空气辅助碳化”制备富含均一极微孔碳材料的新策略，对封闭环境中定量氧气的作用机制进行了深入的分析，利用极微孔、官能团和含氧官能团的协同作用拓展斜坡区，提升储钠容量（如图 11-17）。结果表明，封闭环境中的定量空气可以同时作为氧掺杂剂和制孔剂对材料进行活化，表现为随着氧比例的增大，材料内部极微孔含量增大，同时含氧官能团增多，但是过量的氧气将破坏极微孔的均一性。对材料的电性能进行了测试分析，结果发现优化的材料在 0.05A/g 和 5.0A/g 的电流密度下的比容量分别为 265mA·h/g 和 121mA·h/g，在 5A/g 的电流密度下循环 5000 圈后，其容量仍能保持为 126mA·h/g。此外，还利用 GITT 及非原位 XRD、非原位 XPS 对材料的储钠机理进行了深入分析，发现在 0.2V 附近钠离子扩散系数有一个短暂的提升，且在 0.2V 以下主要发生极微孔吸附钠离子的储能过程。

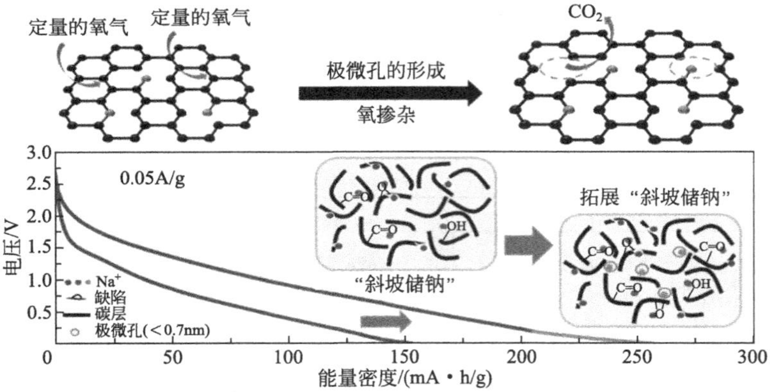

图 11-17 定量空气的作用原理及拓展的斜坡储钠原理示意图

当前，钠离子电池正负极材料的研究正如火如荼地进行，未来必将朝着钠离子电池规模化、高效生产的方向进行。因此，首先需要对钠离子电池充放电机理、失效机制、电极和电解质相互作用等领域进行深入全面的探究。对于正极材料，需要通过本体掺杂和表面改性技术制备结构稳定的高容量氧化物正极，或通过复合制备出电化学性能优异的正极材料。对于负极材料，需要提高其比容量，可以通过人造 SEI 膜等方法抑制副反应的发生，也可以通过特定形貌的纳米材料及纳米复合材料的制备，合成出综合性能良好的负极材料。同时探究新方法合成新材料用于钠离子电池电极，也是未来研究的重点和难点。

11.4 固态电池

在以往的研究中，绝大部分电池采用的都是液态电解质。液态电解质具有高导电性和优异的电极表面润湿性，但其热稳定性较差，离子选择性低，安全性差。同时更重要的是其能量密度提升困难，存在能量“天花板”。因此，迫切发展新型储能器件是目前电化学储能领域的关键思路。

固态电池一般指采用固态电极与固态电解质的电池，是最有可能成为下一代动力电池的储能器件。固态电池是以固体材料来代替现有电池中使用的液体成分，其种类多种多样，不论是传统的锂离子电池，还是上述所介绍的新型的锂硫电池、钠离子电池，凡是采用固体电解质与固体电极作为组成部分的，均可称为固态电池。因此，固态电池并不是一种电池，而是一类电池。相比于传统液态二次电池，固态电池正负极与电解质均为固态。固体材料的本身特性使得电池即使在极端条件下（例如冲击、穿刺、高温等）也能够平稳运行。同时，采用锂金属等材料作为负极的固态电池能量密度能够得到大幅度提升。但由于固态电池的内部材料均为固体，因此反应过程中存在界面接触问题，从而影响体系的电化学稳定性、机械稳定性与化学稳定性。此外，所有固态电池在充放电过程中均会产生较大的体积变化，从而导致电池内部出现材料开裂的情况。因此就现阶段技术水平而言，固态电池的各项性能均有待提高。

综上所述，高安全性、高能量密度的固态电池是未来电池研究方向中重要的一环。但到目前为止，关于固态电池的研究都还停留在实验室阶段，固态电池实际化应用还有很长的路要走。目前，固态电池的技术发展采用逐步颠覆策略，液态电解质含量逐步下降，最终实现全固态。依据电解质分类，固态电池可分为半固态、准固态和全固态三种。本节从固态电解质的发展历史与基本概念入手，分别介绍无机固态电解质、聚合物固态电解质与复合固态电解质三类主要固态电解质材料，并简要介绍固态电解质在锂离子电池、钠离子电池与锂硫电池中的典型应用。

11.4.1 固态电解质概述

固态电解质是制造固态电池的关键，也是固态电池中最核心的组成部分。与液态电解质类似，固态电解质一般应满足以下性能：a. 离子电导率高，电子电导率低；b. 宽的电压窗口；c. 良好的电化学稳定性和热稳定性。此外，固态电解质由于同时兼具隔膜的功能，还应具有良好的机械强度以保证正负极之间的物理阻隔，避免短路情况的发生。同时高机械强度还可以有效抑制枝晶的生长。相较于液态体系，固态电解质更加轻薄，体积小，重量轻，能够显著提高电池的能量密度。

总体来说，固态电解质在材料安全性、电化学性能等方面有着显著优势。但固态电解质仍面临离子电导率偏低、界面稳定性差等关键问题。如何高效解决上述现存问题是目前固态电解质发展的关键，也是推动下一代能源器件实现产业化应用的关键科学问题。

11.4.1.1 固态电解质基本概念

一般地，用来描述固态电解质电化学性能的参数主要有三个，分别是离子电导率、离子迁移数和电压窗口。离子电导率是固态电解质材料中最重要的参数之一，也是决定电池输出功率的重要指标，代表着电解质材料在电化学反应过程中的离子传输能力。离子电导率可以通过电化学阻抗谱（EIS）测定。简单来说，EIS是通过对特定状态下的被测体系施加一个小振幅正弦波电势（或电流）为扰动信号，由相应信号与扰动信号之间的关系研究电极过程动力学的一种方法。由于小幅度的交变信号基本不会使被测体系的状态发生变化，所以通过这种方法能够精确探究各电极过程动力学参数与电极状态的关系。固态电解质离子电导率测试采用阻塞电极对称电池进行（不锈钢片/固态电解质/不锈钢片的扣式电池），离子电导率σ按式（11-16）计算

$$\sigma=\frac{d}{R_e\times S} \tag{11-16}$$

式中，d为被测样品厚度，cm；R_e为被测样品的体电阻，Ω；S为电极有效面积，cm^2。其中d和R_e可由电化学阻抗谱Nyquist图算得。

离子电导率反映的是电解质体系中所有离子的迁移能力，而离子迁移数则能够反映电解质中某一离子的迁移能力。因此除离子电导率外，固态电解质（主要针对除无机固态电解质以外的其他电解质）的另一项重要参数为离子迁移数。离子迁移数代表某一种离子所传递的电荷与总电荷之比，假设在电解质中不存在分子结构，内部自由的阴阳离子在电场的作用下分别向两极之间迁移，由于两种离子的迁移速率和所带电荷不一定相同，因此其所带电量也不一定相同。当电解质中离子完全离解时，其可表示为

$$t_{+}=\frac{I_{+}}{I} \tag{11-17}$$

$$t_{-}=\frac{I_{-}}{I} \tag{11-18}$$

式中，t_+与t_-分别代表体系中阳离子、阴离子的迁移数，通常采用Bruce和Vincent等建立的交流阻抗和稳态电流（steady-state current，SSC）相结合的方法进行测定；I_+与I_-分别代表阳离子、阴离子的迁移电流，公式（11-17）与公式（11-18）满足以下关系：$t_+ + t_- = 1$，$I_+ + I_- = I$。以锂离子迁移数为例，测试采用非阻塞电极对称电池体系，先对对称电池进行EIS测试，得到电解质体系的体阻抗R_b和电解质/Li电极的初始界面阻抗R_0，然后在电池两端持续施加一较小的极化电压ΔV（一般为10mV），当极化电流衰减到稳定值I_{ss}后停止施加极化电压，然后再次进行EIS测试，得到电解质的稳定本体阻抗$R_{b'}$和电解质/Li电极的稳定界面阻抗R_f。固态电解质的锂离子迁移数t_{Li^+}可按式（11-19）、式（11-20）计算，即

$$t_{Li^+}=\frac{I_{ss}(\Delta V-R_0 I_0)}{I_0(\Delta V-R_f I_{ss})} \tag{11-19}$$

$$I_0=\frac{\Delta V}{(R_0+R_b)} \tag{11-20}$$

离子迁移数的大小对电池的循环性能与倍率性能都有着十分显著的影响。以锂电池为

例，高的锂离子迁移数能够显著降低体系中的浓差极化现象并减缓锂枝晶的生长。此外，对于聚合物固态电解质体系来说，探究离子迁移数能够了解聚合物基团与电解质体系中离子的相互作用力，确定每个基团、组分所起到的作用，从而优化出性能更好的固态电解质。

电化学窗口作为衡量固态电解质电化学稳定性的重要指标，也是在制备固态电解质时需要考量的因素之一。电化学窗口指的是固态电解质在分别发生氧化反应与还原反应时的电势差值，其影响因素较多，因此想要得到高电化学窗口的固态电解质是十分困难的。在一般条件下来说，想要得到高性能、稳定的固态电解质，就要保证其电化学窗口一般在4.2V以上。固态电解质的电化学窗口测试时，测试装置是以金属锂为参比电极，以不锈钢片为工作电极，其中加入固态电解质的扣式电池；测试方式采用线性电势扫描法（LSV），该方法是将线性电势扫描（电势与时间为线性关系）施加于工作电极和对电极之间，测定响应电流随电极电势的变化关系，当电池的响应电流出现急剧的变化，表明电池的电解质体系发生变化。

除去上述的关键电化学参数外，力学性能测试、热稳定性测试、穿刺实验等一系列针对固态电解质安全性的测试也早已开展，各种前沿的表征手段也证明了固态电解质的良好性能。在保证电池良好运行的前提下，固态电解质的本征安全性是目前科学界与工业界最为关注的热点问题。因此，发展使用固态电解质的固态电池，是提高电池性能的一大可行途径。

11.4.1.2 固态电解质分类

随着研究的深入，固态电解质种类层出不穷，但根据其性质基本可以分类为三种，即：无机固态电解质（ISEs）、聚合物固态电解质（SPEs）和由二者复合而成的复合固态电解质（CSEs）（图11-18）。三种类型电解质从离子传输机理到应用场景各有不同，因此也分别存在优缺点。

无机固态电解质有着较高的机械强度、较宽的温度工作区间和较高的离子电导率，因而被广泛研究，早在二十世纪五六十年代就已被报道。无机固态电解质作为离子在正负极之间快速传输的介质，根据离子传输扩散机制不同一般可分为两类：晶体固态电解质和玻璃相固态电解质。晶体固态电解质的离子传输扩散主要由空间位点缺陷的浓度和分布所决定，其离子扩散机制主要有交换机制、间隙机制和空位机制。

除此之外，一些没有高浓度缺陷却有较高离子电导率的特殊材料一般由两个子晶格组成，一个晶格中的离子能够迁移，而另外一个晶格中的离子不可迁移。为了实现快速的离子传输，这种结构一般需要满足三个必要条件，即：等效位点的数量要远大于可迁移离子的数量；相邻位点之间的迁移能垒足够低，保证离子能够实现稳定的迁移；可用位点必须能够形成一个连续的离子扩散通道。而对于玻璃相固态电解质来说，其离子传输扩散是通过将局部位点的离子激发到邻近位点中，在宏观尺度上发生扩散，从而实现离子的传输。玻璃相固态电解质材料中也存在短、中程有序的结构，这类骨架结构同电荷载流子之间的相互作用也对离子传输起到了一定的促进作用。需要注意的是，离子传输机制决定了无机固态电解质一般具有单离子传导特性，因此其离子迁移数普遍偏高，同时其还具有离子电导率高、热稳定性好等优点。这些优点使得无机固态电解质在全固态电池中得到了广泛应用，是未来固态电解质发展的一大主流方向。

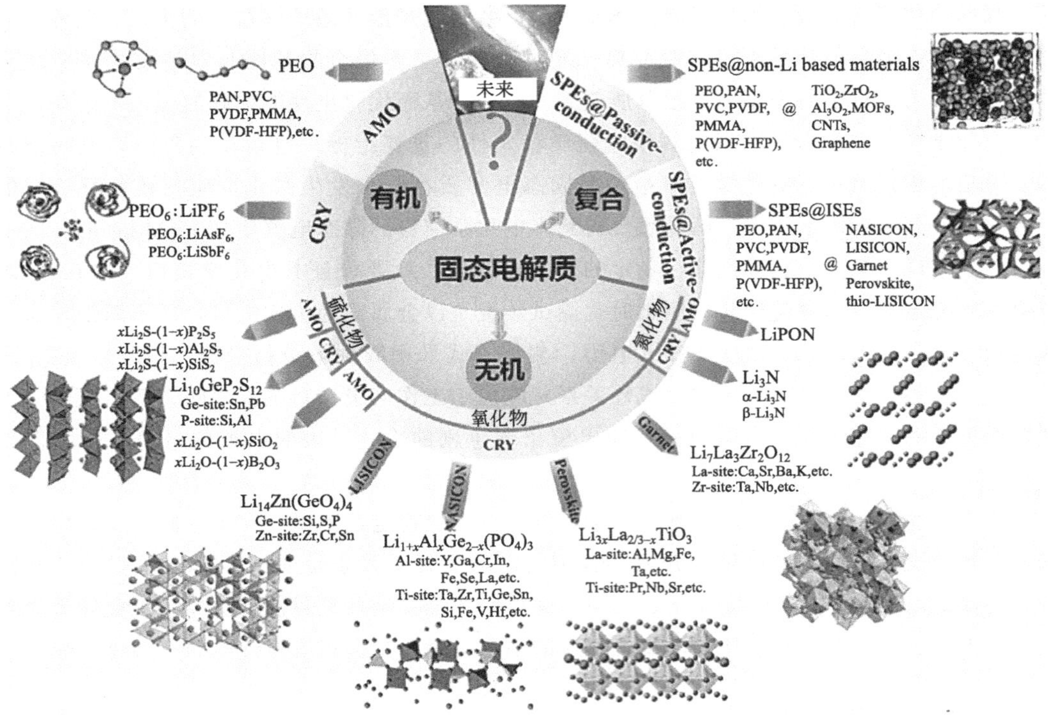

图 11-18　固态电解质的分类

但是，无机固态电解质体系也面临着界面接触不良、循环性能差等缺点，需要进一步探究以解决上述问题。现阶段主要研究的无机固态电解质元素组成大致可以分为三类：硫化物固态电解质、氧化物固态电解质和卤化物固态电解质。

无机固态电解质虽具有诸多优势，但其制备加工成型困难、成本偏高，同时脆性大、延展性差，这些本征问题限制了其在某些领域内的应用。而高分子聚合物材料与之相比具有价格低廉、界面接触好和易于制备改性等优势，因此关于有机聚合物固态电解质的研究也在不断发展。关于有机聚合物固态电解质的研究肇始于 20 世纪 70 年代，Wrigh 等在 1973 年将无机盐溶解到聚氧化乙烯（PEO）中，从而发现了含有低聚醚结构（—CH_2—CH_2—O—）的聚合物能够溶解锂盐并形成具有一定离子导电能力的聚合物-盐络合物；1978 年，Armand 提出将这一体系应用于锂电池电解质材料。在这之后，有机聚合物固态电解质逐渐发展为固态电解质方向中的研究热点之一。

对于 PEO 而言，其离子传导特性是由分子结构决定的，PEO 中的氧原子含有孤对电子，能够与金属阳离子发生配位，并且随着"金属-氧"配位键的断裂和形成以及连续的链段重排，金属盐离子得以实现长程传输，离子传导示意图（以锂离子为例）如图 11-19 所示。然而 PEO 作为一种半结晶聚合物，在室温下只有在无定形区能够进行金属阳离子的传输。因此，为了进一步提高室温下 PEO 基聚合物电解质的离子传导性，需要对 PEO 进行改性以降低其结晶度或增加载流子密度。同时，除 PEO 基聚合物电解质外，还开发出了聚碳酸酯（PC）基、聚偏氟乙烯（PVDF）基和聚硅氧烷基等新型聚合物固态电解质，虽然其离子传导机理稍有不同，但其面临的问题基本一致。

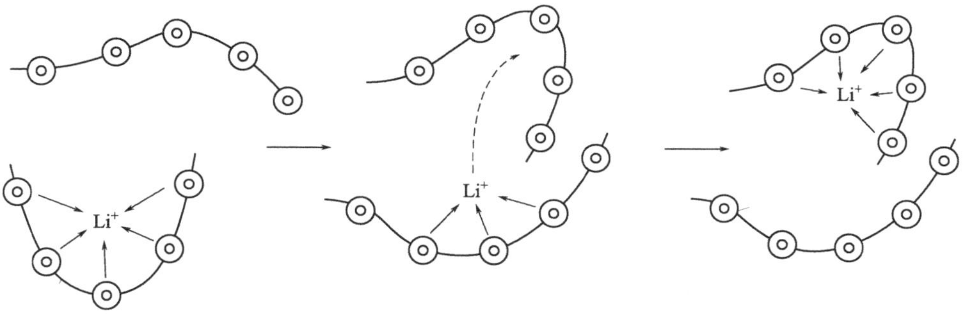

图 11-19　PEO 基固态电解质锂离子传输机理图

除了对 PEO 本身进行改性之外，为了提高聚合物固态电解质的应用性，还可通过添加增塑剂的方式将聚合物固态电解质制备为聚合物凝胶电解质来实现更高的离子电导率。但一般增塑剂均为易燃的高介电常数有机溶剂，因此其安全性无法保障。但是现阶段关于聚合物固态电解质的许多问题还未解决，其离子电导率还需进一步提高，力学性能还需进一步增强，电化学窗口还需进一步拓宽，从而满足实际应用的需求。

将两种或两种以上不同性质的材料通过组分优化组合成新的复合材料是材料学领域的一大核心思想。根据此思想，将无机固态电解质与有机聚合物固态电解质复合，制备出兼具两者优势的新型复合固态电解质。目前常用的复合固态电解质是在聚合物电解质体系中添加活性（本身就能够传导离子）或非活性（本身不能传导离子）填料来制备的。填料的添加能够改变聚合物本身内部的结构，在一定程度上抑制聚合物的结晶化从而提高离子电导率；同时，填料本身可能与离子发生路易斯酸碱作用，从而加快离子的离解与传导。清华大学的南策文院士团队采用典型的无机氧化物固态电解质（LLZTO）和聚合物电解质制备出复合固态电解质，并系统探究了 LLZTO 的添加量对复合固态电解质离子电导率的影响（图 11-20）。研究表明，过多的 LLZTO 会降低复合固态电解质的电导率，当 LLZTO 的添加量为 10%（质量分数）时，复合固态电解质达到最大的离子电导率。除添加量外，活性物质本身的物理性能也对复合固态电解质有很大影响。中科院郭向欣组将不同大小的 LLZTO 添加到聚合物固态电解质中制备出复合固态电解质，结果表明当 LLZTO 的粒径为 40nm 时，复合固态电解质的离子电导率最高，证明了活性物质的粒径大小也会对复合固态电解质的性能造成影响。

复合固态电解质既能保证高的离子电导率和电化学稳定窗口，还能解决固态电解质和电极材料的界面相容性，提高电池的倍率性能和循环稳定性，是下一代固态电解质的首选。但其距离实际应用仍存在一定差距，复合固态电解质的制备过程工艺复杂，规模化制备困难，同时其内部离子传导机理十分复杂，到目前还未明确。如何采用简便高效的方式规模化制备高性能复合固态电解质是目前固态电池领域的一大难点问题。

11.4.2 固态电解质在电池中的实际应用

固态电解质材料在不同的电池中均能够实现广泛应用，由于电池的类型不同导致其工作机理不同，因此对固态电解质的主要要求也不甚相同，例如锂离子电池中固态电解质希望有更高的电压窗口以提高能量密度，而锂硫电池则希望有更高的锂离子迁移数以限制锂枝

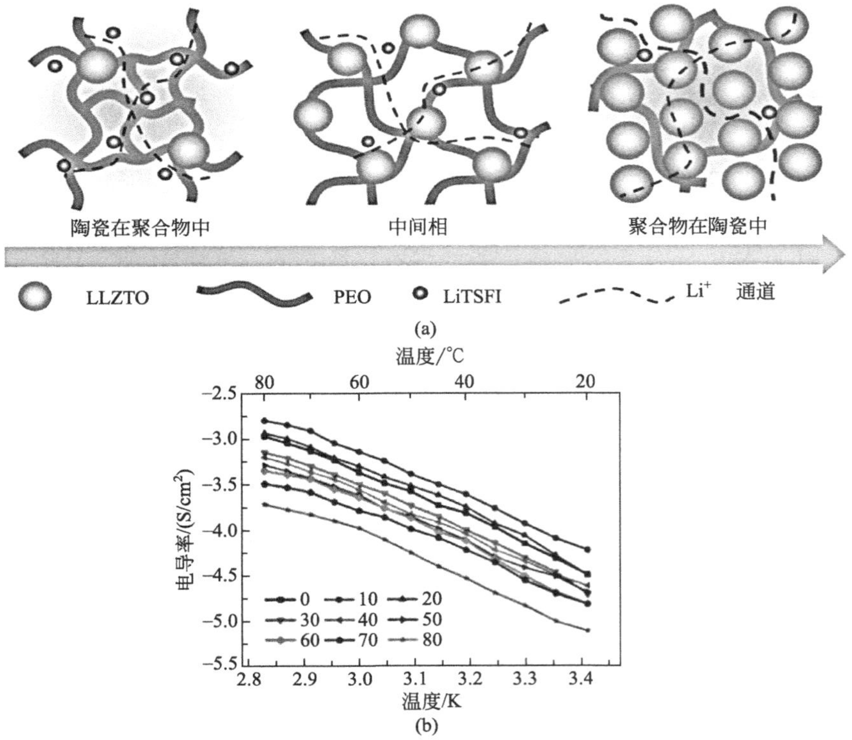

图 11-20 随着 LLZTO 含量的逐渐升高，电解质传输离子示意图（a）及不同 LLZTO 含量、不同温度影响下的离子电导率图（b）

晶的生长。但对于优秀的固态电解质来说，其应该是具有普适性的，即能够满足各项指标参数。因此，开发高性能固态电解质用以满足各类电池的需求是现阶段最主要的研究目标之一。

11.4.2.1 固态锂离子电池

固态锂离子电池是最早被研究的固态电池。如图 11-21 所示，传统锂电池是由正极、隔膜、负极，再注入电解液制造而成。而固态锂离子电池，则是由固态电解质代替隔膜和电解液，固态电解质同时起到离子传输与正负极阻隔的作用。在固态电池中，传统的固-液界面由于电解液的消失而不复存在，取而代之的则是正负极材料与固态电解质之间的固-固接触，这在一定程度上减轻了电池的重量，提高了锂离子电池的能量密度，同时安全性也有了一定

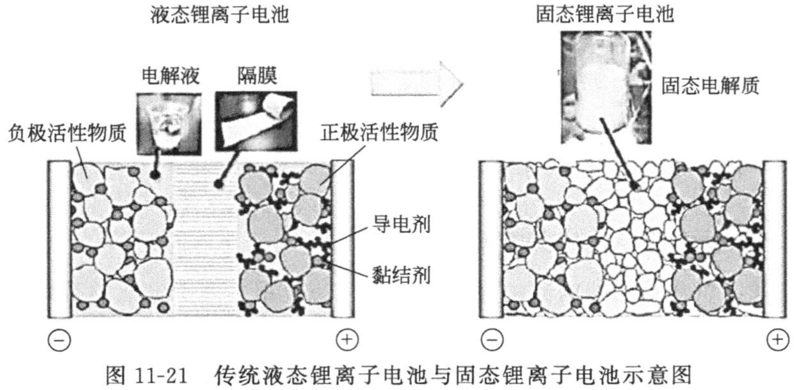

图 11-21 传统液态锂离子电池与固态锂离子电池示意图

的保障。尽管上述固态锂离子电池具有一定优势，但实现大规模应用仍需要不断努力。正如上述所提到的，三类固态电解质均能在锂离子电池中实现应用，但目前现有的固态电解质并不足以满足实际需求，开发新型锂离子固态电解质迫在眉睫。

在固态锂离子电池中，具有高电压氧化稳定性的固态电解质是实现高电压全固态锂离子电池的关键。孙学良教授等开发了一种新的无机双卤素固态电解质，引入的 F 元素选择性地占据一部分 Cl 元素位点而形成形态学致密的 $Li_3InCl_{4.8}F_{1.2}$。$Li_3InCl_{4.8}F_{1.2}$ 在室温下离子电导率可达 5.1×10^{-4}S/cm，工作电压超过 6V，显示出良好的离子导电性和阳极稳定性［图 11-22（a）］。除无机固态电解质外，聚合物固态电解质在锂离子电池中也得到了广泛应用。基于聚环氧乙烷（PEO）、聚甲基丙烯酸甲酯（PMMA）和聚偏氟乙烯-六氟丙烯（PVDF-HFP）的聚合物固态电解质由于电化学窗口相对宽、柔性良好被认为是全固态锂电池的理想选择。但上述聚合物电解质在离子导电性、厚度、强度以及锂负极稳定性等方面的缺陷严重阻碍了固态锂离子电池的应用。宁波材料所姚霞银研究员等报道了一种超薄、高强度、界面相容性好的柔性全固态锂离子电池，其中多孔聚甲基丙烯酸甲酯-聚苯乙烯（PMMA-PS）界面层紧密地附着在 PE 隔膜的两侧，有效地改善了电解质和电极之间的界面相容性［图 11-22（b）］。

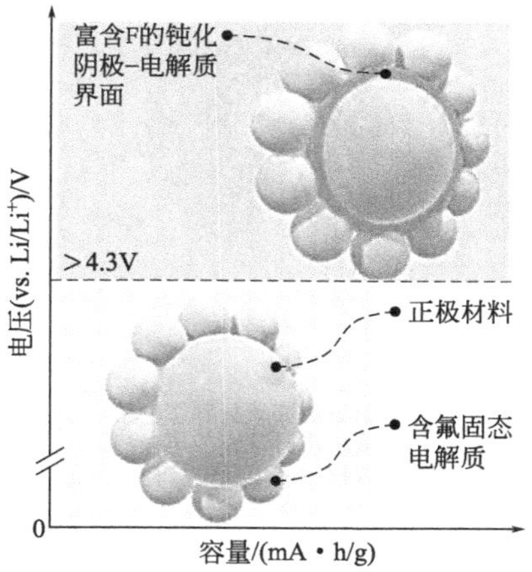

(a)

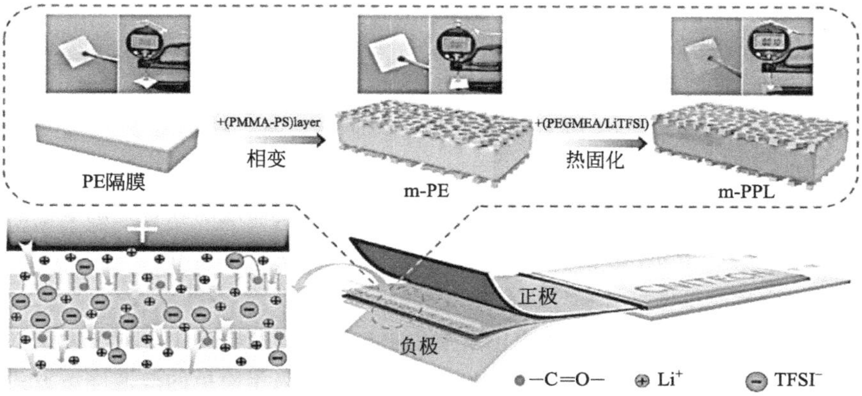

(b)

图 11-22　原位生成富含氟的钝化阴极-电解质界面层示意图（a）及聚合物固态电解质制备示意图（b）

11.4.2.2 固态锂硫电池

如前所述，相较于锂离子电池来说，锂硫电池具有更大优势。但锂硫电池的诸多问题限制了其实际应用，特别是基于液态电解质/隔膜体系下的锂硫电池，存在穿梭效应、锂枝晶等难以解决的实际问题（如图 11-23）。因此，制备新型应用于锂硫电池的固态电解质材料，在保证电池能量密度的前提下解决穿梭效应、锂枝晶以及安全性差等关键问题，是锂硫电池研究的一大热点方向。但锂硫电池工作机理较锂离子电池更为复杂，工作时发生多步化学反应，对固态电解质的要求更高。特别是对于全固态锂硫电池来说，由于不产生可溶性多硫化物，因此从本质上改变了电池的反应历程。虽然消除了穿梭效应，但缓慢的动力学反应和极差的界面副反应，导致电池基本无法正常循环。

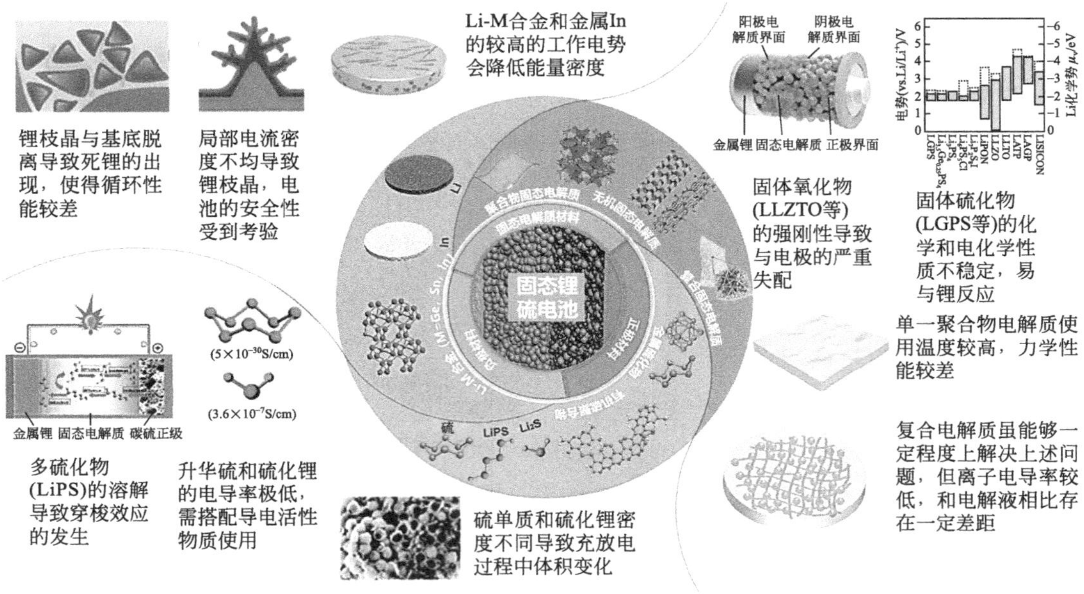

图 11-23　固态锂硫电池关键材料及所面临的问题

在锂硫电池中，由于对固态电解质要求更高，因此单纯的聚合物固态电解质或无机固态电解质单独使用往往收效甚微，因此关于锂硫电池中固态电解质探究大多以复合固态电解质或添加增塑剂的凝胶电解质为主。厦门大学郑南峰课题组采用钛-氧簇（titanium-oxo cluster，TOC）修饰的聚乙二醇 PEG 作为填料，添加到聚偏二氟乙烯-共六氟丙烯中并吸收电解液，合成了一种新型的凝胶电解质［图 11-24（a）］，将其应用于锂硫电池的电解质材料中，由于具有较高的离子电导率和较好的力学强度，组装而成的软包锂硫电池能够在高硫负载量（10mg/cm^2）、低负/正极容量比（1：1）和低液/硫比（3μL/mg）的情况下提供 423W·h/kg 的质量能量密度并稳定循环 100 次。

除凝胶聚合物电解质外，无机固态电解质也被应用于锂硫电池中。清华大学张强课题组制备了一种以纤维素为基底的全固态硫化物固态电解质，采用简单的溶液浇铸方式，制备出了高电导率、高柔性的固态电解质［图 11-24（b）］。纤维素膜作为自限骨架，不仅提供了柔性支撑，还确定了硫化物膜的厚度，增强了其力学性能。同时，由于纤维素和硫化物颗粒之间的强烈反应，硫化物颗粒更倾向于与纤维发生相互作用。因此，当纤维素被一层硫化物颗粒包裹时，固态电解质膜的厚度不会随着浇铸浆料的增加而增加。薄膜的厚度由预先组织和指定厚度的多孔衬底决定。固态电解质薄膜在室温下的离子电导率可达 6.3×10^{-3} S/cm，实现了锂离子的快速传输。但对于使用无机物的固态锂硫电池来说，由于界面接触较差，一般需采用如图 11-24（c）所示的特殊压力模具进行测试，限制了其实际应用。

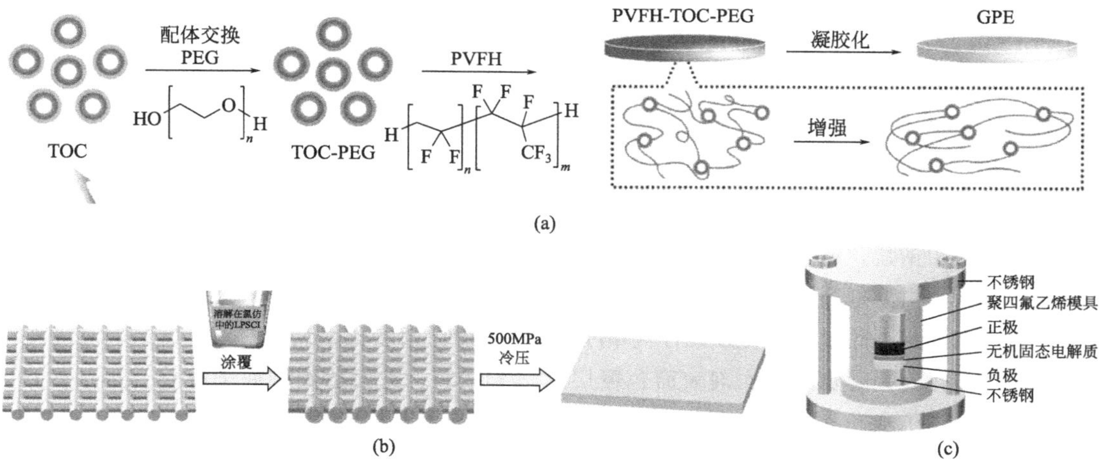

图 11-24　TOC 增强的凝胶电解质制备示意图（a）与以纤维素为基底的全固态硫化物固态电解质制备示意图（b）及硫化物固态锂硫电池测试装置（c）

固态锂硫电池由于发展起步较晚，反应机理尚不明确，到目前为止还处于实验室研究阶段。科研人员通过优化制备条件、添加填料和开发新型功能材料等手段，尝试改善锂硫电池中的电解质材料，但不同体系中固态电解质材料的缺点仍无法忽略。对于锂硫电池来说，在保证电池体系稳定的前提下，探究适用于锂硫电池体系的固态电解质材料是提高锂硫电池能量密度和安全性的可行途径。

11.4.2.3　固态钠离子电池

如前文所述，大规模储能系统需要开发更低成本的新型电池体系，钠离子电池因原料丰富、反应过程与锂离子电池相似等优势，引起了科学界和工业界的浓厚兴趣。作为钠离子电池的重要组成部分，电解质材料也得到了进一步发展，特别是基于固态电解质组装的固态钠离子电池，能够显著提高电池安全性，因此获得了广泛关注。与固态锂离子电池类似，应用于固态钠离子电池的固态电解质材料除了传输的离子不同外，本质上与其他电池（锂离子电池、锂硫电池）中的固态电解质类型相似，因此同样可分为无机固态电解质、聚合物固态电解质和复合电解质三类。

对于钠离子电池中的无机固态电解质来说，β-氧化铝最早被应用于高温钠硫电池体系，是目前唯一实现商业化应用的无机固态电解质。β-氧化铝的主要成分为 Na_2O 和 Al_2O_3，因其只能在高温下使用的特性使得无法应用在常温钠离子电池中。因此，人们开始关注其他无机固态电解质，其中研究最为广泛的就是 NASICON 型固态电解质，即超级钠离子导体(sodium super ionic conductor)。具有 NASICON 结构的无机固态电解质材料最早发现于

1968 年，随后于 1976 年发现与 β-氧化铝具有相似的钠离子传输能力。NASICON 结构通式一般被写作 $Na_{1+\chi}Zr_2P_{3-\chi}Si_{\chi}O_{12}$（$0\leqslant\chi\leqslant3$）。目前，研究人员对 NASICON 型固态电解质的性能优化主要集中在改善电解质的晶体结构。

一般而言，对晶体结构的改进手段有两种，即改变材料中 Si/P 的比值和 Zr 掺杂。但是，现阶段所合成的 NASICON 型固态电解质基本都会存在杂相，目前尚不明确杂相在钠离子电池中的作用机理。胡勇胜课题组通过在前驱体中加入 $La(CH_3COO)_3$ 从而实现对 NASICON 型固态电解质的 La 掺杂，测试结果表明，合成的电解质材料中除了 NASICON 主相，还含有 $LaPO_4$、La_2O_3 和 $Na_3La(PO_4)_2$ 等杂相。通过进一步分析测试，发现 La 元素的引入改善了晶体中的离子传输，提高了材料的离子电导率。除无机固态电解质外，聚合物固态电解质与复合电解质也被应用于固态钠离子电池。

固态钠离子电池中所采用的聚合物基体与其他类型固态电池相类似，唯一不同的是其电解质盐采用钠盐，通过钠盐与聚合物配位而成。刘丽露等提出一种通过化学反应原位去除 SPE 中残余自由溶剂分子的方法。该方法关键在于通过调控选取合适溶剂、钠盐以及添加剂组合，在溶剂去除过程中巧妙设计盐-溶剂分子-添加剂两步化学反应过程，实现将残留的溶剂最终转化为一种稳定添加剂表面包覆层（图 11-25），进而达到彻底去除残余溶剂的目的。采用去离子水和 NaFSI 分别作为溶剂和盐，聚合物选择可溶于水的聚环氧乙烷。NaFSI 结构中的 S—F 键不稳定，遇水会发生微弱的水解产生 HF，进一步添加纳米 Al_2O_3 颗粒将中间产物转化为 $AlF_3\cdot xH_2O$。采用该工艺制备的 SPE 有效地降低了固态电池界面副反应，极大地提升了电池的库仑效率、循环稳定性和倍率性能。

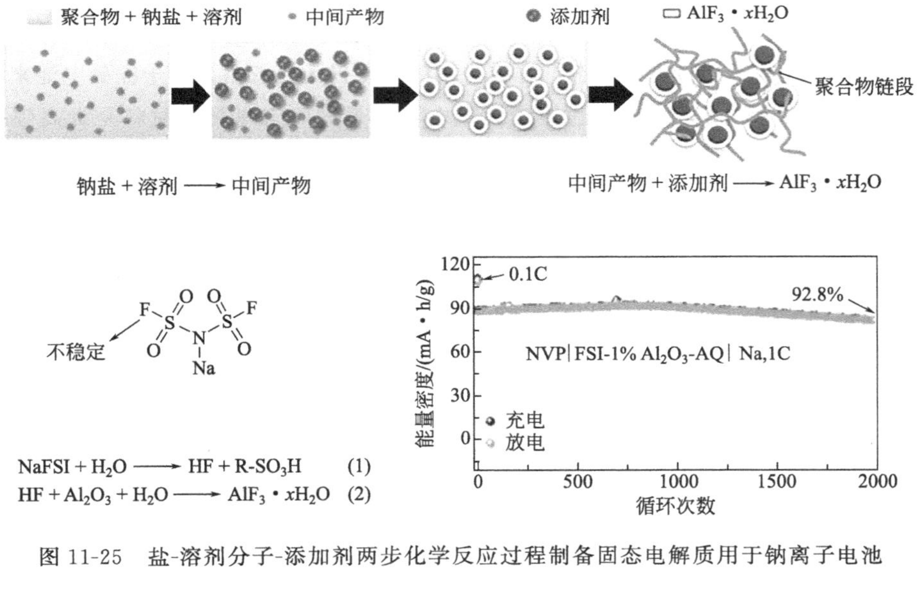

图 11-25 盐-溶剂分子-添加剂两步化学反应过程制备固态电解质用于钠离子电池

对于固态电池来说，固态电解质材料作为最关键组成部分，起到了决定性作用。从总体来看，不论是哪种电池体系，固态电解质都具有其他任何液态电解质无法比拟的优势，包括高安全性、高能量密度和良好的力学性能等，但到目前为止，基于固态电解质的各类电池基本都处于实验室开发阶段，距离实现商业化实际应用还有很长的路要走，寻找能够适用于各类电池高性能固态电解质是非常具有挑战性的，但从长远角度考虑，固态电池势必成为未来化学储能电池发展的重要方向之一。

【例题】

1. 请通过反应方程式概述锂硫电池的整体反应历程。

解：

$$S_8+2Li^++2e^- \rightleftharpoons Li_2S_8$$

$$3Li_2S_8+2Li^++2e^- \rightleftharpoons 4Li_2S_6$$

$$2Li_2S_6+2Li^++2e^- \rightleftharpoons 3Li_2S_4$$

$$Li_2S_4+2Li^++2e^- \rightleftharpoons 2Li_2S_2$$

$$Li_2S_2+2Li^++2e^- \rightleftharpoons 2Li_2S$$

2. 对于固态电池体系而言，离子迁移数的大小往往能够决定电池性能。以聚合物基固态锂离子电池为例（内部锂盐为 $LiClO_4$），现已知极化电压为 10mV，对称电池稳定前后的电阻与电流分别为 516.6Ω、542.7Ω 和 16.8μA、15.9μA，能否计算此电池中阳离子和阴离子的迁移数目？

解：

根据公式：

$$t_{Li^+}=\frac{I_s(\Delta V-I_oR_o)}{I_o(\Delta V-I_sR_s)}$$

已知：$\Delta V=10mV$，$I_o=16.8\mu A$，$I_s=15.9\mu A$，$R_o=516.6\Omega$，$R_s=542.7\Omega$

可计算得：$t_{Li^+}=0.952$

又因阴阳离子的迁移总数为 1，可计算得，$t_{ClO_4^-}=1-t_{Li^+}=0.048$

思考题

1. 为什么要发展新型能量转化及储能器件？现有电化学储能器件有何缺陷？
2. 本章介绍的新型能量转化及储能器件主要包含哪几种？
3. 超级电容器与传统电池和传统电容器的区别主要体现在哪些方面？其主要有哪几种分类？
4. 什么是锂硫电池？为何锂硫电池的能量密度远高于锂离子电池？
5. 目前锂硫电池为何不能实现大规模应用？其主要问题有哪些？
6. 锂硫电池中活性物质一般有哪些存在形式？其各有什么优缺点？
7. 什么是钠离子电池？
8. 为何要发展钠离子电池？钠离子电池与锂离子电池有何不同？
9. 什么是固态电解质？其主要分为哪几类？
10. 固态电解质相比于液态电解质的优势体现在哪些方面？

习题

1. 已知极化电压为 15mV，对称电池稳定前后的电阻与电流分别为 420.6Ω 和 14.9μA，请计算此电池中阴阳离子的迁移数目。

2. 锂硫电池的正极材料主要分为哪几种？请简要概述其各自的优缺点。

3. 在扣式电池中，电极的直径为 14mm，两电极之间的距离为 10μm，经过 EIS 测试可知此电池电阻为 36Ω，请计算此电解质的离子电导率。

第12章

电化学测试方法

电化学领域中大量不同的现象（如电泳和腐蚀等）、各种功能化的器件（包括电池、电分析传感器、电致变色传感器和电致变色显示器等）和各种应用技术（金属电镀、防腐以及铝和氯气的大规模生产）等，都是电化学领域的研究热点。这些领域多涉及物理/化学反应与电信号之间的相互转换，为了定性描述这些现象，同时进一步深入探究现象对应的机理问题，人们往往需要对某些化学体系进行测量。在电化学测量过程中，人们关注的可能是某种反应热力学方面的数据；或者分析溶液中存在的极少量有机物和金属离子；或者分析反应过程中产生的不稳定中间体（如自由基、离子等），并研究他们的性质或演变规律。在这些体系中，电化学测量方法是研究其反应过程最有效的工具之一。

在电化学测量过程中，通常需要对所研究的电极施加各种形式的电场，并测量电极上各参数（如电流、电量、电容、电势及阻抗）的变化，通过分析电化学参数的变化，人们可以判断和阐述电极/电极界面及电极/电解液界面发生的物理、化学及电化学变化的规律。通常情况下，电流和电势是测量过程中最基础也是最重要的电化学参数，对他们进行准确的测量是电化学测量的基础。然而，由于各种电化学测量技术都有其适用范围和不可避免的应用局限，单一测量技术往往难以满足所有需求，故在实际测试中往往采用多种测量技术并行的方式，以获得更为全面、可靠的信息。

12.1 电化学信号的测量

12.1.1 电极电势的测量

在电化学测量中，电极的绝对电势是无法测量的，通常必须将两个电极组装后使用类似电动势测量的方法测量电极电势，因此获得的电极电势实际上是相对电极电势（简称为电极电势）。1953年，IUPAC（国际纯粹与应用化学联合会）斯德哥尔摩大会对相对电极电势的定义为：电极的标准电势，是该电极与标准氢电极组成的无液接电势电池的电动势。在实际测量过程中，氢标电极需要高纯度的氢气，测试不方便，因此一些使用较为方便的电极（如甘汞电极）常被用来代替氢标电极。通常采用图12-1所示的电路进行电极电势的测量，工作电极相对于某一参比电极的电势即为所测电池的电动势。

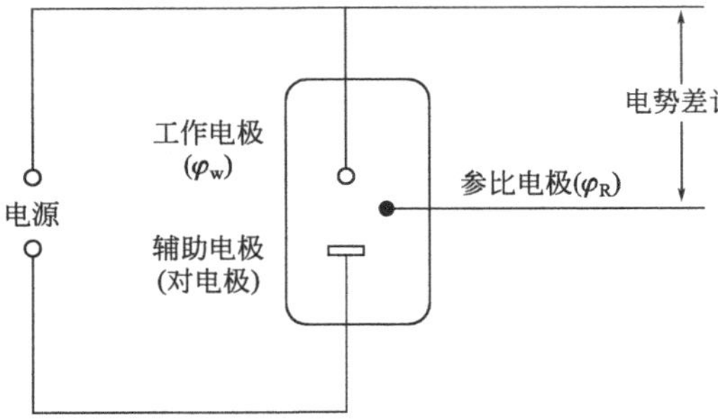

图 12-1　三电极体系的简化图

在该体系中电池电动势为

$$U=|\varphi_w-\varphi_R| \tag{12-1}$$

式中，U 是电势差计测得的电压；φ_w 是工作电极电势；φ_R 是参比电极电势。

当使用电势差计测量工作电极和参比电极之间的电极电势时，假设电路中没有电流，所测电压为体系的开路电压，则测得的结果即为工作电极的电极电势 φ。实际上，使用电势差计测量体系的电压时，电路中会存在一定的微小电流，因而测得的电压是开路电压，与电极电势存在差异，也即

$$U=|\varphi_w-\varphi_R|-i_M R_M-|\Delta\varphi_P|\neq\varphi \tag{12-2}$$

式中，i_M 是测量过程中的电路电流；R_M 是回路电阻；$\Delta\varphi_P$ 是极化过程造成的电势降。因此，只有当回路电阻和极化过程造成的电势降忽略不计时，也即

$$i_M R_M=0;\ \Delta\varphi_P=0 \tag{12-3}$$

这才能使所测电压 $U=\varphi$。通常在电化学测量过程中，开路电压与电极电势的差别要小于 1mV。

为准确测定电极电势，不能使用一般的伏特计，通常使用数字电压表、高阻抗电势差计、真空管毫伏计及恒电势仪等仪器对电极电势进行测量。

通常，测量仪器需具有较大的输入阻抗。由欧姆定律可知

$$i_M\approx|\varphi_w-\varphi_R|/(R_M+R_I) \tag{12-4}$$

式中，R_I 为测量仪器的输入阻抗。显然，如果 R_I 值越大，则测量回路的电流就越小，所测电压值将越接近工作电极的电极电势。反之，如果使用一般的伏特计进行测量时，伏特计的输入阻抗低，回路电路较大，导致参比电极极化严重，同时电池内阻产生的电压降增大，将使测量结果偏低。由于金属电极的内阻 R_M 通常小于 $1.0\times10^4\Omega$，因此规定测量仪器的输入阻抗 R_I 要大于 $1.0\times10^7\Omega$。

12.1.2 极化电流的测量

对电路中极化电流进行测定时，不能使用两电极体系（辅助电极同时作为参比电极），主要原因是辅助电极也会参与极化，因此不能作为标准电极进行电势比较。所以，极化电流的测量必须使用三电极体系。

可以使用两种方法对极化电流进行测定。一是在极化回路中直接串联一个具有适当量程和精度的电流表，直接读取回路的极化电流，但该方法不适用于快速测量。另一种方法是

使用取样电阻或者电流-电压转换器。其中，取样电阻是指极化回路中串联的标准电阻，通过测量标准电阻上的电压降，即可换算出极化电流；而电流-电压转换器（输入阻抗小，也称零阻电流计）可直接将电流信号转变为电压信号，可对极化电流进行自动、快速且连续的测量。

此外，测量电极电势和极化电流的仪器还需要满足以下要求。

① 适宜的量程。通常 2V 量程的仪器可以满足大多数电化学测试的需求，因为工作电极和参比电极的电势差一般小于 2V。某些特殊的实验，如对一些高合金含量的合金阳极耐蚀行为进行研究时，测试电压可能高于 2V。此外，对一些金属（如 Al、Ta 等）阳极氧化行为进行研究时，其表面会生成非电子导体的氧化膜，导致测试电压可能高达几十伏特。

② 适宜的精度。在一般的腐蚀电化学实验中，在金属电极上测得的电势是随时间变化的非平衡电势，该过程受许多因素影响，且测试结果波动幅度随着测试条件的改变而改变，通常会在几毫伏到几十毫伏之间，因而测量精度在 0.5～1.0mV 之间的仪器可适用于该类场景，无需更高精度。但如果电化学测量的极化值在 10～20mV 范围内，或需要进行微小电势差异的辨别时，仪器的测量精度则需要在 0.1mV 以下，更低的测量精度将无法满足需求。当仪器的精度和量程不能同时满足测试需求时，可以在技术和条件允许的情况下对仪器进行改装，如常用的 UJ-25 型电势差计，其测试精度可以达到 1.0×10^{-6}V，但是其量程仅为 1.6V。当测试量程要求为 2V 时，可在测量回路中反接一个标准电池以满足量程的需求。

③ 适宜的测量速度和响应速度。仪器在测量稳态值时读取数据的速度称为仪器的测量速度；测量仪器记录显示电势（电流）快速变化瞬间数值的能力称为仪器的响应速度。目前测量仪器多采用数字存储装置，该装置在记录和显示数据的过程中需要经过模数转换，不同仪器在模数转换的速度和精度上存在差异，这通常与仪器的价格直接相关。

12.1.3 工作电极

电化学测量过程中，电化学反应发生的电极称为工作电极（working electrode，WE），通常要求工作电极必须具有高的信噪比和可重复性，且工作电极的选取、制备及处理过程都很关键。

12.1.3.1 工作电极的基本要求

作为工作电极，最基本的要求是电极本身不与电解液组分发生反应，或者电极自身发生的反应不会影响所研究的电化学反应过程。此外，工作电极材料的选择还需要综合考虑成本、毒性、电导率、电势窗口、力学性能、结构形式和表面状态等。工作电极不限于固体，也可以是液体，并且理论上各种能导电的材料均可以用作电极。值得注意的是，电极材料结构和表面状态的选择对电极反应影响很大，因为这些因素有可能改变电极反应的动力学或热力学过程。根据研究方向的不同，工作电极主要可以分为两类：

① 研究对象是电极本身，目的是分析其本征电化学特性，如锂离子电池的正负极材料，在光照条件下可表现为电化学活性的半导体材料等。该类测试在适当的溶剂中进行即可。

② 研究对象是从外部导入的气体或者溶解于溶液中的物质，此时工作电极仅作为发生电化学反应的场所，目的是分析气体或者溶液的电化学特性，如燃料电池、锂-空气电池等。该类工作电极通常为惰性电极，如金、铂等，在所需的电势区间内，电极能稳定工作。

12.1.3.2　工作电极的加工及前处理

由于金属电极易于制作和进行抛光打磨等处理，在电化学测量中被广泛应用，同时它们具有导电性好、灵敏度高及可重现性好等优点。在测量前，可按实验要求选择相应金属材料，视实验需求将电极制备成片状、丝状、柱状或者立方体形状等。但是制备的电极必须要有可以计算的、确定的表面积（有效面积），并与导线连接进行测试。

以固体金属电极为例，电极在使用前必须进行机械、化学处理和电化学处理等过程，以尽可能地获得清洁的表面状态。工作电极的清洁程度对电化学测量具有重要的影响。

① 电极表面的机械处理。电极在使用前需使用砂纸打磨光亮。通常操作顺序：首先使用砂纸逐级打磨（顺序从粗到细）；随后使用抛光粉抛光，保证电极表面无划痕；抛光后使用适宜的溶剂除去表面抛光粉。常用的抛光材料包括抛光膏、金刚砂和抛光喷剂等。

② 电极表面的化学处理。一些易钝化的电极材料，在预处理过程中或者打磨后停放在空气中会不可避免地形成氧化膜，这些均会影响后续电化学测量。因此，还需要进一步对电极进行除油和清洗。甲醇和丙酮等常用于电极的除油，热硝酸等可用于 Pt 和 Au 电极的清洗，但是在使用过程中需要小心强腐蚀性的化学试剂。

③ 电极表面的电化学处理。在电极最终被使用之前，还需要对电极进行电化学处理。通常是将工作电极放在与测试时使用的电解液组分相同的溶液中进行电势扫描，经过几次阳极极化和阴极极化后，电极表面不断进行离子的溶解和还原，这可以保证电极具有较好的工作状态，通常情况下最后一次进行的极化过程是阴极还原过程。

12.1.3.3　工作电极表面积的测定

由于电化学反应通常在电极表面上发生，因此电极真实表面积是电化学测量的一个重要因素。为了更清楚地描述电化学反应过程，电极反应的速度通常以 cm/s 为单位，电流的大小通常以电流密度的方式来表示。

实际上，除了液体汞之外，电极的表面定量化是很困难的，且定量化过程与材料表面粗糙程度有关。通过解析 H^+ 的电化学吸附峰，可以推算铂电极的表面积，其他电极则只能使用表观电极尺寸推算。具体而言，将打磨抛光处理后的铂电极保持静止，随后在扩散控制的电势区间内进行恒电势电解，并保持该过程 1s 以上。此时，扩散层的厚度可以通过 $d=(Dt)^{1/2}$ 进行计算。式中，D 为扩散系数。通过该方式计算的扩散层的厚度将大于 Pt 电极的粗糙度，这样可以通过千分尺直接量取平滑 Pt 电极的表面积。

12.1.3.4　碳电极

碳电极是除金属电极外另一种常用的工作电极，其主要成分是碳材料。按照电极组成和结构的不同，又可以将其分为石墨电极、玻碳电极、碳纤维电极和碳糊电极。通常在碳材料表面考察到的电子转移速率的数值要低于金属电极。但是碳电极具有价格低廉、制备简单、使用方便、电势窗口宽及表面化学活性较高等优点。不同碳材料在形貌和组成上具有较大的差异，而碳电极的结构和后处理过程对电化学测量有很大影响。下面介绍几种常见工作电极。

（1）石墨电极

根据结构差异，可以将石墨电极分成致密石墨电极和多孔石墨电极，前者是通过碳水化合物热解制备的石墨材料，后者主要是天然石墨。

具体地，在2000℃的基板上进行碳水化合物的热解，可以得到具有结晶结构的薄层状物。由此方法制备的石墨具有各向异性，密度比天然石墨高，气体、液体以及固体金属杂质等难以进入，所以电极残余电流小。利用该电极进行电化学测量时，可通过砂纸擦拭获得新表面用以进一步的测量。如果在制备过程中辅助以加压处理，制备的石墨有序度将显著增加，各向异性程度增大，可通过物理剥离的方式获得平整的电极表面。

多孔石墨电极不能直接使用，主要原因是气体或者电解液的浸入容易影响测量结果，因此通常需要对多孔石墨电极进行浸石蜡处理。石蜡可以很好地填充多孔石墨的孔隙，排除孔结构对测试的影响。此外，引入的石蜡疏水，可以通过表面活性剂的处理使石墨电极表面亲水。该类电极通常表面柔软，可以通过砂纸擦拭获得新表面。

（2）玻碳电极

玻碳电极同样是在高温下制备的碳电极，与石墨电极不同的是，玻碳电极的前驱体为酚醛树脂或者聚丙烯腈，热解温度通常在1000～3000℃之间。玻碳电极制备的碳材料是各向同性的，其具有导电性高、物理化学结构稳定、结构致密、纯度高等特点，性质与热解制备的石墨相近，它们主要用于沉积过程或者电极基底的修饰。此外，通过热解聚氨酯泡沫也可以获得孔隙率高的网状玻璃碳材料，它们在重金属（Cr、Cu及Cd等）离子的分离及去除领域具有良好的应用前景。

（3）碳纤维电极

碳纤维电极的制备过程与玻碳电极相似，制备碳纤维电极的前驱体多为聚丙烯腈或者石油沥青。在固化阶段，将碳材料拉成纤维状，可以使石墨沿纤维方向定向排列。与玻碳纤维不同的是，碳纤维存在一定程度的各向异性，该部分比例与纤维制备过程相关。

12.1.4 参比电极

12.1.4.1 参比电极的基本要求

参比电极（reference electrode，RE）是电化学测量体系中的参考点，应该满足下列条件：

① 参比电极应具有良好的可逆性。首先参比电极应为可逆电极，其电极电势可逆，可以通过Nernst方程计算其电极电势；其次，参比电极应当不易极化，需保证电极电势的准确性。其三，参比电极需要有适宜的交换电流密度（$>1.0\times10^{-5}A/cm^2$），交换电流密度越大表明电极体系的可逆性越好。最后，当参比电极中流过微量电流时，断电后参比电极的电极电势应能迅速恢复至初始值，其变化幅度应不大于1mV。

② 参比电极应具有电势稳定、重现性好和温度系数小等特点。电极的电势稳定是指其在室温下放置一段时间后能保持电势稳定不变。重现性好是指不同人员不同时间制作的同一种参比电极，其电势应相近。一般情况下，不同批次的参比电极电势差值在1mV以内，则可以认为其重现性良好，而不同批次的Ag/AgCl电极电势差一般会小于0.02mV，因此

其常被应用于电化学测量。温度系数小是指当温度数值发生一定的变化后回到原来的数值时，材料的电极电势能恢复到初始值，常用的氢参比电极、Ag/AgCl电极的温度系数都较小。但是应当注意，高温下除了氢参比电极外，其他参比电极的电极电势均会发生一定的变化，如甘汞电极中甘汞在高温下会分解，其适用温度小于70℃，这种情况下，必须对相应参比电极的电势进行修正。

③ 参比电极应当制备简单，维护方便。参比电极的选用应与溶液体系相匹配，应当考虑在不同溶液中是否会有液接电势的存在，是否会引起工作电极和参比电极溶液的相互污染。通常对于特定的电解液，尽量选取与电解液具有相同离子的参比电极。

12.1.4.2 常见参比电极

目前，常用的参比电极主要分为三类：a.纯金属或可溶化合物分别与相应离子组成的化学平衡体系，包括 $H^+/H^2(Pt)$ 和 Ag^+/Ag 等；b.金属与其化合物（难溶）电离出的微量离子间的平衡体系，包括 Ag/AgCl、Hg_2Cl_2/Hg 和 HgO/Hg 等；c.玻璃电极和离子选择电极等其他参比电极体系。下面介绍几种常见的参比电极。

(1) 氢参比电极

氢参比电极是较早被使用的一种参比电极，其通常被用来作为电极电势的测量基准。标准氢电极则是 $a_{H^+}=1$、$p^{\ominus}_{H_2}=100kPa$ 下的氢参比电极，并且规定任何温度下标准氢电极的电势均为0，即 $\varphi^{\ominus}_{H^+/H_2}=0$。目前，氧化还原反应电势都是使用标准氢电极为基准测出的。

对于氢电极反应 $H^+ + e^- \rightleftharpoons \frac{1}{2}H_2$，其电极电势可以用能斯特公式表示为

$$\varphi_{H^+/H_2}=\varphi^{\ominus}_{H^+/H_2}+\frac{RT}{F}\ln\frac{a_{H^+}}{(p_{H_2}/p^{\ominus})^{1/2}} \tag{12-5}$$

由于 $\varphi^{\ominus}_{H^+/H_2}=0$，所以有

$$\varphi_{H^+/H_2}=\frac{RT}{F}\ln\frac{a_{H^+}}{(p_{H_2}/p^{\ominus})^{1/2}} \tag{12-6}$$

那么当 $p_{H_2}=100kPa$、温度为25℃时，氢电极电势与溶液酸碱度（pH值）关系为

$$\varphi_{H^+/H_2}=-0.05916VpH \tag{12-7}$$

常见的氢电极如图12-2所示，他们的制作方式基本相同，即将铂片浸入含有氢离子的溶液中，同时控制氢气流经铂片，保持流速稳定。通常在氢电极中使用的铂片表面镀有一层铂黑，其目的是增加铂片的电化学活性，同时增大其接触面积（通常能增大近千倍）。如此可减小铂电极的极化，以使氢电极稳定。在使用氢电极时，通常需要将铂片的上半部分露出液面，以保证氢电极能快速达到平衡状态。工作时以每秒1～2个气泡的速度往溶液中注入氢气，维持半小时后，电极基本能达到平衡状态。

应当注意的是，长时间使用氢电极需要考虑溶液稀释对电极电势的影响。主要原因在于不断鼓入的氢气可能携带水蒸气导致溶液浓度降低，使氢电极电势改变。可以在注入电极之前将氢气先通过与电极浸入溶液相同组分的溶液进行预湿，以避免该现象的出现。

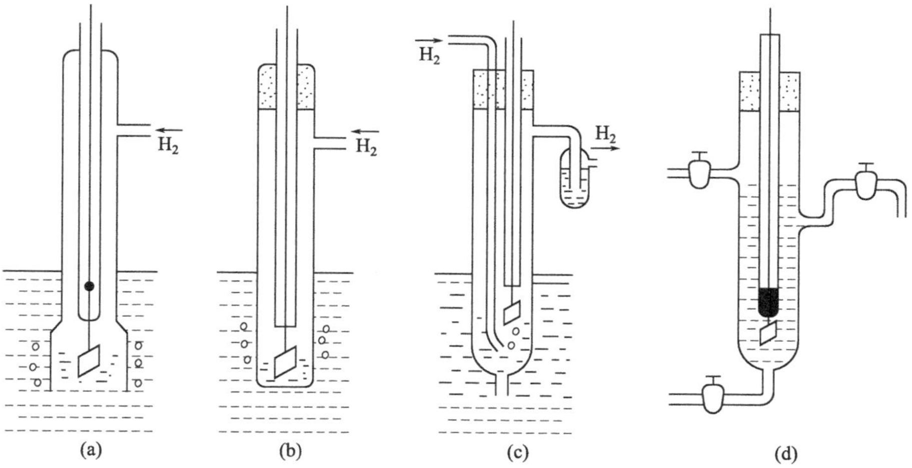

图 12-2　常见氢电极

氢电极具有结构简单，电极电势稳定，交换电流密度大，可逆性好等优点，但是其操作条件不易控制，并且氢气的使用具有一定限制，导致其使用不够方便。此外，对于含有强氧化剂和强还原剂的体系，氢电极也表现出一定的局限性，因为这类溶液中的离子会在铂片上被还原，导致铂黑活性下降。基于以上原因，氢电极在实验室中不常见。实验室中多使用甘汞电极和 Ag/AgCl 电极作为参比电极。

（2）甘汞电极

甘汞电极是一种被广泛应用于电化学测量的参比电极，它是由甘汞（Hg_2Cl_2）、汞以及一定浓度的 KCl 溶液（饱和 KCl 或者 0.1mol/L、1.0mol/L 的 KCl 溶液）所构成的电极，由于甘汞溶解度小，因此该电极是一种微溶盐电极。通常饱和 KCl 的甘汞电极容易配置，但是其温度系数较大；相反，0.1mol/L KCl 溶液的甘汞电极的温度系数较小，比较适合应用于需要精密测量的场合

甘汞电极一般记作：$Hg|Hg_2Cl_2$，KCl($x$mol/L)‖。其电极反应表达式为

$$Hg_2Cl_2(s)+2e^- \longrightarrow 2Hg(l)+2Cl^-(aq) \tag{12-8}$$

电极电势为

$$\varphi_{Hg_2Cl_2/Hg}=\varphi^{\ominus}_{Hg_2Cl_2/Hg}-\frac{RT}{F}\ln a_{Cl^-} \tag{12-9}$$

甘汞电极的结构组成如图 12-3 所示，其核心部件是内部电极和 KCl 溶液。电极内汞和甘汞均被封装在小玻璃管中，通过铂丝将电极上部的汞与外导线相连，同时汞的下面配备甘汞和汞的糊状物。在使用甘汞电极时，打开电极上部分的橡皮帽，通过大气压的作用使 KCl 缓慢地从多孔素瓷中渗出，防止外部环境污染。通常甘汞电极使用完毕后，需将其下端浸泡在 KCl 溶液中。

甘汞电极具有制作简单、可逆性好、使用方便等优点，但是其使用温度较低，通常在 40℃以下。25℃时，甘汞电极标准电势 $\varphi^{\ominus}_{Hg_2Cl_2/Hg}=0.2676V$。根据式（12-9）可以推算出在 25℃时，饱和 KCl 溶液中的电极电势为 0.2444V。此外，甘汞电极的电极电势随温度变化较为明显，从 25℃降至 20℃时，其电极电势将从 0.2444V 升至 0.2479V，并且这一过程还需要较长的平衡时间。甘汞电极多应用在中性的氯化物体系中，对于 pH 值较低或者较高的溶

液，不能直接将甘汞电极浸入溶液中，需要借助盐桥将甘汞电极与酸碱溶液隔开。

(3) Ag/AgCl 电极

Ag/AgCl 电极也是一种常用的参比电极，它与甘汞电极的组成相似，电极仍采用 KCl 溶液，只是将 Hg_2Cl_2 和汞更换成表面涂有 AgCl 的银丝。制备 Ag/AgCl 电极时，需要注意银丝的纯度，若银丝纯度不足，电极电势将不够稳定。此外，银丝表面的 AgCl 在电化学测量过程中可能会溶解导致电极稳定性降低，因此为保持电极稳定，在饱和 KCl 溶液中，应当预先加入 AgCl 使其达到饱和。在测量过程中，电极应避免光照，因为 AgCl 见光易分解，不利于电极电势的稳定。

Ag/AgCl 电极一般记作：Ag|AgCl，KCl(x mol/L)‖其电极反应表达式为

$$AgCl(s)+e^- \longrightarrow Ag(s)+Cl^-(aq) \tag{12-10}$$

电极电势为

$$\varphi_{AgCl/Ag}=\varphi^{\ominus}_{AgCl/Ag}-\frac{RT}{F}\ln a_{Cl^-} \tag{12-11}$$

Ag/AgCl 电极示意图如图 12-4 所示。

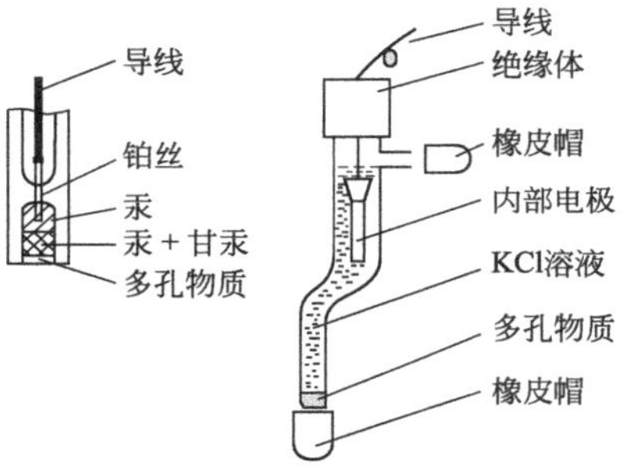

图 12-3　甘汞电极的结构组成

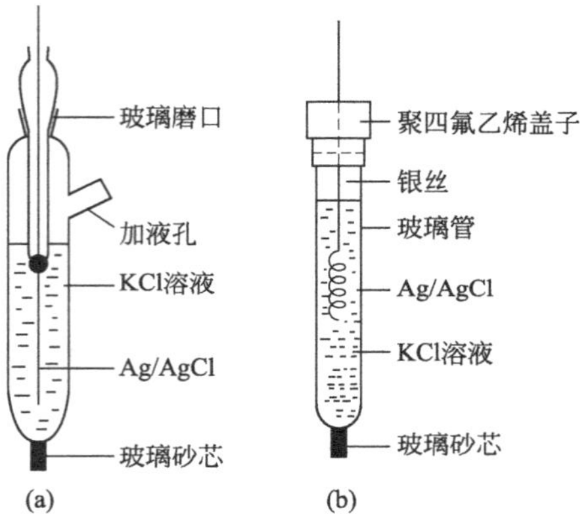

图 12-4　Ag/AgCl 电极的结构组成

同样，Ag/AgCl 电极的电极电势也与 KCl 的浓度相关，在 0.1mol/L、1.0mol/L 和饱和 KCl 溶液中，Ag/AgCl 电极的电极电势分别为 0.2223V、0.2880V 和 0.1981V，其主要应用在中性氯化物溶液中。由于 Ag/AgCl 电极对 Cl^- 可逆，电极可直接浸入溶液中，以避免产生液接电势。

12.1.5 辅助电极及盐桥

辅助电极（auxiliary electrode，AE）也叫作对电极，在电化学测量中，辅助电极仅作为一个普通电极和工作电极组成一个回路，以使工作电极有连续的电流经过。辅助电极的基本要求是：不容易极化、内阻小、物理化学性质稳定、辅助电极侧反应产物对电极反应无影响。一般使用的辅助电极为铂或者碳电极。电化学测量对辅助电极的形状、面积和位置也有要求，特别是辅助电极的面积通常要大于工作电极，且当辅助电极的面积是工作电极面积的 100 倍以上时，辅助电极引起的极化可以忽略不计。此外，测量过程中，通常使用多孔陶瓷

或者隔膜来隔离辅助电极和工作电极，以尽量消除辅助电极对工作电极的干扰。在条件允许的情况下，可将辅助电极设置为工作电极的逆反应电极，以使电解液组分不变。

盐桥是一种内部填充电解质的玻璃管，通常呈 U 形，特殊情况下也可以是其他形状。盐桥的作用是当工作电极和参比电极的溶液不同时，将两者连接起来，减小液接电势，同时防止互相污染。常用盐桥的组成如图 12-5 所示，通常需要对盐桥的末端进行封接，以减少盐桥两边溶液的流动，常采用琼脂凝胶状电解液、细孔烧结玻璃或者多孔烧结陶瓷对盐桥管口进行封接。

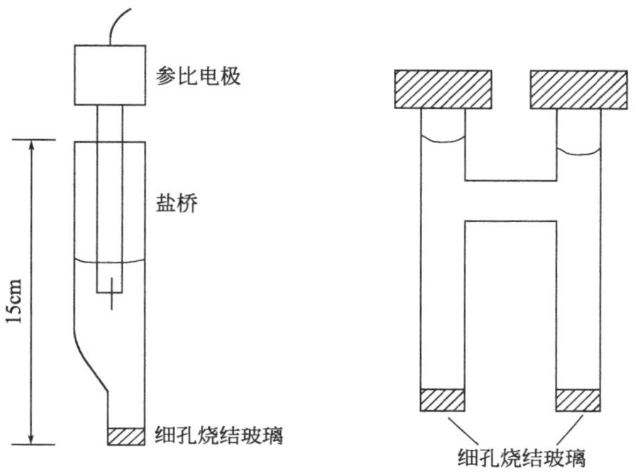

图 12-5　盐桥管口封接及盐桥示意图

常用的琼脂盐桥的制作方式为：将 3g 琼脂和 97mL 蒸馏水盛于烧瓶中，并在水浴锅中加热至溶解，随后加入 30g KCl，充分搅拌使 KCl 完全溶解。随后将混合液滴入 U 形玻璃管中静置，待琼脂凝结即制备成功。应当注意，盐桥制备过程中应避免气泡的产生，同时应注意不能使盐桥内阻太大，否则会导致测量误差较大。盐桥应浸泡在饱和 KCl 溶液中保存，避免污染。

为了减小液接电势，电化学测量过程中，盐桥内溶液应注意几点。

① 盐桥内部阴阳离子的电迁移率应当相近。以 KCl 溶液为例，K^+ 和 Cl^- 的离子迁移率分别为 $7.62\times10^{-4}cm^2/(V\cdot s)$ 和 $7.91\times10^{-4}cm^2/(V\cdot s)$，两者电迁移率相近，产生的液接电势小，因此适合作为盐桥溶液。此外，NH_4NO_3 溶液、苦味酸四乙基铵溶液、高氯酸季铵盐溶液等由于阴阳离子电迁移率相近，也常被用于盐桥的制作。

② 在精度合理的范围内，盐桥中盐溶液浓度应尽量高。盐桥中高盐浓度可以减小液接电势。以 KCl 溶液为例，25℃下饱和 KCl 溶液与其他溶液之间的液接电势比 0.1mol/L KCl 溶液与其他溶液之间的液接电势要小得多。具体而言，饱和 KCl 溶液和 0.1mol/L KCl 溶液与 0.1mol/L NaOH 溶液的液接电势分别为 0.4mV 和 18.9mV。

③ 盐桥内部的离子不应与被研究体系的溶液发生反应，也不能干扰被研究的电极过程。被研究的溶液中若含有 Ag^+，则应考虑含 NH_4NO_3 的盐桥而不能选用含 KCl 的盐桥；在研究某些金属腐蚀过程时，也应避免含 KCl 盐桥的使用，主要原因是 Cl^- 也会对某些阳极过程造成影响。

12.1.6 电解池

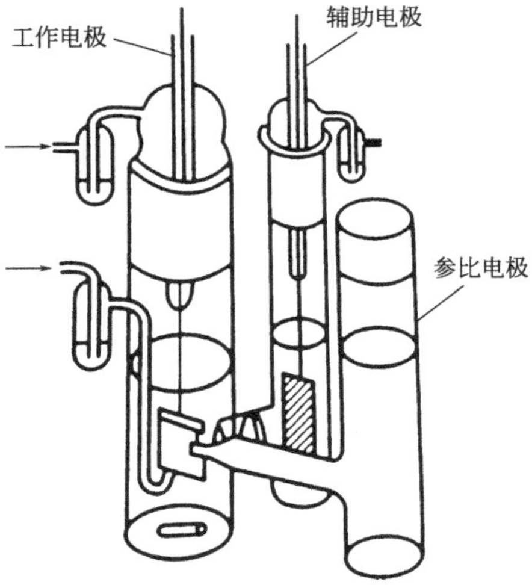

图 12-6 简单 H 型电解池

传统的三电极测试体系中，除了工作电极、参比电极、辅助电极（对电极）和盐桥外，还有一个重要的组成部件——电解池。电解池作为盛装溶液的载体，其结构、形状对电化学测量有很大的影响，特别是在恒电势极化实验中，电解池可以起到运算放大器回馈电路的作用。因此，在三电极体系中，必须合理设计和安装电解池。简单的 H 型电解池如图 12-6 所示。

在设计电解池时，应当遵守以下规则：

① 电解池应具有合适的容积。在电化学测量过程中，电解池容积太小会导致溶液组成明显变化，从而影响测量的稳定性；而电解池容积太大，一方面会造成不必要的浪费，另一方面不利于操作，不方便电解池各部分的排布和安装。一般来说，电解池容积可以按照工作电极的面积大致估计，当研究电极面积为 $1cm^2$ 时，使用 50mL 的电解液。但是仍需要视具体情况具体设计，对于要求反应时间短的电分析实验，该比例应该尽可能大一些；反之，对于要求电解液浓度基本不变的实验，该比例应在条件允许的情况下尽可能小一些。

② 电解池内电流密度应分布均匀。为了保证电流密度分布均匀，必须对工作电极、辅助电极和参比电极进行合理的选取和排布。通常对于平面状的工作电极，应尽可能选取平面的辅助电极，且保持两电极平行排列。当工作电极两面均导电时，应该在其两侧各放一个辅助电极。若工作电极为棒状或丝状，则应尽量选取圆筒形的辅助电极，且将工作电极置于辅助电极的几何中心。此外，两电极之间也应保持适当的距离，距离过大则会导致两电极之间阻抗增大，影响电流的输出，同时体系中热效应更为明显；两电极距离过小则电流密度分布均匀性下降，相互干扰严重，不利于测量的稳定。因此工作电极和辅助电极间的距离应该在合理的范围内尽量小一些。

③ 工作电极和辅助电极尽量分开成两个腔室，同时保证两电极面积大小适中。一般在工作电极和辅助电极间用隔膜或者多孔玻璃塞隔开，以避免辅助电极的干扰。需要合理控制两电极的面积则是由于在相同的电流密度下，体系的电流随着电极面积的增大而增大，这将影响仪器的输出功率，同时对测量的量程和精度也有影响。此外，辅助电极面积一般要明显大于工作电极面积，以减少辅助电极表面的产物对工作电极的影响。

④ 在多数电化学测量过程中，常需要对体系进行惰性气体保护，因此必要时还需要在电解池上设计气体的进出口及预润湿装置，保证惰性气体保护的同时，电解液组成的稳定。此外，在保证电解池技术参数合理的情况下，电解池的整体结构应当简单，易操作。为了方便电解池的清洗，在保证电解池密封良好的情况下，可以考虑设计具有可拆卸结构的电解池。

12.2 电极动力学过程参数的研究方法

电极反应过程不是一个简单的动力学过程，而是非常复杂的过程。分析复杂电极过程的前提是明确各个过程以及各过程彼此间的联系。对于复杂电化学过程的分析主要分为三步，即实验条件的调节、实验结果的测量与记录、数据分析与结果讨论。因而，需要在合理调控实验条件的基础上，运用适宜的电化学测量技术测试并记录电化学反应过程中电势、电流等关键数据的变化，随后通过数据分析确定电极反应过程中的热力学参数和动力学参数等。

12.2.1 稳态和暂态

电化学稳态是指在一定的时间范围内，电化学测量参数（电势、电流、离子浓度和电极界面等）保持不变或者变化甚微的状态。电化学稳态与平衡态差别较大，可以说平衡态是稳态的一个特例。以 Fe/Fe^{2+} 电极为例，当电极达到平衡态时，存在两个正逆反应速率相同的化学反应 $Fe \longrightarrow Fe^{2+} + 2e^-$ 和 $Fe^{2+} + 2e^- \longrightarrow Fe$。在平衡态下，没有净电流产生；而稳态下，正逆反应可以存在一个稳定的速率差，表现出稳定的阳极电流，阳极不断溶解，但体系的传质速率等于阳极溶解速率。

需要注意的是，绝对的稳态过程是不存在的，电化学测量体系是否达到稳态的判定标准也是相对的。体系到达稳态之前的状态都称之为暂态，稳态和暂态的划分，一般是以测试参量的变化情况为参照，通常将参量不发生显著变化时的状态称为稳态。然而不发生显著变化的时间长短和允许参数动态变化的范围均因人而异。总的来说，当电极电势和体系内电流进入稳定状态或者变化速率稳定在某一定值范围内的系统都可以当作稳态系统处理。

对于一个稳态系统，如果突然改变该系统中某一个过程参数，则稳态体系将转变至暂态，且各个反应过程参数将随之改变，直至到达下一个稳态。当体系处于暂态时，其各基本步骤均处于暂态，包括电化学反应、双电层过程、传质、离子迁移等过程；同时一些特征参数如电极电势、电流密度、溶液浓度等均会随时间不断变化。相比于稳态，暂态的电极反应过程增加了时间变量，因此也能提供更为丰富的动力学信息。

暂态电流是暂态的一个重要特征。暂态电流可以分为两部分：一是由法拉第过程引起的法拉第电流（i_F），主要来自电极表面的电荷传递过程，同时也存在于稳态过程；另一部分是非法拉第电流（i_{nF}），主要来自电极表面双电层电荷的改变，不存在于稳态过程。暂态过程中双电层电荷的改变满足

$$i_{nF} = \frac{dQ}{dt} = \frac{d(C_{dl}\varphi)}{dt} = C_{dl}\frac{d\varphi}{dt} + \varphi\frac{dC_{dl}}{dt} \tag{12-12}$$

式中，C_{dl} 是双电层电容；φ 是零电荷时的电极电势。式（12-12）中，右边第一项 $C_{dl}\frac{d\varphi}{dt}$ 为与电极电势相关的双电层电流；右边第二项 $\varphi\frac{dC_{dl}}{dt}$ 为与双电层电容相关的双电层电流。当无明显离子吸脱附现象出现时，右边第二项可忽略不计，此时式（12-12）可以简化为

$$i_{nF}=C_{dl}\frac{d\varphi}{dt} \tag{12-13}$$

据此，可以根据非法拉第电流的变化测定双电层电容值。当存在明显的离子吸脱附现象时，右边第二项值将很大，则利用式（12-12）可以研究分析离子在电极表面的吸脱附行为。

12.2.2 暂态测量技术

暂态测量技术是指对处于暂态的电化学反应体系进行测量的技术。暂态的来源可以是电化学反应过程本身，也可以是外加信号，本节阐述的暂态测量技术单指外加信号所致的暂态系统的测量技术。因此，根据外加信号种类的差异，可以将暂态测量技术分为三类，即控制电流、控制电势和控制电量。测量过程中他们的响应信号分别为电流、电势和电量，分别称为暂态电流测量、暂态电势测量和暂态电量测量。

此外，外加信号又可以分为：周期扰动（阶跃扰动）的，如电势阶跃和电流阶跃；持续扰动的，如电势扫描和方波电流等。在阶跃扰动过程中，控制体系中电势或电流突然变为一个不相同的值，随后保持该值不变，电信号作用后体系会向稳态逐渐转变；在持续扰动过程中，所加电信号不断变化，导致在整个电化学测量过程中，体系一直保持在暂态而无法转变为稳态。

暂态测量技术按照电化学行为的差异又可以分为电化学控制体系、扩散控制体系和混合控制体系的测量。电化学控制体系的测量主要针对特定电化学反应，所测数据也体现该反应的动力学信息，分析数据时主要采用等效电路法；扩散控制体系的测量主要针对反应前后原料和产物的扩散状态，所测数据也体现他们的扩散信息，主要通过解扩散方程来分析测试结果。本节简单介绍等效电路法的基本原理。

等效电路法是将电工学中处理数据的方法和思想引入暂态数据分析过程。由于测量过程中，外界施加的均为电信号，因此可以将电化学反应体系假想成一个电路，体系对电信号的响应与电路对电信号的响应过程类似，该构建的电路称为被测体系的等效电路，等效电路中的元件被称为等效元件。

通常一个电极系统应等效为多个元件组成的等效电路；简单电极过程中互相关联的子过程可对应等效元件之间的串联和并联。特别的，如果在一个电极上同时进行多个阴极和阳极反应，且两者总电流相等，则两个总反应之间的关系被称为耦合，这类情况比较复杂，通常需要采用其他等效电路对该过程进行拆分，分别分析各个子过程的信息。

以简单电极反应过程为例，测量体系的内阻可以等效为一个电阻 R_S，该部分电阻来自溶液和导线，数值上符合欧姆定律。由于暂态电流分为两部分，分别是由双电层中电荷变化和电化学反应变化引起的，因此这两部分可以分别使用电容器和一个或者并联的多个电阻（分别对应单一的电化学反应和多个并行的电化学反应）来描述。当体系中仅有一个电化学反应时，其等效电路模型如图 12-7 所示。

如图 12-7 所示，该电化学反应的等效电阻称为电化学反应电阻。由于其本质是电荷在电极和溶液界面处的转移，因此该电阻又被称为电荷转移电阻（记作 R_{ct}）。以单位面积电极计算，其量纲为 $\Omega\cdot cm^2$，可表示为

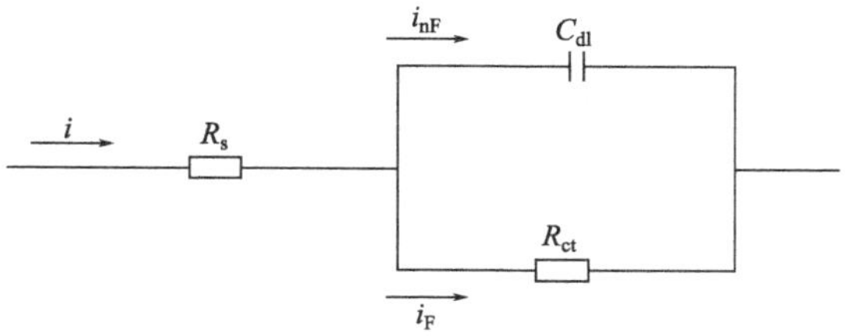

图 12-7　仅含一个电化学反应电极过程的等效电路图

$$R_{ct}=\frac{dE_e}{di_F} \tag{12-14}$$

式中，E_e 为除去溶液内阻所致电势降后施加在化学反应界面处的电势差；i_F 为法拉第电流。在强极化区域有 $E_e \propto \lg i_F$，此时阴极极化区 R_{ct} 可表示为

$$R_{ct}=\frac{RT}{\alpha nF}\times\frac{1}{i_F} \tag{12-15}$$

阳极极化区 R_{ct} 可表示为

$$R_{ct}=\frac{RT}{\beta nF}\times\frac{1}{i_F} \tag{12-16}$$

在弱极化区域，则有 $E_e \propto i_F$，此时 R_{ct} 为常数。需要注意的是，可以看出 R_{ct} 与反应的速率常数成反比，即可以用来反映电化学反应的难易程度，但此时 R_{ct} 只是等效出来的电阻，并不符合欧姆定律。

12.2.3 控制电流的暂态测量技术

控制电流的暂态测量技术，是通过对系统输入可控的电流信号，测量并记录电极参数（主要是电势）随时间的变化。依照输入电流信号的种类可以分为直流控制和交流控制的暂态测量技术。如图 12-8 所示，常见的直流控制的暂态测量技术可以分为恒电流阶跃和阶梯电流阶跃技术，他们的主要差别是电化学体系初始状态的差异。恒电流阶跃技术针对处于开路状态的电化学体系，测量开路体系在施加电流后电势随时间的变化，也通常被称为计时电势法；阶梯电流技术则是改变处于恒电流极化状态体系的输入信号，测量该体系电势随时间的变化。

常见的交流控制的暂态测量技术使用的信号为方波和正弦波，输入信号如图 12-9 所示。

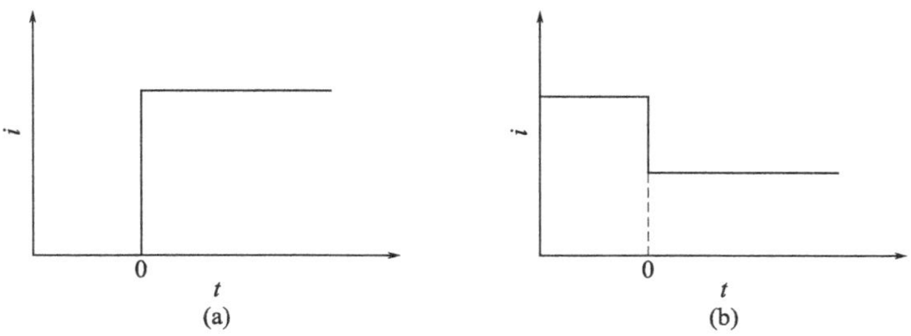

图 12-8　恒电流阶跃（a）和阶梯电流阶跃（b）控制暂态测量技术

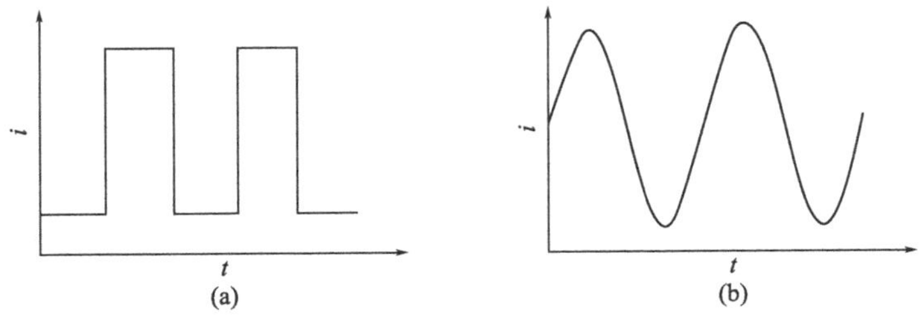

图 12-9　方波（a）和正弦波（b）交流电流控制暂态测量技术

12.2.3.1　电化学控制下的恒电流阶跃法

本节讨论电化学控制下恒电流阶跃暂态响应的规律。根据图 12-7 对仅有一个电化学反应的电极系统的等效分析，通过电极的电流可以分为法拉第电流（i_F）和非法拉第电流（i_{nF}）两个部分，且有

$$i=i_F+i_{nF} \tag{12-17}$$

假设电势响应为 ΔE，且 C_{dl} 为一确定值，则有

$$i=\frac{\Delta E-iR_S}{R_{ct}}+C_{dl}\frac{d(\Delta E-iR_S)}{dt} \tag{12-18}$$

起始时 $t=0$，此时双电层两侧无电势差。电势响应来源仅为内阻 R_S，则有一自然边界条件

$$\Delta E|_{t=0}=iR_S \tag{12-19}$$

根据 $t=0$ 时的 ΔE 值可以计算出内阻 R_S，再根据式（12-18）和式（12-19）可以得出

$$\Delta E=iR_S+iR_{ct}(1-e^{-\frac{t}{R_{ct}C_{dl}}}) \tag{12-20}$$

式中，$R_{ct}C_{dl}$ 的量纲为 s，因此也被称为恒电流阶跃的时间常数，可记为 τ_i。进一步地，$t=0$ 时，有

$$\frac{d\Delta E}{dt}|_{t=0}=\frac{i}{C_{dl}} \tag{12-21}$$

与此同时，由于 $i_F=0$，可以根据此时的 ΔE-t 曲线斜率计算电容器的电容 C_{dl}，随着时间的延长，ΔE 将达到一个平衡状态有

$$\Delta E|_{t=\infty}=i(R_S+R_{ct}) \tag{12-22}$$

平衡时有 $i_{nF}=0$，结合式（12-19）计算的 R_S 来计算电荷转移电阻 R_{ct}。

需要注意的是，上述对恒电流阶跃暂态响应过程中各参数计算的方法忽略了许多实际测量因素，是一种理想的状态。在实际测量过程中，测量仪器需要一定的响应时间，因此难以准确测量 $t=0$ 时的 ΔE 和$\frac{d\Delta E}{dt}$等，将导致计算的 R_S 和 C_{dl} 不够准确。同时，对于一些时间常数较大的电化学体系，双电层充电电流降至零需要很长一段时间，体系内部的浓差极化也将更为明显。对于更为实际的情况，可通过多个位置取点，利用最小二乘法拟合出实际的电化学过程参数 R_S、R_{ct} 和 C_{dl} 等。

12.2.3.2 电化学控制下的对称方波电流法

对称方波是指正负部分电流信号在幅值、时间上均相等的一类信号［图 12-10（a）］，其在电化学控制下的电势响应结果如图 12-10（b）所示。根据电化学控制下的恒电流阶跃分析可以得出

$$R_S=\frac{|\Delta E_B-\Delta E_A|}{2i} \tag{12-23}$$

同时有

$$C_{dl}=\frac{2i}{\left|\frac{d\Delta E}{dt}\Big|_B\right|} \tag{12-24}$$

当电容达到稳态时，有

$$R_{ct}=\frac{|\Delta E_C-\Delta E_B|}{2i} \tag{12-25}$$

此时需要根据不同的测量目的，选择适合的方波频率。

对 R_S 的测量应保证足够高的频率，方波的周期小于时间常数 τ_i，电势仪表现出对 R_S 的响应。图 12-10（b）退化为幅值为 iR_S 的同频方波。

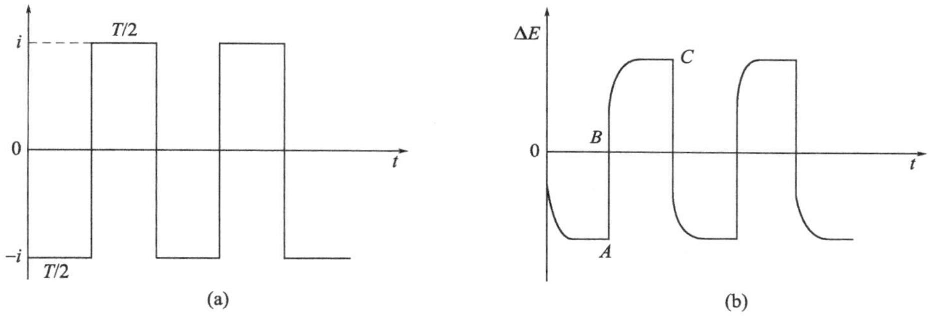

图 12-10　对称方波信号（a）及电化学控制下的电势响应（b）

对 R_{ct} 的测量应保证足够长时间的稳定，因此频率应该尽可能小，一般需要满足 $\frac{T}{2}\geqslant 5\tau_i$。但是频率过小则容易导致浓差极化明显，因此需要一定的测试频率范围。

对 C_{dl} 的测量应尽量使图 12-10（b）中 BC 段为直线，这时应通过选取合适的溶液和方波电流，避免电化学反应的发生。

12.2.4 控制电势的暂态测量技术

控制电势的暂态测量技术，是通过对系统输入可控的电势信号，测量并记录电极参数（主要是电流）随时间的变化。依照输入电势信号的种类也可以分为直流控制和交流控制的暂态测量技术，常见的直流控制的暂态测量技术的电信号如图 12-11 所示。与控制电流的暂态测量技术相似，控制电势的暂态测量技术也包含恒电势阶跃和阶梯电势阶跃技术。不同的是，常用的控制电势的暂态测量技术还包括线性扫描技术，其对电化学体系施加的电势信号是随时间线性变化。

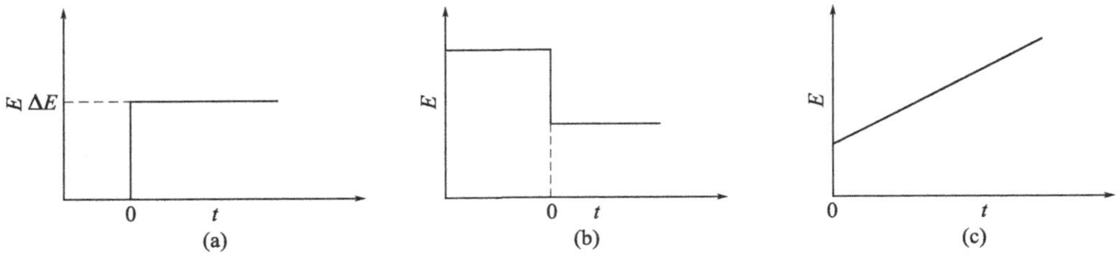

图 12-11　控制电势的暂态测量技术直流信号恒电位阶跃（a）和阶梯电位阶跃（b）及线性电位扫描（c）

此外，控制电流的暂态测量技术主要记录的是电极电势随着时间的变化，而在控制电位的暂态测量技术中，测量对象除了电极电势随时间的变化外，还有电极电势随电极电势的变化。因此，除了恒电势阶跃技术、阶梯电势阶跃技术及方波电势法外，控制电势的暂态测量技术还包括分析电流随电势变化的伏安法。

与控制电流的暂态测量技术类似，常见的控制电势暂态测量技术使用的交流信号为方波、正弦波和三角波等，输入信号如图 12-12 所示。

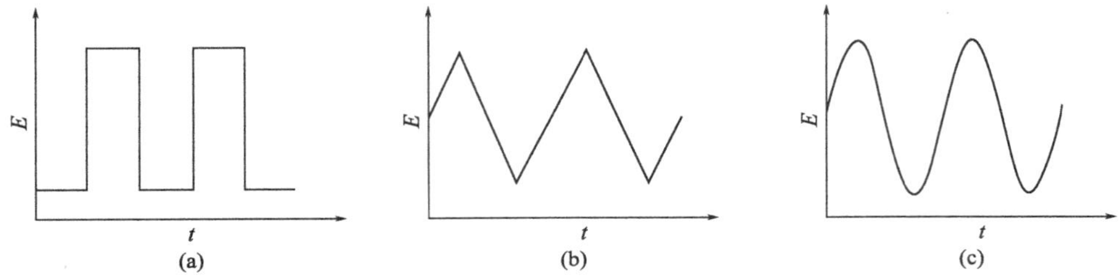

图 12-12　控制电势的暂态测量技术交流信号方波（a）和三角波（b）及正弦波（c）

12.2.4.1　电化学控制下的恒电势阶跃法

与电化学控制下的恒电流阶跃法类似，当电化学体系的阶跃电势较小且时间较短时，电极表面反应物及产物的浓度变化可忽略，这时体系电极过程主要受电化学控制。考虑电化学控制的电极反应体系，其阶跃电势通常可以分为溶液欧姆电压降和界面电势差，在体系中的电流则分别对应法拉第电流和非法拉第电流。因此有

$$\Delta E = iR_S + (i - i_{nF})R_{ct} \tag{12-26}$$

同时有

$$i_{nF} = C_{dl}\frac{d(\Delta E - iR_S)}{dt} = -R_S C_{dl}\frac{di}{dt} \tag{12-27}$$

根据式（12-26）和式（12-27）可得

$$\Delta E = i(R_S + R_{ct}) + R_S R_{ct} C_{dl}\frac{di}{dt} \tag{12-28}$$

初始时，还未形成界面双电层，因此阶跃电势全部作用于溶液内阻上，存在一个自然边界条件

$$i|_{t=0} = \frac{\Delta E}{R_S} \tag{12-29}$$

因此，可以根据溶液初始的瞬间电流，计算出体系的溶液内阻 R_S，将其代入式（12-28）可得

$$i=\frac{\Delta E}{R_S+R_{ct}}\left[1+\frac{R_{ct}}{R_S}e^{-\frac{(R_S+R_{ct})t}{R_S R_{ct} C_{dl}}}\right] \tag{12-30}$$

该方程的曲线如图 12-13 所示。

从图 12-13 中可知，当反应时间足够长时有

$$i|_{t=\infty}=\frac{\Delta E}{R_S+R_{ct}} \tag{12-31}$$

此时体系处于稳态，结合式（12-29）可以计算出 R_{ct} 值，并且通过体系的非法拉第电流可以表示为 $i-i|_{t=\infty}$，由此计算的双电层电量为 $\int_0^{\infty}(i-i|_{t=\infty})dt$，该部分积分值对应于图 12-13 中的阴影面积。由于施加的阶跃电势恒定，则

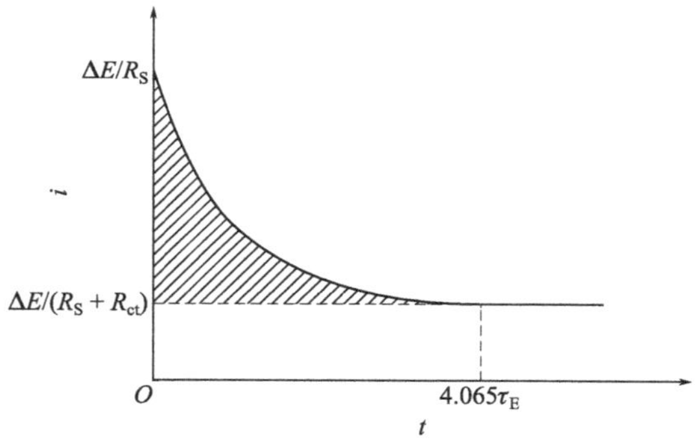

图 12-13 电化学控制下的恒电势阶跃法电流响应曲线

$$C_{dl}=\frac{\int_0^{\infty}(i-i|_{t=\infty})dt}{\Delta E} \tag{12-32}$$

根据式（12-32）即可计算出双电层电容 C_{dl} 的值。

式（12-31）和式（12-32）对 R_{ct} 和 C_{dl} 的计算均涉及了对电极稳态过程的判断，即如何判断电极过程是否达到稳态。除直接观测电流不随时间变化外，根据式（12-30），在达到稳态时，选取合适的 $i|_{t=\infty}$ 点，并以 $\ln(i-i|_{t=\infty})$ 对 t 作图，应该得到一条斜率为 $-\frac{1}{\tau_E}$，截距为 $\ln\frac{R_{ct}}{R_S}+\ln(i|_{t=\infty})$ 的直线，其中 $\tau_E=\frac{R_S R_{ct} C_{dl}}{R_S+R_{ct}}$。若选择的 $i|_{t=\infty}$ 点超过实际值，则曲线向下弯曲；反之，曲线将向上弯曲。进一步地，通过计算机对式（12-30）进行拟合，可以很方便地计算出 R_S、R_{ct} 和 C_{dl} 等参数。

12.2.4.2 电化学控制下的对称方波电位法

在恒电势阶跃的基础上，控制外加电势信号 E 在持续施加时间为 $T/2$ 后，将其更换为 $-E$，并施加相同的时间，以此为周期的电势信号被称为对称方波电势信号，如图 12-14（a）所示。

在对称方波电势信号的作用下，电化学控制下的电流响应结果如图 12-14（b）所示。根据式（12-30）可以计算出溶液内阻

$$R_S=\frac{2E}{|i_B-i_A|} \tag{12-33}$$

假设图 12-14（b）中，点 C 和点 A 分别为电化学反应达到稳态的点，则

$$R_{ct}=\frac{2E}{|i_C-i_A|}-R_S \tag{12-34}$$

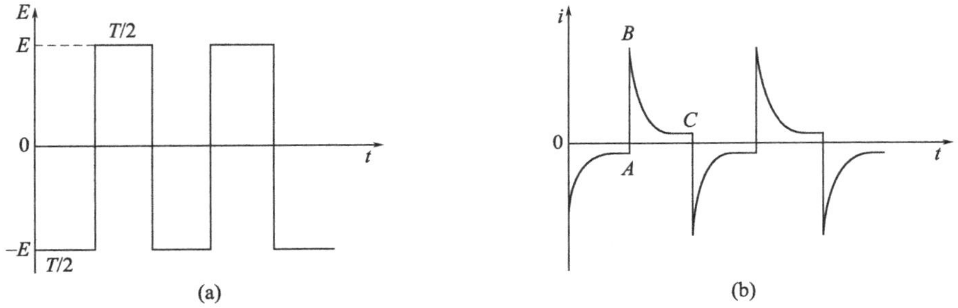

图 12-14 对称方波电位信号（a）与电化学控制下的电流响应（b）

$$C_{dl}=\frac{1}{2E}\left(\int_{B}^{C} i\,\mathrm{d}t-\frac{i_C T}{2}\right) \tag{12-35}$$

式（12-34）和式（12-35）成立的条件是电化学测量过程中方波频率适宜。为避免浓差极化对体系的影响，频率不能太低，并且频率 f 应满足 $f \leqslant \frac{R_S+R_{ct}}{10R_S R_{ct} C_{dl}}$。

12.3 线性电势扫描与循环伏安技术

12.3.1 线性电势扫描技术

线性扫描伏安法（LSV）是通过控制电极电势按恒定速度线性变化，即保证 $E=E_0+vt$，其中 v 是扫描速率，在扫描过程中保持不变，同时记录体系的响应电流的方法。通常采用 LSV 测试方法可以在短时间内观测到宽电势范围内电极反应过程，其测试结果与稳态的电势-电流曲线完全不同。分析 LSV 曲线，可以推算出峰值电势、峰值电流和扫速、反应物浓度及反应动力学参数等一系列特征关系，可以获得电极过程中丰富的电化学信息。

通常，在线性扫描伏安测试过程中，响应电流也可分为法拉第电流（i_F）和非法拉第电流（i_{nF}）。在没有电极反应的扫描区间，测得的电流主要是和双电层相关的非法拉第电流，由于电极电势在持续变化，因此非法拉第电流是一直存在的。随着电极电势的改变，电化学反应逐渐发生，法拉第电流增大，导致体系内电流明显增大。电化学反应发生的同时，电极表面反应物的浓度不可避免地降低，因此法拉第电流不会持续增大而是表现出一个峰值。在峰值之前，电极过电势的变化是引起电流变化的主要原因；在峰值之后，电极表面反应物的流量变化是后续电流变化的主要原因。在整个过程中，电化学反应的反应物、产物、动力学特性及电势扫描速率等都对曲线的峰值、峰位和峰形有重要影响。

对于向负方向扫描的测量过程，有 $E=E_0-vt$，那么线性扫描伏安法测量的电流变化规律和出峰行为按电化学反应的不同可以分为三类。

对于平面电极的一维扩散，由扩散引起的反应物流量一般记为 $-D_O\frac{\partial c_O(x,t)}{\partial x}$，那么所对应的扩散电流密度为

$$i=nFD_O\left[\frac{\partial c_O(x,t)}{\partial x}\right]\Big|_{x=0} \tag{12-36}$$

式中，c_O 和 D_O 分别为反应物的浓度和反应物扩散系数。为了得到相应扩散过程中反应物浓度表达式，需要对 Fick 第二定律求解

$$\frac{\partial c_O(x,t)}{\partial t}=D_O\frac{\partial^2 c_O(x,t)}{\partial x^2} \tag{12-37}$$

为了求解该公式，需要明确其初始条件和边界条件，考虑极化瞬间有初始条件

$$c_O(x,0)=C_O^B \tag{12-38}$$

式中，C_O^B 为溶液中反应物浓度。当液相体积足够大时有边界条件

$$c_O(\infty,t)=C_O^B \tag{12-39}$$

除此之外，还需要另一个边界条件。对于扩散控制过程，考虑在恒电流阶跃时，极化电流保持不变，忽略双电层充电时有

$$\left.\frac{\partial c_O(x,t)}{\partial x}\right|_{x=0}=\frac{i}{nFD_O} \tag{12-40}$$

该式可以作为边界条件用于对 Fick 方程进行求解。

(1) 对于可逆反应，$O+ne^-\rightleftharpoons R$

在该条件下，反应物和产物在反应过程中均不在电极表面累积，即电极表面产物和反应物总流量为 0，有

$$D_O\left.\frac{\partial c_O(x,t)}{\partial x}\right|_{x=0}+D_R\left.\frac{\partial c_R(x,t)}{\partial x}\right|_{x=0}=0 \tag{12-41}$$

式中，c_O 和 c_R 分别为反应物和产物的浓度；D_O 和 D_R 则分别为反应物和产物的扩散系数。

根据能斯特方程有

$$\frac{C_O(0,t)}{C_R(0,t)}=e^{\frac{nF(E_0-vt-E_平)}{RT}} \tag{12-42}$$

结合式 (12-40)、式 (12-41) 和式 (12-42) 可计算得

$$i=nFC_O^B(\pi D_O a)^{\frac{1}{2}}\chi(at) \tag{12-43}$$

式中，$a\equiv\frac{nFv}{RT}$，而函数 $\pi^{\frac{1}{2}}\chi(at)$ 存在极大值 0.4463，对应电流峰值，因而峰值电流可以表示为

$$i_p=0.4463nFC_O^B\left(\frac{nFD_O v}{RT}\right)^{\frac{1}{2}} \tag{12-44}$$

在 25℃下，式 (12-44) 又可写为

$$i_p=(2.69\times10^5)n^{\frac{3}{2}}D_O^{\frac{1}{2}}v^{\frac{1}{2}}C_O^B \tag{12-45}$$

因此，在可逆反应的线性电势扫描曲线中，峰值电流和反应物浓度成正比，可以据此计算反应物的浓度，同时还可估算反应电子数 n。

峰值电流下的电势 E_p 为

$$E_p=E_{\frac{1}{2}}-1.109\frac{RT}{nF} \tag{12-46}$$

式中，E_p 与扫速无关，可以用以判断电化学反应的可逆性。

(2) 对于不可逆反应，$O+ne^- \longrightarrow R$

通过与可逆反应类似的计算方法，可以解出不可逆反应条件下电流表达式为

$$i=nFC_O^B(\pi D_O b)^{\frac{1}{2}}\chi(bt) \tag{12-47}$$

式中，$b\equiv\dfrac{\alpha nFv}{RT}$，$\alpha$ 为电子交换系数。

根据式（12-43）和式（12-47）可以看出，两种反应状态下，峰值电流的表达式相同，只是参数 a 换成了参数 b。与 $\pi^{\frac{1}{2}}\chi(at)$ 不同的是，$\pi^{\frac{1}{2}}\chi(bt)$ 极大值为 0.4958，因此不可逆条件下恒电势扫描的峰值电流为

$$i_p=0.4958nFC_O^B\left(\frac{\alpha nFD_O v}{RT}\right)^{\frac{1}{2}} \tag{12-48}$$

进一步可表示为

$$i_p=(2.99\times10^5)n^{\frac{3}{2}}\alpha^{\frac{1}{2}}D_O^{\frac{1}{2}}v^{\frac{1}{2}}C_O^B \tag{12-49}$$

因此，类似于可逆反应，不可逆反应的线性电势扫描测试的峰值电流与反应物浓度和 $v^{\frac{1}{2}}$ 成正比，且在固定参数已知的情况下，根据 i_p 和 $v^{\frac{1}{2}}$ 的线性关系，可以计算出 α。对于电子转移数相同的可逆反应与不可逆反应，不可逆反应的峰值电流一般相对较小，当 $\alpha=0.5$ 时，可逆反应的峰值电流为不可逆反应的 1.274 倍。不可逆反应体系中，与峰值电流对应的峰值电势可表示为

$$E_p=E_{平}-\frac{RT}{\alpha nF}\left[0.780+\frac{1}{2}\ln\left(\frac{\alpha D_O nFv}{RT}\right)-\ln k_S\right] \tag{12-50}$$

以半峰电位 $E_{\frac{p}{2}}$ 作为参考点，则有

$$|E_p-E_{\frac{p}{2}}|=1.857\frac{RT}{\alpha nF} \tag{12-51}$$

由式（12-51）可知，不可逆体系的峰值电势与 v 相关，这一点不同于可逆体系，且当电化学反应速率很慢时，线性电势扫描测得的电流曲线中将不出峰。根据式（12-48）和式（12-50）可知

$$i_p=0.227nFC_O^B k_S e^{-\frac{\alpha nF}{RT}(E_p-E_{平})} \tag{12-52}$$

通过建立 $E_p-E_{平}$ 和 $\ln i_p$ 之间的函数关系，可以获得一条斜率为 $-\dfrac{RT}{\alpha nF}$ 的直线，从而可推算出不可逆电化学体系的动力学参数 α 和 k_S。

(3) 对于准可逆反应，$O+ne^- \rightleftharpoons R$

在实际的电化学体系中，严格的不可逆反应和可逆反应体系较少，大部分的反应是介于两者之间的准可逆反应体系。准可逆反应体系的特点为，电极反应的可逆性随着扫描速率的改变而改变，扫速大时反应体系是不可逆的，扫速小时则反应体系有可能可逆。通常需要引入参数 Λ 来衡量反应的可逆性。Λ 的定义式为

$$\Lambda\equiv k_S\sqrt{\frac{RT}{D_O^{1-\alpha}D_R^{\alpha}Fv}} \tag{12-53}$$

当式中 D_O 和 D_R 相等时，有 $D_O=D_R=D$，此时 Λ 可表示为

$$\Lambda \equiv k_{\mathrm{S}}\sqrt{\frac{RT}{DFv}} \tag{12-54}$$

准可逆体系电流响应峰及其他参数决定于电化学体系的动力学参数 α 和参数 Λ，若反应的电子转移数相同，则其准可逆状态下的峰值电流、电势和半峰波电势的差均介于可逆情形和不可逆情形之间。通常认为，$\Lambda \geqslant \frac{15}{\sqrt{n}}$ 时，反应为可逆体系；$\Lambda \leqslant \frac{10^{-2(1+\alpha)}}{\sqrt{n}}$ 时，反应为不可逆体系；$\frac{15}{\sqrt{n}} \geqslant \Lambda \geqslant \frac{10^{-2(1+\alpha)}}{\sqrt{n}}$ 时，反应为准可逆体系。

根据式（12-54）可知，Λ 不仅取决于体系本身的性质，还与电势扫描速率相关，随着扫速的增大，Λ 值逐渐减小，体系从可逆转变为准可逆再到不可逆状态。其主要原因是，随着电势扫描速率的增大，液相传质和电荷转移速度差越来越明显，使电化学极化程度逐渐增大，电极反应体系从可逆转变为不可逆。

类似地，由扩散方程，可以求解出准可逆体系的电流方程为

$$i = nFC_{\mathrm{O}}^{\mathrm{B}}D_{\mathrm{O}}^{\frac{1}{2}}\left(\frac{nF}{RT}\right)^{\frac{1}{2}}\psi(\varphi,\alpha)v^{\frac{1}{2}} \tag{12-55}$$

式中

$$\psi(\varphi,\alpha) = \frac{\left(\frac{D_{\mathrm{O}}}{D_{\mathrm{R}}}\right)^{\frac{\alpha}{2}}k_{\mathrm{S}}}{\left[D_{\mathrm{O}}\pi v\left(\frac{nF}{RT}\right)\right]^{\frac{1}{2}}} \tag{12-56}$$

因而，峰值电流可近似表达为

$$i_{\mathrm{p}} = i_{\mathrm{pr}}K(\Lambda,\alpha) \tag{12-57}$$

式中，i_{pr} 为可逆反应对应的峰值电流，函数 $K(\Lambda,\alpha)$ 的示意图如图 12-15 所示。与可逆体系和不可逆体系不同的是，在准可逆体系中，i_{p} 与 $v^{\frac{1}{2}}$ 不再具有正比关系。

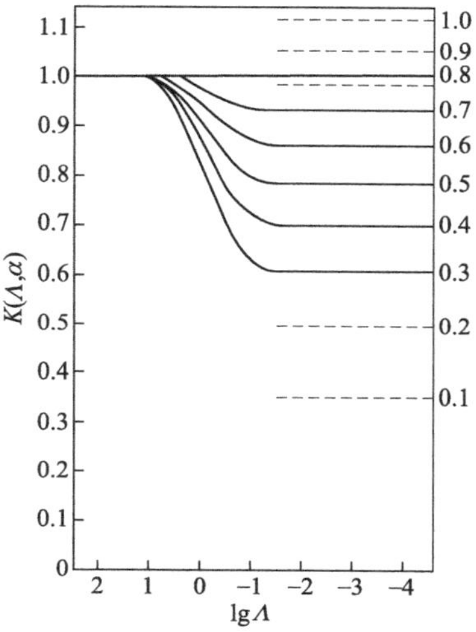

图 12-15　函数 $K(\Lambda,\alpha)$ 与 Λ 的关系示意图

12.3.2 循环伏安技术

循环伏安法是一类通过测量工作电极对三角波形电压信号的电流响应，来研究电极表面吸附或电极过程的电化学测量方法。通常，该过程中正电流被称为阳极电流；负电流被称为阴极电流。如图 12-16 所示，以电解质水溶液为例，电势扫描的上下限分别为 E_t^{a} 和 E_t^{c}，分别小于析氧和析氢反应的电势。在该电势区间内进行电势扫描，可以获得对 Pt、Au 等金属重现性较好的循环伏安曲线（CV）。但是通常循环伏安技术的重现性还与材料均匀性、电解液纯度和扫描速率等因素密切相关。

12.3.2.1 电解液对循环伏安曲线的影响

通常对于特定的金属，其循环伏安曲线的形状在不同电解液中差别不会很大。相比之下，金属电极的材质对循环伏安曲线有较大影响，主要是电极材质对扫描电势区间有一定影响。如图 12-17 所示，相比于铂电极，在同一电解液（0.5mol/L 硫酸）中，金电极在低电

势下的曲线区域明显小得多，表明在该区域内，金电极表面析氢反应不明显，意味着金电极体系可以在更宽的电势区间内进行研究。

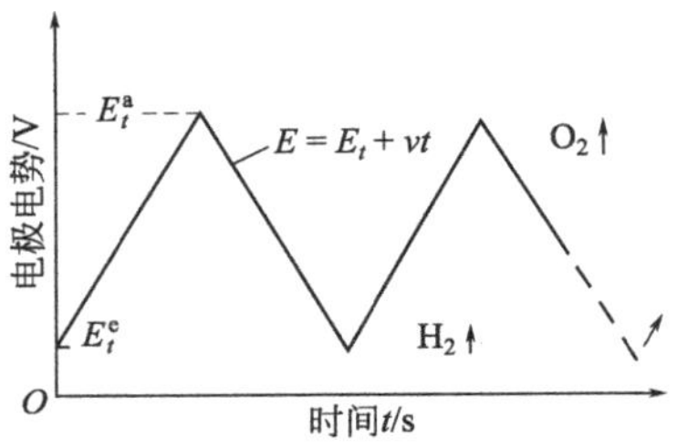

图 12-16　三角波形扫描电压及工作电极电势随时间变化曲线

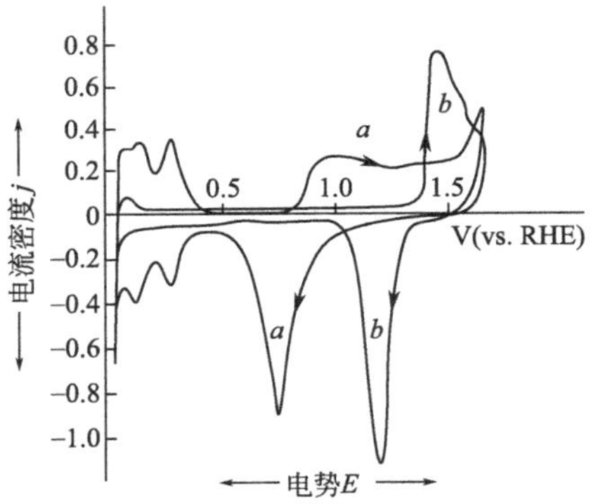

图 12-17　室温下铂（a）和金（b）在 0.5mol/L 硫酸中 100mV/s 下的 CV 曲线

循环伏安法还面临着电极溶解的问题，主要是在测试过程中，对电极和工作电极分别流过电量相同、方向相反的电流，容易导致对电极金属被氧化，并沉积在工作电极上，因此在研究金、铂等电极材料时，最好使工作电极和对电极材质相同。如果电解液中还存在电化学活性的物质，那么在线性电势扫描的过程中，电极表面吸脱附电流响应将与活性物质发生反应引起的电流信号叠加。同时，对于更为复杂的电化学过程，其复合的 CV 曲线也将更加复杂，在无搅拌的反应体系下，结果更为明显。值得注意的是，通常 CV 曲线对电极材料、电解质组成及电解液中活性物质的种类十分敏感，曲线上的多重峰也分别对应多个电化学反应过程。此外，由于单独分析 CV 曲线可获得的信号有限，通常可以通过 CV 和电化学微分质谱或者红外光谱等技术，进一步讨论 CV 曲线所反映的信息，以分析电化学反应过程。

12.3.2.2　循环伏安法

下面进一步分析循环伏安法测量过程中各参数的含义及计算方法，假设当溶液中存在电化学反应

$$R \rightleftharpoons O + ne^- \tag{12-58}$$

且初始时溶液中仅含有原料 R，在循环伏安测试从低电势开始向高电势正向扫描，将发生 $R \longrightarrow O + ne^-$，同时出现阳极氧化峰。当电势反向扫描时，则会观察到一个还原电流峰，对应还原反应 $O + ne^- \longrightarrow R$。电位扫描信号可以表示为

$$E(t) = E_i - vt \quad (0 \leqslant t \leqslant \lambda) \tag{12-59}$$

$$E(t) = E_i - v\lambda + v(t-\lambda) = E_i - 2v\lambda + vt \quad (t > \lambda) \tag{12-60}$$

式中，E_i 为初始电位；v 为扫描速率；λ 为转向时间。典型的循环伏安曲线如图 12-18 所示。

在 $t \leqslant \lambda$ 范围内，正扫的 CV 曲线规律与线性电势扫描相同；$t > \lambda$ 范围内，回扫的曲线与转向电位 E_λ 有关，主要原因是 E_λ 受峰值电位 E_p 的影响，存在一定的滞后。但是当到达峰值电势的时间与转向时间相差较大时，E_p 对 E_λ 的影响较小，此时回扫曲线受 E_λ 的影响

将可被忽略。一般而言，E_λ 应控制在 $E_p(100/n)$ 以上；对于可逆体系，E_λ 应至少大于 $E_p(35/n)$。

根据图 12-18，CV 曲线上两组重要的测试参数为：

① 阳极峰值电流 i_{pa} 和阴极峰值电流 i_{pc} 及其比值$\frac{i_{pa}}{i_{pc}}$；

② 阳极峰值电势 E_{pa} 和阴极峰值电势 E_{pc} 及其差值$|\Delta E_p|=|E_{pa}-E_{pc}|$。

由于回扫过程中 E_p 对 E_λ 不可忽略的影响，伏安曲线上对阳极峰值电流 i_{pa} 的测定不如对阴极峰值电流 i_{pc} 测定方便。这主要是基于初始溶液中只有反应物 R 的假设，阴极峰值电流 i_{pc} 可以以初始电流为基准测定。在回扫开始时的最初一段时间内，O 的还原反应还未开始，此时曲线为阴极电流的衰减曲线，因此 i_{pa} 的测定应以正扫过程衰减后的曲线为基准进行计算。如图 12-18 所示，对于不同的转向电势，回扫曲线各不相同，此时 i_{pa} 应按照各自的衰减曲线进行计算。在计算过程中，若难以确定 i_{pa} 的基准线，可以使用式（12-61）进行计算

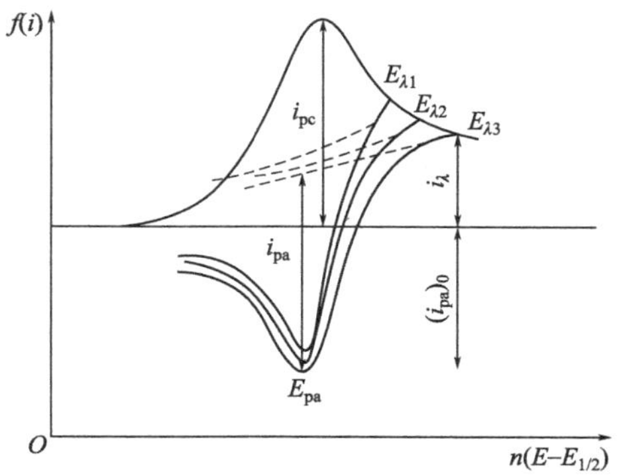

图 12-18　典型循环伏安曲线示意图

$$\left|\frac{i_{pa}}{i_{pc}}\right|=\left|\frac{(i_{pa})_0}{i_{pc}}\right|+\left|\frac{0.485i_\lambda}{i_{pc}}\right|+0.086 \tag{12-61}$$

式中，$(i_{pa})_0$ 为直接获取的阳极峰值电流值；i_λ 为转向电流。

可逆体系、准可逆体系、不可逆体系的循环伏安曲线参数具有以下特征

（1）可逆体系

a. $|i_{pa}|=|i_{pc}|$，并且与转向电势、扫描速率等参数无关。

b. $|\Delta E_p|=|E_{pa}-E_{pc}|\approx\frac{2.3RT}{nF}$，可逆体系中$|\Delta E_p|$基本上保持一致，且不随扫描速率变化而改变，这与线性电势扫描技术中可逆体系类似，峰值电势均不随扫速改变。

（2）准可逆体系

a. $|i_{pa}|\neq|i_{pc}|$，电流峰值与扫描速率相关。

b. $|\Delta E_p|=|E_{pa}-E_{pc}|>\frac{2.3RT}{nF}$，准可逆体系中的$|\Delta E_p|$要大于可逆体系，且随着扫描速率增大而增大，表现为扫速增大，阳极峰值电势 E_{pa} 向低电势移动，阴极峰值电势 E_{pc} 向高电势移动。此外$|\Delta E_p|$还可以用于判断体系的反应特征，通常$|\Delta E_p|$和$\frac{2.3RT}{nF}$的差距越大，反应体系的不可逆程度越大。

（3）不可逆体系

完全不可逆体系中，逆反应将十分迟缓，循环伏安曲线上甚至可能不出现反向扫描的电流峰。

12.4 电化学阻抗谱

电化学阻抗谱（EIS）是交流阻抗法的一种，是在给定的直流极化条件下，研究电化学体系的交流阻抗随频率变化的技术。电化学阻抗谱在测量过程中使用小幅正弦交流信号，主要测量相位差和体系的阻抗，可以用于分析体系扩散、双电层和动力学等过程。此外电化学阻抗谱对膜、固态电解质、电极/电解液界面等方向的研究也十分重要。

12.4.1 交流电路的基本性质

本节阐述交流电路的基本原理，以方便理解和分析由交流扰动引起的电化学响应。通常正弦交流电压可表示为

$$e=E\sin\omega t \tag{12-62}$$

式中，E 为电势最大值；ω 为正弦信号的角频率。

通常频率 f 和角频率 ω 的关系为

$$\omega=2\pi f \tag{12-63}$$

电流信号和电压信号通常为两个相关的正弦信号，两者具有相同的频率，可以表示为具有不同相位的独立正弦信号，则有

$$i=I\sin(\omega t+\phi) \tag{12-64}$$

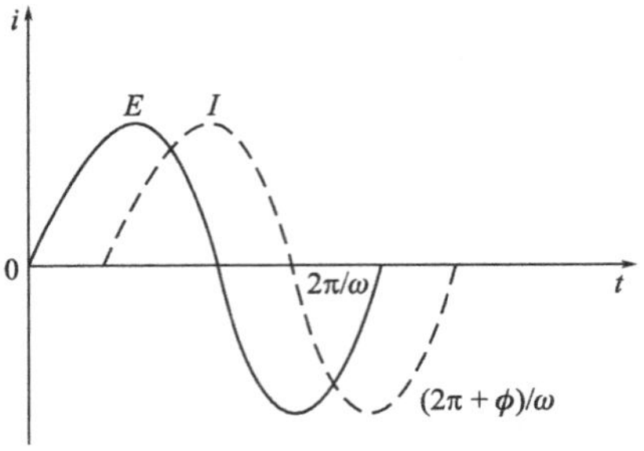

图 12-19　交流电压和电流信号示意图

式中，ϕ 为信号间的相位差。直观的，交流电流信号和电压信号的示意图如图 12-19 所示。

① 交流电路中的电阻。假如电路中仅存在一个纯电阻，且其阻值为 R，根据欧姆定律，电流和电压之间的关系为

$$i=\frac{E}{R}\sin\omega t \tag{12-65}$$

此时电流和电压信号无相位差，仅存在幅值上的差别。

② 交流电路中的电容。流过纯电容的电流可以表示为

$$i=C\frac{\mathrm{d}e}{\mathrm{d}t} \tag{12-66}$$

对式（12-66）积分，并将电压的表达式代入可得

$$i=\omega CE\sin\left(\omega t+\frac{\pi}{2}\right)=\frac{E}{X_c}\sin\left(\omega t+\frac{\pi}{2}\right) \tag{12-67}$$

式中，X_c 为容抗，单位为 Ω，$X_c=(\omega C)^{-1}$。可以看出，此时电流曲线超前于电压信号，且相角为 $\frac{\pi}{2}$。

③ 交流电路中电阻和电容的串联。假设电阻阻值和电容器电容分别为 R 和 C，两者串联电路的总压降为两元件电压降之和，即

$$E=E_R+E_C \tag{12-68}$$

电压降与电阻、容抗成正比。同时，电阻和容抗的矢量和即为阻抗，用 Z 表示。阻抗作为矢量可以用复数来表示，可以分为在横坐标上的实部分量（Z'）和在纵坐标上的虚部分量（Z''），因而阻抗可以表示为

$$Z=Z'-jZ'' \tag{12-69}$$

串联电路中有

$$Z'=R, Z''=X_c \tag{12-70}$$

也即

$$Z=R-jX_c(j=-1) \tag{12-71}$$

阻抗的模为

$$|Z|=(R^2+X_c^2)^{1/2} \tag{12-72}$$

由于串联电路中，电阻不随频率变化，而容抗随频率不断变化，因此电路的阻抗为垂直于实轴的一条直线，如图 12-20 所示。

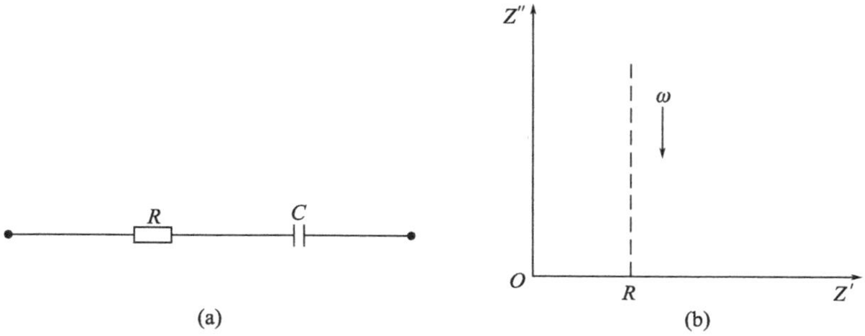

图 12-20　串联电路示意图（a）及其阻抗图（b）

④ 交流电路中电阻和电容的并联。并联电路中，电路总电流为流过电阻和电容的电流之和，分别记为 i_R 和 i_C，则有

$$i=i_R+i_C=\frac{E}{R}\sin\omega t+\frac{E}{X_c}\sin\left(\omega t+\frac{\pi}{2}\right) \tag{12-73}$$

此时，电流的模为

$$|i|=(i_R^2+i_C^2)^{1/2}=E\left(\frac{1}{R^2}+\frac{1}{X_c^2}\right)^{-1/2} \tag{12-74}$$

相角为

$$\tan\phi=\frac{i_C}{i_R}=\frac{1}{\omega RC} \tag{12-75}$$

因此，并联电路的电流是相角为$\frac{1}{\omega RC}$的一条斜线。

根据欧姆定律，并联电路阻抗的模为

$$|Z|=\left(\frac{1}{R^2}+\frac{1}{X_c^2}\right)^{-1/2} \tag{12-76}$$

进一步阻抗的表达式为

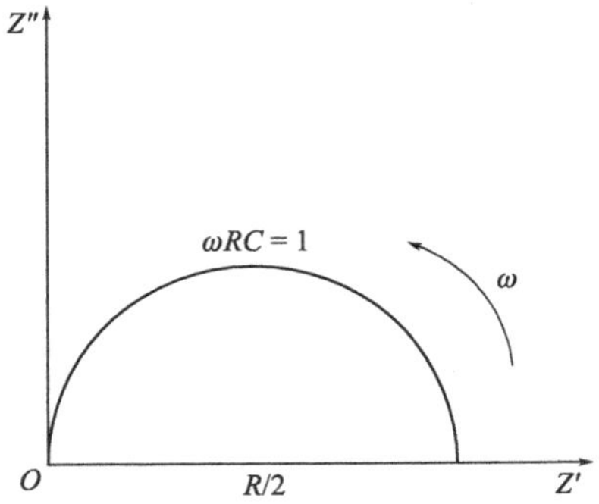

图 12-21　并联电路阻抗复平面示意图

$$\frac{1}{Z}=\frac{1}{R}+j\omega C \tag{12-77}$$

求阻抗的倒数，并分子、分母同乘以 $(1-j\omega RC)$ 可得

$$Z=\frac{R(1-j\omega RC)}{1+(\omega RC)^2} \tag{12-78}$$

根据式 (12-78) 可以拆分出阻抗的实部和虚部分别为

$$Z'=\frac{R}{1+(\omega RC)^2},\ Z''=\frac{R^2C}{1+(\omega RC)^2} \tag{12-79}$$

因此，并联电路阻抗复平面为一半圆，半径为 $R/2$，其示意图如图 12-21 所示。

12.4.2 法拉第阻抗及应用

电化学体系的交流阻抗通常由法拉第阻抗、双电层容抗和系统内阻构成，其中法拉第阻抗 Z_f 可表示为内阻 R_S 和与氧化还原反应相关的赝电容 C_{dl} 串联体系的阻抗，也等于电荷转移阻抗 R_{ct} 和物质传递阻抗 Z_W（Warburg 阻抗）的和。对应体系的示意图如图 12-22 所示。

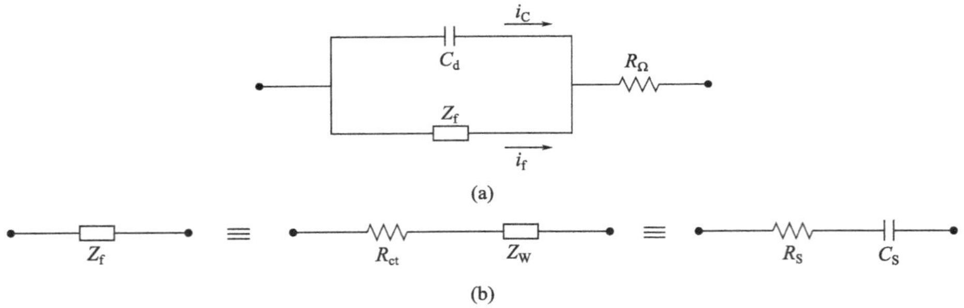

图 12-22　电化学体系的等效电路图 (a) 及法拉第阻抗 (b)

其中，物质传递阻抗 Z_W 的电阻项 $R_W=\sigma/\omega^{1/2}$，电容项 $C_W=C_S=1/\sigma\omega^{1/2}$。其中 σ 是与传质相关的参数，其表达式为

$$\sigma=\frac{1}{nFA\sqrt{2}}\left(\frac{\beta_O}{D_O^{1/2}}-\frac{\beta_R}{D_R^{1/2}}\right) \tag{12-80}$$

式中，β_O 和 β_R 均为与电极反应动力学性质相关的参数。

由于法拉第阻抗与 R_{ct}、β_O 和 β_R 等参数相关，为进一步找出这些参数与动力学参数的关系，可以从电流-过电势开始，对氧化电流进行 Taylor 级数展开并忽略高次项可得

$$-\frac{i}{i_0}=\frac{c_O(0,t)}{c_O^*}-\frac{c_R(0,t)}{c_R^*}-\frac{n\eta F}{RT} \tag{12-81}$$

式中，i_0 为交换电流；η 为氢过电势；c_O^* 和 c_R^* 分别为半无限扩散的起始条件，其中 $c_O^*=c_O(x,0)$，$c_R^*=c_R(x,0)$。

根据式（12-81）有

$$\eta=\frac{RT}{nF}\left[\frac{c_O(0,t)}{c_O^*}-\frac{c_R(0,t)}{c_R^*}+\frac{i}{i_0}\right] \tag{12-82}$$

因此有

$$R_{ct}=\frac{RT}{nFi_0}$$

$$\beta_O=\frac{RT}{nFc_O^*}$$

$$\beta_R=\frac{RT}{nFc_R^*} \tag{12-83}$$

据此可计算出 σ 的值。又因为

$$R_S=R_{ct}+\sigma/\omega^{1/2} \tag{12-84}$$

故将 $C_S=1/\sigma\omega^{1/2}$ 代入可得

$$R_S-\frac{1}{\omega C_S}=R_{ct}=\frac{RT}{nFi_0} \tag{12-85}$$

因此，在测得 R_S 和 C_S 的情况下，可以计算出交换电流和体系的反应速率常数。此外，由式（12-84）和 C_S 的表达式可知，R_S 和 $\frac{1}{\omega C_S}$ 均与 $\omega^{-1/2}$ 线性相关，其斜率都为 σ，由此作图可得法拉第阻抗频谱，如图 12-23 所示。

R_S 与 $\omega^{-1/2}$ 的相关曲线外推可得体系的电荷转移电阻 R_{ct}，可以用来计算 i_0。对于可逆体系，电荷转移快，且 $R_{ct}\to 0$，可得 $R_S\to\sigma/\omega^{1/2}$，此时法拉第阻抗仅含 Warburg 阻抗。

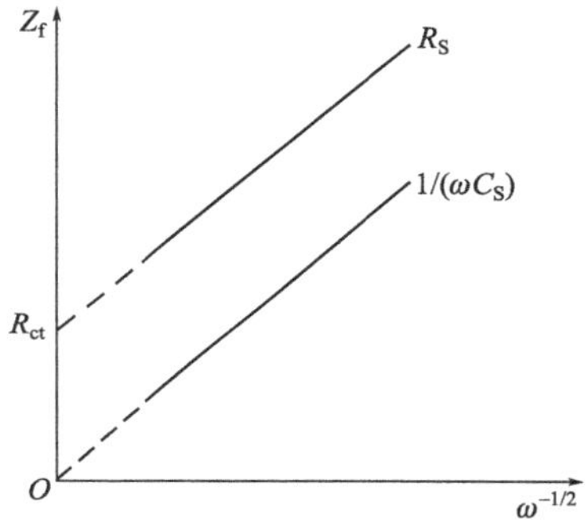

图 12-23 法拉第阻抗频谱

12.4.3 交流电化学阻抗谱

如前所述，交流电化学阻抗谱技术是研究电化学体系交流阻抗随频率变化规律的一门技术。常见的电化学阻抗谱图主要有阻抗复平面图（Nyquist 图）和 Bode 图。Nyquist 图是以阻抗实部为横坐标，虚部为纵坐标绘制的曲线。它的优点是将矢量的大小和方向都直观地表现出来，其缺点是不能清楚地表示参数与频率之间的关系。Bode 图主要以 $\lg|Z|$-$\lg\omega$ 或者 φ-$\lg\omega$ 曲线来表示体系阻抗的特征，这两条曲线分别称为 Bode 模图和 Bode 相图。

对于浓差极化和电化学极化同时存在的电化学体系，其阻抗（Z）主要分为三个部分，即体系内阻（R_L）、法拉第阻抗（Z_f）和双电层容抗（$j\omega C_d$）。

总的电化学阻抗可以表示为

$$Z=R_L+\frac{1}{\frac{1}{Z_f}+j\omega C_d}=R_L+\frac{Z_f}{1+j\omega C_d Z_f} \tag{12-86}$$

将 $Z_f=R_S-j\frac{1}{\omega C_w}$ 代入式（12-86）可得

$$Z=R_L+\frac{R_S-j\frac{1}{\omega C_w}}{(1+C_d/C_w)+j\omega C_d R_S} \tag{12-87}$$

进一步将式（12-87）右边第二项分子、分母同乘以 $(1+C_d/C_w)-j\omega C_d R_S$，代入 R_S 的表达式，并将 Z 的实部和虚部拆分可以最终得到

$$Z'=R_L+\frac{R_{ct}+\sigma\omega^{-1/2}}{(C_d\sigma\omega^{1/2}+1)^2+\omega^2C_d^2(R_{ct}+\sigma\omega^{-1/2})^2} \tag{12-88}$$

$$Z''=\frac{\omega C_d(R_{ct}+\sigma\omega^{-1/2})+\sigma\omega^{-1/2}(\omega^{1/2}C_d\sigma+1)}{(C_d\sigma\omega^{1/2}+1)^2+\omega^2C_d^2(R_{ct}+\sigma\omega^{-1/2})^2} \tag{12-89}$$

根据 Z' 和 Z'' 的表达式，在曲线的低频区，有 $\omega\to 0$，此时有

$$Z'=R_L+R_{ct}+\sigma\omega^{-1/2} \tag{12-90}$$

$$Z''=\sigma\omega^{-1/2}+2\sigma^2C_d \tag{12-91}$$

即

$$Z''=Z'-R_L-R_{ct}+2\sigma^2C_d \tag{12-92}$$

此时 Z' 和 Z'' 在图中呈一条直线，因此在低频区是一个与 Warburg 相关的扩散控制的过程。

当频率升高至高频区时，相对于 R_{ct}，Warburg 阻抗对电化学过程的影响可忽略，此时有

$$Z'=R_L+\frac{R_{ct}}{1+\omega^2C_d^2R_{ct}^2} \tag{12-93}$$

$$Z''=\frac{\omega C_dR_{ct}^2}{1+\omega^2C_d^2R_{ct}^2} \tag{12-94}$$

即

$$\left(Z'-R_L-\frac{R_{ct}}{2}\right)^2+Z''^2=\left(\frac{R_{ct}}{2}\right)^2 \tag{12-95}$$

因此 Z' 和 Z'' 在图中呈现出起始点为 R_L，半径为 $\frac{R_{ct}}{2}$ 的半圆，如图 12-24 所示。

对于 EIS 谱图的分析，目前常采用的依然是等效电路法。通过等效电路可以直观地建立电化学阻抗谱和电极动力学过程之间的联系，对于任意给定的体系，其 EIS 谱图由高频区、中频区和低频区组成，通常表现为中高频区的半圆和低频区的直线，如图 12-25 所示。

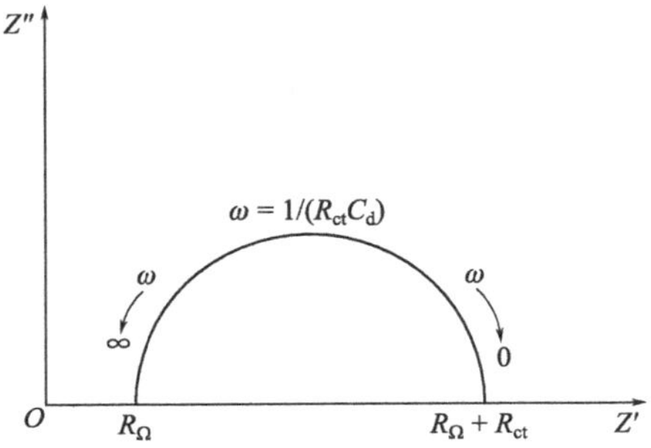

图 12-24　高频下电化学体系的阻抗图谱

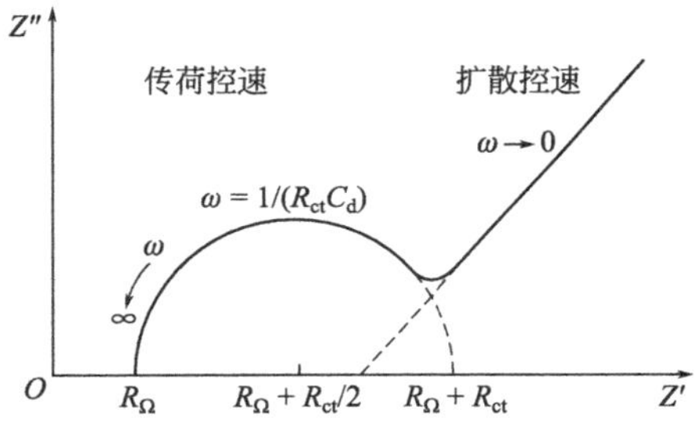

图 12-25　常见电化学体系的阻抗谱

【例题】

1. 请画出电阻和电容并联的交流阻抗电路图并分析电流矢量。

解：

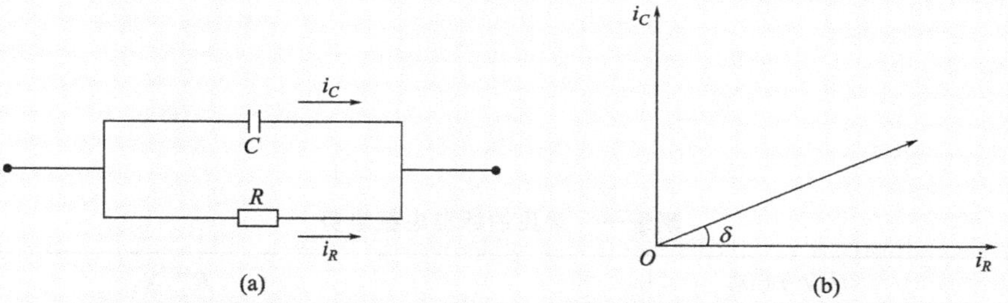

图 12-26 并联电路图（电容和电阻）(a) 和并联电路图的电流矢量分析图 (b)

2. 为了判断电化学反应条件的可逆性及反应机理，应该选用哪种测试方法？为什么？

解：循环伏安法。因为当用正向电压扫描时，循环伏安曲线上半部分中会出现还原峰；当反向电压扫描时，循环伏安曲线下半部分中会出现氧化峰。如果还原峰和氧化峰可近乎重合，则此反应具有可逆性。除此之外，分析循环伏安曲线的氧化还原峰，还能判断出反应电势，推断出氧化还原机理。

思考题

1. 为什么多孔电极的真实比表面积可用控电势暂态测量的方法进行测试？

2. 控电流暂态测量方法和控电势暂态测量方法有何不同？

3. 交流阻抗测量技术的特点有哪些？

习题

1. 请简述在电化学测量体系中，两电极和三电极体系的差别以及在测定极化曲线时，参比电极使用的目的及参比电极应满足的要求？列出三种常见的参比电极，并阐明相应电极的工作原理。

2. 请简述工作电极的基本要求，以金属电极为例，阐明影响工作电极测量的因素及如何避免工作电极造成的误差。

3. 试推导电化学控制下的恒电流阶跃暂态响应测试中，电荷转移电阻的表达式。

4. 影响控制电势暂态法实验的主要因素有哪些？如何选择实验条件？

5. 请简述电势扫描法的分类及主要作用。

6. 请简述循环伏安法的原理，测量过程中涉及的主要测量参数有哪些？如何判断电极是否可逆？循环伏安法有哪些实际应用？

7. 请绘出简单电化学系统的等效电路图，并简述各等效元件的含义，写出与该等效电路图相对应的系统总阻抗的表达式。

附　录

附录一　常见的标准电极电势

半反应方程式	$E^{\ominus}$/V
F_2(气)$+2H^+ +2e^- = 2HF$	3.06
$HNO_3+3H^+ +3e^- = NO$(气)$+2H_2O$	1.00
$O_3+2H^+ +2e^- = O_2+2H_2O$	2.07
$VO_2^+ +2H^+ +e^- = VO^{2+} +H_2O$	1.00
$S_2O_8^{2-} +2e^- = 2SO_4^{2-}$	2.01
$HIO+H^+ +2e^- = I^- +H_2O$	0.99
$H_2O_2+2H^+ +2e^- = 2H_2O$	1.77
$NO_3^- +3H^+ +2e^- = HNO_2+H_2O$	0.94
$MnO_4^- +4H^+ +3e^- = MnO_2+2H_2O$	1.695
$ClO^- +H_2O+2e^- = Cl^- +2OH^-$	0.89
$H_2O_2+2e^- = 2OH^-$	0.88
$Cu^{2+} +I^- +e^- = CuI$	0.86
$2HClO+2H^+ +2e^- = Cl_2+2H_2O$	1.64
$Hg^{2+} +2e^- = Hg$	0.845
$HClO+H^+ +e^- = 1/2Cl_2+H_2O$	1.61
$NO_3^- +2H^+ +e^- = NO_2+H_2O$	0.80
$Ce^{4+} +e^- = Ce^{3+}$	1.61
$Ag^+ +e^- = Ag$	0.80
$Cu^{2+} +e^- = Cu^-$	0.52
$Sn^{4+} +2e^- = Sn^{2+}$	0.15
$S+2H^+ +2e^- = H_2S$	0.14
$Hg_2Br_2+2e^- = 2Hg+2Br^-$	0.14
$TiO^{2+} +2H^+ +e^- = Ti^{3+} +H_2O$	0.10
$S_4O_6^{2-} +2e^- = 2S_2O_3^{2-}$	0.08
$AgBr+e^- = Ag+Br^-$	0.07

续表

半反应方程式	$E^{\ominus}$/V
$2H^+ + 2e^- = H_2$	0.00
$Pb^{2+} + 2e^- = Pb$	−0.13
$Sn^{2+} + 2e^- = Sn$	−0.14
$Ni^{2+} + 2e^- = Ni$	−0.25
$Co^{2+} + 2e^- = Co$	−0.28
$Ti^+ + e^- = Ti$	−0.34
$Cd^{2+} + 2e^- = Cd$	−0.40
$Fe^{2+} + 2e^- = Fe$	−0.44
$Na^+ + e^- = Na$	−2.71
$Ca^{2+} + 2e^- = Ca$	−2.87
$Sr^{2+} + 2e^- = Sr$	−2.89
$Ba^{2+} + 2e^- = Ba$	−2.90
$K^+ + e^- = K$	−2.93
$Li^+ + e^- = Li$	−3.04
$Zn^{2+} + 2e^- = Zn$	−0.76
$Mn^{2+} + 2e^- = Mn$	−1.18

附录二　常见的溶度积（298.15K）

化学式	溶度积 $K_{sp}^{\ominus}$
$Al(OH)_3$	1.9×10^{-33}
$BaCO_3$	2.58×10^{-9}
$BaSO_3$	1.08×10^{-10}
$CdCO_3$	1.0×10^{-12}
$Ca(OH)_2$	5.02×10^{-6}
$CaCO_3$	3.36×10^{-9}
CaF_2	3.45×10^{-11}
CuCl	1.72×10^{-7}
CuS	1.27×10^{-36}
$Fe(OH)_2$	4.87×10^{-17}
$FeCO_3$	3.13×10^{-11}
FeS	1.59×10^{-19}
$Fe(OH)_3$	2.79×10^{-39}
$Pb(OH)_2$	1.43×10^{-20}
$PbCl_2$	1.7×10^{-5}

续表

化学式	溶度积 $K_{sp}^{\ominus}$
$PbCO_3$	1.46×10^{-13}
PbS	9.04×10^{-29}
$PbSO_4$	2.53×10^{-8}
$Mg(OH)_2$	5.61×10^{-12}
MnS	4.65×10^{-14}
HgS	2.5×10^{-53}
$Ni(OH)_2$	5.48×10^{-16}
AgCl	1.77×10^{-10}
$Sn(OH)_2$	5.45×10^{-27}
SnS	3.25×10^{-28}
ZnS	2.93×10^{-25}
$ZnCO_3$	1.46×10^{-10}
$Zn(OH)_2$	3.0×10^{-17}

附录三 常见的直接电荷转移气体反应类型

电化学反应式	反应类型
$H_2 \longrightarrow 2H^+ + 2e^-$	氧化
$SO_2 + 2H_2O \longrightarrow H_2SO_4 + 2H^+ + 2e^-$	氧化
$O_2 + 2H_2O + 4e^- \longrightarrow 4OH^-$	还原
$2NH_3 \longrightarrow N_2 + 6H^+ + 6e^-$	氧化
$O_3 + 2H^+ + 2e^- \longrightarrow O_2 + H_2O$	还原

附录四 常见的物理常量

物理常量	数值（单位）
普朗克常量	6.626×10^{-34} J·s
法拉第常量	9.6485×10^{4} C/mol
真空介电常数	8.854×10^{-12} F/m
理想气体摩尔体积	2.241×10^{-2} m^3/mol
真空光速	3×10^{8} m/s
电子静止质量	9.1×10^{-31} kg

参考文献

[1] 李荻，李松梅. 电化学原理 [M]. 4 版. 北京：北京航空航天大学出版社，2021.

[2] Bard A J，Faulkner L R. 电化学方法：原理和应用 [M]. 邵元华，朱果逸，董献堆，等译. 北京：化学工业出版社，2005.

[3] 张招贤，胡耀红，赵国鹏. 应用电极学 [M]. 北京：冶金工业出版社，2005.

[4] 邓远富，曾振欧. 现代电化学 [M]. 广州：华南理工大学出版社，2013.

[5] 孙世刚，陈胜利. 电催化 [M]. 北京：化学工业出版社，2013.

[6] 吴辉煌. 电化学 [M]. 北京：化学工业出版社，2004.

[7] 吴辉煌. 应用电化学基础 [M]. 厦门：厦门大学出版社，2006.

[8] Christian J，Alain M，Ashok V，等. 锂电池科学与技术 [M]. 刘兴江，译. 北京：化学工业出版社，2018.

[9] 胡会利，李宁，蒋雄. 电化学测量 [M]. 北京：国防工业出版社，2011.

[10] 代海宁. 电化学基本原理及应用 [M]. 北京：冶金工业出版社，2014.

[11] 查全性. 电极过程动力学导论 [M]. 3 版. 北京：科学出版社，2002.

[12] 高鹏，朱永明. 电化学基础教程 [M]. 北京：化学工业出版社，2013.

[13] 郭鹤桐，覃奇贤. 电化学教程 [M]. 天津：天津大学出版社，2000.

[14] 曹楚南. 腐蚀电化学原理 [M]. 3 版. 北京：化学工业出版社，2008.

[15] 肖纪美，曹楚南. 材料腐蚀学原理 [M]. 北京：化学工业出版社，2002.

[16] 李宇春，龚洵洁，周科朝. 材料腐蚀与防护技术 [M]. 北京：中国电力出版社，2004.

[17] 梁成浩. 现代腐蚀科学与防护技术 [M]. 上海：华东理工大学出版社，2007.

[18] 杨辉，卢文庆. 应用电化学 [M]. 北京：科学出版社，2001.

[19] 王玥，冯立明. 电镀工艺学 [M]. 2 版. 北京：化学工业出版社，2018.

[20] 任广军. 电镀原理与工艺 [M]. 沈阳：东北大学出版社，2001.

[21] 曹凤国. 电化学加工 [M]. 北京：化学工业出版社，2014.

[22] 曾振欧，黄慧民. 应用电化学 [M]. 广州：华南理工大学出版社，1995.

[23] 郭鹤桐，姚素薇. 基础电化学及其测量 [M]. 北京：化学工业出版社，2009.

[24] 陈国华，王光信. 电化学方法应用 [M]. 北京：化学工业出版社，2004.

[25] 陈人杰. 先进电池功能电解质材料 [M]. 北京：科学出版社，2020.

[26] 黄昊. 高性能电池关键材料 [M]. 北京：科学出版社，2020.

[27] 陈人杰. 多电子高比能锂硫二次电池 [M]. 北京：科学出版社，2020.

[28] Zhou W D，Yu Y C，Chen H，et al. Yolk-shell structure of polyaniline-coated sulfur for lithium-sulfur batteries [J]. Journal of the American Chemical Society，2013，135 (44)：16736-16743.

[29] Zhang J，Shi Y，Ding Y，et al. In situ reactive synthesis of polypyrrole-MnO_2 coaxial nanotubes as sulfur hosts for high-performance lithium-sulfur battery [J]. Nano

Letters, 2016, 16: 7276.

[30] Yabuuchi N, Kubota K, Dahbi M, et al. Research development on sodium-ion batteries [J]. Chemical Reviews, 2014, 114 (23): 11636-11682.

[31] Ji X L, Lee K T, Nazar L F, et al. A highly ordered nanostructured carbon-sulphur cathode for lithium-sulphur batteries [J]. Nature Materials, 2009, 8: 500-506.

[32] She Z W, Sun Y, Zhang Q, et al. Designing high-energy lithium-sulfur batteries [J]. Chemical Society Reviews, 2016, 45 (20): 5605-5634.

[33] Zhang S M, Zhao F P, Wang S, et al. Advanced high-voltage all-solid-state Li-ion batteries enabled by a dual-halogen solid electrolyte [J]. Advanced Energy Materials, 2021, 11 (32): 2100836.

[34] Muñoz-Márquez M A, Saurel D, Gómez-Cámer J L, et al. Na-ion batteries for large scale applications: a review on anode materials and solid electrolyte interphase formation [J]. Advanced Energy Materials, 2017, 7 (20): 1700463.

[35] Chen R J, Qu W J, Guo X, et al. The pursuit of solid-state electrolytes for lithium batteries: from comprehensive insight to emerging horizons [J]. Materials Horizons, 2016, 3: 487-516.

[36] Meyer W H. Polymer electrolytes for lithium-ion batteries [J]. Advanced Materials, 1998, 10 (6): 439-448.

[37] Chen L, Li Y T, Li S P, et al. PEO/garnet composite electrolytes for solid-state lithium batteries: from "ceramic-in-polymer" to "polymer-in-ceramic" [J]. Nano Energy, 2018, 46: 176-184.

[38] Sun Q, He B, Zhang X Q, et al. Engineering of hollow core-shell interlinked carbon spheres for highly stable lithium-sulfur batteries [J]. ACS Nano, 2015, 13: 8504.

[39] Pei F, Dai S Q, Guo B F, et al. Titanium-oxo cluster reinforced gel polymer electrolyte enabling lithium-sulfur batteries with high gravimetric energy densities [J]. Energy & Environmental Science, 2021, 14: 975-985.

[40] Zhu G L, Zhao C Z, Zhang Q, et al. A self-limited free-standing sulfide electrolyte thin film for all-solid-state lithium metal batteries [J]. Advanced Functional Materials, 2021, 9: 2101985.

[41] Liu L L, Qi X J, Yin S J, et al. In-situ formation of stable interface in solid-state batteries [J]. ACS Energy Letters, 2019, 4 (7): 1650-1657.

[42] Wang Z Y, Shen L, Deng S G, et al. 10μm-thick high-strength solid polymer electrolytes with excellent interface compatibility for flexible all-solid-state lithium-metal batteries [J]. Advanced Materials, 2021, 33: 2100353.